上岗轻松学

数码维修工程师鉴定指导中心 组织编写

图解 电工识图 快速入门

主　编　韩雪涛
副主编　吴　瑛　韩广兴

机械工业出版社

本书完全遵循国家职业技能标准和电工领域的实际岗位需求。在内容编排上充分考虑电工识图的特点，按照学习习惯和难易程度将电工识图划分为8个章节，即：电工电路中的符号标识、电工电路图的种类特点与连接方式、供配电线路的识读、照明控制电路的识读、电动机控制电路的识读、工业机床控制电路的识读、农机控制电路的识读、PLC及变频控制电路的识读。

学习者可以看着学、看着做，跟着练，通过"图文互动"的全新模式，轻松、快速地掌握电工识图技能。

书中大量的演示图解、操作案例以及实用数据可以供学习者在日后的工作中方便、快捷地查询使用。另外，本书还附赠面值为50积分的学习卡，读者可以凭此卡登录数码维修工程师的官方网站获得超值服务。

本书是电工识图的必备用书，还可供从事电工电子行业生产、调试、维修的技术人员和业余爱好者。

图书在版编目（CIP）数据

图解电工识图快速入门/数码维修工程师鉴定指导中心组织编写； 韩雪涛主编. — 北京：机械工业出版社，2014.5（2024.10 重印）
（上岗轻松学）
ISBN 978-7-111-46383-2

Ⅰ．①图… Ⅱ．①数…②韩… Ⅲ．①电路图－识别－图解 Ⅳ．①TM13-64

中国版本图书馆CIP数据核字（2014）第067336号

机械工业出版社（北京市百万庄大街22号　邮政编码100037）
策划编辑：陈玉芝　　责任编辑：王振国
责任校对：申春香　　责任印制：李　昂
北京捷迅佳彩印刷有限公司印刷
2024 年 10 月第 1 版第 4 次印刷
184mm×260mm・13.5印张・331千字
标准书号：ISBN 978-7-111-46383-2
定价：49.80元

电话服务　　　　　　　　网络服务
客服电话：010-88361066　机　工　官　网：www.cmpbook.com
　　　　　010-88379833　机　工　官　博：weibo.com/cmp1952
　　　　　010-68326294　金　书　网：www.golden-book.com
封底无防伪标均为盗版　　机工教育服务网：www.cmpedu.com

编 委 会

主　编　韩雪涛

副主编　吴　瑛　韩广兴

参　编　马　楠　宋永欣　梁　明　宋明芳

　　　　张丽梅　孙　涛　张湘萍　吴　玮

　　　　高瑞征　周　洋　吴鹏飞　吴惠英

　　　　韩雪冬　韩　菲　马敬宇　王新霞

　　　　孙承满

前 言

电工识图技能是电工必不可少的一项专项、专业、基础、实用技能。该项技能的岗位需求非常广泛。随着技术的飞速发展以及市场竞争的日益加剧，越来越多的人认识到实用技能的重要性，电工识图的学习和培训也逐渐从知识层面延伸到技能层面。学习者更加注重掌握电工识图技能、读懂电路图可以做什么。然而，目前市场上很多相关的图书仍延续传统的编写模式，不仅严重影响学习的时效性，而且在实用性上也大打折扣。

针对这种情况，为使电工快速掌握电工识图技能，及时应对岗位的发展需求，我们对电工识图内容进行了全新的梳理和整合，结合岗位培训的特色，根据国家职业技能标准要求组织编写构架，引入多媒体出版特色，力求打造出具有全新学习理念的电工识图入门图书。

在编写理念方面

本书将国家职业技能标准与行业培训特色相融合，以市场需求为导向，以直接指导就业作为图书编写的目标，注重实用性和知识性的融合，将学习技能作为图书的核心思想。书中的知识内容完全为技能服务，知识内容以实用、够用为主。全书突出操作，强化训练，让学习者阅读图书时不是在单纯地学习内容，而是在练习技能。

在编写形式方面

本书突破传统图书的编排和表述方式，引入了多媒体表现手法，采用双色图解的方式向学习者演示电工识图技能，将传统意义上的以"读"为主变成以"看"为主，力求用生动的图例演示取代枯燥的文字叙述，使学习者通过二维平面图、三维结构图、演示操作图、实物效果图等多种图解方式直观地获取实用技能中的关键环节和知识要点。本书力求在最大程度上丰富纸质载体的表现力，充分调动学习者的学习兴趣，达到最佳的学习效果。

在内容结构方面

本书在结构的编排上，充分考虑当前市场的需求和读者的情况，结合实际岗位培训的经验对电工识图这项技能进行全新的章节设置；内容的选取以实用为原则，案例的选择严格按照上岗从业的需求展开，确保内容符合实际工作的需要；知识性内容在注重系统性的同时以够用为原则，明确知识为技能服务，确保图书的内容符合市场需要，具备很强的实用性。

在专业能力方面

本书编委会由行业专家、高级技师、资深多媒体工程师和一线教师组成，编委会成员除具备丰富的专业知识外，还具备丰富的教学实践经验和图书编写经验。

为确保图书的行业导向和专业品质，特聘请原信息产业部职业技能鉴定指导中心资深专家韩广兴担任顾问，亲自指导，使本书充分以市场需求和社会就业需求为导向，确保图书内容符合职业技能鉴定标准，达到规范性就业的目的。

在增值服务方面

为了更好地满足读者的需求，达到最佳的学习效果，本书得到了数码维修工程师鉴定指导中心的大力支持，除提供免费的专业技术咨询外，本书还附赠面值为50积分的数码维修工程师远程培训基金（培训基金以"学习卡"的形式提供）。读者可凭借学习卡登录数码维修工程师的官方网站（www.chinadse.org）获得超值技术服务。该网站提供最新的行业信息，大量的视频教学资源、图样、技术手册等学习资料以及技术论坛。用户凭借学习卡可随时了解最新的数码维修工程师考核培训信息，知晓电子电气领域的业界动态，实现远程在线视频学习，下载需要的图样、技术手册等学习资料。此外，读者还可通过该网站的技术交流平台进行技术交流与咨询。

本书由韩雪涛任主编，吴瑛、韩广兴任副主编，宋永欣、梁明、宋明芳、马楠、张丽梅、孙涛、韩菲、张湘萍、吴鹏飞、韩雪冬、吴玮、高瑞征、吴惠英、王新霞、孙承满、周洋、马敬宇参加编写。

读者通过学习与实践还可参加相关资质的国家职业资格或工程师资格认证，可获得相应等级的国家职业资格证书或数码维修工程师资格证书。如果读者在学习和考核认证方面有什么问题，可通过以下方式与我们联系。

数码维修工程师鉴定指导中心
网址：http://www.chinadse.org
联系电话：022-83718162/83715667/13114807267
E-MAIL：chinadse@163.com
地址：天津市南开区榕苑路4号天发科技园8-1-401
邮编：300384

希望本书的出版能够帮助读者快速掌握电工识图技能，同时欢迎广大读者给我们提出宝贵建议！如书中存在问题，可发邮件至cyztian@126.com与编辑联系！

编　者

目 录

前言

第1章 电工电路中的符号标识 ·· 1

1.1 常用电气部件的符号标识 ·· 1
1.1.1 开关部件的符号标识 ·· 1
1.1.2 接触器的符号标识 ·· 3
1.1.3 继电器的符号标识 ·· 5
1.1.4 变压器的符号标识 ·· 8
1.1.5 电动机的符号标识 ··· 11
1.2 常用供配电部件的符号标识 ·· 13
1.2.1 高压供配电部件的符号标识 ··· 13
1.2.2 低压供配电部件的符号标识 ··· 16
1.3 常用电子元件的符号标识 ·· 17
1.3.1 电阻器的符号标识 ··· 17
1.3.2 电容器的符号标识 ··· 19
1.3.3 电感器的符号标识 ··· 20
1.4 常用半导体器件的符号标识 ·· 21
1.4.1 二极管的符号标识 ··· 21
1.4.2 晶体管的符号标识 ··· 22
1.4.3 晶闸管的符号标识 ··· 23
1.4.4 场效应晶体管的符号标识 ··· 24

第2章 电工电路图的种类特点与连接方式 ·· 25

2.1 电工电路图的特点与应用 ·· 25
2.1.1 电工概略图的特点与应用 ··· 25
2.1.2 电气连接图的特点与应用 ··· 26
2.1.3 电工原理图的特点与应用 ··· 27
2.1.4 电工施工图的特点与应用 ··· 28
2.2 电工电路图的基本连接方式 ·· 29
2.2.1 电气元件的串联方式 ··· 29
2.2.2 电气元件的并联方式 ··· 30
2.2.3 电气元件的混联方式 ··· 31
2.3 电工电路的特点 ·· 32
2.3.1 直流电路的特点 ·· 32
2.3.2 交流电路的特点 ·· 35

第3章 供配电线路的识读 ·· 43

3.1 高压供配电线路图的识读方法 ··· 43
3.1.1 高压供配电线路图的结构 ··· 43
3.1.2 高压供配电线路图的识读 ··· 47
3.2 低压供配电线路图的识读方法 ··· 48
3.2.1 低压供配电线路图的结构 ··· 48
3.2.2 低压供配电线路图的识读 ··· 50
3.3 供配电线路图的识读综合训练 ··· 51
3.3.1 高压变电所供配电线路图的识读 ··· 51
3.3.2 一次变压供配电线路图的识读 ·· 53
3.3.3 二次变压供配电线路图的识读 ·· 54
3.3.4 低压配电柜供配电线路图的识读 ··· 55

3.3.5 室内供配电线路图的识读 ································ 56
3.3.6 工厂35kV中心变电所供配电线路图的识读 ······················ 57
3.3.7 建筑工地低压供配电线路图的识读 ······················ 59
3.3.8 楼宇变电所高压供配电线路图的识读 ······················ 60
3.3.9 企业10kV高压配电柜供配电线路图的识读 ······················ 61
3.3.10 工厂高压配电线路图的识读 ······················ 62
3.3.11 低压大棚照明供配电线路图的识读 ······················ 64
3.3.12 低压设备供配电线路图的识读 ······················ 66
3.3.13 高层住宅低压供配电线路图的识读 ······················ 67
3.3.14 深井高压供配电线路图的识读 ······················ 68
3.3.15 35kV变电站高压供配电线路图的识读 ······················ 70

第4章 照明控制电路的识读 ············ 72

4.1 室内照明控制电路图的识读方法 ······················ 72
  4.1.1 室内照明控制电路图的结构 ······················ 72
  4.1.2 室内照明控制电路图的识读 ······················ 74
4.2 公共照明控制电路图的识读方法 ······················ 76
  4.2.1 公共照明控制电路图的结构 ······················ 76
  4.2.2 公共照明控制电路图的识读 ······················ 77
4.3 照明控制电路图的识读综合训练 ······················ 78
  4.3.1 荧光灯调光控制电路图的识读 ······················ 78
  4.3.2 卫生间门控照明灯控制电路图的识读 ······················ 79
  4.3.3 触摸延时照明灯控制电路图的识读 ······················ 81
  4.3.4 应急照明灯自动控制电路图的识读 ······················ 82
  4.3.5 声控照明灯控制电路图的识读 ······················ 83
  4.3.6 追逐式循环彩灯控制电路图的识读 ······················ 84
  4.3.7 红外遥控照明控制电路图的识读 ······················ 84
  4.3.8 声光双控楼道照明灯控制电路图的识读 ······················ 85
  4.3.9 触摸、声控双功能延时照明灯控制电路图的识读 ······················ 87
  4.3.10 光控路灯控制电路图的识读 ······················ 89
  4.3.11 超声波遥控照明控制电路图的识读 ······················ 90

第5章 电动机控制电路的识读 ············ 91

5.1 电动机减压起动控制电路图的识读方法 ······················ 91
  5.1.1 电动机减压起动控制电路图的结构 ······················ 91
  5.1.2 电动机减压起动控制电路图的识读 ······················ 92
5.2 电动机正反转控制电路图的识读方法 ······················ 96
  5.2.1 电动机正反转控制电路图的结构 ······················ 96
  5.2.2 电动机正反转控制电路图的识读 ······················ 97
5.3 电动机点动/连续控制电路图的识读方法 ······················ 100
  5.3.1 电动机点动/连续控制电路图的结构 ······················ 100
  5.3.2 电动机点动/连续控制电路图的识读 ······················ 102
5.4 电动机间歇控制电路图的识读方法 ······················ 104
  5.4.1 电动机间歇控制电路图的结构 ······················ 104
  5.4.2 电动机间歇控制电路图的识读 ······················ 105
5.5 电动机调速控制电路图的识读方法 ······················ 109
  5.5.1 电动机调速控制电路图的结构 ······················ 109
  5.5.2 电动机调速控制电路图的识读 ······················ 110
5.6 电动机制动控制电路图的识读方法 ······················ 113
  5.6.1 电动机制动控制电路图的结构 ······················ 113
  5.6.2 电动机制动控制电路图的识读 ······················ 114

第6章　工业机床控制电路的识读 …… 119

6.1　车床控制电路图的识读方法 …… 119
- 6.1.1　车床控制电路图的结构 …… 119
- 6.1.2　车床控制电路图的识读 …… 121

6.2　铣床控制电路图的识读方法 …… 126
- 6.2.1　铣床控制电路图的结构 …… 126
- 6.2.2　铣床控制电路图的识读 …… 128

6.3　磨床控制电路图的识读方法 …… 135
- 6.3.1　磨床控制电路图的结构 …… 135
- 6.3.2　磨床控制电路图的识读 …… 137

6.4　钻床控制电路图的识读方法 …… 141
- 6.4.1　钻床控制电路图的结构 …… 141
- 6.4.2　钻床控制电路图的识读 …… 143

第7章　农机控制电路的识读 …… 148

7.1　畜牧设备控制电路图的识读方法 …… 148
- 7.1.1　畜牧设备控制电路图的结构 …… 148
- 7.1.2　畜牧设备控制电路图的识读 …… 149

7.2　排灌设备控制电路图的识读方法 …… 157
- 7.2.1　排灌设备控制电路图的结构 …… 157
- 7.2.2　排灌设备控制电路图的识读 …… 159

7.3　种植设备控制电路图的识读方法 …… 164
- 7.3.1　种植设备控制电路图的结构 …… 164
- 7.3.2　种植设备控制电路图的识读 …… 165

7.4　农产品加工设备控制电路图的识读方法 …… 170
- 7.4.1　农产品加工设备控制电路图的结构 …… 170
- 7.4.2　农产品加工设备控制电路图的识读 …… 171

第8章　PLC及变频控制电路的识读 …… 176

8.1　PLC控制电路图的识读方法 …… 176
- 8.1.1　PLC控制电路图的结构 …… 176
- 8.1.2　PLC控制电路图的识读 …… 178

8.2　变频控制电路图的识读方法 …… 192
- 8.2.1　变频控制电路图的结构 …… 192
- 8.2.2　变频控制电路图的识读 …… 194

第1章 电工电路中的符号标识

1.1 常用电气部件的符号标识

1.1.1 开关部件的符号标识

开关部件是用于控制仪器、仪表或设备等装置的部件,可以使被控制装置在"开"和"关"两种状态下相互转换,即开关是一个控制电路接通或断开的器件。在电路图中,开关部件以专用的图形符号和电路标识进行表示。

【典型开关部件的图形符号和电路标识】

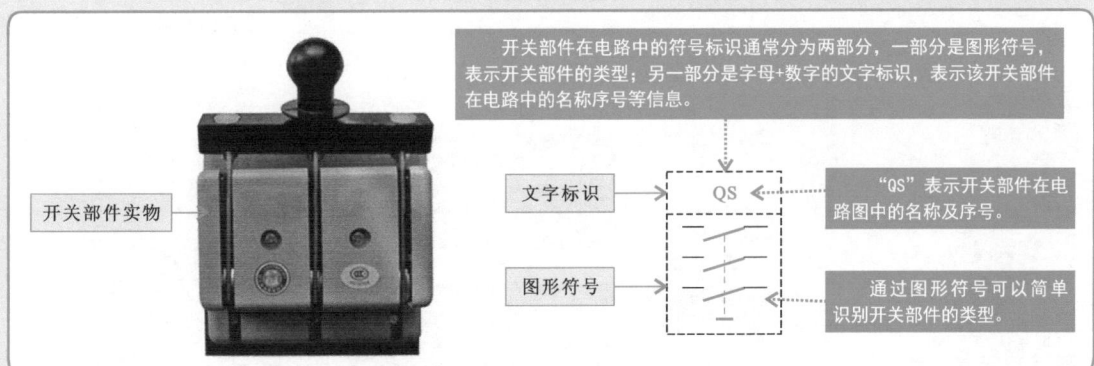

【开启式负荷开关的符号标识】

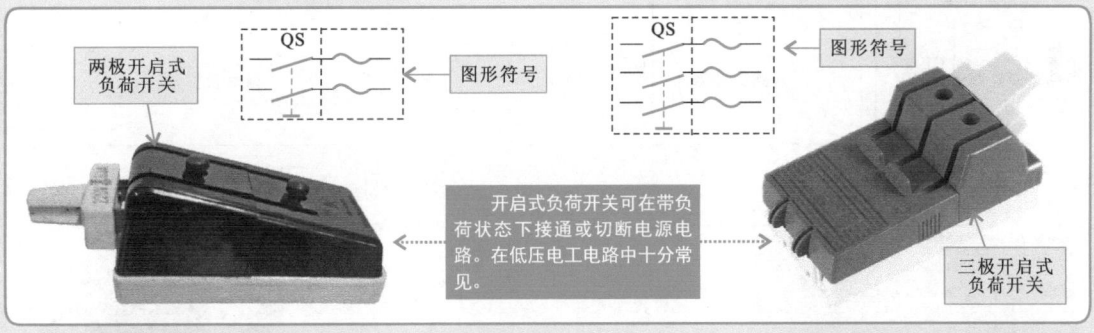

【按钮的符号标识】

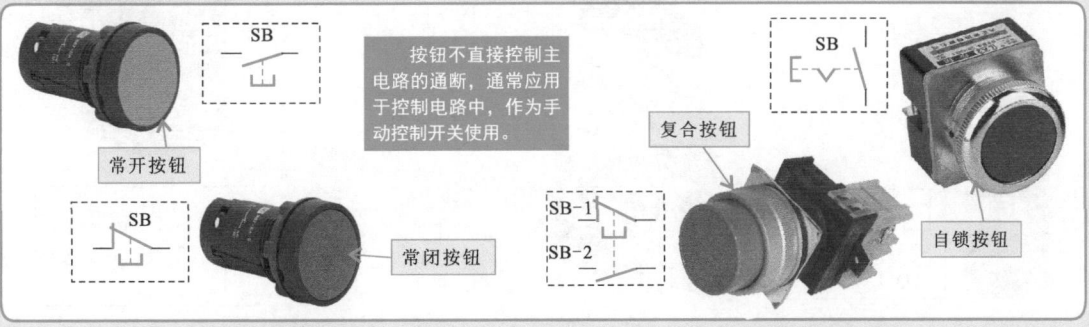

图解电工识图快速入门

【照明开关部件的符号标识】

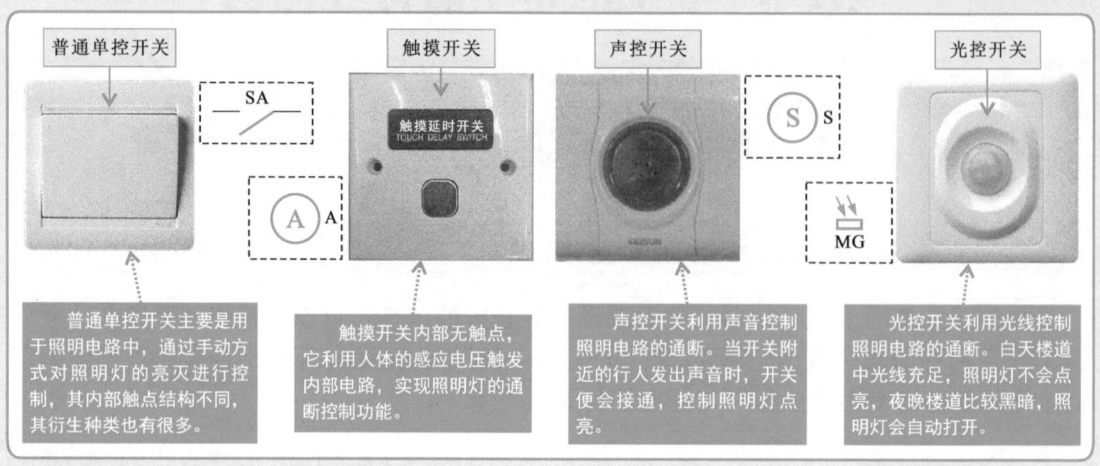

【低压断路器的符号标识】

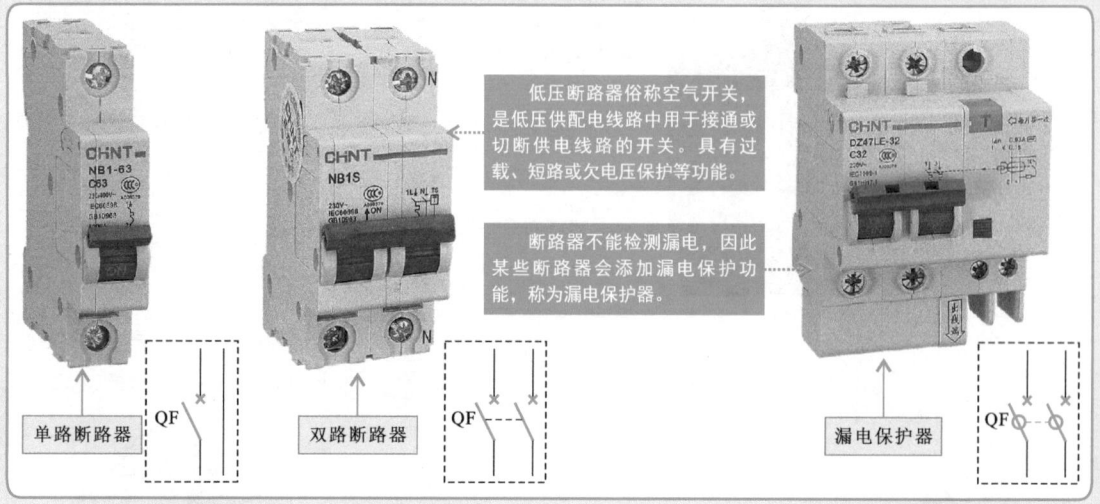

【特殊开关部件的符号标识】

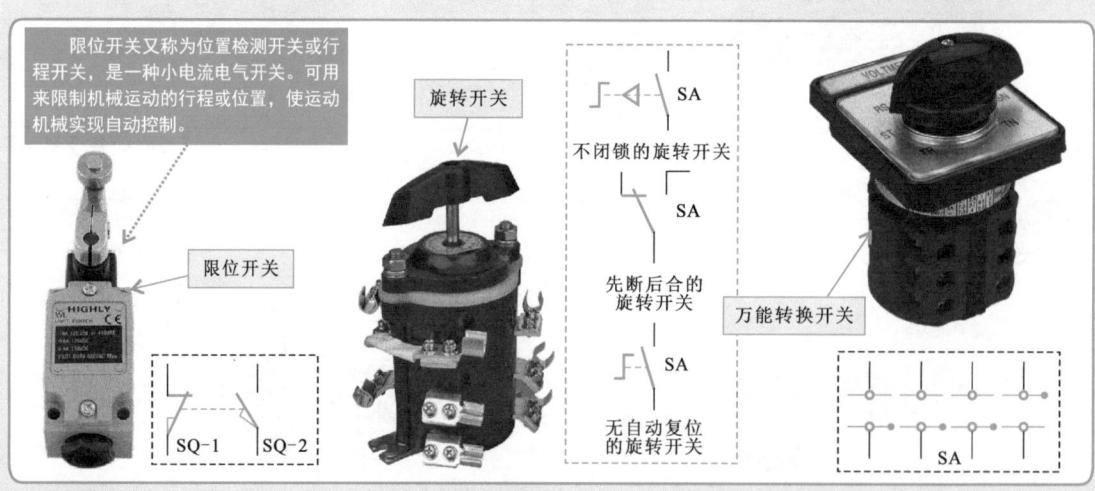

第1章 电工电路中的符号标识

1.1.2 接触器的符号标识

接触器是一种由电压控制的开关装置,适用于远距离频繁地接通和断开交直流电路,是电力拖动系统、机床设备控制电路、自动控制系统中使用最广泛的低压电气部件之一。在电路图中,接触器以专用的图形符号和电路标识进行表示。

【典型接触器的图形符号和电路标识】

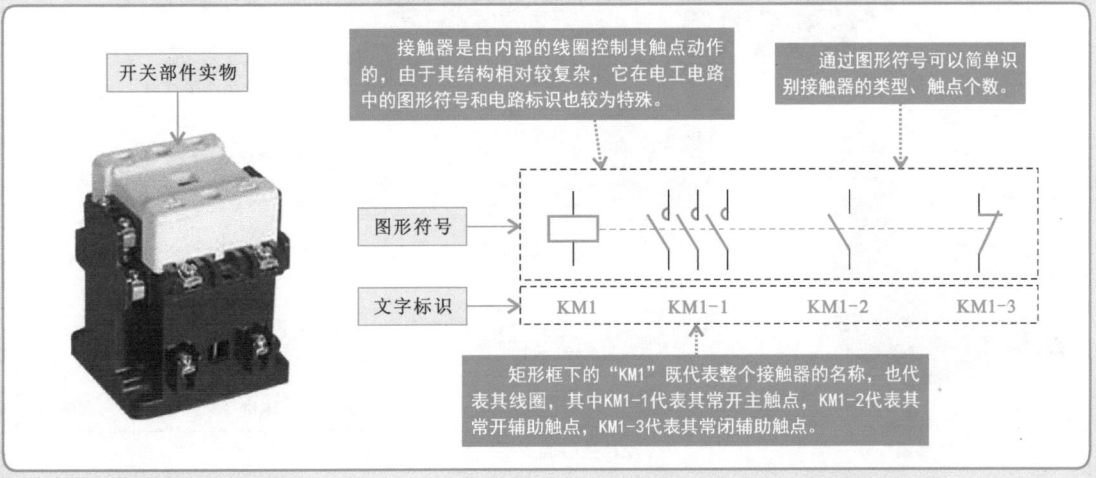

特别提醒

在实际的电路中,由于接触器的特殊作用,它的图形符号通常分散在电路图中,在实现电气线路连接的同时,也可实现某种特定的控制关系。

从下图可以看到,接触器KM1的线圈和常开、常闭辅助触点设在控制电路中,主触点设在主电路部分,从位置关系来看,相对较远。识别该类电气部件则需要结合电路标识进行,通常所有起始字母和数字都相同的几个部件属于同一个电气部件,如图中的KM-1、KM-2都属于接触器KM的组成部分。当线圈KM动作时,同时带动KM-1、KM-2动作。

了解接触器符号标识的上述特点,对正确识读电路十分关键。当KM得电,其触点全部动作,KM-2闭合,实现自锁;KM-1闭合,接通三相电源,电动机起动运行。当KM失电,其触点全部复位,KM-1、KM-2断开,解除自锁,电动机停机。

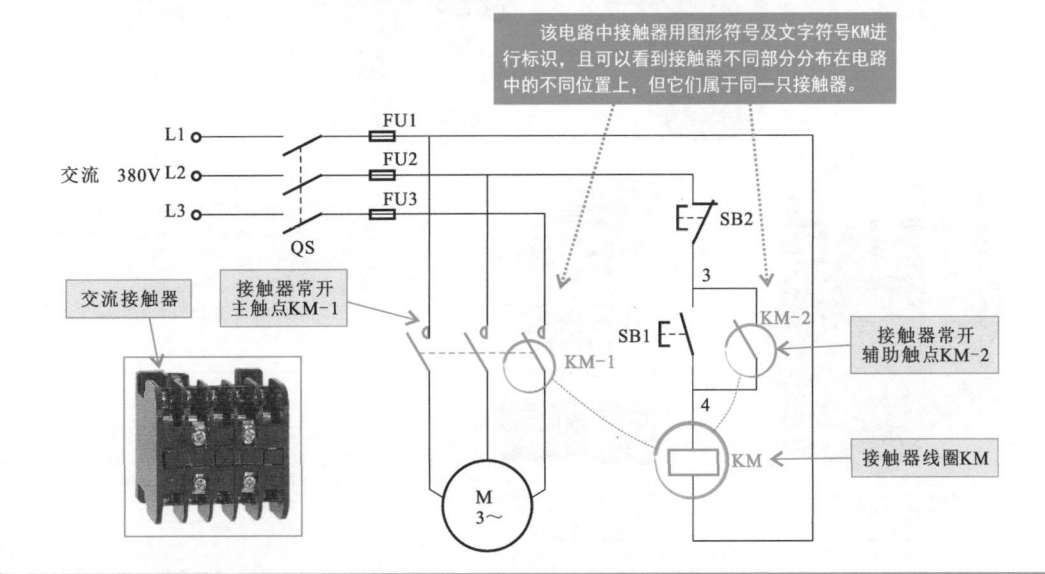

【交流接触器的符号标识】

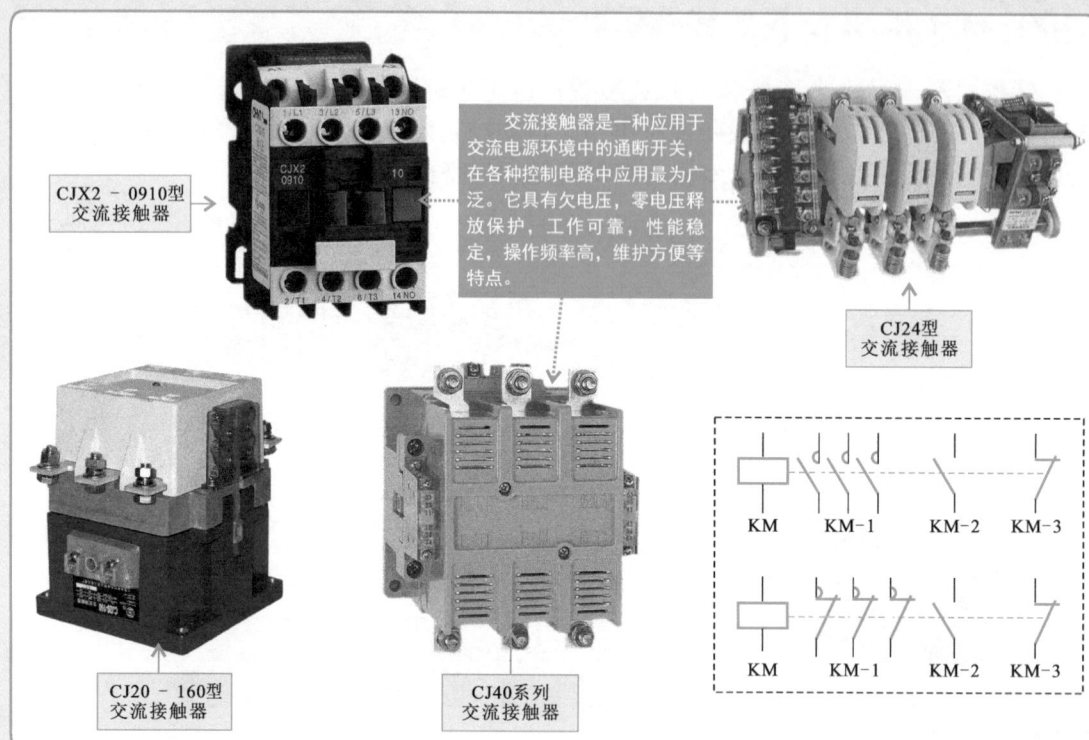

交流接触器是一种应用于交流电源环境中的通断开关，在各种控制电路中应用最为广泛。它具有欠电压、零电压释放保护，工作可靠，性能稳定，操作频率高，维护方便等特点。

- CJX2-0910型 交流接触器
- CJ24型 交流接触器
- CJ20-160型 交流接触器
- CJ40系列 交流接触器

【直流接触器的符号标识】

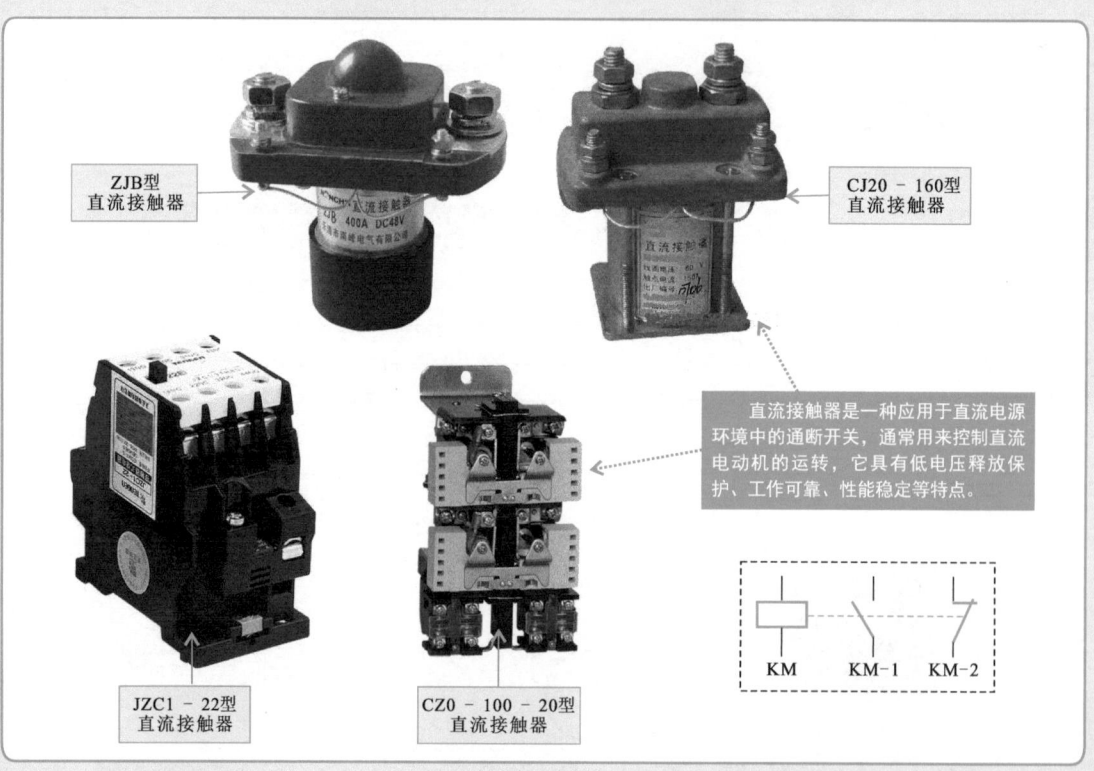

直流接触器是一种应用于直流电源环境中的通断开关，通常用来控制直流电动机的运转，它具有低电压释放保护、工作可靠、性能稳定等特点。

- ZJB型 直流接触器
- CJ20-160型 直流接触器
- JZC1-22型 直流接触器
- CZ0-100-20型 直流接触器

1.1.3 继电器的符号标识

继电器是一种根据外界输入量来控制电路"接通"或"断开"的自动电气部件，当输入量的变化达到规定要求时，在电气输出电路中，使控制量发生预定的阶跃变化。在电路图中，继电器以专用的图形符号和电路标识进行表示。

【普通继电器的图形符号和电路标识】

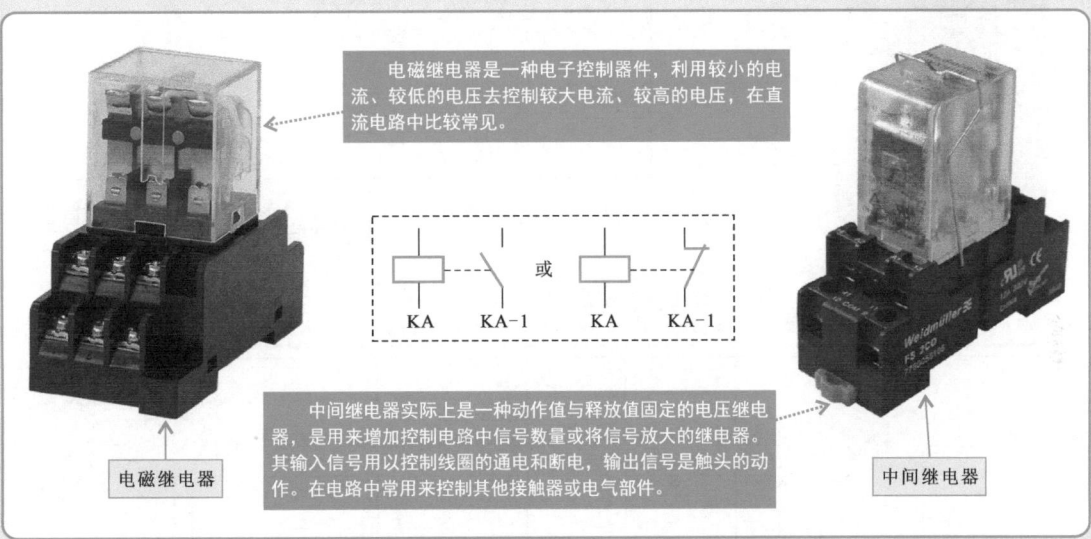

【热继电器的图形符号和电路标识】

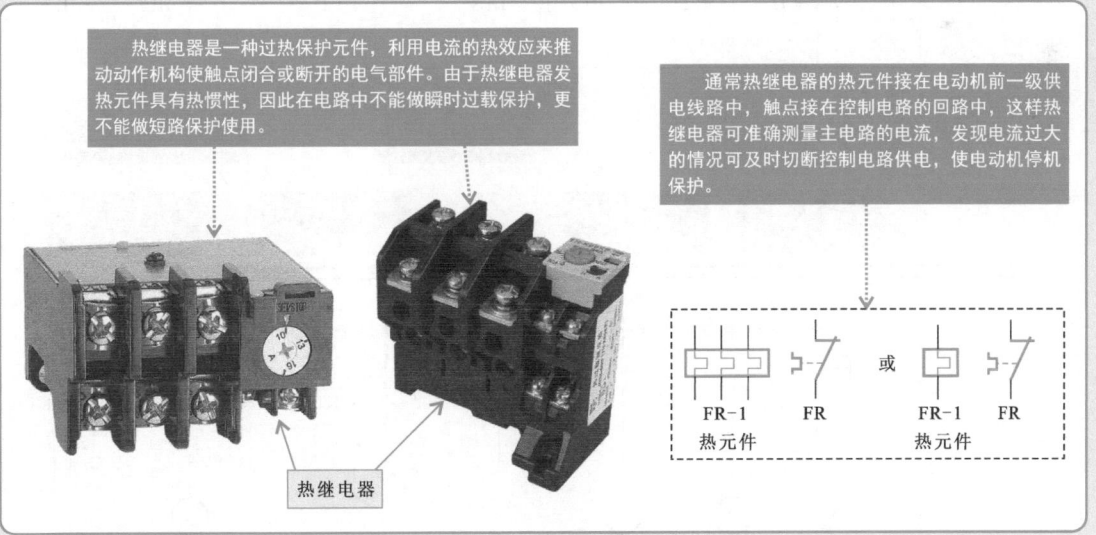

特别提醒

继电器的输入量可以是电压、电流等电路参数，也可是非电路参数，如温度、速度和压力等，继电器的输出量则是触点的动作。由于继电器种类较多，不同类型的继电器在电路中的图形符号和电路标识也不同，识读电图时，应首先熟悉和区分这些不同继电器的图形符号和文字标识。

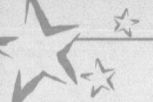

【时间继电器的符号标识】

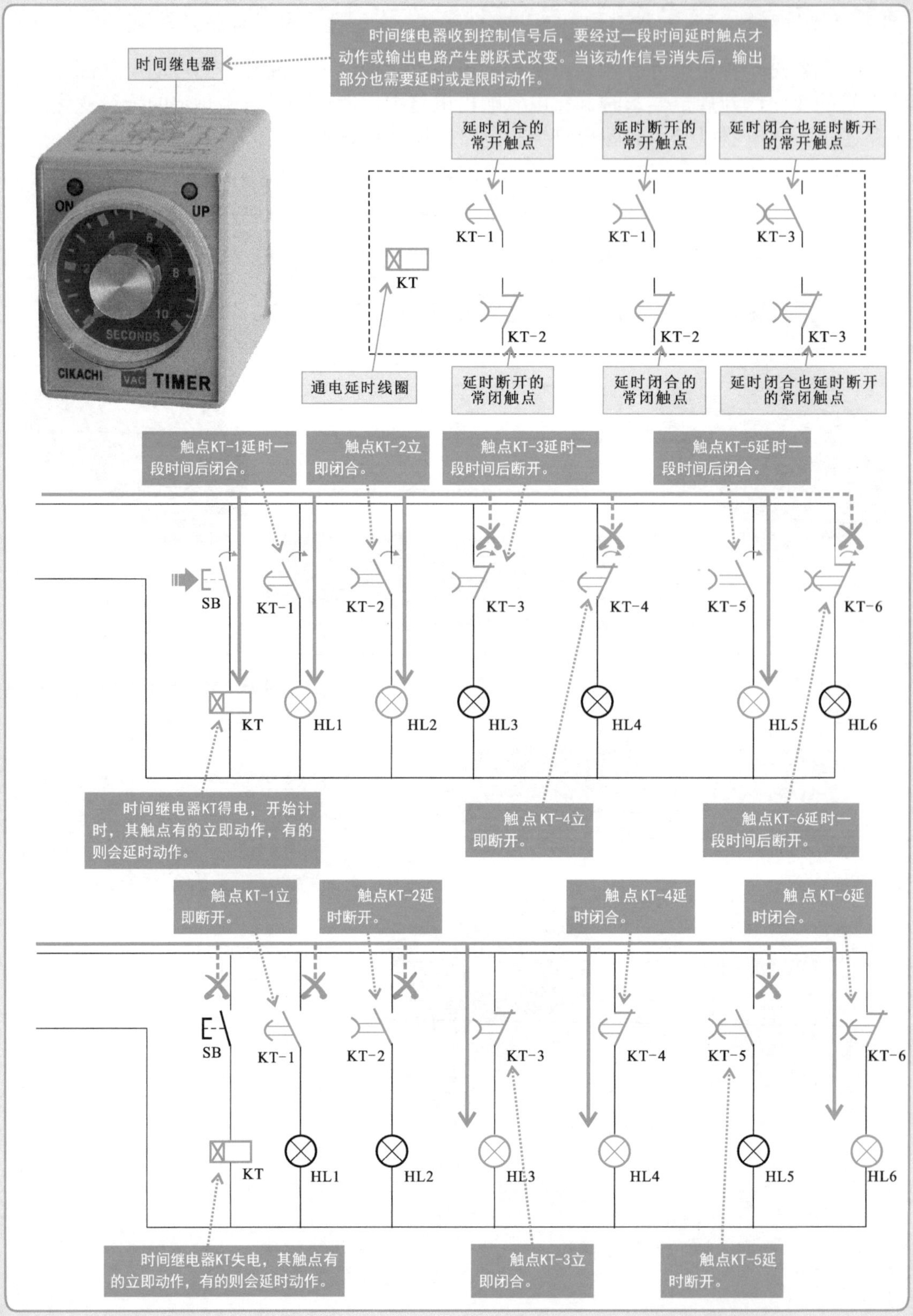
时间继电器
时间继电器收到控制信号后，要经过一段时间延时触点才动作或输出电路产生跳跃式改变。当该动作信号消失后，输出部分也需要延时或是限时动作。
ON
UP
SECONDS
CIKACHI
VAC
TIMER
延时闭合的常开触点
延时断开的常开触点
延时闭合也延时断开的常开触点
KT-1
KT-1
KT-3
KT
KT-2
KT-2
KT-3
通电延时线圈
延时断开的常闭触点
延时闭合的常闭触点
延时闭合也延时断开的常闭触点
触点KT-1延时一段时间后闭合。
触点KT-2立即闭合。
触点KT-3延时一段时间后断开。
触点KT-5延时一段时间后闭合。
SB
KT-1
KT-2
KT-3
KT-4
KT-5
KT-6
KT
HL1
HL2
HL3
HL4
HL5
HL6
时间继电器KT得电，开始计时，其触点有的立即动作，有的则会延时动作。
触点KT-4立即断开。
触点KT-6延时一段时间后断开。
触点KT-1立即断开。
触点KT-2延时断开。
触点KT-4延时闭合。
触点KT-6延时闭合。
SB
KT-1
KT-2
KT-3
KT-4
KT-5
KT-6
KT
HL1
HL2
HL3
HL4
HL5
HL6
时间继电器KT失电，其触点有的立即动作，有的则会延时动作。
触点KT-3立即闭合。
触点KT-5延时断开。

第1章 电工电路中的符号标识

【电压、电流继电器的符号标识】

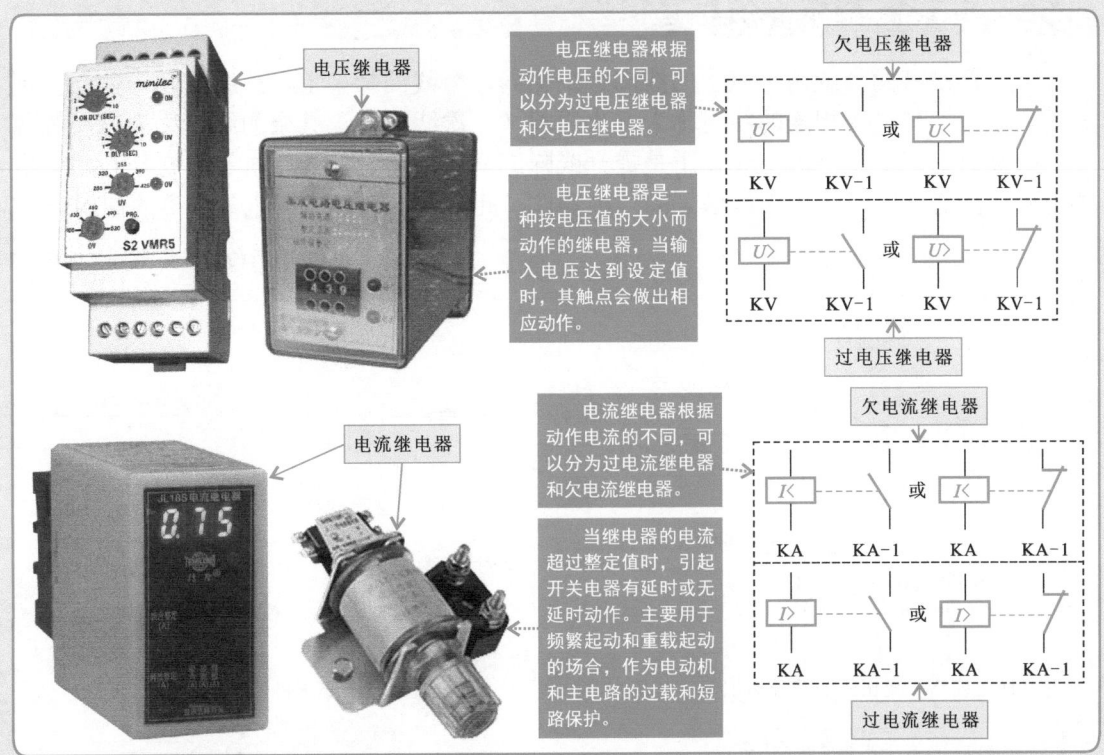

电压继电器根据动作电压的不同,可以分为过电压继电器和欠电压继电器。

电压继电器是一种按电压值的大小而动作的继电器,当输入电压达到设定值时,其触点会做出相应动作。

电流继电器根据动作电流的不同,可以分为过电流继电器和欠电流继电器。

当继电器的电流超过整定值时,引起开关电器有延时或无延时动作。主要用于频繁起动和重载起动的场合,作为电动机和主电路的过载和短路保护。

【速度、压力继电器的符号标识】

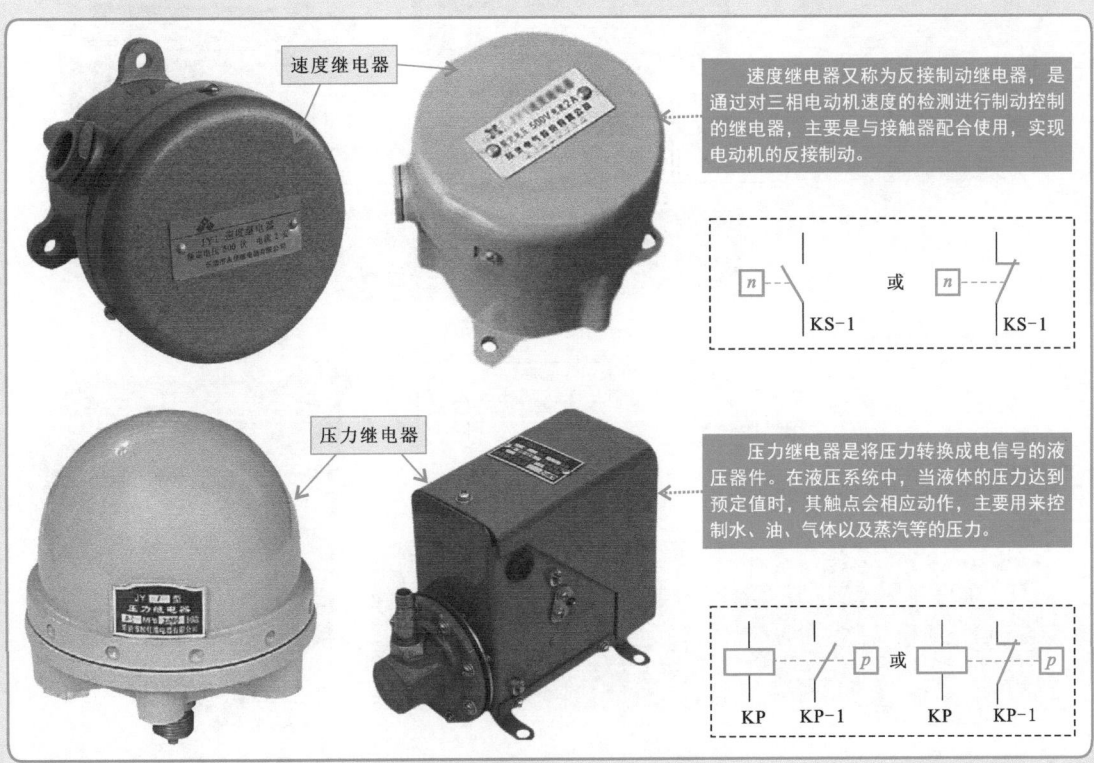

速度继电器又称为反接制动继电器,是通过对三相电动机速度的检测进行制动控制的继电器,主要是与接触器配合使用,实现电动机的反接制动。

压力继电器是将压力转换成电信号的液压器件。在液压系统中,当液体的压力达到预定值时,其触点会相应动作,主要用来控制水、油、气体以及蒸汽等的压力。

1.1.4 变压器的符号标识

变压器是将两个或两个以上的线圈绕制在同一个线圈骨架上，或绕在同一铁心上制成的。通常把与电源相连的绕组称为一次线圈（一次绕组），其余的绕组称为二次线圈（二次绕组）。变压器的主要作用是提升或降低交流电压、变换阻抗等，它是利用电磁感应原理传递电能或传输交流信号的一种器件，此外变压器还具有电气隔离的作用。

【变压器的图形符号和电路标识】

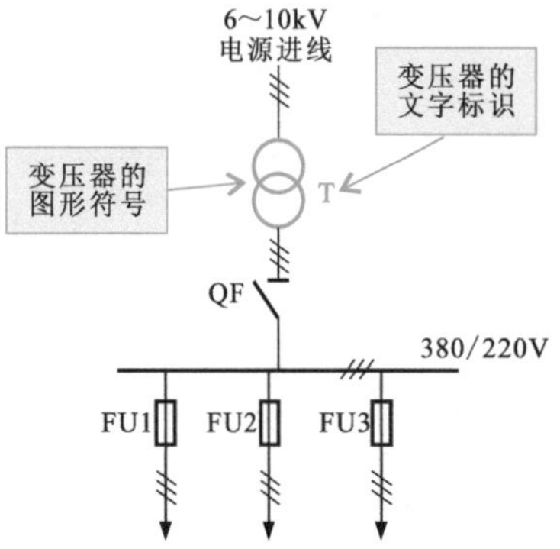
6～10kV
电源进线
变压器的文字标识
变压器的图形符号
T
QF
380/220V
FU1
FU2
FU3

配电线路中变压器的符号标识

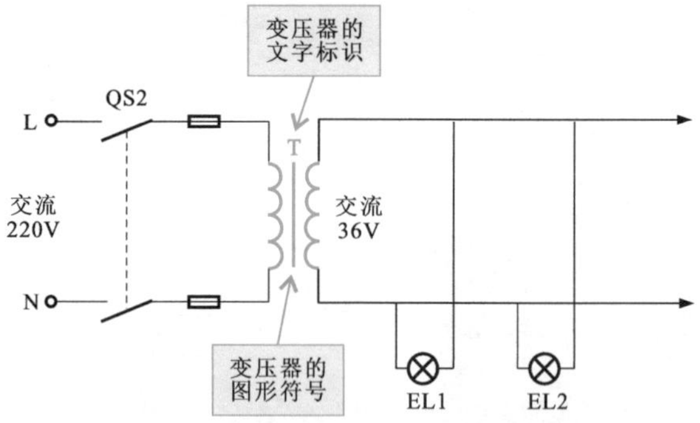
变压器的文字标识
QS2
L
N
T
交流
220V
交流
36V
变压器的图形符号
EL1
EL2

电气线路中变压器的符号标识

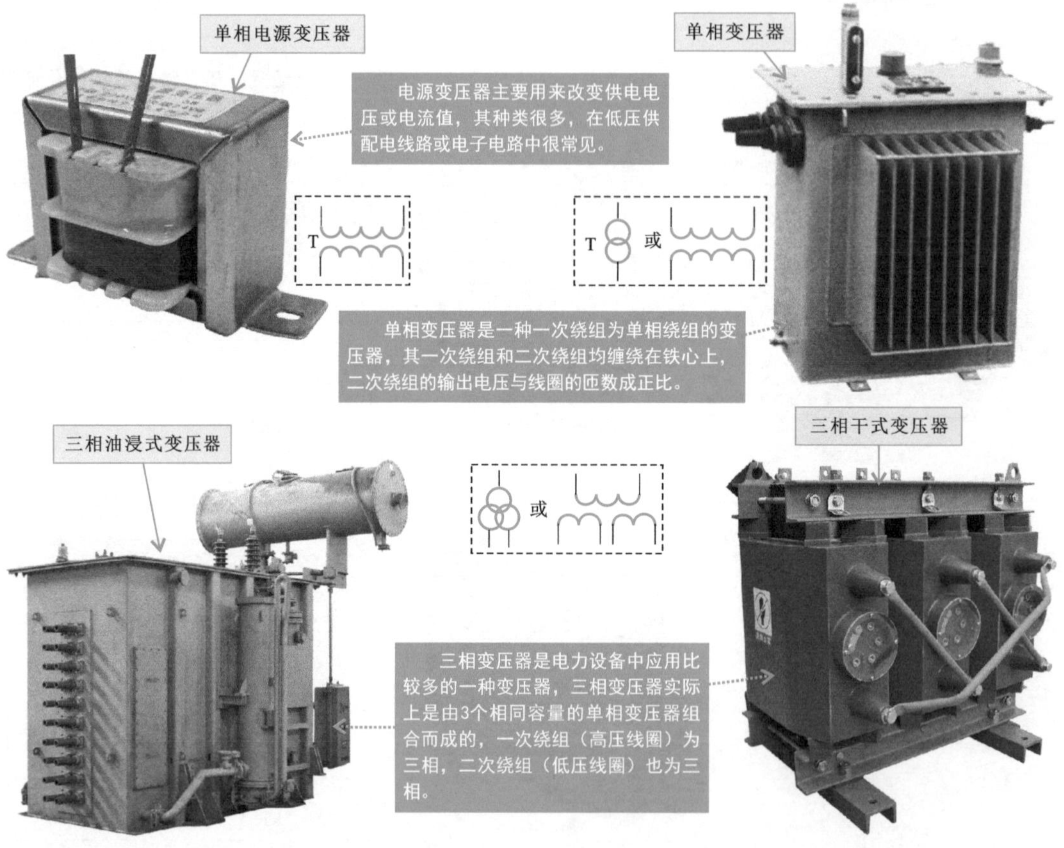
单相电源变压器
电源变压器主要用来改变供电电压或电流值，其种类很多，在低压供配电线路或电子电路中很常见。
T
单相变压器
T
或
单相变压器是一种一次绕组为单相绕组的变压器，其一次绕组和二次绕组均缠绕在铁心上，二次绕组的输出电压与线圈的匝数成正比。
三相油浸式变压器
三相干式变压器
或
三相变压器是电力设备中应用比较多的一种变压器，三相变压器实际上是由3个相同容量的单相变压器组合而成的，一次绕组（高压线圈）为三相，二次绕组（低压线圈）也为三相。

第1章 电工电路中的符号标识

特别提醒

单相、三相变压器有许多种类,不同的变压器其图形符号也会有差异,下面给出几种比较常见的变压器图形符号,方便大家查询识别。

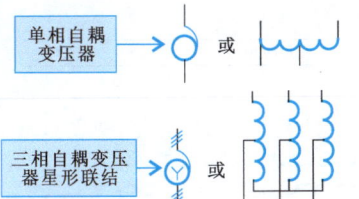
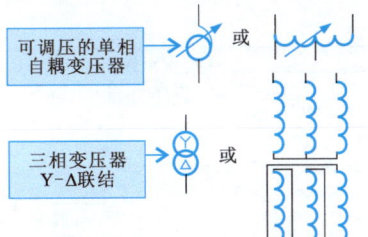
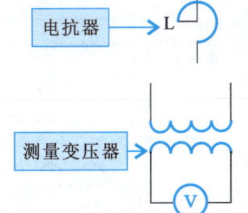

特别提醒

某些带有磁芯或中心抽头的变压器,其图形符号中也会有相应标识,下面给出几种典型的图形符号,方便大家查询识别。

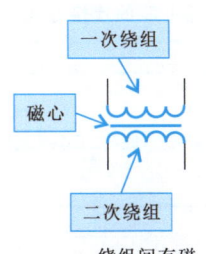
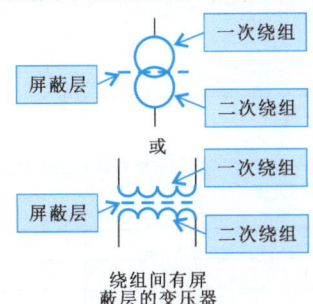
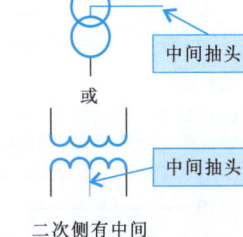

绕组间有磁心的变压器　　绕组间有屏蔽层的变压器　　二次侧有中间抽头的变压器

特别提醒

在实际应用过程中,有些三相变压器会通过图形符号体现出变压器的连接方式。

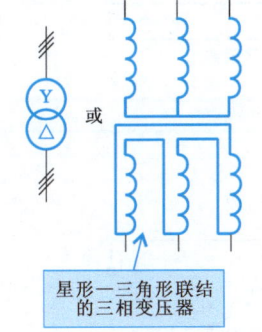
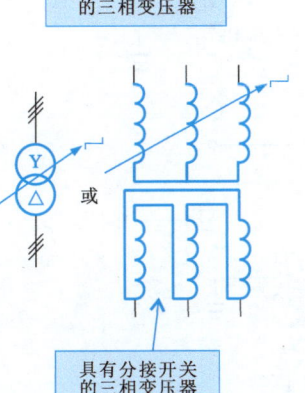

星形—三角形联结的三相变压器　　星形—星形联结的三相变压器（一次绕组有抽头）　　单相变压器组成的三相变压器

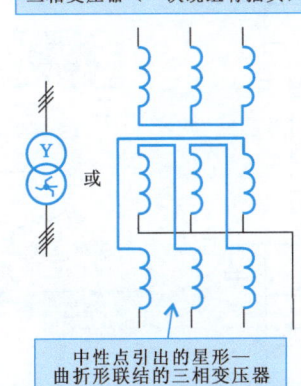
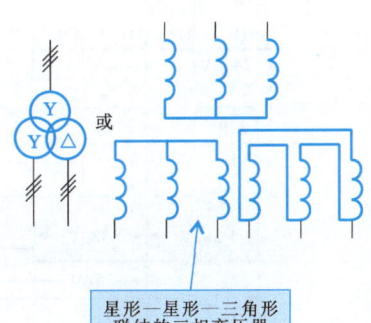

具有分接开关的三相变压器　　中性点引出的星形—曲折形联结的三相变压器　　星形—星形—三角形联结的三相变压器

特别提醒

在实际的线路中,单相变压器的连接方式有两种,分别为串联方式和并联方式。变压器的串联可以得到较大的额定电压,而并联可以得到较大的额定电流。

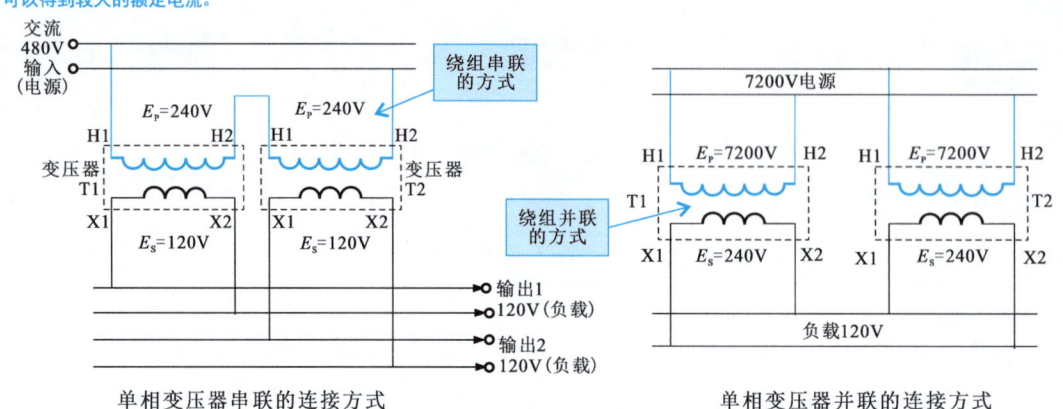

单相变压器串联的连接方式　　　　单相变压器并联的连接方式

特别提醒

三相变压器内部的绕组较多,最常用的就是星形(Y)联结,这种结构是指三相变压器的一次绕组以Y进行联结,即每个绕组的末端连接到中性点上,绕组的另一端与相应的线路进行连接。

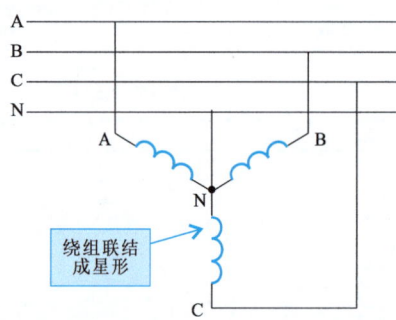 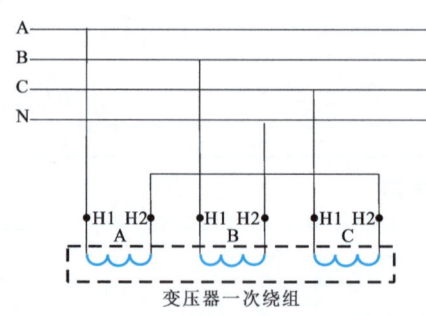

特别提醒

三相变压器在电路中最常用的就是Y-Y的连接方式,即一次绕组和二次绕组均用Y联结。

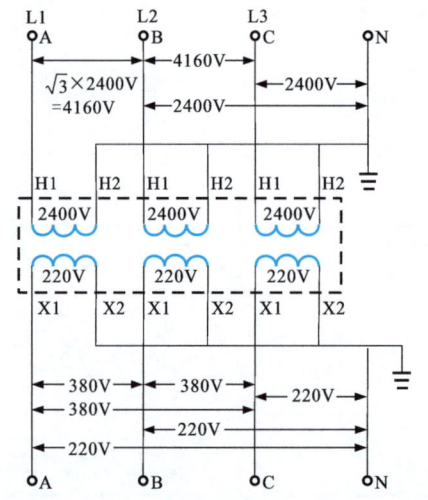 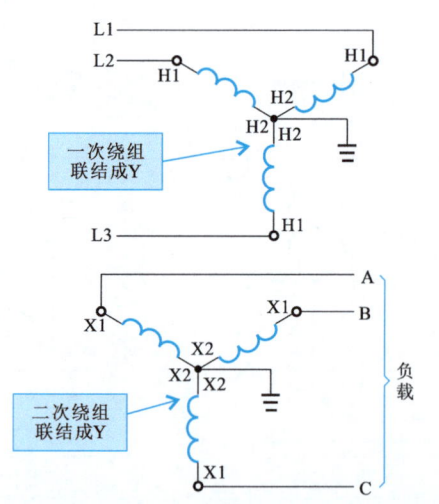

1.1.5 电动机的符号标识

电动机是一种可以将电能转换为机械能的电气设备,也是电工电路中最常用的动力设备,实际应用中电动机有很多种类。在电路图中,各电动机以专用的图形符号和电路标识进行表示。

【典型开关部件的图形符号和电路标识】

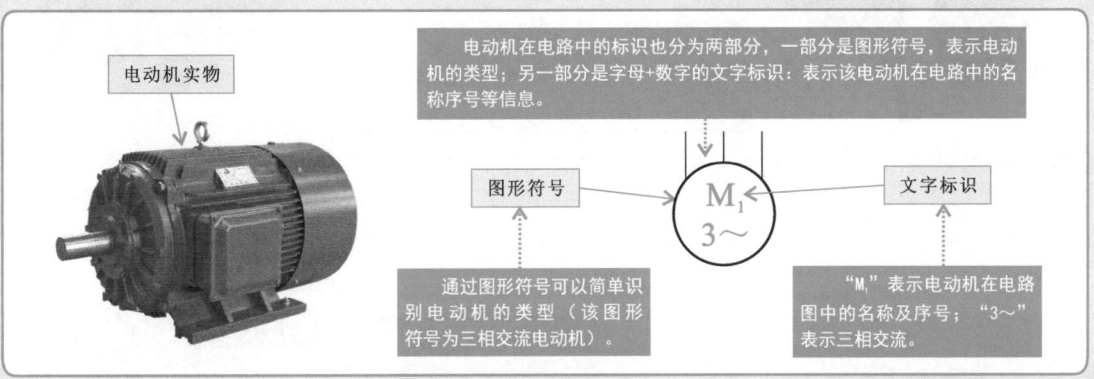

【直流电动机的符号标识】

特别提醒

在实际的电路中,很多时候用电动机的一般图形符号进行标识,即用"Ⓧ"表示电动机的通用符号,*可用字母M、G等字母代换。

【步进电动机和伺服电动机的符号标识】

步进电动机

步进电动机是将电脉冲信号转变为角位移或线位移的开环控制器件。在负载正常的情况下，电动机转动与停止的位置（或相位）只取决于驱动脉冲信号的频率和脉冲数，不受负载变化的影响。

伺服电动机

伺服电动机是指自动跟踪控制系统中的电动机，与自动控制电路系统是密不可分的。伺服电动机有直流电动机、交流电动机和步进电动机。

【单相电动机的符号标识】

单相电动机

单相交流电动机是利用单相交流电源供电的电动机，根据结构的不同，一般可分为单相同步电动机和单相异步电动机。

单相同步电动机的转速不受电压和负载的影响，转速稳定，主要应用于自动化仪器和生产设备中。单相异步电动机的转动速度与供电电源的频率不同步，因此多应用于输出转矩大、转速精度要求不高的产品中。

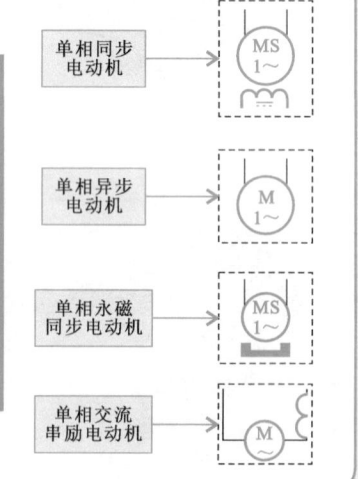

单相同步电动机

单相异步电动机

单相永磁同步电动机

单相交流串励电动机

【三相电动机的符号标识】

三相电动机

三相交流电动机是利用三相交流电源供电的电动机，一般供电电压为380V，在动力设备中应用较多。根据结构的不同，一般可分为三相同步电动机和三相异步电动机。

三相异步电动机是指其转子转速落后于定子磁场的旋转速度，在工矿企业中应用最为广泛。三相同步电动机的转速与旋转磁场同步，其主要特点是转速不随负载变化，功率因数可调节，所以通常应用于转速恒定的大功率生产机械中。

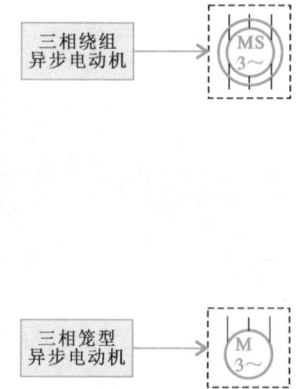

三相绕组异步电动机

三相笼型异步电动机

1.2 常用供配电部件的符号标识

1.2.1 高压供配电部件的符号标识

高压供配电部件是指专门用于高压供配电线路中的各种开关、保护、转换部件，除了前面介绍过的变压器外，还包括高压断路器、高压隔离开关、高压熔断器、高压电流互感器、高压电压互感器等，这些部件以专用的图形符号和电路标识进行表示。

【高压断路器的符号标识】

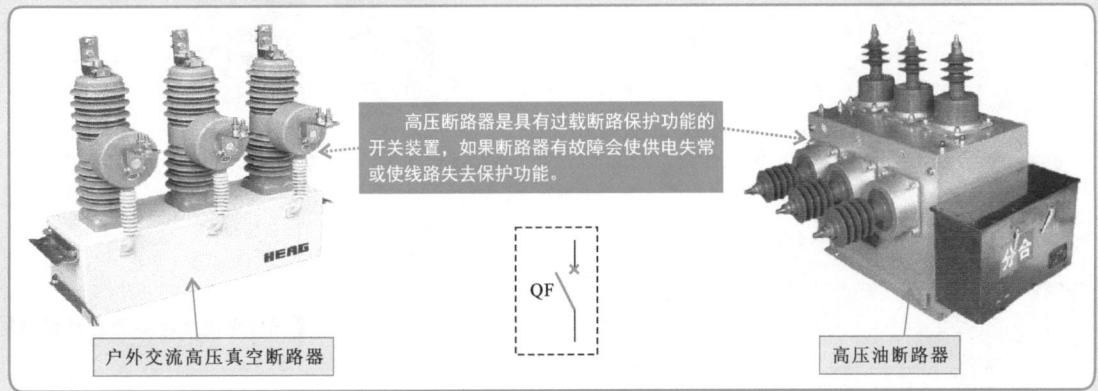

【高压隔离开关的符号标识】

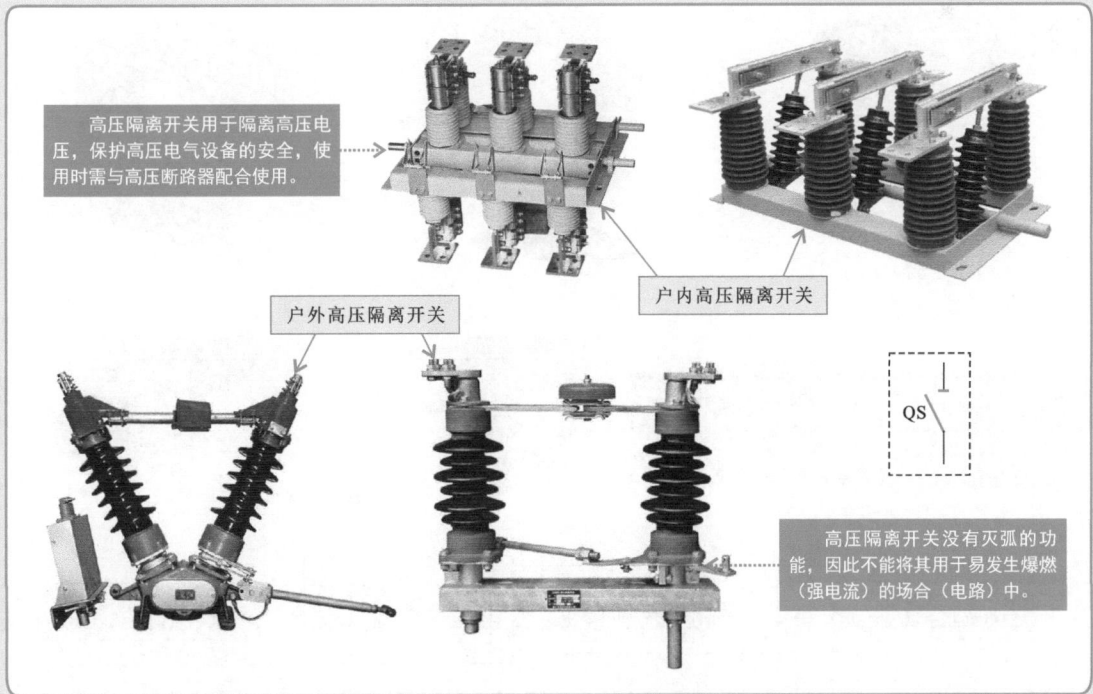

图解电工识图快速入门

【高压熔断器的符号标识】

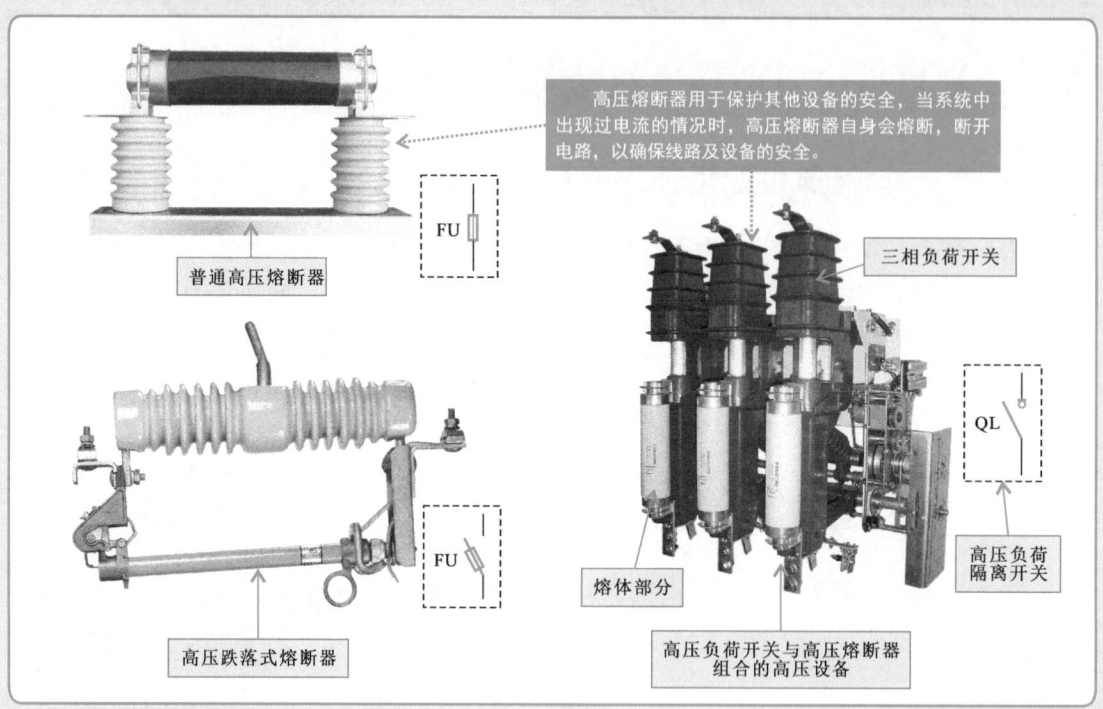

高压熔断器用于保护其他设备的安全,当系统中出现过电流的情况时,高压熔断器自身会熔断,断开电路,以确保线路及设备的安全。

- 普通高压熔断器 FU
- 高压跌落式熔断器 FU
- 三相负荷开关
- 熔体部分
- 高压负荷隔离开关 QL
- 高压负荷开关与高压熔断器组合的高压设备

【高压电流互感器的符号标识】

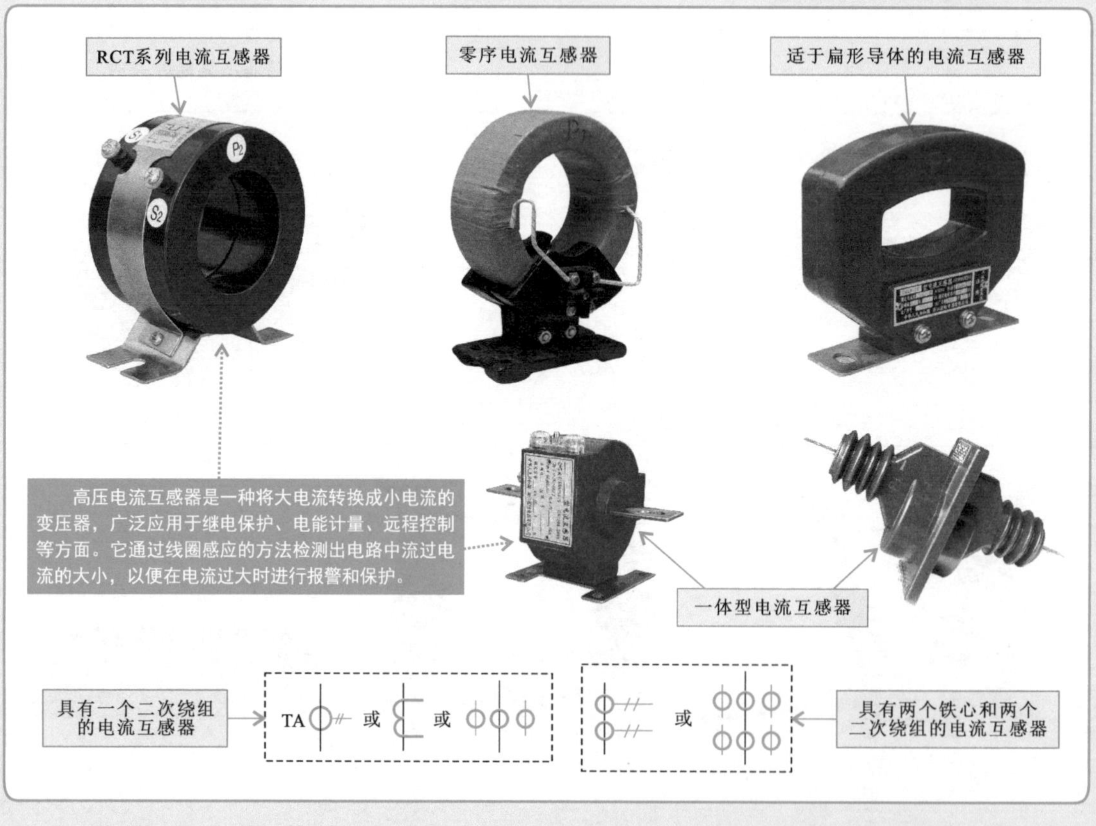

- RCT系列电流互感器
- 零序电流互感器
- 适于扁形导体的电流互感器
- 一体型电流互感器

高压电流互感器是一种将大电流转换成小电流的变压器,广泛应用于继电保护、电能计量、远程控制等方面。它通过线圈感应的方法检测出电路中电流的大小,以便在电流过大时进行报警和保护。

具有一个二次绕组的电流互感器 → TA ⊖╫ 或 ⊆╫ 或 ⊖╫⊖╫⊖╫

⊖╫╫ 或 ⊖╫╫⊖╫╫ ← 具有两个铁心和两个二次绕组的电流互感器

14

第1章 电工电路中的符号标识

【高压电压互感器的符号标识】

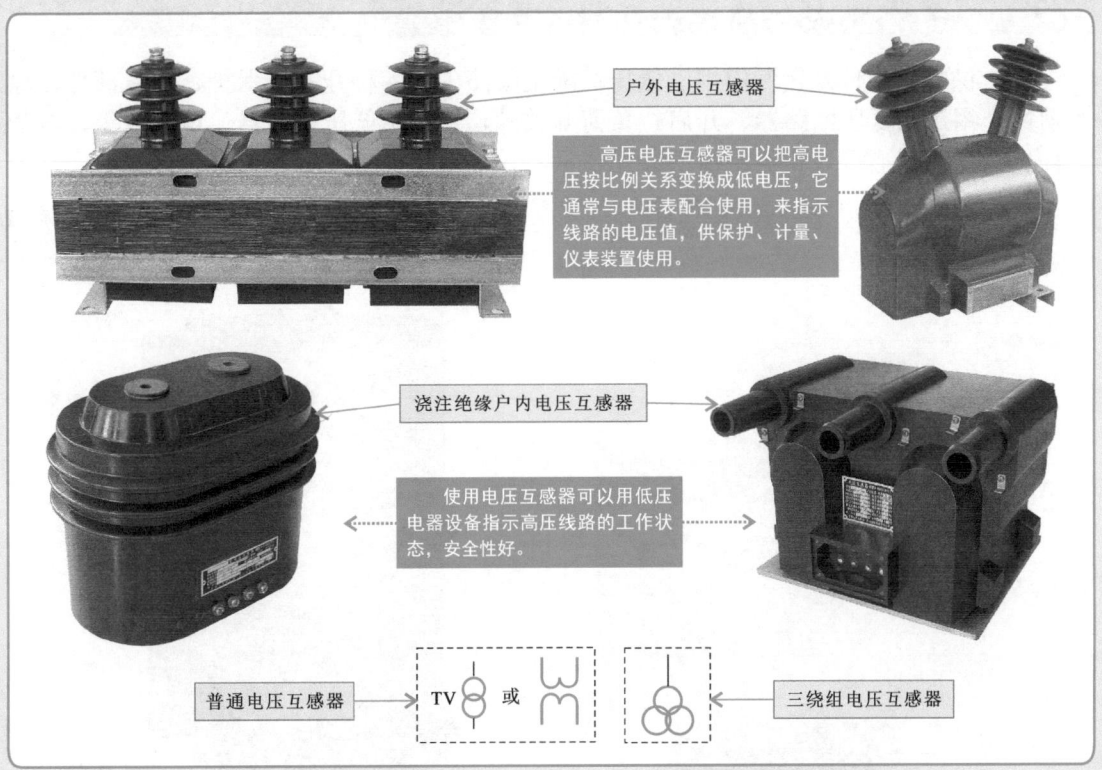

【高压补偿电容器和避雷器的符号标识】

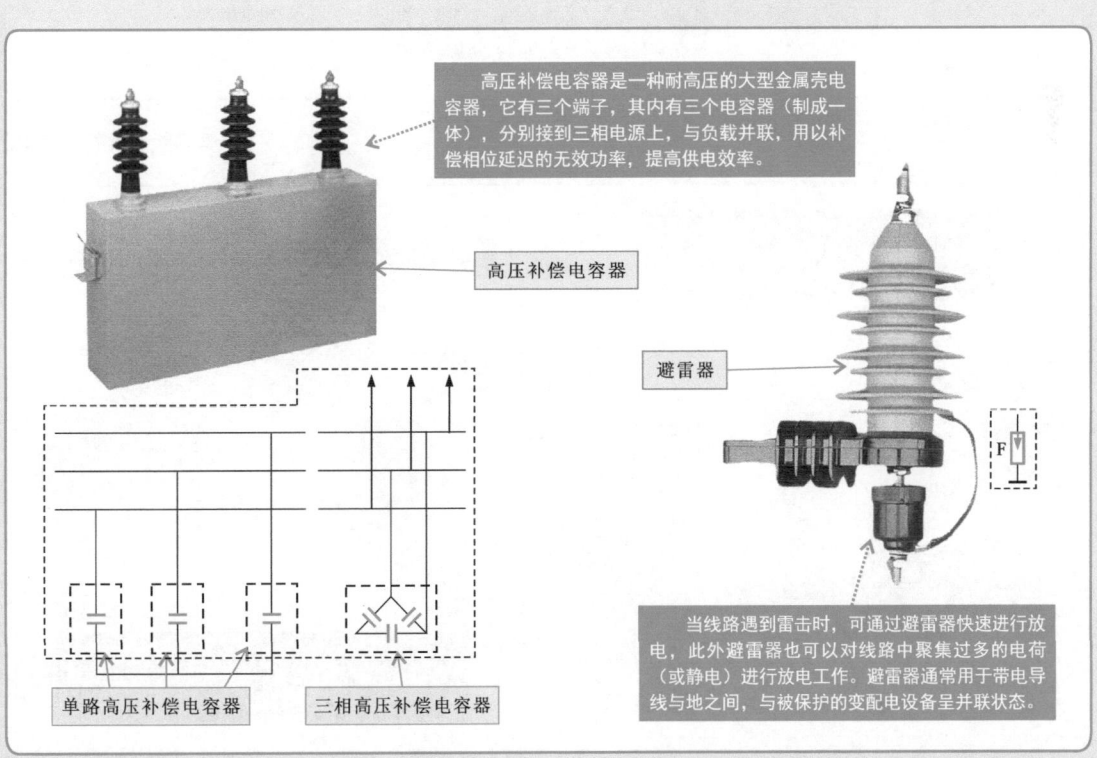

1.2.2 低压供配电部件的符号标识

低压供配电部件是指专门用于低压供配电线路中的各种开关、保护、计量部件，除了前面介绍过的低压断路器、开启式负荷开关外，还包括低压熔断器、电能表等，这些部件以专用的图形符号和电路标识进行表示。

【电能表的符号标识】

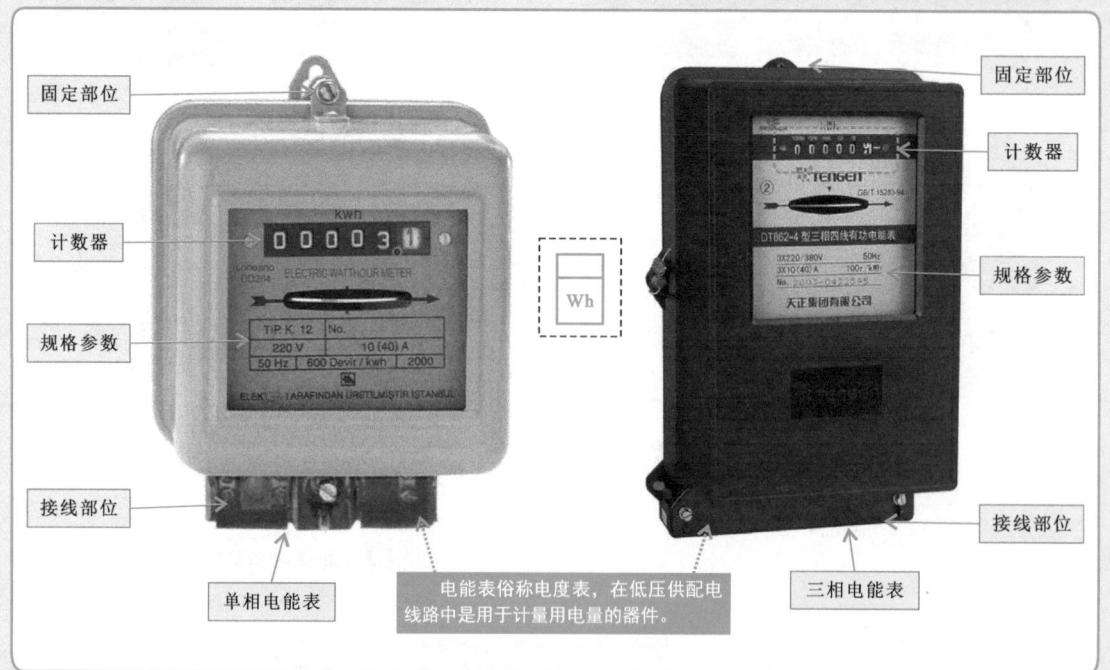

【低压熔断器的符号标识】

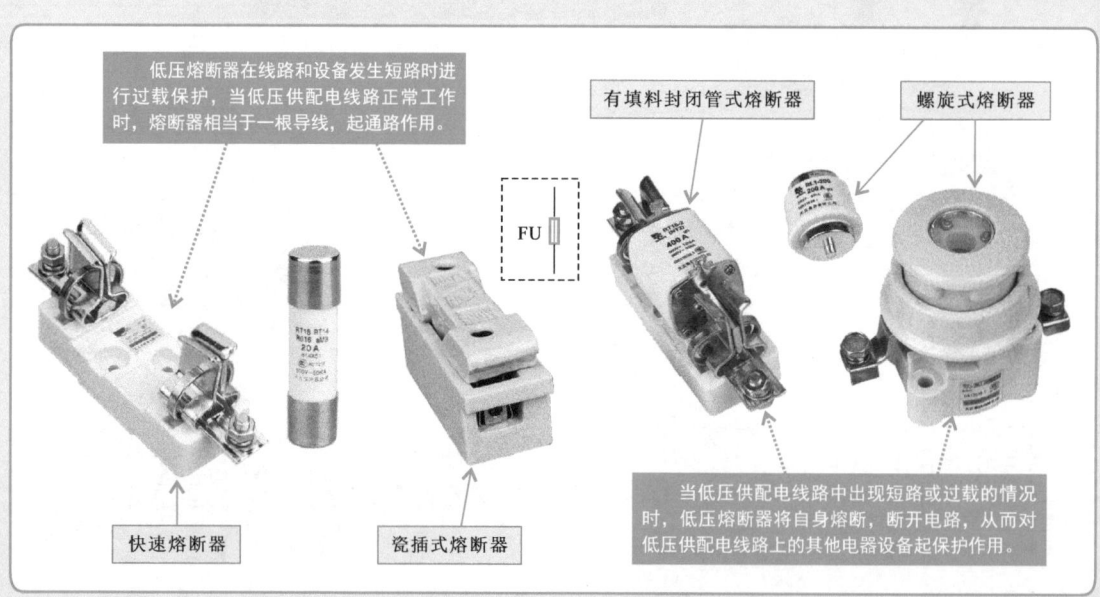

第1章　电工电路中的符号标识

1.3 常用电子元件的符号标识

1.3.1 电阻器的符号标识

电阻器是电工电路中应用最多的电子元器件之一。它利用自身对电流的阻碍作用，可以通过限流电路为其他电子元器件提供所需的电流，通过分压电路为其他电子元器件提供所需的电压。在电路图中，电阻器以专用的图形符号和电路标识进行表示。

【固定电阻器的符号标识】

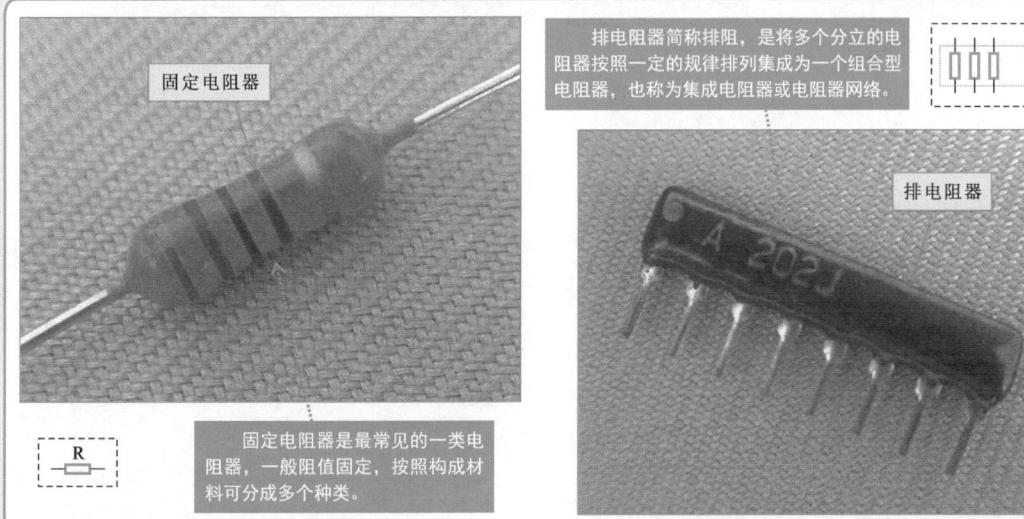

- 固定电阻器
- 排电阻器简称排阻，是将多个分立的电阻器按照一定的规律排列集成为一个组合型电阻器，也称为集成电阻器或电阻器网络。
- 排电阻器
- 固定电阻器是最常见的一类电阻器，一般阻值固定，按照构成材料可分成多个种类。

【可变电阻器、熔断电阻器和熔断器的符号标识】

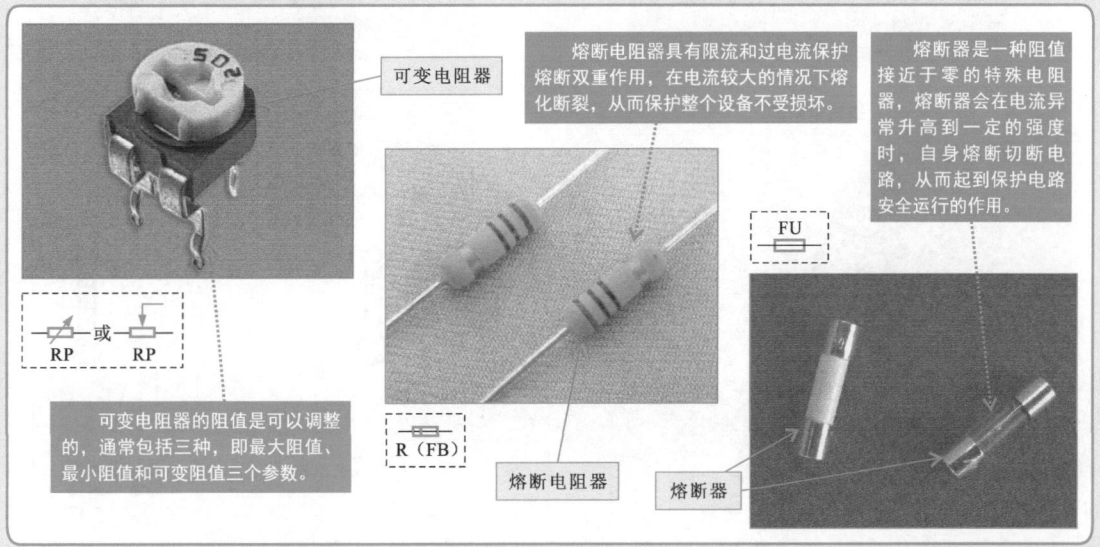

- 可变电阻器
- 熔断电阻器具有限流和过电流保护熔断双重作用，在电流较大的情况下熔化断裂，从而保护整个设备不受损坏。
- 熔断器是一种阻值接近于零的特殊电阻器，熔断器会在电流异常升高到一定的强度时，自身熔断切断电路，从而起到保护电路安全运行的作用。
- 可变电阻器的阻值是可以调整的，通常包括三种，即最大阻值、最小阻值和可变阻值三个参数。
- 熔断电阻器
- 熔断器

【敏感电阻器的符号标识】

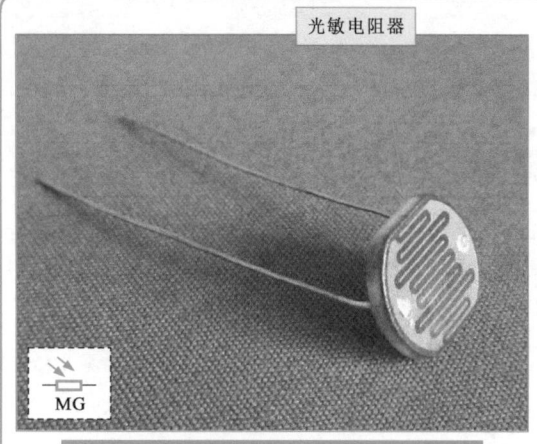

光敏电阻器

光敏电阻器是一种由半导体材料制成的电阻器，具有光导电特性。当入射光线增强时，阻值会明显减小；当入射光线减弱时，阻值会显著增大。

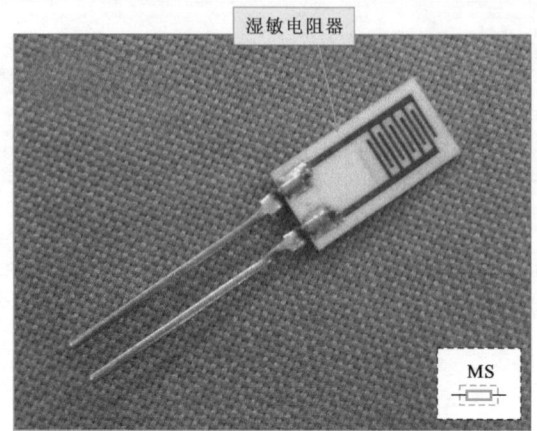

湿敏电阻器

湿敏电阻器是由感湿层（或湿敏膜）、引线电极和具有一定强度的绝缘基体组成的电阻器。该电阻器也有正系数和负系数两种。

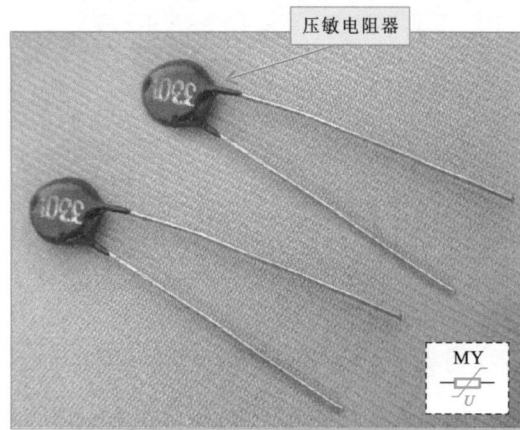

压敏电阻器

压敏电阻器是利用半导体材料的非线性特性原理制成的。当外加电压施加到某一临界值时，压敏电阻器的阻值就会急剧变小。

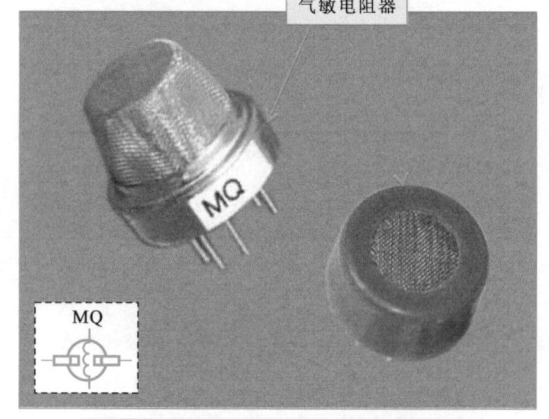

气敏电阻器

气敏电阻器是利用金属氧化物半导体表面吸收某种气体分子会发生氧化反应或还原反应而使阻值改变的特性而制成的电阻器。

热敏电阻器

热敏电阻器大多由单晶、多晶半导体材料制成。其阻值会随温度的变化而变化。

热敏电阻器可分为正温度系数热敏电阻和负温度系数热敏电阻两种。正温度系数热敏电阻器的阻值随温度的升高而升高；负温度系数热敏电阻器的阻值随温度的升高而降低。

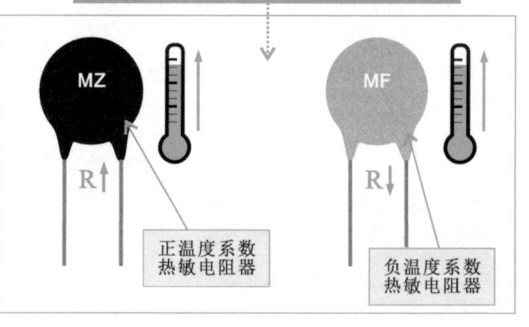

第1章 电工电路中的符号标识

1.3.2 电容器的符号标识

电容器是一种可贮存电能的元件（储能元件）。电容器是由两个极板构成的，具有存储电荷的功能，在电路中常用于滤波、与电感器构成谐振电路、作为交流信号的传输元件等。在电路图中，电容器以专用的图形符号和电路标识进行表示。

【普通电容器和电解电容器的符号标识】

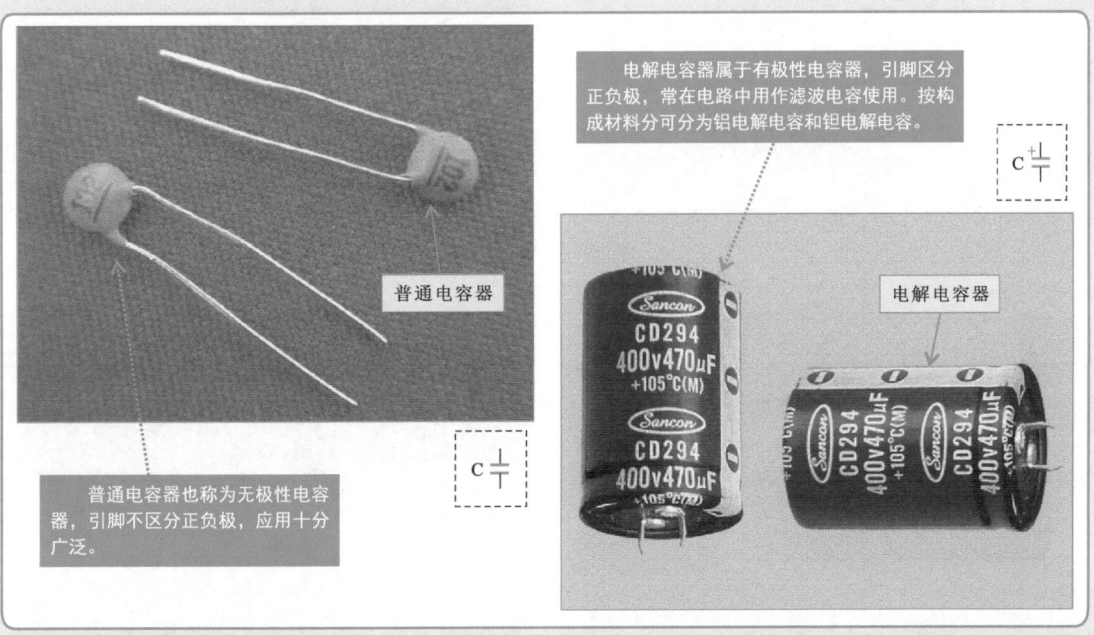

【微调电容器、可变电容器的符号标识】

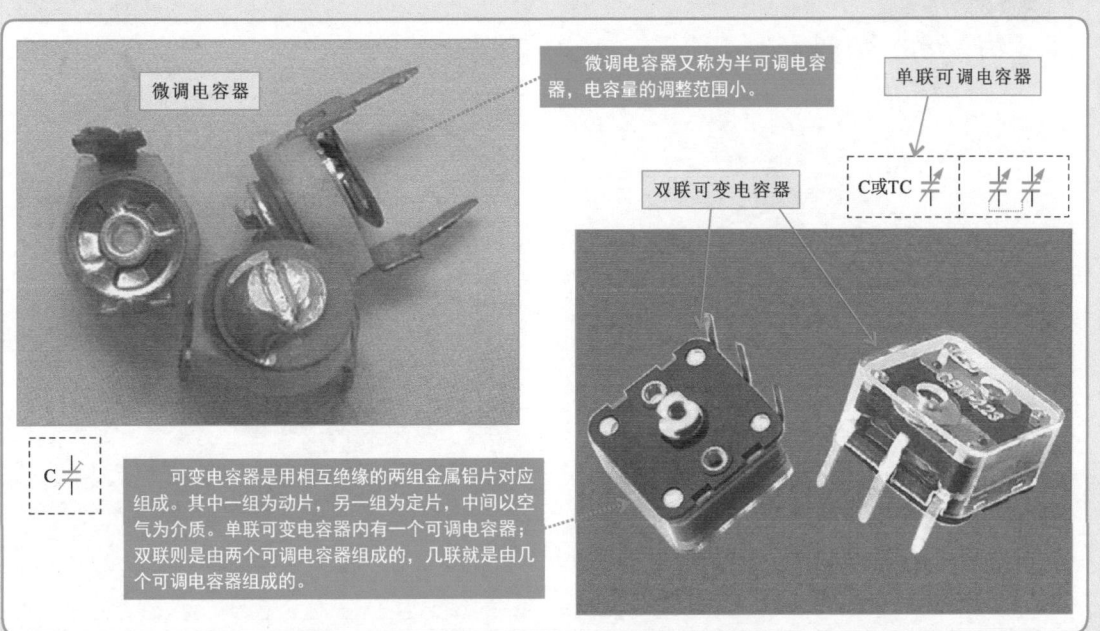

1.3.3 电感器的符号标识

电感器是一种利用线圈产生的磁场阻碍电流变化通直流、阻交流的元件，在电子产品中主要用于分频、滤波、谐振和磁偏转等。在电路图中，电感器以专用的图形符号和电路标识进行表示。

【电感器的符号标识】

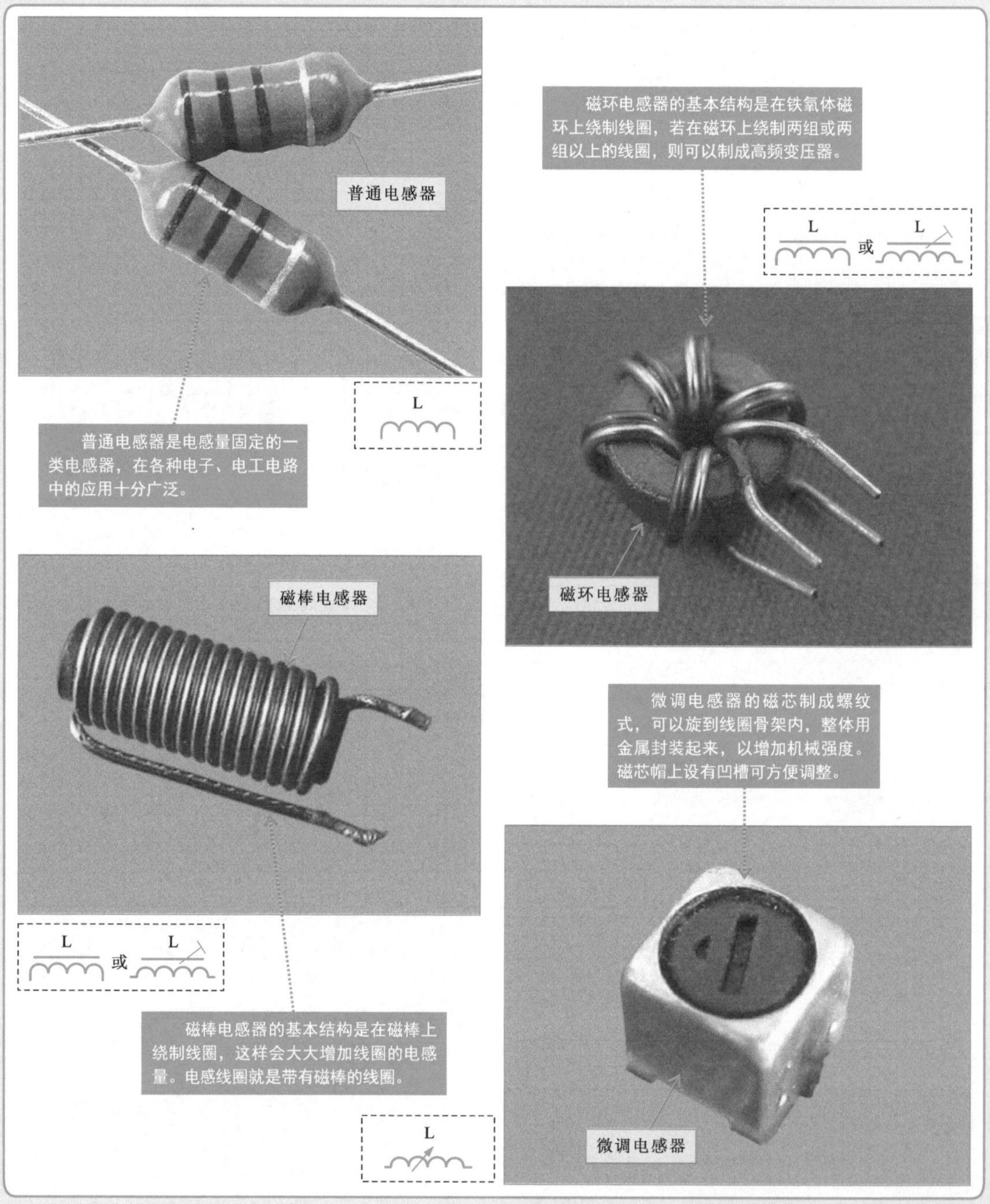

普通电感器

普通电感器是电感量固定的一类电感器，在各种电子、电工电路中的应用十分广泛。

磁环电感器的基本结构是在铁氧体磁环上绕制线圈，若在磁环上绕制两组或两组以上的线圈，则可以制成高频变压器。

磁环电感器

磁棒电感器

磁棒电感器的基本结构是在磁棒上绕制线圈，这样会大大增加线圈的电感量。电感线圈就是带有磁棒的线圈。

微调电感器的磁芯制成螺纹式，可以旋到线圈骨架内，整体用金属封装起来，以增加机械强度。磁芯帽上设有凹槽可方便调整。

微调电感器

1.4 常用半导体器件的符号标识

1.4.1 二极管的符号标识

晶体二极管（简称二极管）是一种常用的具有一个PN结的半导体器件，它具有单向导电性，通过二极管的电流只能沿一个方向流动。二极管只有在所加的正向电压达到一定值后才能导通。在电路图中，二极管以专用的图形符号和电路标识进行表示。

【二极管的符号标识】

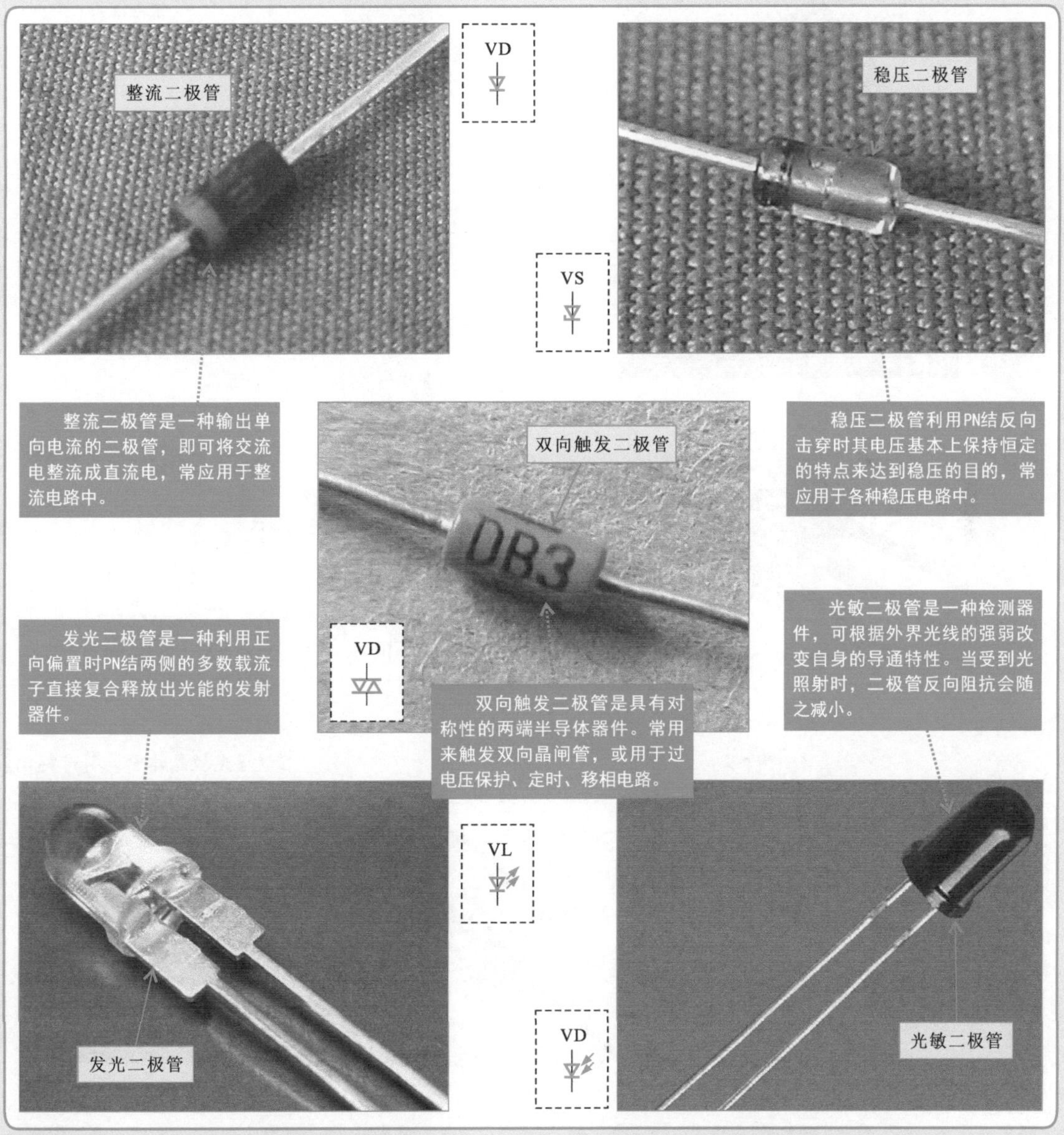

整流二极管

VD

稳压二极管

VS

整流二极管是一种输出单向电流的二极管，即可将交流电整流成直流电，常应用于整流电路中。

双向触发二极管

DB3

稳压二极管利用PN结反向击穿时其电压基本上保持恒定的特点来达到稳压的目的，常应用于各种稳压电路中。

发光二极管是一种利用正向偏置时PN结两侧的多数载流子直接复合释放出光能的发射器件。

VD

双向触发二极管是具有对称性的两端半导体器件。常用来触发双向晶闸管，或用于过电压保护、定时、移相电路。

光敏二极管是一种检测器件，可根据外界光线的强弱改变自身的导通特性。当受到光照射时，二极管反向阻抗会随之减小。

发光二极管

VL

VD

光敏二极管

1.4.2 晶体管的符号标识

晶体管是一种半导体器件，它是在一块半导体基片上制作两个距离很近的PN结，这两个PN结把整块半导体分成三部分，中间部分称为基区，两侧部分是集电区和发射区，是电子电路中非常重要的核心元器件。晶体管最重要的功能就是具有电流放大作用，只要基极电流有一个很小的变化就会引起集电极电流发生较大的变化。

【典型晶体管的符号标识】

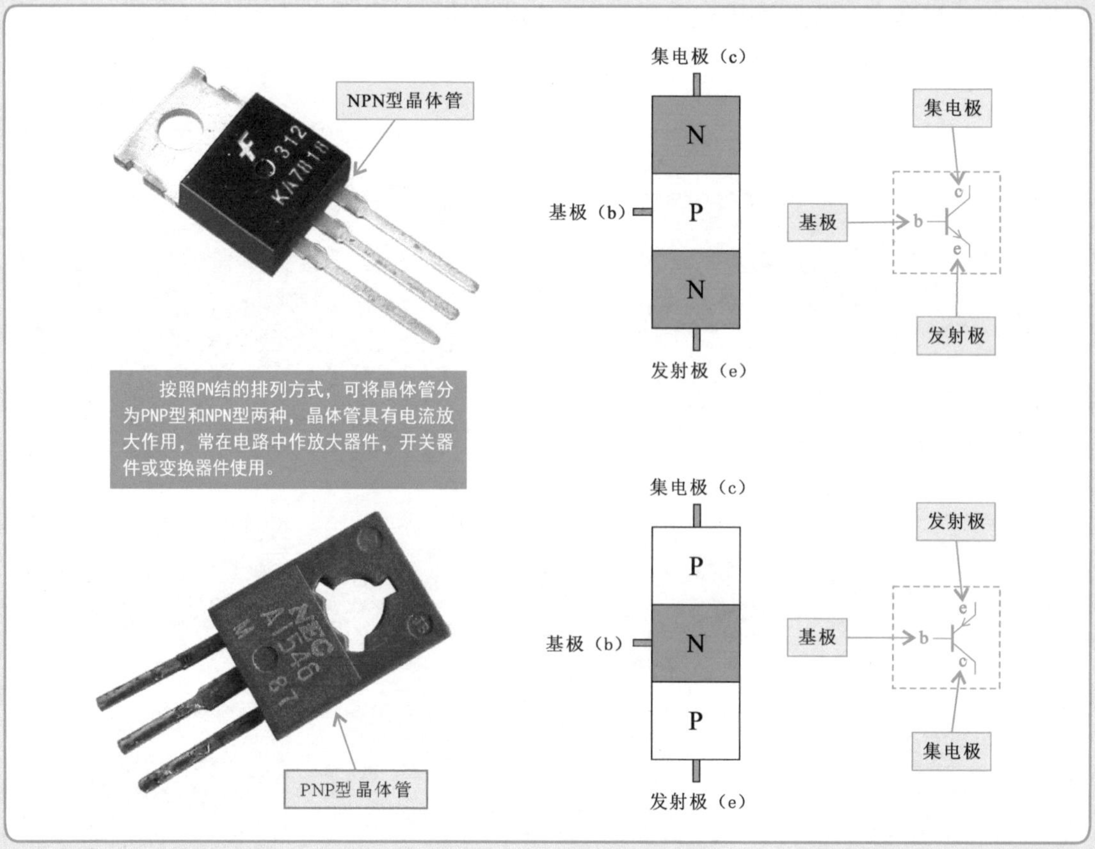

NPN型晶体管
集电极（c）
N
基极（b）
P
N
发射极（e）
集电极
基极
b
c
e
发射极
按照PN结的排列方式，可将晶体管分为PNP型和NPN型两种，晶体管具有电流放大作用，常在电路中作放大器件，开关器件或变换器件使用。
集电极（c）
P
基极（b）
N
P
发射极（e）
发射极
基极
b
e
c
集电极
PNP型晶体管

【光敏晶体管的符号标识】

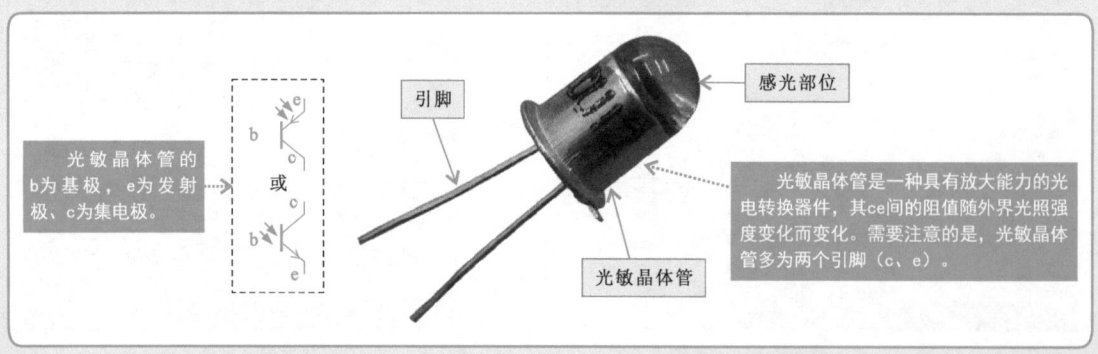

光敏晶体管的b为基极，e为发射极、c为集电极。
b
e
c
或
c
b
e
引脚
感光部位
光敏晶体管
光敏晶体管是一种具有放大能力的光电转换器件，其ce间的阻值随外界光照强度变化而变化。需要注意的是，光敏晶体管多为两个引脚（c、e）。

1.4.3 晶闸管的符号标识

晶闸管是晶体闸流管的简称，它是一种可控整流半导体器件，俗称可控硅。晶闸管在一定的电压条件下，只要有一触发脉冲就可导通，触发脉冲消失，晶闸管仍然能维持导通状态，可以微小的功率控制较大的功率，因此，常作为电动机驱动控制、电动机调速控制、电量通断、调压、控温等的控制器件，广泛应用于电子电器产品、工业控制及自动化生产领域。在电路图中，晶闸管以专用的图形符号和电路标识进行表示。

【典型晶闸管的符号标识】

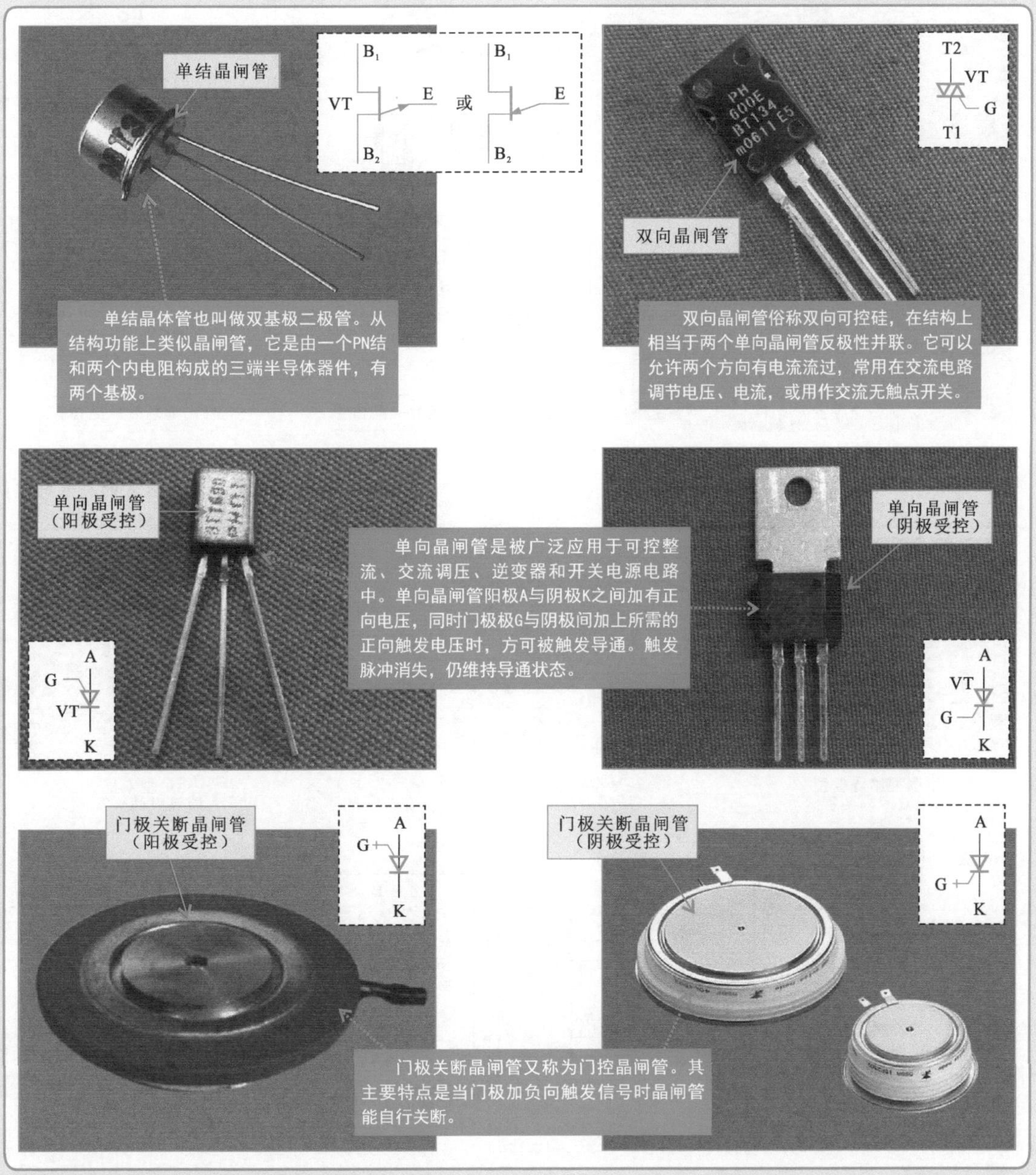

单结晶闸管

单结晶体管也叫做双基极二极管。从结构功能上类似晶闸管，它是由一个PN结和两个内电阻构成的三端半导体器件，有两个基极。

双向晶闸管

双向晶闸管俗称双向可控硅，在结构上相当于两个单向晶闸管反极性并联。它可以允许两个方向有电流流过，常用在交流电路调节电压、电流，或用作交流无触点开关。

单向晶闸管（阳极受控）

单向晶闸管是被广泛应用于可控整流、交流调压、逆变器和开关电源电路中。单向晶闸管阳极A与阴极K之间加有正向电压，同时门极G与阴极间加上所需的正向触发电压时，方可被触发导通。触发脉冲消失，仍维持导通状态。

单向晶闸管（阴极受控）

门极关断晶闸管（阳极受控）

门极关断晶闸管（阴极受控）

门极关断晶闸管又称为门控晶闸管。其主要特点是当门极加负向触发信号时晶闸管能自行关断。

1.4.4 场效应晶体管的符号标识

场效应晶体管简称为场效应管，是一种典型的电压控制型半导体器件，具有输入阻抗高、噪声小、热稳定性好、便于集成等特点，但容易被静电击穿。场效应晶体管有三个引脚，分别为漏极（D）、源极（S）、栅极（G）。在电路图中，场效应晶体管以专用的图形符号和电路标识进行表示。

【结型场效应管的符号标识】

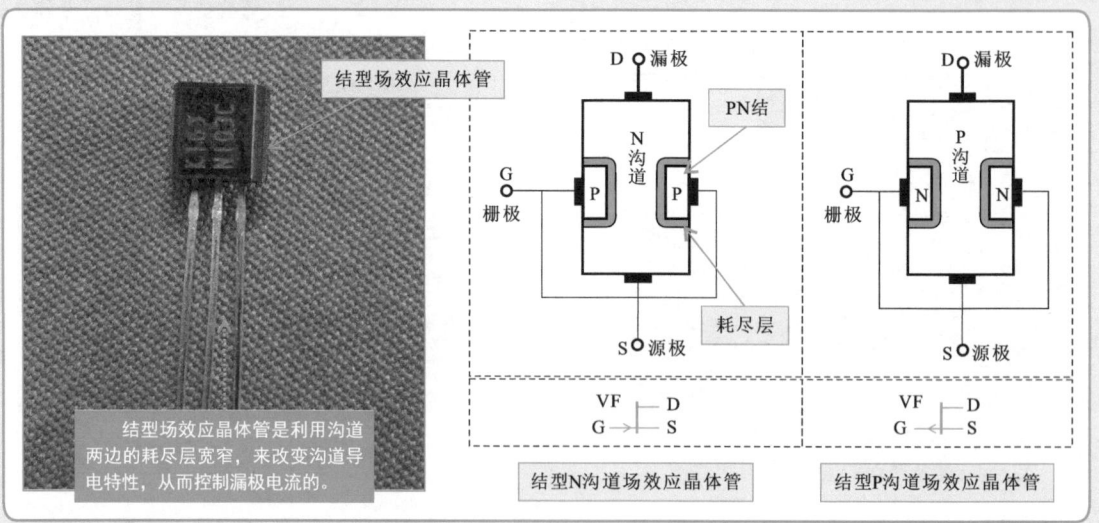

【绝缘栅型场效应管的符号标识】

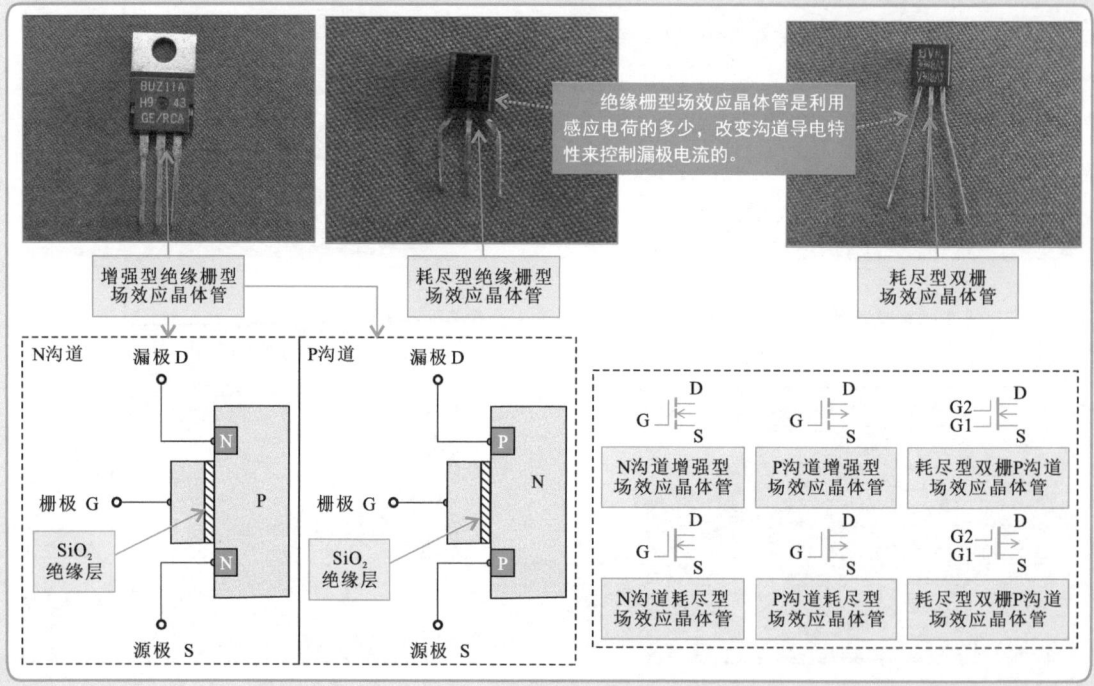

第2章　电工电路图的种类特点与连接方式

2.1 电工电路图的特点与应用

2.1.1 电工概略图的特点与应用

电工概略图也称为系统图或框图，这种电路图主要反映电气线路的基本结构和连接关系，所表达的内容比较简单、概括。它主要用于帮助电工完成对整个电路整体关系的理解，有助于从整体上把握整个电路系统或分系统的基本组成、相互关系及主要特征。

【某建筑物的室外照明线路概略图】

根据该图可以清楚地了解整个电路的规模、系统组成和电路顺序等方面的信息。

【典型车间供配电线路的电工概略图】

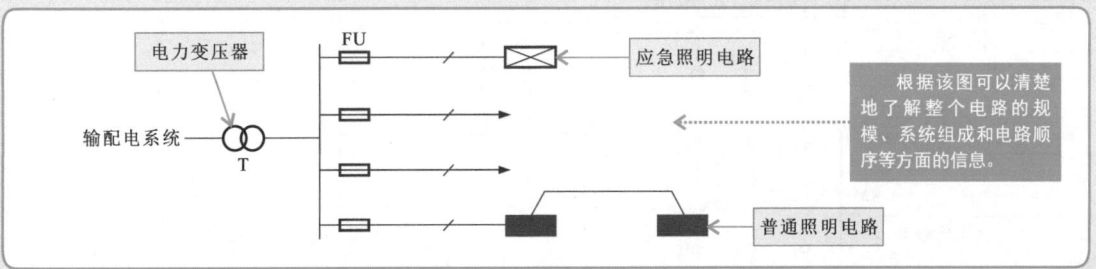

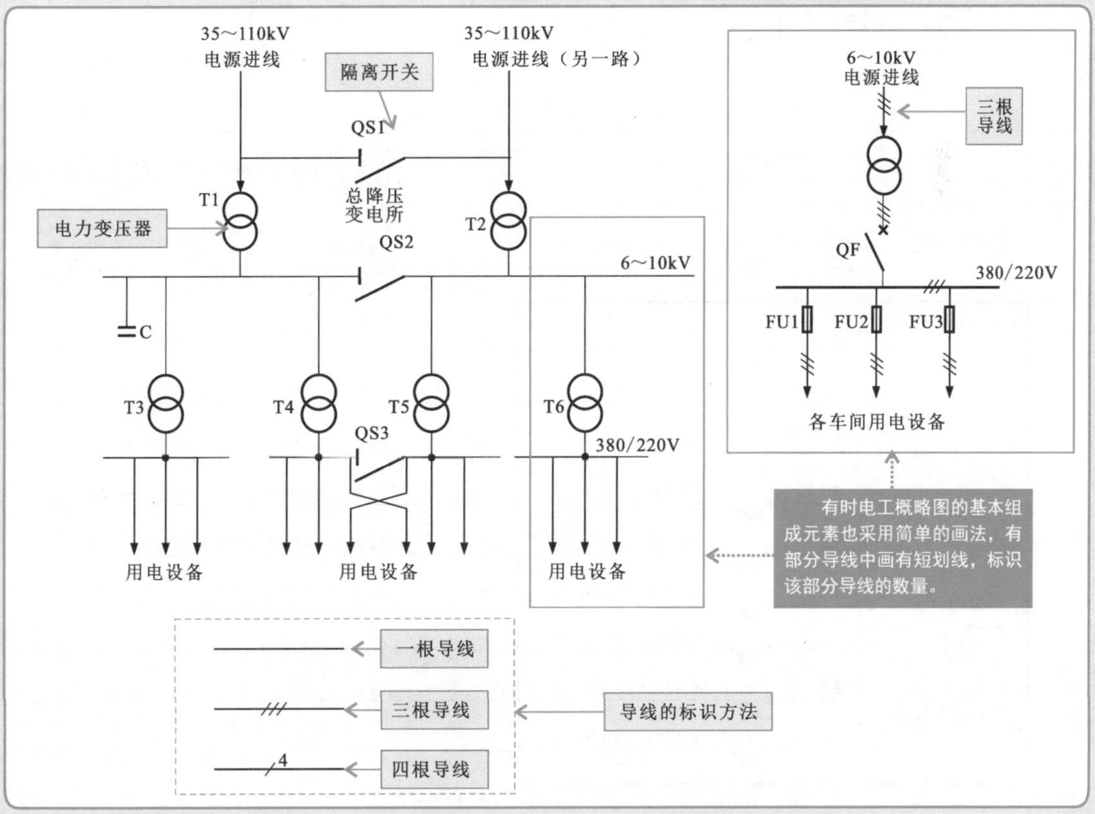

有时电工概略图的基本组成元素也采用简单的画法，有部分导线中画有短划线，标识该部分导线的数量。

2.1.2 电气连接图的特点与应用

电气连接图重点突出电工电路各电气部件或电子元器件的实际位置及它们之间的连接关系，主要应用于电工的安装接线、线路检查、线路维修和故障处理等场合。

【典型电动机点动控制电路的电气连接图】

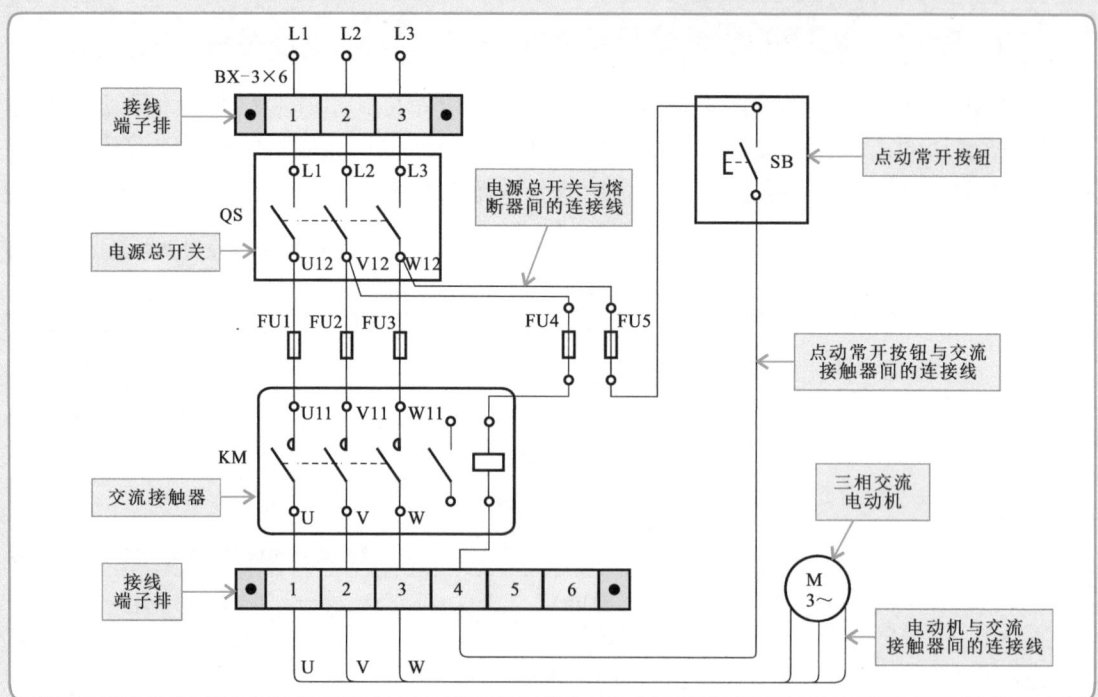

【典型供配电系统的电气连接图】

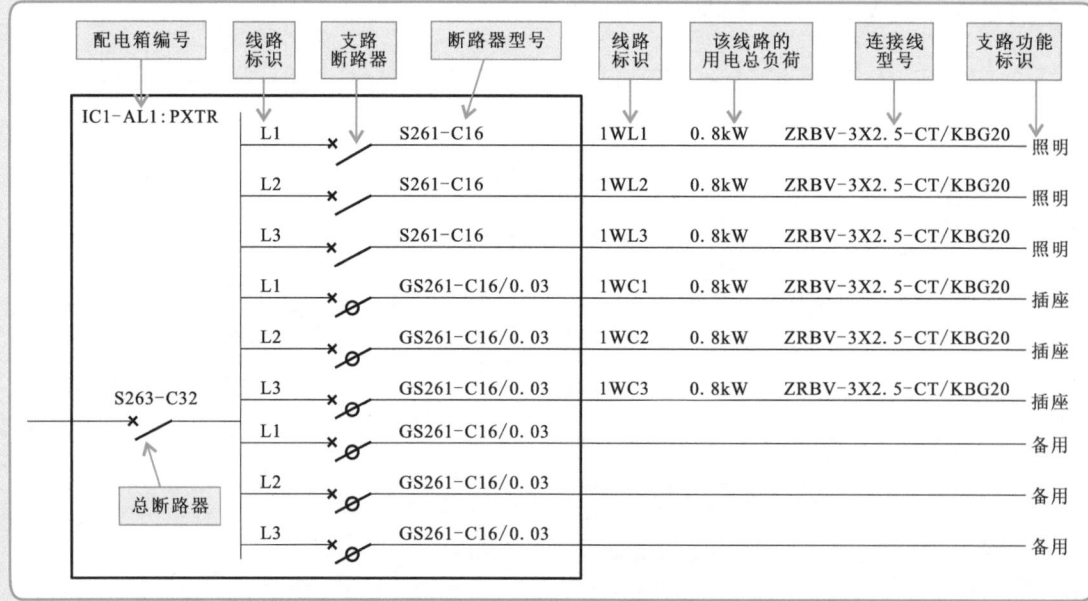

2.1.3 电工原理图的特点与应用

电工原理图是电工中非常重要的一种电路图,这种电路图中详细地画出了各种组成部件或装置的图形符号,并用规则的导线连接来表现各部件之间的连接关系,主要用于辅助电气系统维修人员完成对设备和系统工作原理的分析,以此来指导完成维修工作。

【典型电动机点动控制电路的电工原理图】

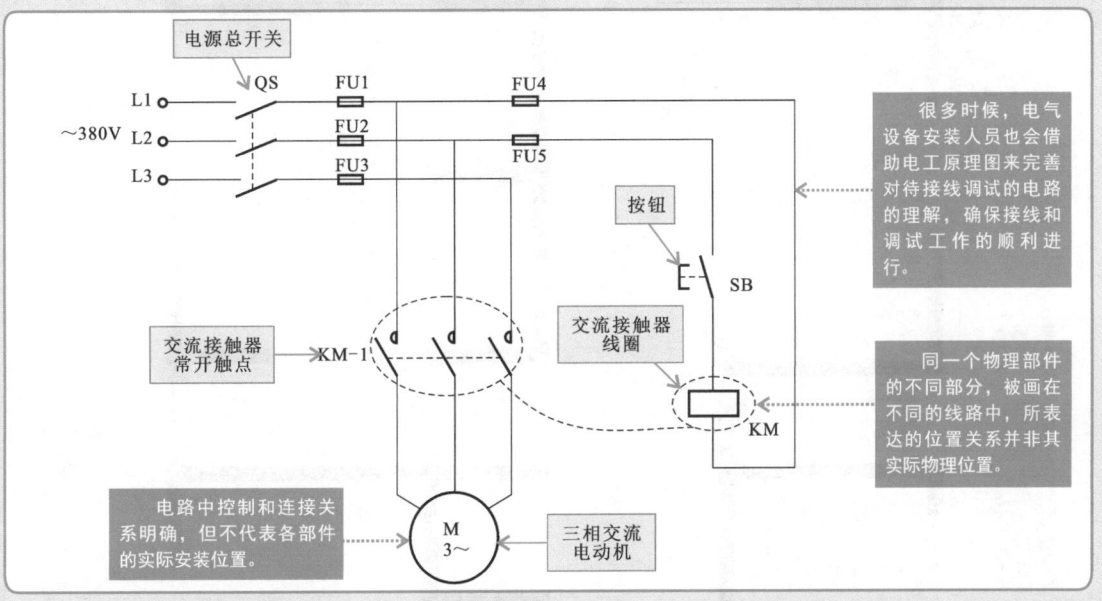

【典型电气部件与电子元器件构成的电工原理图】

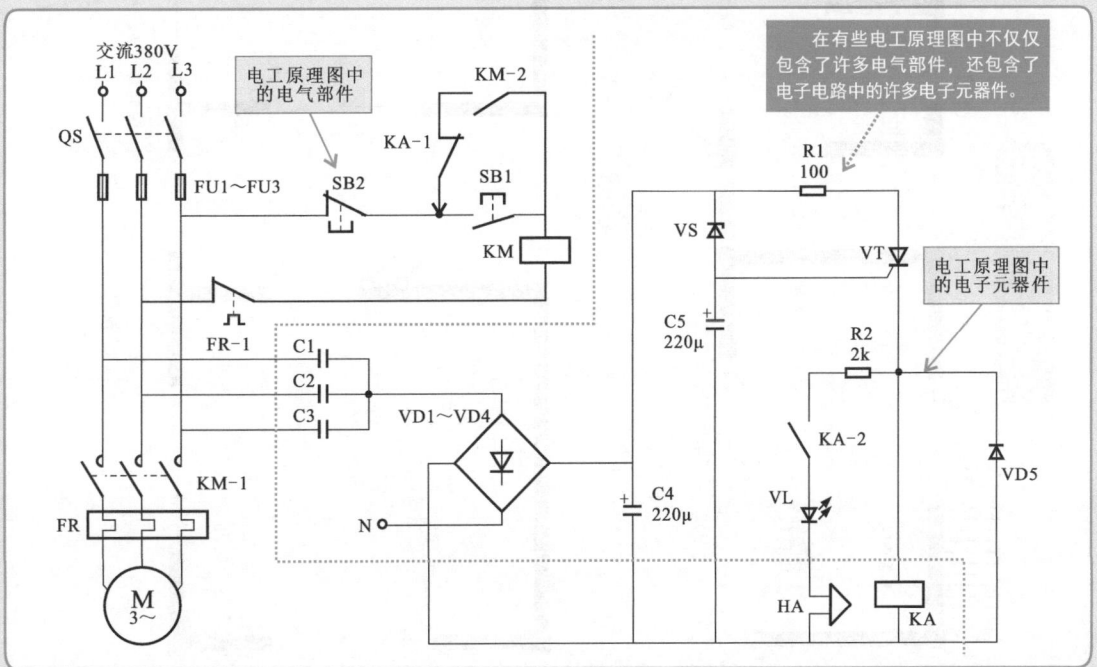

2.1.4 电工施工图的特点与应用

电工施工图是一种采用示意图及文字标识的方法反映电气部件的具体安装位置、线路的分配、走向、敷设、施工方案以及线路连接关系等的一种电路结构，主要用于电气设备的安装接线、敷设以及调试、检修中。

【典型室内的电工施工图】

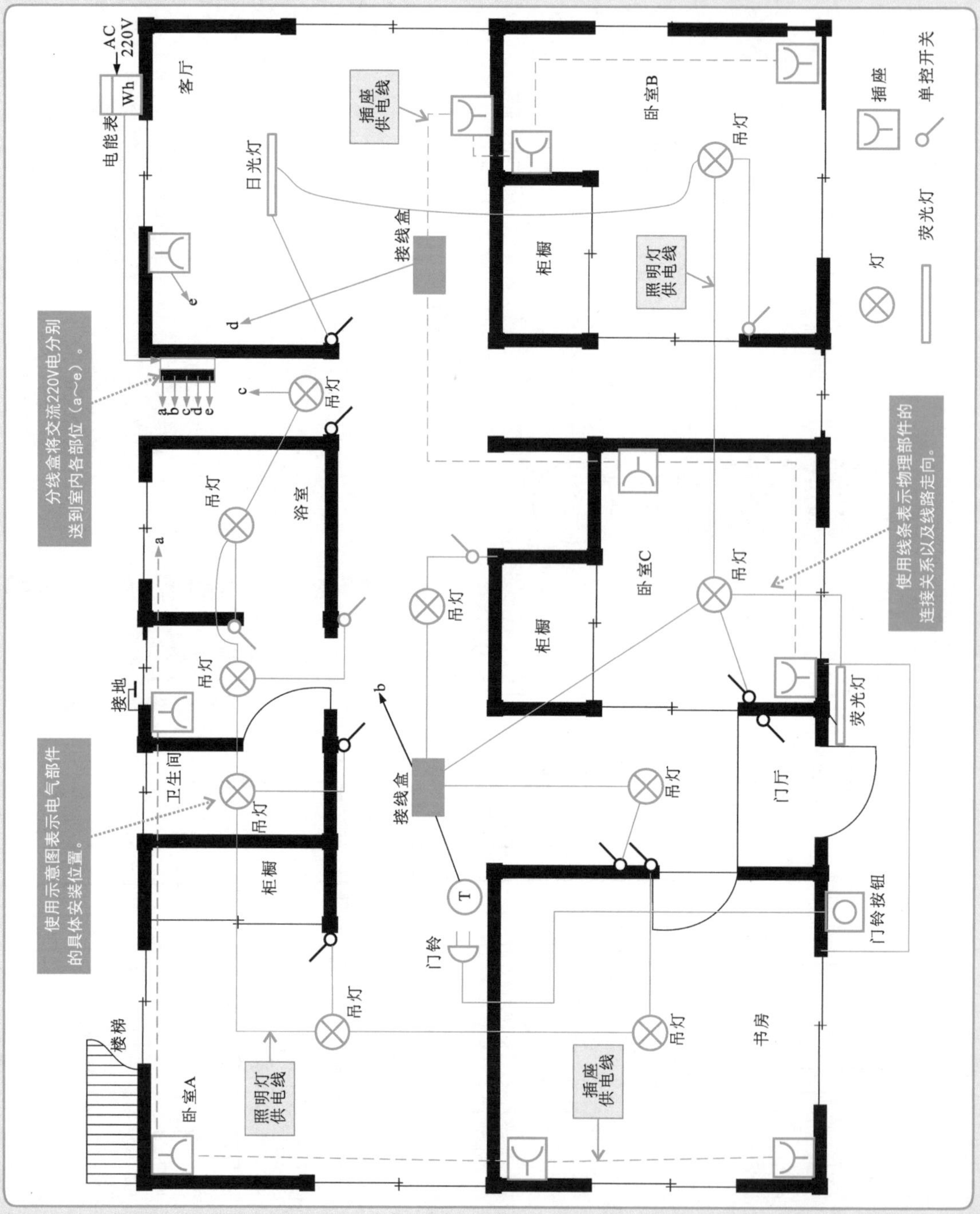

2.2 电工电路图的基本连接方式

2.2.1 电气元件的串联方式

如果电路中两个或多个负载首尾相连,那么我们称它们的连接状态是串联的,该电路即称为串联电路。

【典型串联电路的实物连接及电路原理图】

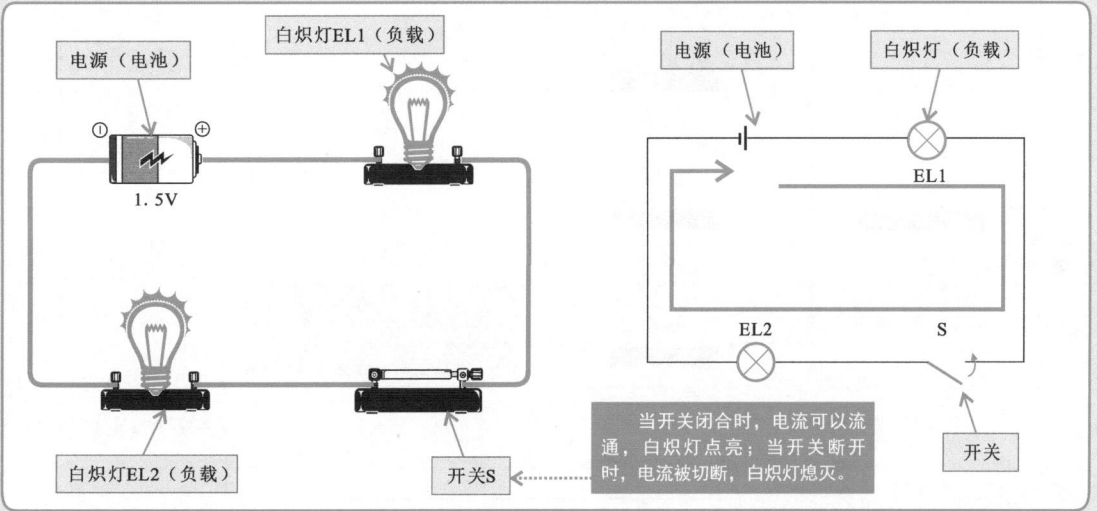

【串联电路电压的分配】

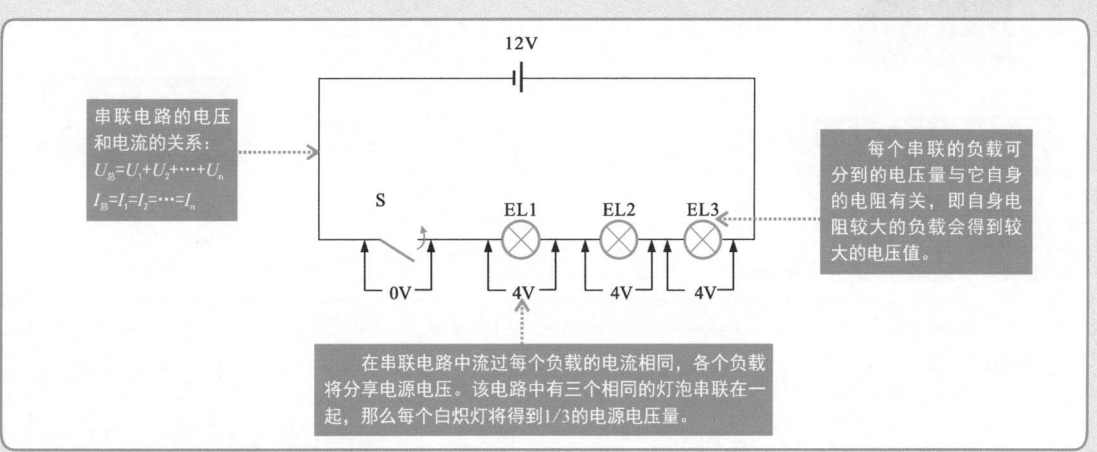

串联电路的电压和电流的关系：
$U_总=U_1+U_2+\cdots+U_n$
$I_总=I_1=I_2=\cdots=I_n$

每个串联的负载可分到的电压量与它自身的电阻有关,即自身电阻较大的负载会得到较大的电压值。

在串联电路中流过每个负载的电流相同,各个负载将分享电源电压。该电路中有三个相同的灯泡串联在一起,那么每个白炽灯将得到1/3的电源电压量。

特别提醒

串联灯泡的个数决定了电路中每个白炽灯的工作电压。越多的灯泡串联在一起,每个灯泡的工作电压越低。如果有10个型号相同的白炽灯串联在一起,总供电电压为220V,那么每个白炽灯会得到22V的电压（220V/10）。

在串联电路中通过每个负载的电流量是相同的,且串联电路中只有一个电流通路,当开关断开或电路的某一点出现断路时,整个电路将变成断路状态,因此当其中一盏灯损坏后,其他灯的电流通路也被切断,使得该盏灯不能正常点亮。

2.2.2 电气元件的并联方式

如果两个或两个以上负载其两端都和电源两端相连,那么我们称它们的连接状态是并联的,该电路即称为并联电路。

【典型并联电路的实物连接及电路原理图】

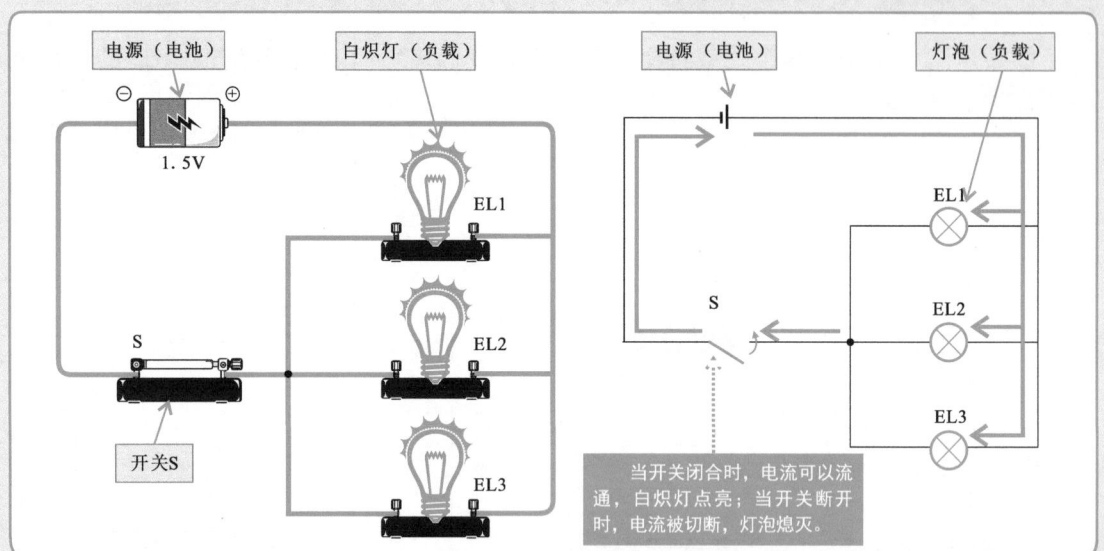

【并联电路电压的分配】

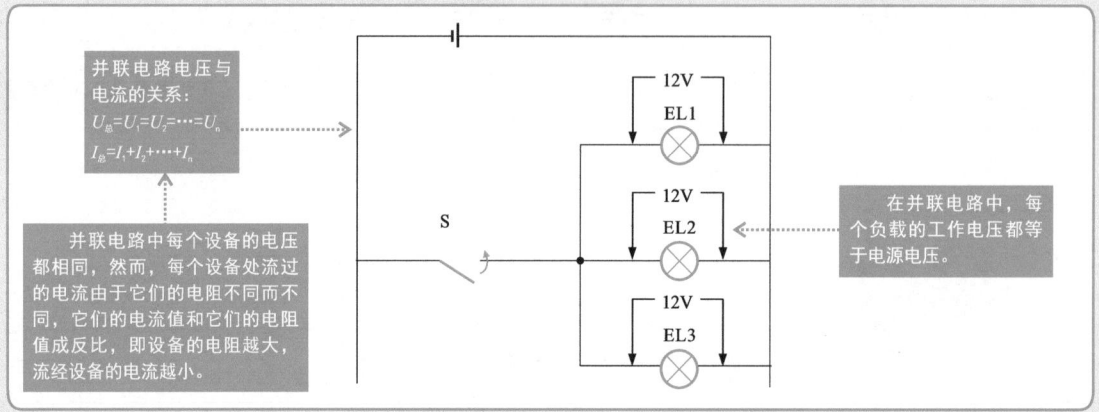

并联电路电压与电流的关系:
$U_总=U_1=U_2=\cdots=U_n$
$I_总=I_1+I_2+\cdots+I_n$

并联电路中每个设备的电压都相同,然而,每个设备处流过的电流由于它们的电阻不同而不同,它们的电流值和它们的电阻值成反比,即设备的电阻越大,流经设备的电流越小。

在并联电路中,每个负载的工作电压都等于电源电压。

特别提醒

在并联电路中,每个负载相对其他负载都是独立的,即有多少个负载就有多少条电流通路。由于是两盏灯进行并联,因此就有两条电流通路,当其中一个灯泡坏掉了,该条电流通路不能工作,而另一条电流通路是独立的,并不会受到影响,因此另一个灯泡仍然能正常工作。

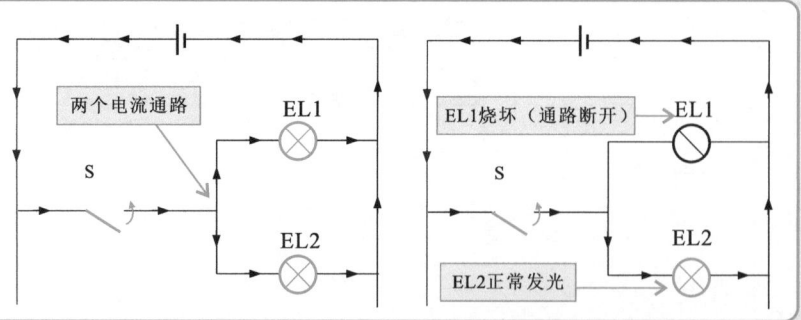

2.2.3 电气元件的混联方式

将负载进行串联和并联连接,那么我们称它们的连接状态是混联的,该电路即称为混联电路。

【典型混联电路的实物连接及电路原理图】

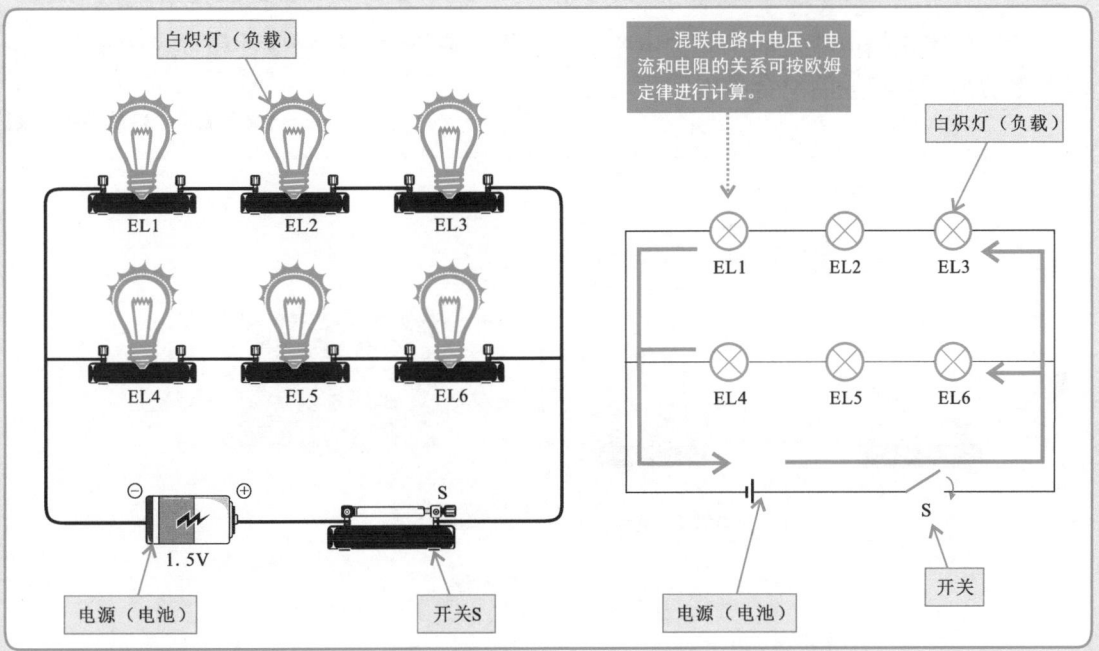

特别提醒

欧姆定律表示了电压（E）与电流（I）及电阻（R）之间的关系,即流过电阻的电流（I）与电阻两端的电压（U）成正比,与电阻值（R）成反比,即 $I=U/R$。

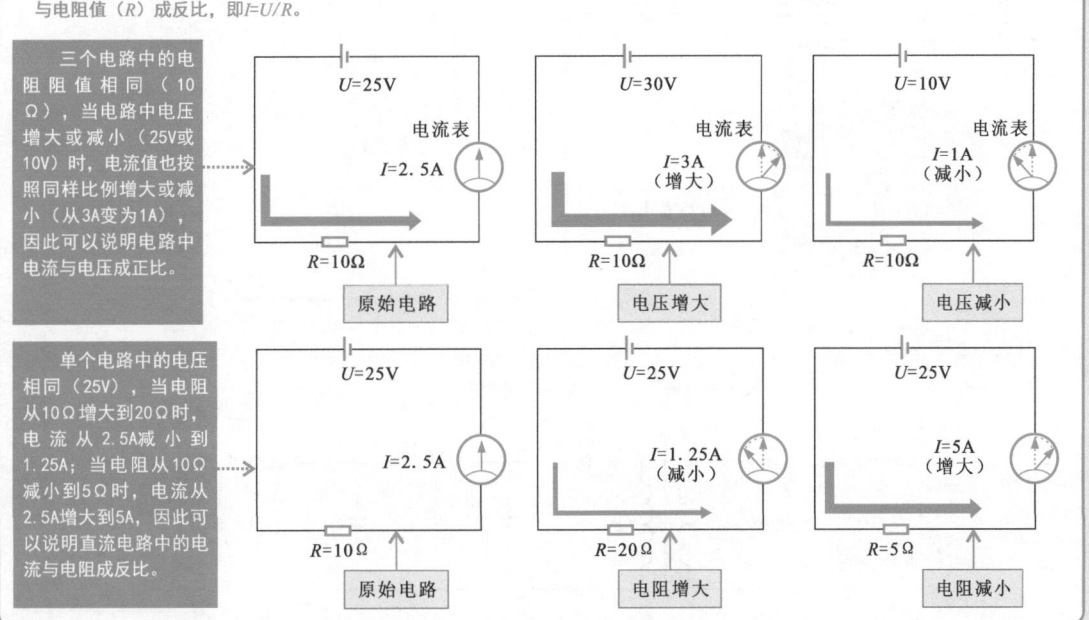

2.3 电工电路的特点

第2章

2.3.1 直流电路的特点

直流电路是指电流流向不变的电路，它是由直流电源、控制器件和负载（电阻、灯泡、电动机等）构成的闭合导电回路。

【典型直流电路的实物连接】

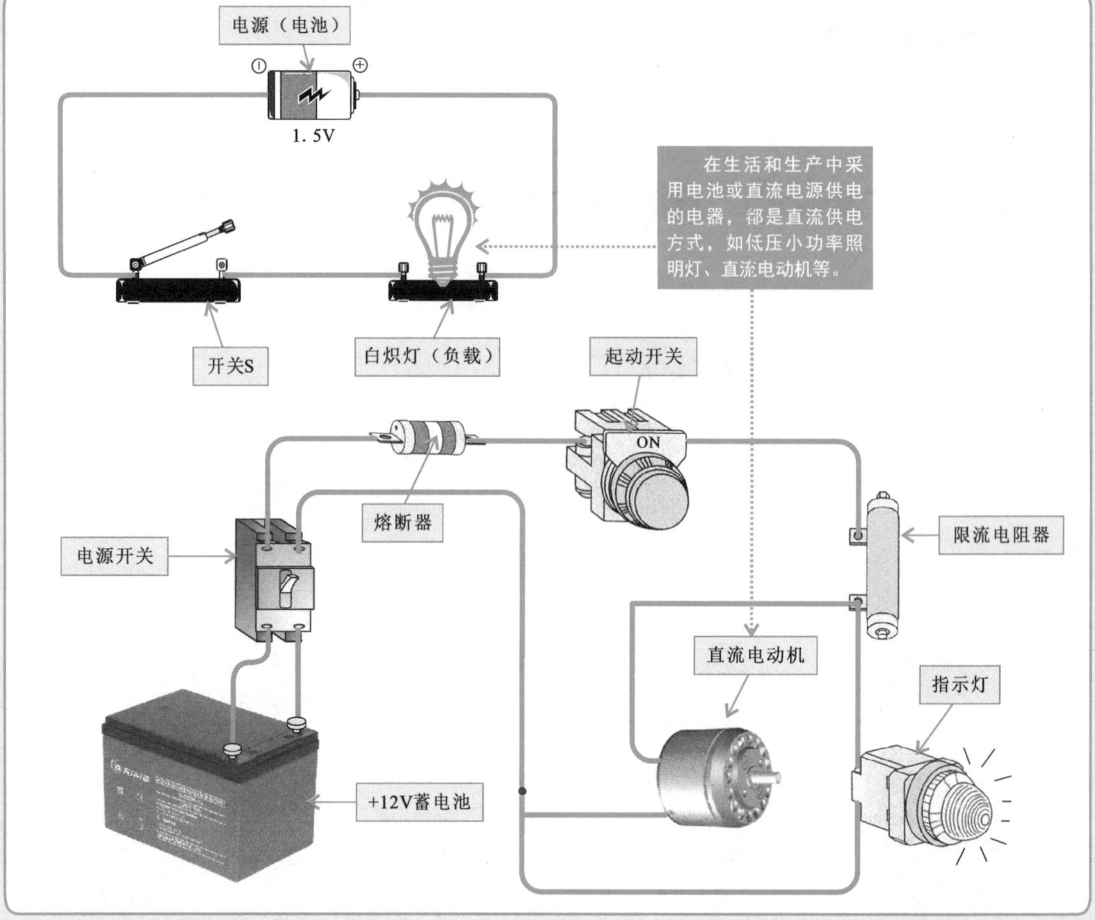

电源（电池）
1. 5V
在生活和生产中采用电池或直流电源供电的电器，都是直流供电方式，如低压小功率照明灯、直流电动机等。
开关S
白炽灯（负载）
起动开关
ON
熔断器
电源开关
限流电阻器
直流电动机
指示灯
+12V蓄电池

特别提醒

在许多家用电器中都是采用交流220V、50Hz的电源进行供电的，但在电器内部的各单元电路或元件往往需要多种直流电压，因而需要一些电路将交流220V电压变为直流电压，供电路各部分使用。

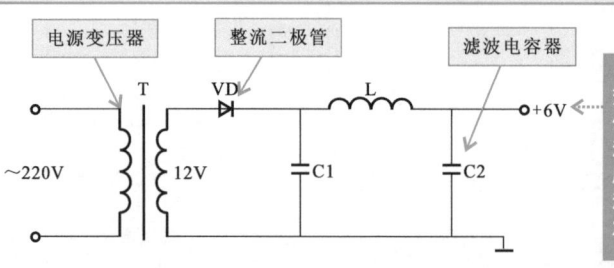

电源变压器
整流二极管
滤波电容器
T
VD
L
~220V
12V
C1
C2
+6V
交流220V电压经变压器T，先变成交流低压（12V）。再经整流二极管VD整流后变成脉动直流，脉动直流经LC滤波后变成稳定的直流电压。

第2章　电工电路图的种类特点与连接方式

1. 直流电路中的基本参数

直流电路中的基本参数主要有电流、电压、电能以及电功率，其各参数的基本定义如下。

【直流电路的基本参数】

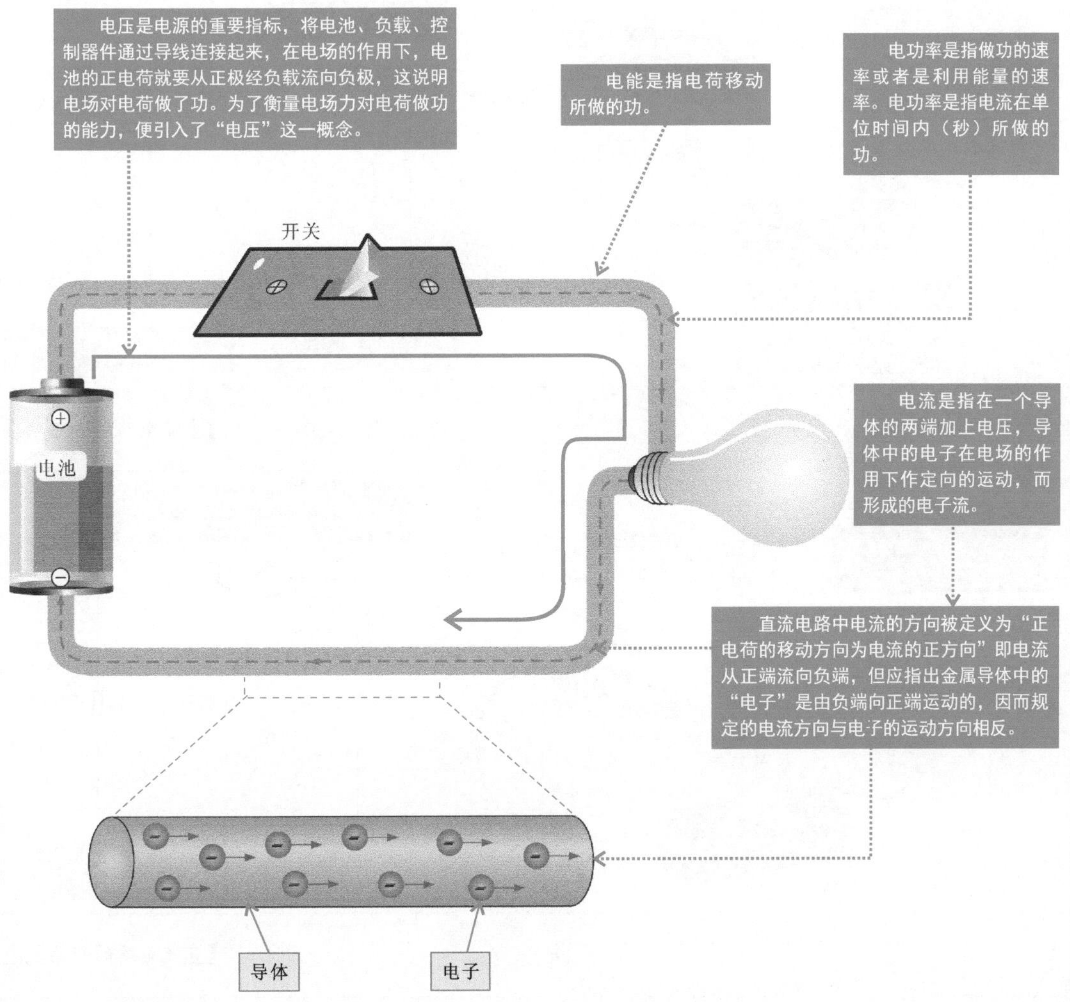

电压是电源的重要指标，将电池、负载、控制器件通过导线连接起来，在电场的作用下，电池的正电荷就要从正极经负载流向负极，这说明电场对电荷做了功。为了衡量电场力对电荷做功的能力，便引入了"电压"这一概念。

电能是指电荷移动所做的功。

电功率是指做功的速率或者是利用能量的速率。电功率是指电流在单位时间内（秒）所做的功。

开关

电池

电流是指在一个导体的两端加上电压，导体中的电子在电场的作用下作定向的运动，而形成的电子流。

直流电路中电流的方向被定义为"正电荷的移动方向为电流的正方向"即电流从正端流向负端，但应指出金属导体中的"电子"是由负端向正端运动的，因而规定的电流方向与电子的运动方向相反。

导体　　电子

特别提醒

电流用大写字母"I"或小写字母"i"来表示，指的是单位时间内通过导体横截面积的电荷量。若在t秒内通过导体横截面积的电荷量是Q库伦，则电流可用$I=Q/t$进行计算。电流的单位为"安培"，简称"安"，用大写字母A表示。根据不同的需要，还可以用"千安"（kA）、"毫安"（mA）和"微安"（μA）来表示，其换算关系为：1kA=1000A，1A=10^3mA，1A=10^6μA。

电压用符号"U"或"u"表示，用"W"表示电场所做的功，"q"表示电荷量，则$U=W/q$。

电能的转换是在电流做功的过程中进行的，因此，电流做功所消耗电能的多少可以用电功来计算，即电功$W=UIt$，单位为焦耳，用符号"J"表示。

电功率是指电流在单位时间内（秒）所做的功，以字母"P"表示，即：$P=W/t=UIt/t=UI$，单位为瓦特，用符号"W"表示，还可用千瓦（kW）、毫瓦（mW）来表示，也有用马力（hp）来表示的（非标准单位），它们之间的关系是：1kW=10^3W，1W=10^3mW、1hp=0.735kW、1kW=1.36hp。

2. 直流电路的工作状态

直流电路的工作状态可分为有载工作状态、开路状态和短路状态三种。

【直流电路的有载工作状态】

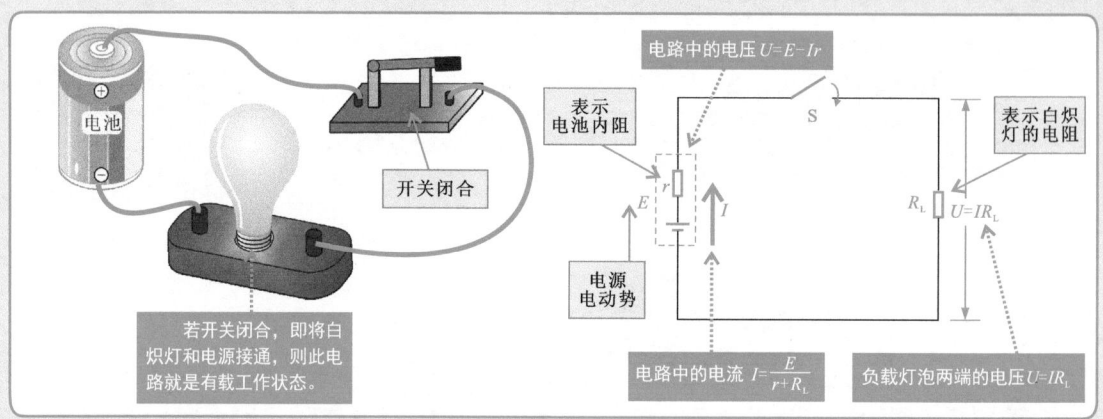

【直流电路的开路状态】

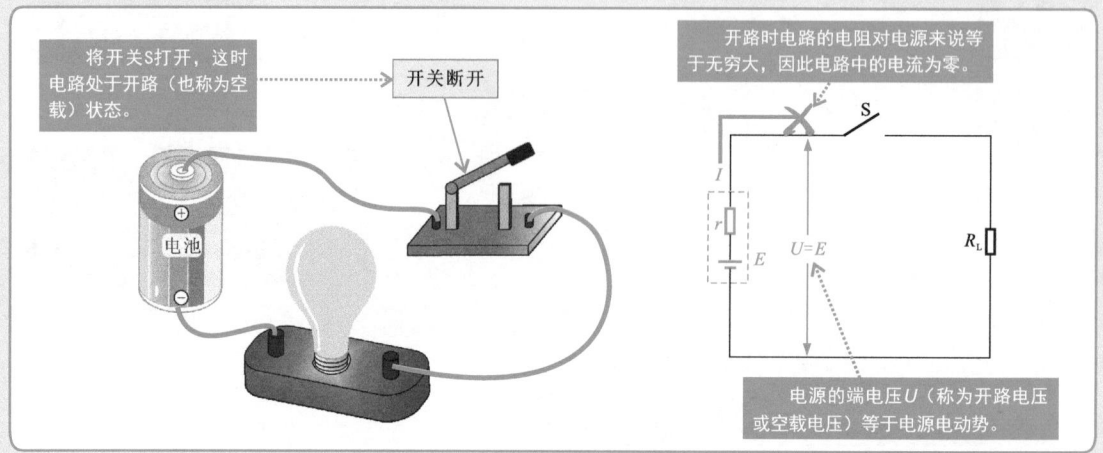

【直流电路的短路状态】

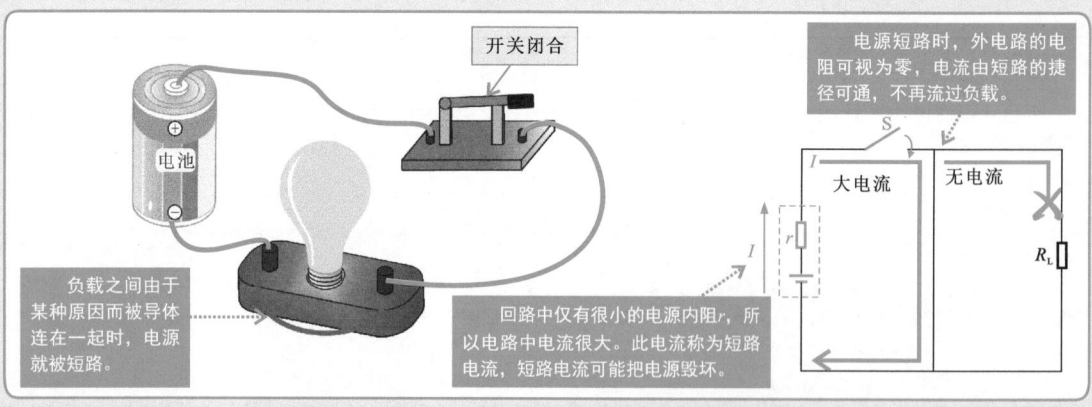

2.3.2 交流电路的特点

交流电路是指电压和电流的大小和方向随时间做周期性变化的电路，它是由交流电源、控制器件和负载（电阻、灯泡、电动机等）构成的，常见的交流电路主要有单相交流电路和三相交流电路两种。

【交流电路的结构】

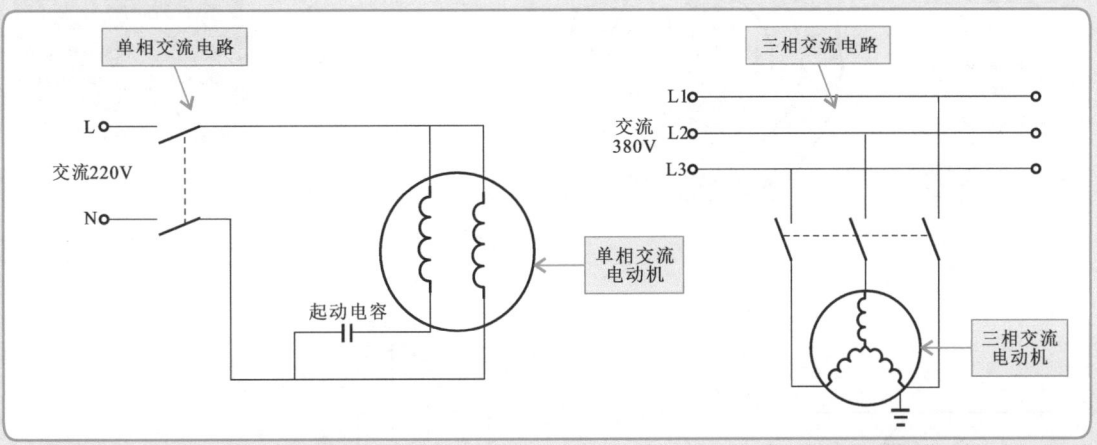

 1. 单相交流电路

单相交流电路是指交流220V、50Hz的供电电路，这是我国公共用电的统一标准，交流220V电压是指相线（俗称火线）对零线的电压，多用于照明用电和家庭用电。

【典型单相交流电路的实物连接】

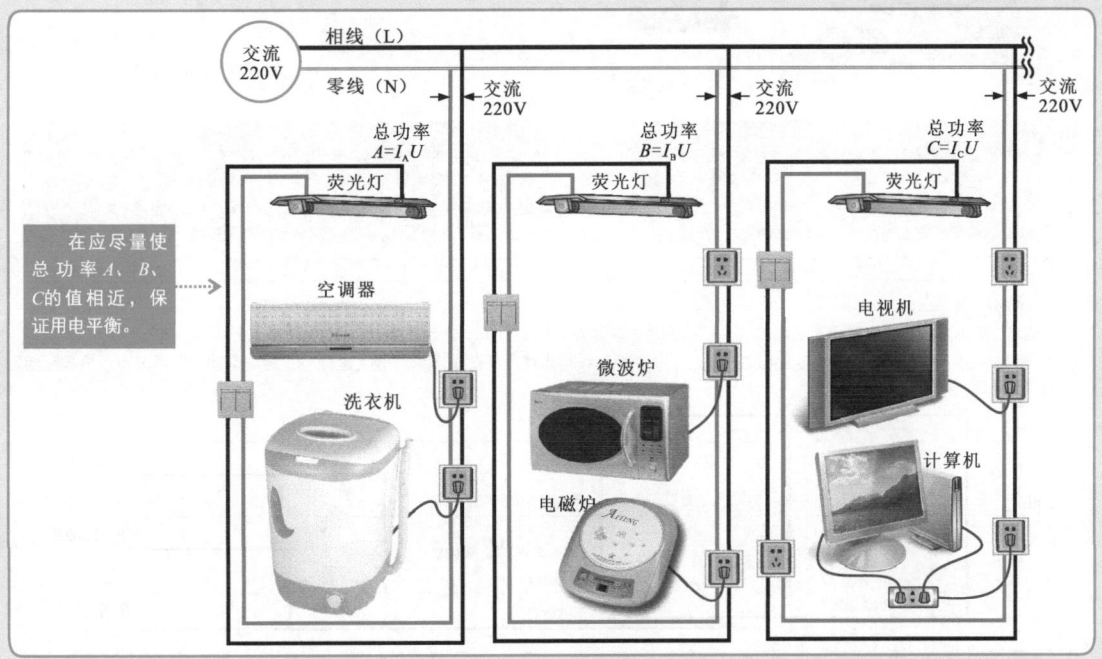

单相交流电是以一个交变电动势作为电源的电力系统，在单相交流电路中，只具有单一的交流电压，其电流和电压都是按一定的频率随时间变化。

【单相交流电的产生】

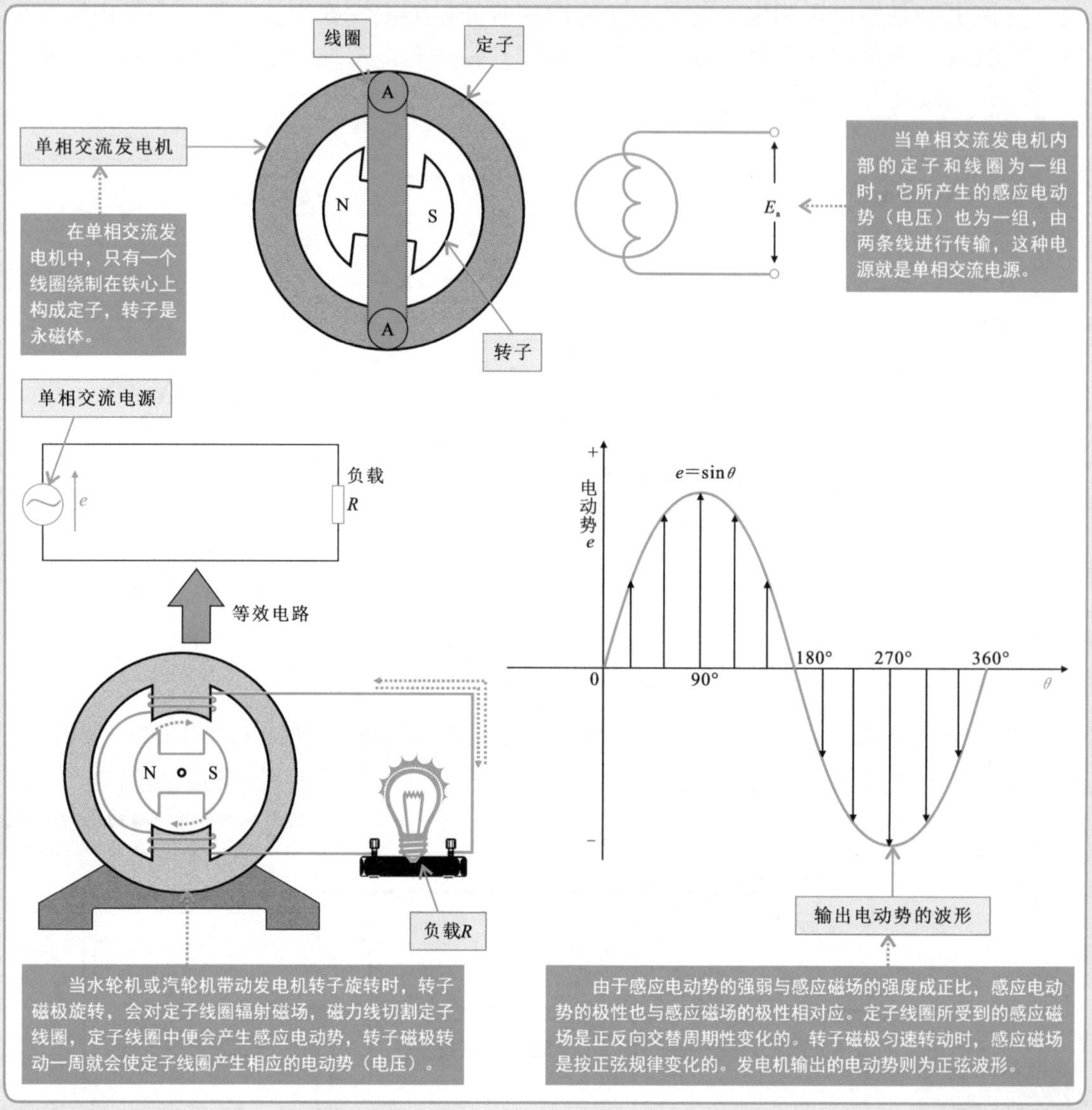

线圈
定子
单相交流发电机
A
N
S
A
转子
在单相交流发电机中，只有一个线圈绕制在铁心上构成定子，转子是永磁体。
E_a
当单相交流发电机内部的定子和线圈为一组时，它所产生的感应电动势（电压）也为一组，由两条线进行传输，这种电源就是单相交流电源。
单相交流电源
e
负载
R
等效电路
N
S
负载R
当水轮机或汽轮机带动发电机转子旋转时，转子磁极旋转，会对定子线圈辐射磁场，磁力线切割定子线圈，定子线圈中便会产生感应电动势，转子磁极转动一周就会使定子线圈产生相应的电动势（电压）。
+
电动势
e
e=sinθ
0
90°
180°
270°
360°
θ
−
输出电动势的波形
由于感应电动势的强弱与感应磁场的强度成正比，感应电动势的极性也与感应磁场的极性相对应。定子线圈所受到的感应磁场是正反向交替周期性变化的。转子磁极匀速转动时，感应磁场是按正弦规律变化的。发电机输出的电动势则为正弦波形。

特别提醒

单相交流电路往往是三相电源分配过来的。供配电系统送来的电源多为交流380V电源。这种电源是由三根相位差为120°的相线和一根零线（又称为中性线）构成的。三根相线之间的电压为380V，而每根相线与零线之间的电压为220V。这样，三相交流380V电源就可以分成三组单相220V电源使用。

三相电源输入
三相变压器
相线L1
相线L2
相线L3
零线N
380V
380V
380V
220V
220V
220V
单相220V
单相220V
单相220V

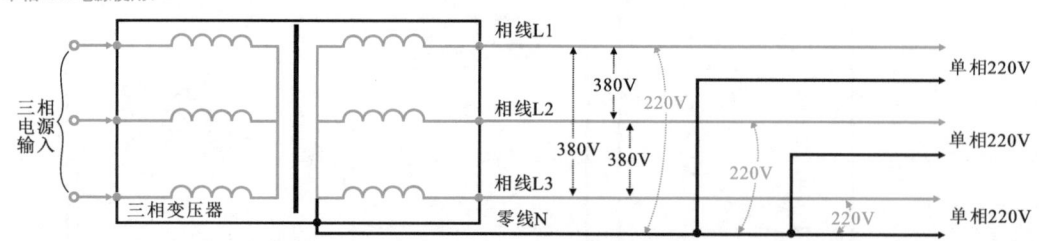

单相交流电路主要有单相两线式和单相三线式两种供电方式。单相两线式交流电路是指由一根相线和一根零线组成的交流电路；单相三线式交流电路是指由一根相线、一根零线和一根接地线组成的交流电路。

【单相两线式交流电路的结构】

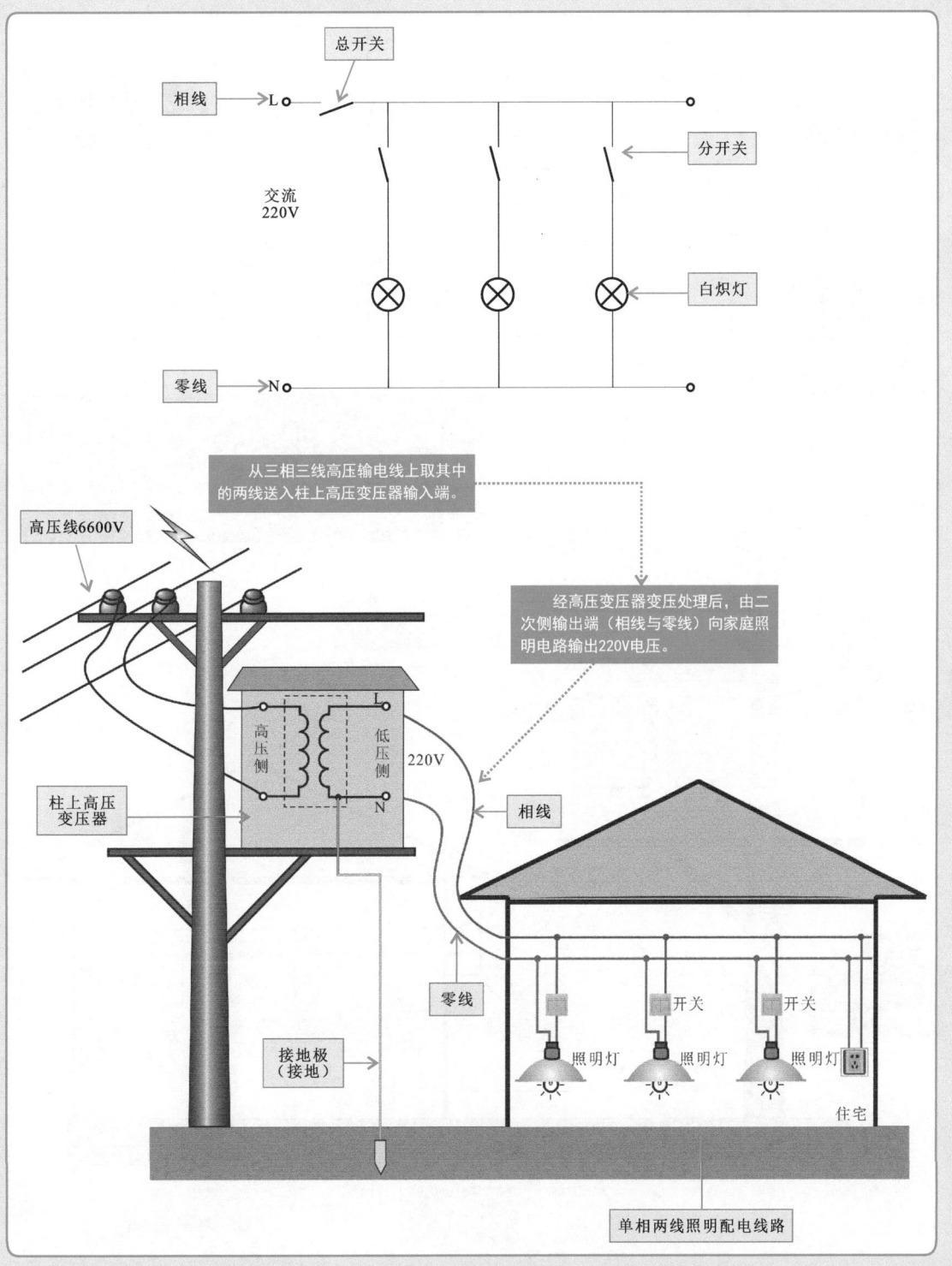

【单相三线式交流电路的结构】

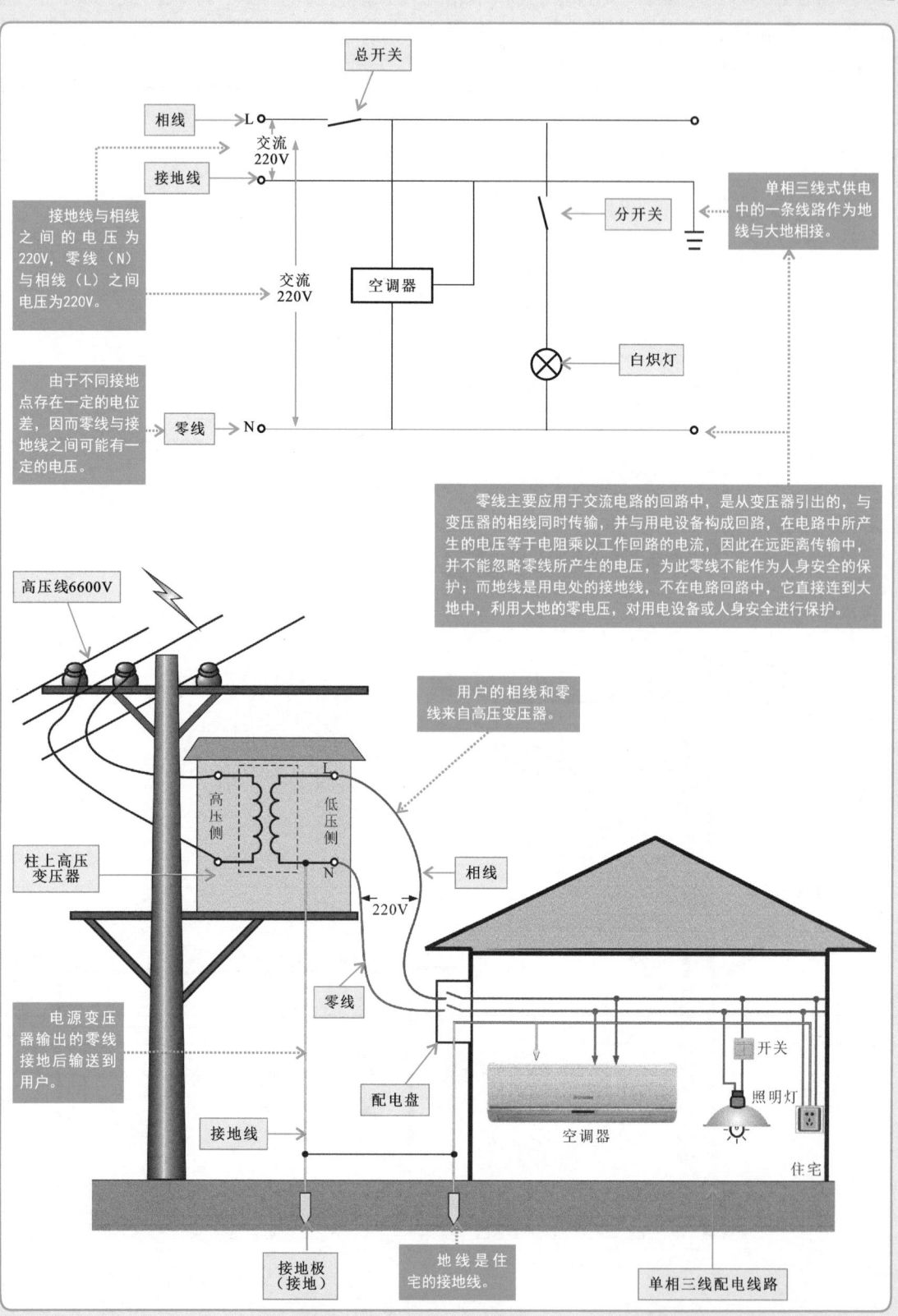

2. 三相交流电路

三相交流电路是指电源由三条相线来传输，三相线之间的电压大小相等都为380V、频率相同都为50Hz，多用于工业和大功率用电设备。

【典型三相交流电路的实物连接】

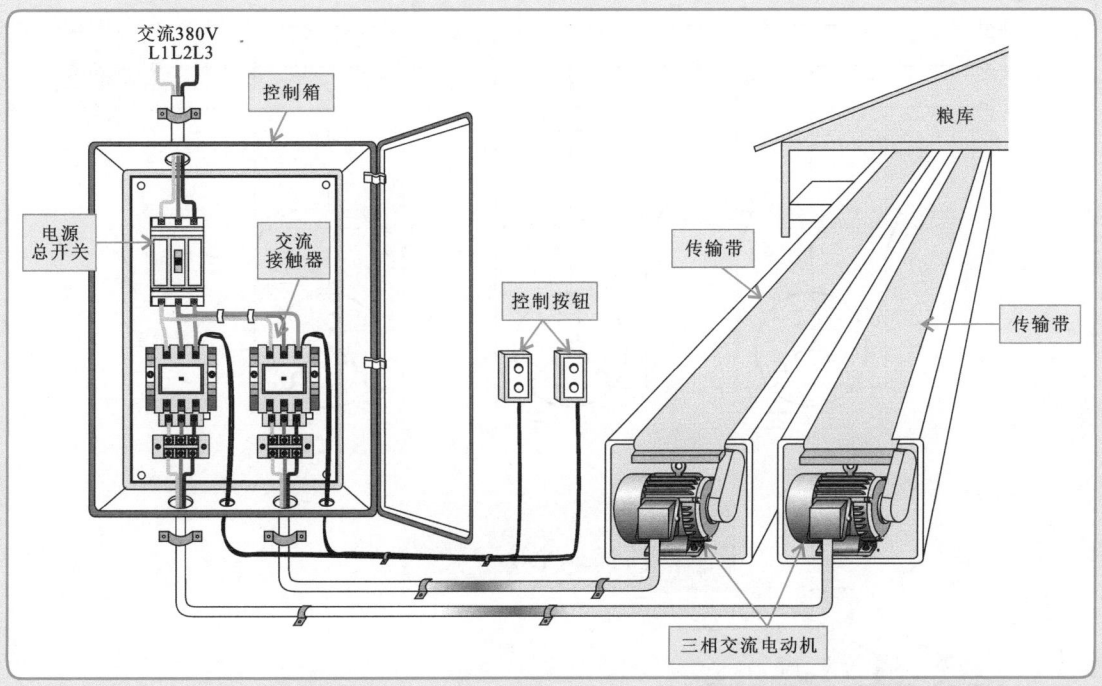

三相交流电是三个频率相同、电势振幅相等、相位差互差120°的交流电源组成的一种电力系统。

【三相交流电的产生】

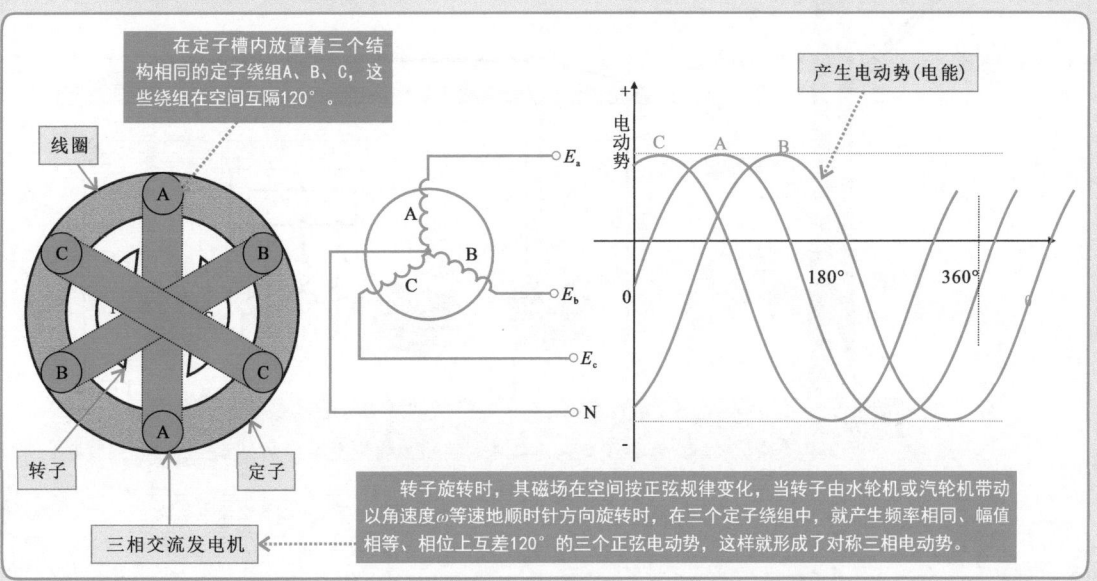

三相交流电路主要有三相三线式、三相四线式和三相五线式三种供电方式。三相三线式交流电路是由三根相线组成的交流电路；三相四线式交流电路是由三根相线和一根零线组成的交流电路；三相五线式交流电路是由三根相线、一根零线和一根地线组成的交流电路。

【三相三线式交流电路的结构】

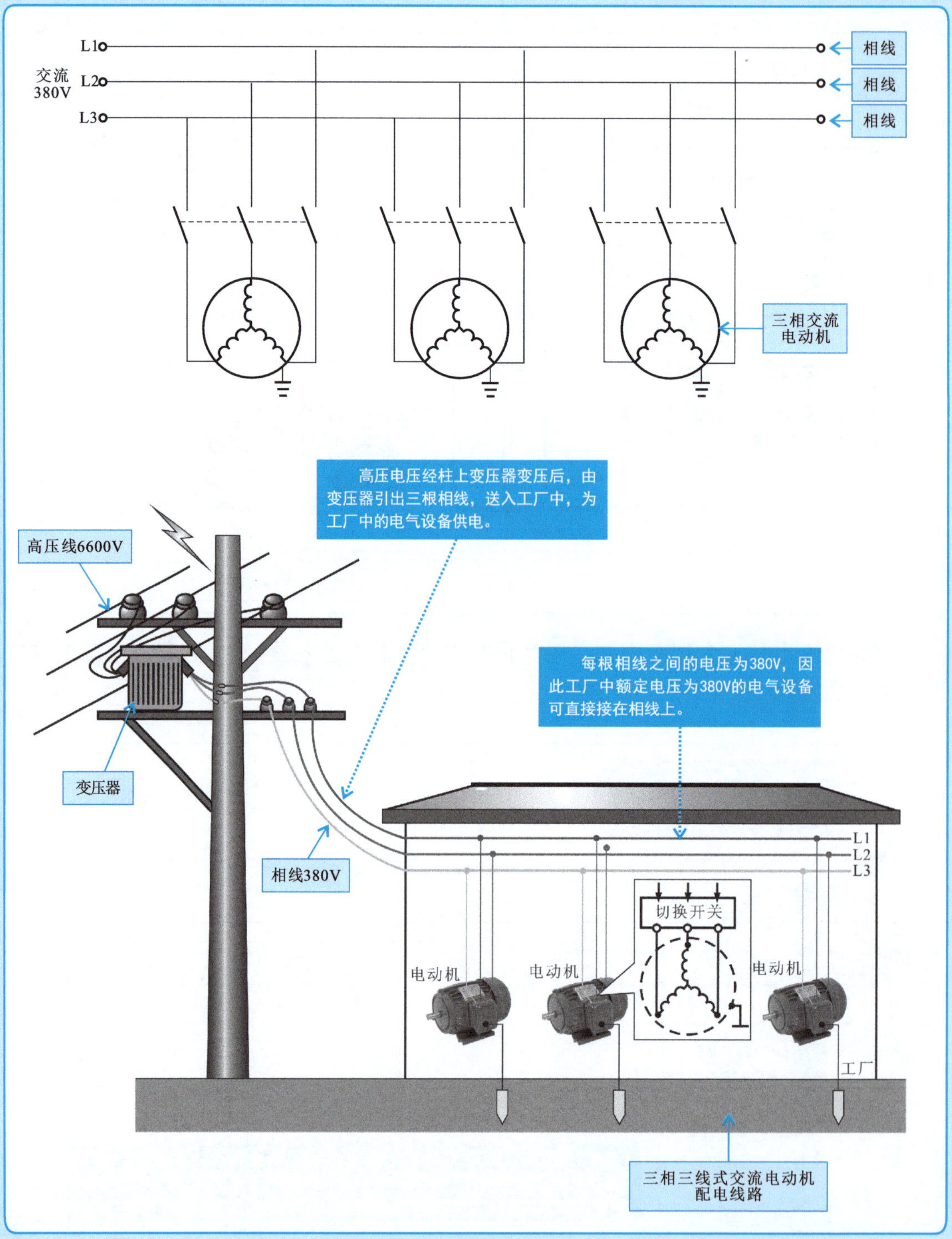

【三相四线式交流电路的结构】

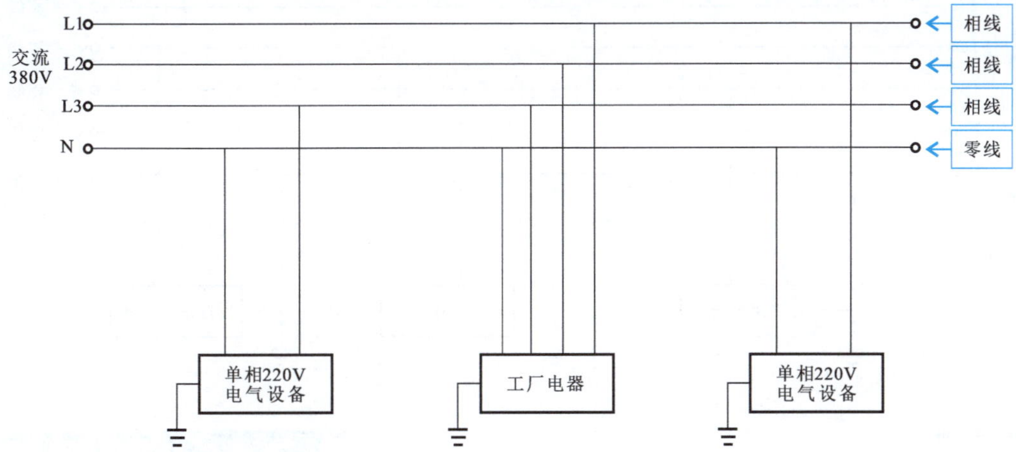

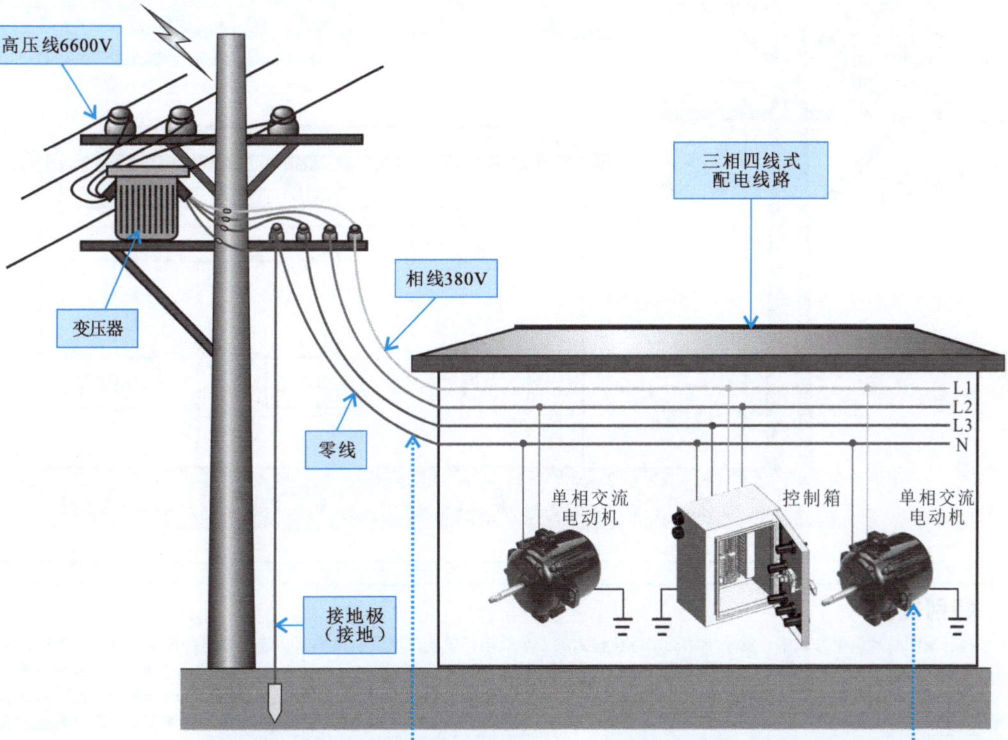

三相四线式供电方式与三相三线式供电方法不同的是从变压器输出端多引出一条零线。

接上零线的电气设备在工作时，电流经过电气设备进行做功，没有做功的电流经零线回到电厂，对电气设备起到了保护的作用。

特别提醒

在三相四线制供电方式中，由于三相负载不平衡时和低压电网的零线过长且阻抗过大时，零线将有零序电流通过，过长的低压电网，由于环境恶化、导线老化、受潮等因素，导线的漏电电流通过零线形成闭合回路，致使零线也带一定的电位，这对安全运行十分不利。在零线断线的特殊情况下，断线以后的单相设备和所有保护接零的设备会产生危险的电压，这是不允许的。

【三相五线式交流电路的结构】

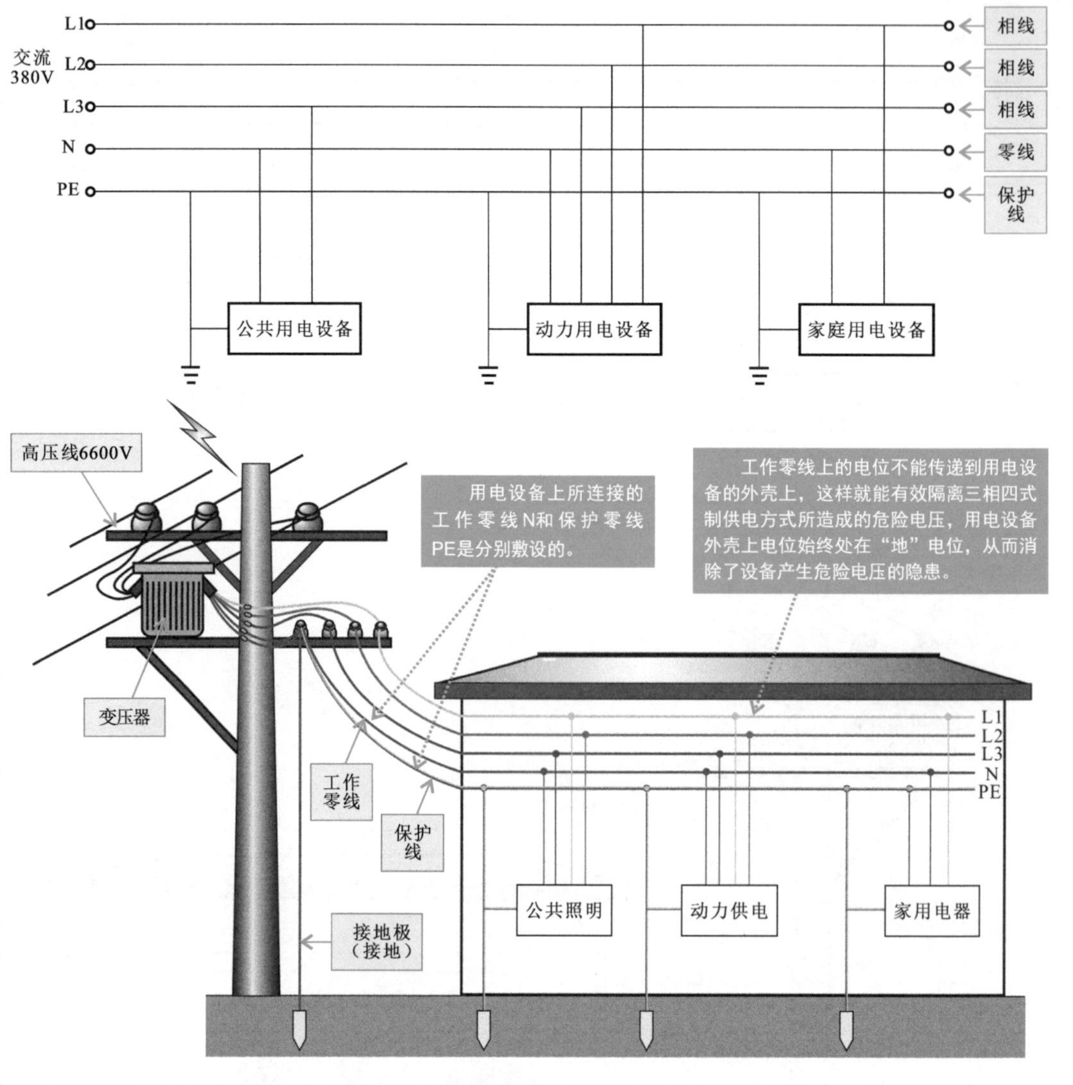

L1
L2
L3
N
PE
交流
380V
相线
相线
相线
零线
保护线
公共用电设备
动力用电设备
家庭用电设备
高压线6600V
变压器
用电设备上所连接的工作零线N和保护零线PE是分别敷设的。
工作零线上的电位不能传递到用电设备的外壳上，这样就能有效隔离三相四式制供电方式所造成的危险电压，用电设备外壳上电位始终处在“地”电位，从而消除了设备产生危险电压的隐患。
工作零线
保护线
接地极（接地）
L1
L2
L3
N
PE
公共照明
动力供电
家用电器

特别提醒

在三相四线式供电方式中，对于单相回路存在较大的安全缺陷。单相二线式供电方式，最大缺陷是在发生电器外壳碰触相线时，直接将220V相电压施加给此时正巧触摸到的人，从而发生触电事故。但如果把接外壳的保护线PE和中性线N并联合用一根，实际上这也是极不安全的。建筑物的配电线路由于接头松脱、导线断线等故障，很可能造成A点处开路，此时当其中一台设备开关接通后，在A点后面所有中性线上，将出现相电压，这个高电压又被设备接地引至所有插入插座的用电设备外壳上，而且其后的设备即使并未开启，外壳上也有220V电压，这是十分危险的。而在三相五线式供电方式中，只有当保护线断开，而且又有一台设备发生相线碰触外壳这两种故障同时出现时，才会出现与前述二线制中类似情况的事故，从而也极大地降低了事故出现的可能性。

L
QS
FU
PEN
A
三相四线式供电方式中的单相回路

L
N
FU
FU
QS
PE
三相五线式供电方式中的单相回路

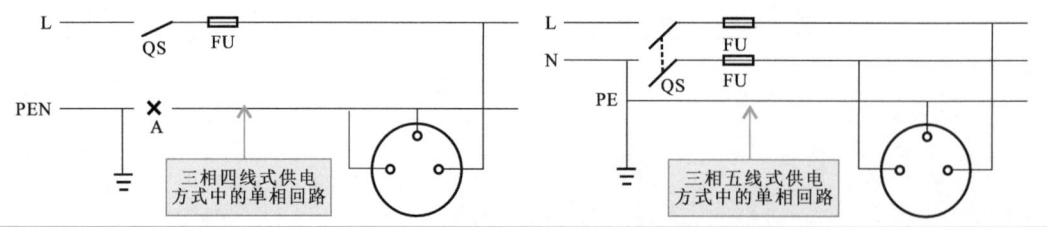

第3章 供配电线路的识读

3.1 高压供配电线路图的识读方法

第3章

3.1.1 高压供配电线路图的结构

高压供配电线路是指6～10kV的供电和配电线路，主要实现将电力系统中的35～110kV的供电电压降低为6～10kV的高压配电电压，并供给高压配电所、车间变电所和高压用电设备等。识读该类线路图，首先要了解线路图中的符号标识，根据标识了解线路的结构以及功能特点。

【典型高压供配电线路图的结构】

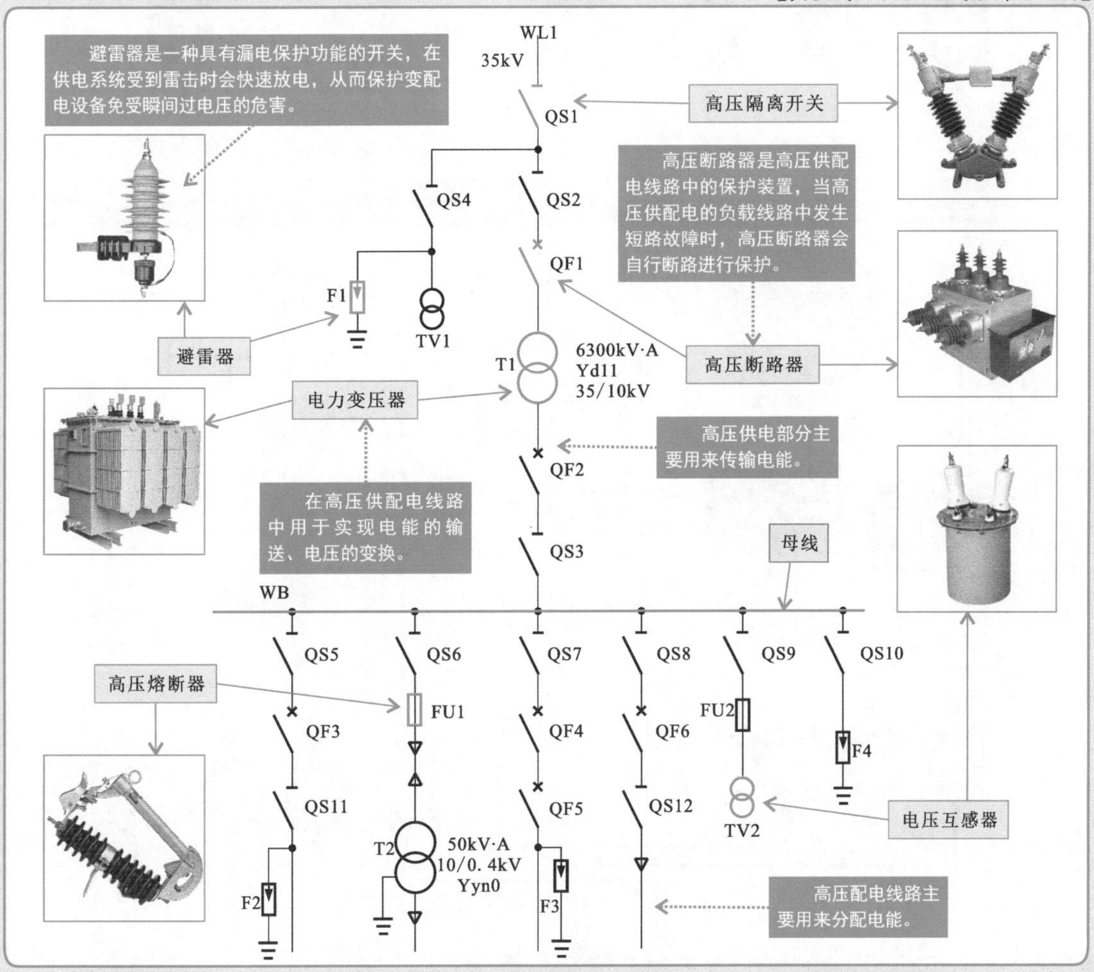
WL1
35kV
QS1
高压隔离开关
避雷器是一种具有漏电保护功能的开关，在供电系统受到雷击时会快速放电，从而保护变配电设备免受瞬间过电压的危害。
QS4
QS2
高压断路器是高压供配电线路中的保护装置，当高压供配电的负载线路中发生短路故障时，高压断路器会自行断路进行保护。
QF1
F1
TV1
避雷器
T1
6300kV·A
Yd11
35/10kV
高压断路器
电力变压器
高压供电部分主要用来传输电能。
QF2
在高压供配电线路中用于实现电能的输送、电压的变换。
QS3
母线
WB
QS5
QS6
QS7
QS8
QS9
QS10
高压熔断器
FU1
FU2
QF3
QF4
QF6
F4
QS11
QF5
QS12
TV2
电压互感器
T2
50kV·A
10/0.4kV
Yyn0
F2
F3
高压配电线路主要用来分配电能。

特别提醒

单线连接表示高压电气设备的一相连接方式，而另外两相则被省略，这是因为三相高压电气设备中三相接线方式相同，即其他两相接线与这一相接线相同。这种高压供配电线路的单线电路图，主要用于供配电电路的规划与设计、有关电气数据的计算、选用、日常维护、切换回路等的参考，了解一相线路，就等同于知道了三相线路的结构组成等信息。

【典型高压供配电线路的主要部件连接图】

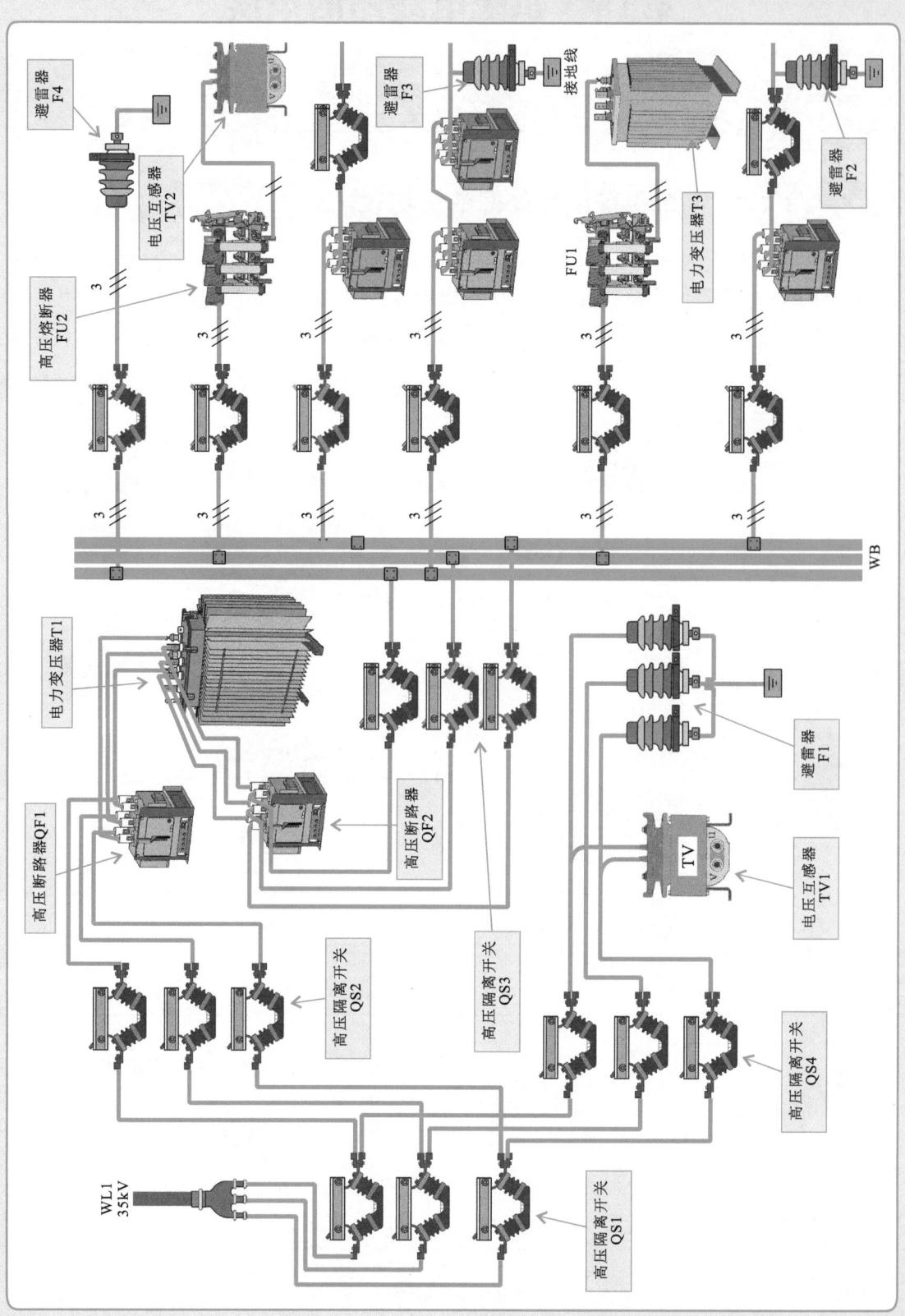

第3章 供配电线路的识读

特别提醒

供配电电路是指用于提供、分配和传输电能的电路,其目的是为家庭生活和工业生产提供和分配电能,它是电力系统重要的组成部分。通常按其所承载电能类型的不同可分为高压供配电线路和低压供配电线路两种。

从发电厂到用户的传输距离很长,超高压电源需要经过多次变换、传输变成低压后才能到达用户,该过程中的供配电电路就是高压供配电电路。下图为典型高压供配电线路的连接示意图。

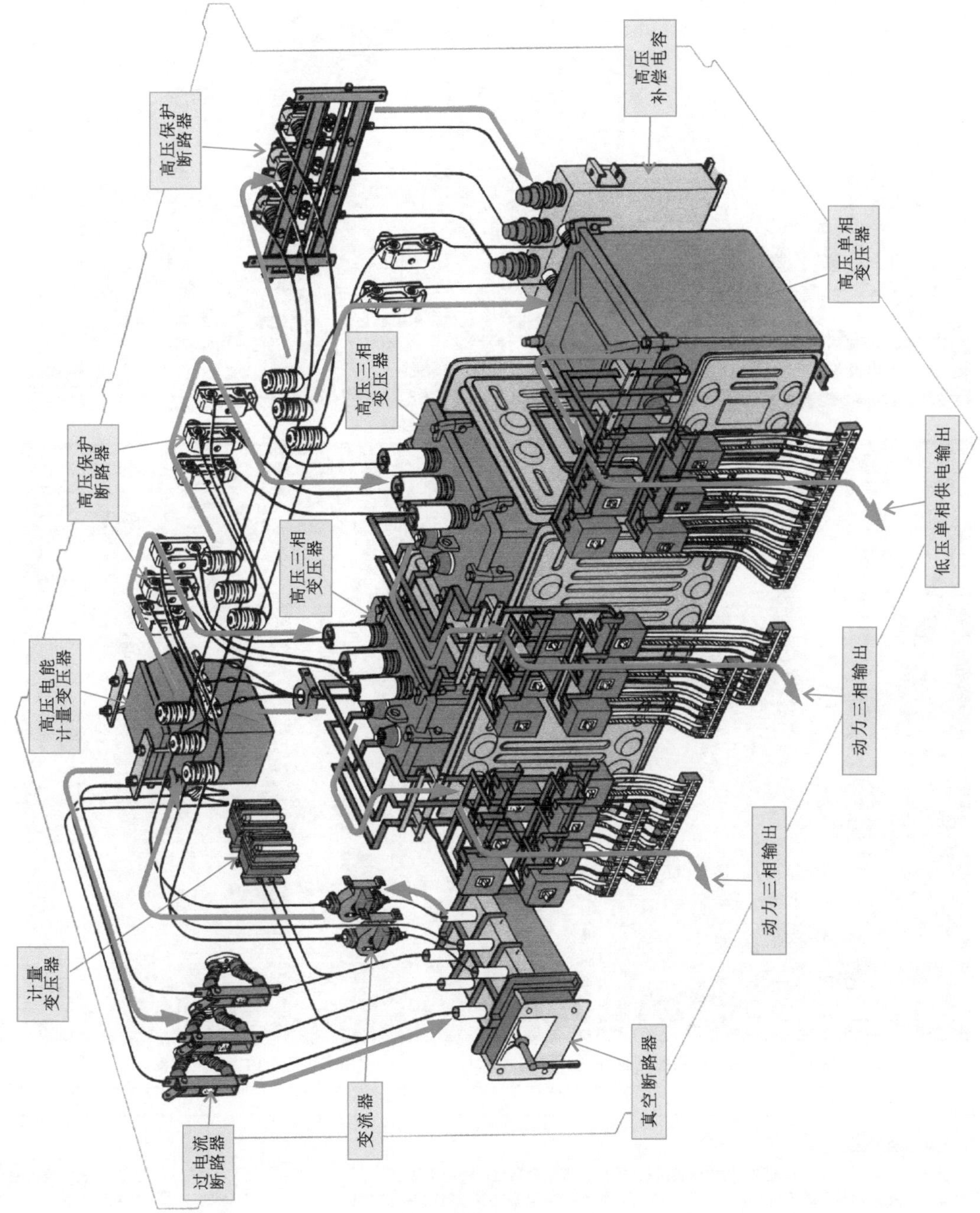

高压供配电线路应用于各种电力传输、变换和分配的场所，如常见的高压架空线路、高压变电所、车间或楼宇变电所等。

【典型高压供配电线路的应用】

典型变配电所中的高压供配电线路

典型区域配电所中的高压供配电线路

典型变电所中的变配电设备

特别提醒

一般为了降低电能在传输过程中的损耗，在跨省、市远距离电力传输系统中，采用超高压或高压（>100kV），在中短距离的电力传输系统中采用较高的电压（>35kV），在近距离的高压向低压分配和传输中采用基本高压电（<10kV），因而从发电厂或水电站输出电能到分配到各低压配电线路中的过程，即是高压或超高压电的供应、传输、分配的过程，在这个过程中需要一些传输、变换、开关和控制装置。

3.1.2 高压供配电线路图的识读

对高压供配电线路图进行识读时，应从线路图中各主要元器件的功能特点和连接关系入手，对整个线路的工作流程进行细致的解析，搞清供配电线路的供电和配电过程，完成高压供配电线路图的识读。

【典型高压供配电线路图的识读】

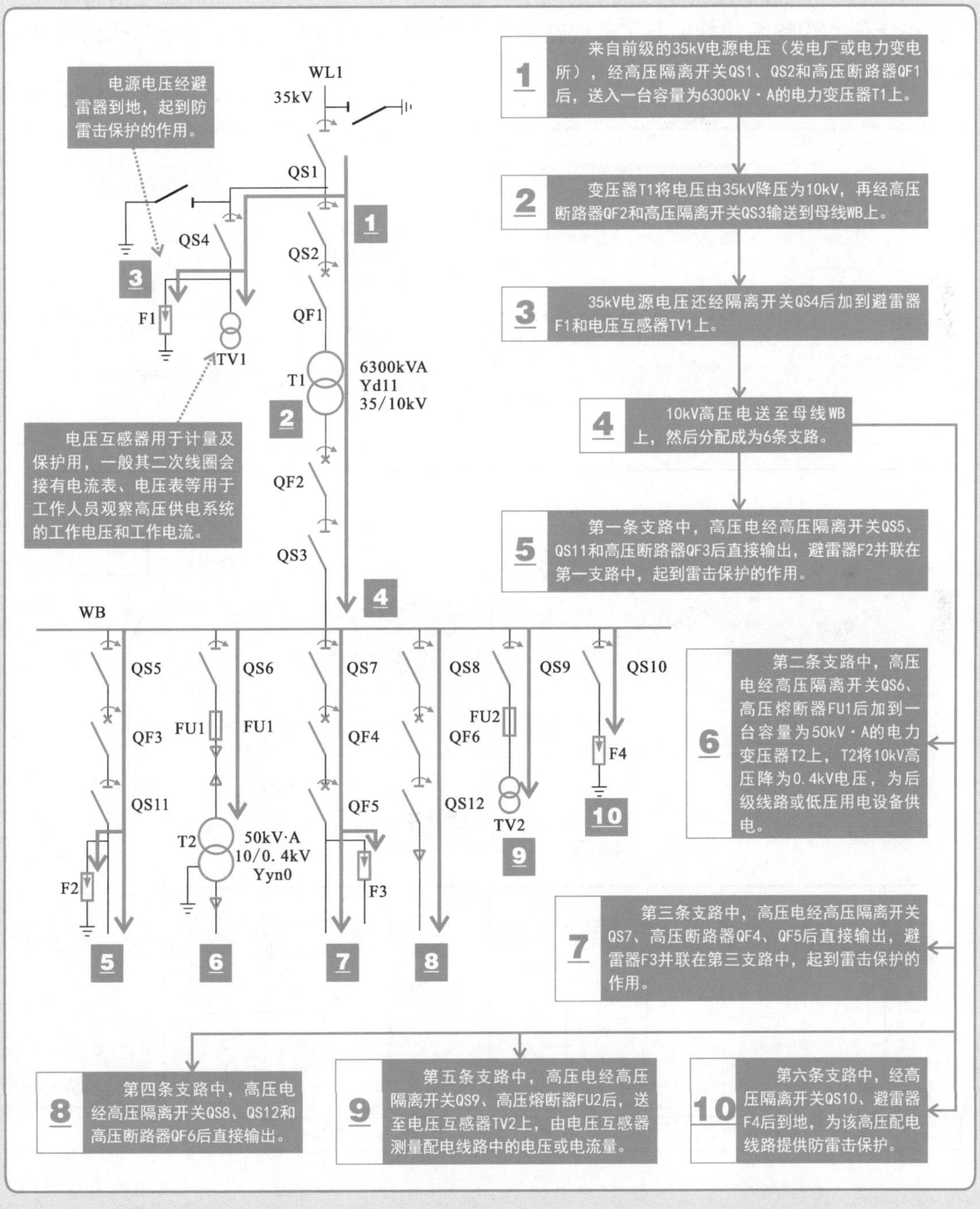
WL1
35kV
QS1
QS2
QF1
T1
6300kVA
Yd11
35/10kV
QF2
QS3
QS4
F1
TV1
WB
QS5
QF3
QS11
F2
QS6
FU1
FU1
T2
50kV·A
10/0. 4kV
Yyn0
QS7
QF4
QF5
F3
QS8
QF6
QS12
FU2
TV2
QS9
QS10
F4
电源电压经避雷器到地，起到防雷击保护的作用。
电压互感器用于计量及保护用，一般其二次线圈会接有电流表、电压表等用于工作人员观察高压供电系统的工作电压和工作电流。
1 来自前级的35kV电源电压（发电厂或电力变电所），经高压隔离开关QS1、QS2和高压断路器QF1后，送入一台容量为6300kV·A的电力变压器T1上。
2 变压器T1将电压由35kV降压为10kV，再经高压断路器QF2和高压隔离开关QS3输送到母线WB上。
3 35kV电源电压还经隔离开关QS4后加到避雷器F1和电压互感器TV1上。
4 10kV高压电送至母线WB上，然后分配成为6条支路。
5 第一条支路中，高压电经高压隔离开关QS5、QS11和高压断路器QF3后直接输出，避雷器F2并联在第一支路中，起到雷击保护的作用。
6 第二条支路中，高压电经高压隔离开关QS6、高压熔断器FU1后加到一台容量为50kV·A的电力变压器T2上，T2将10kV高压降为0.4kV电压，为后级线路或低压用电设备供电。
7 第三条支路中，高压电经高压隔离开关QS7、高压断路器QF4、QF5后直接输出，避雷器F3并联在第三支路中，起到雷击保护的作用。
8 第四条支路中，高压电经高压隔离开关QS8、QS12和高压断路器QF6后直接输出。
9 第五条支路中，高压电经高压隔离开关QS9、高压熔断器FU2后，送至电压互感器TV2上，由电压互感器测量配电线路中的电压或电流量。
10 第六条支路中，经高压隔离开关QS10、避雷器F4后到地，为该高压配电线路提供防雷击保护。

3.2 低压供配电线路图的识读方法

3.2.1 低压供配电线路图的结构

低压供配电线路是指380/220V的供电和配电线路,主要实现对交流低压的传输和分配。识读该类线路图,首先要了解线路图中符号标识,根据标识了解线路的结构以及功能特点。

【多层住宅低压供配电线路图的结构】

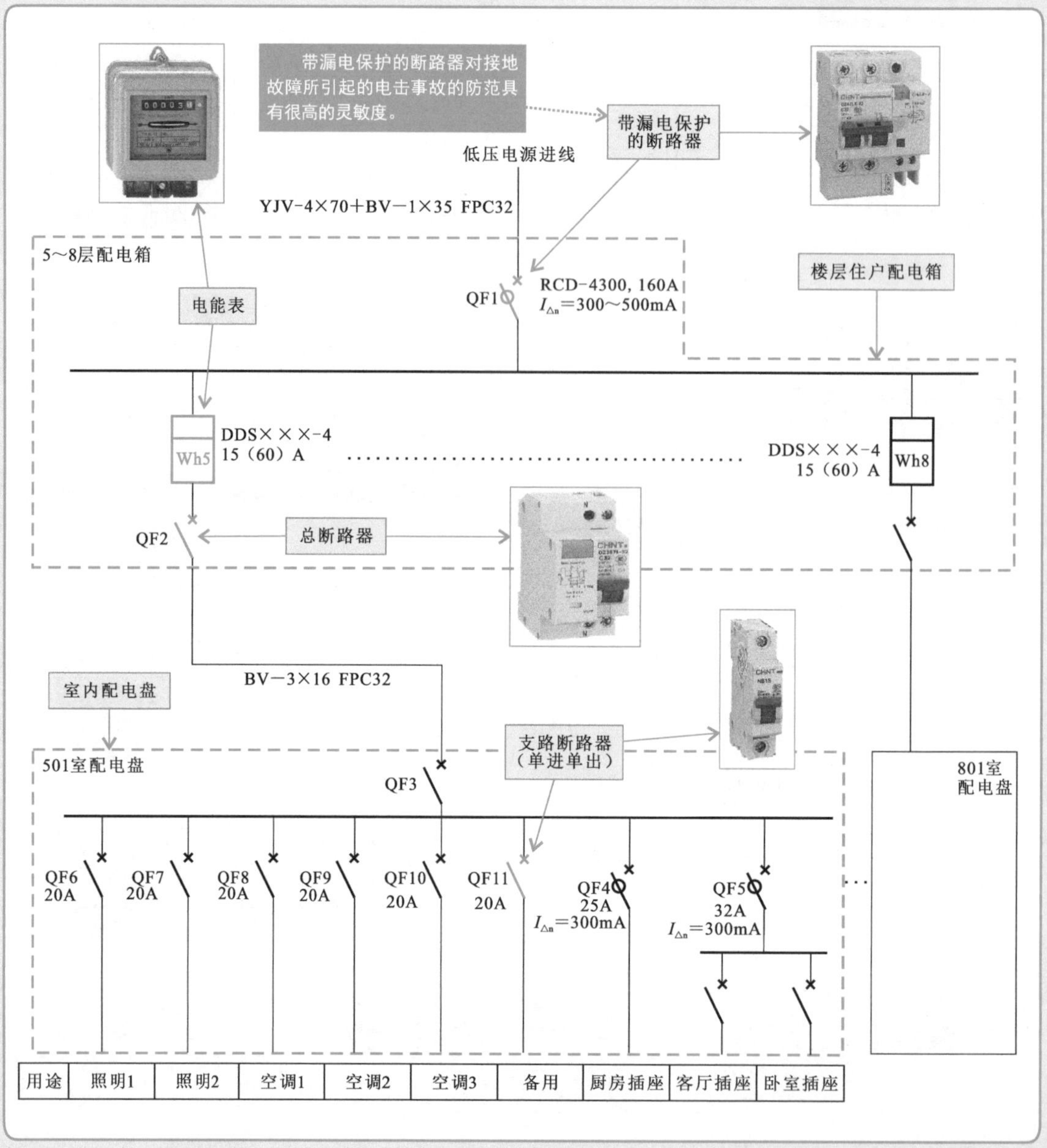

低压供配电线路应用于交流380/220V供电的场合，如各种住宅楼用电或照明供配电、公共设施照明供配电、企业车间设备供配电、临时建筑工地供配电等。

【典型低压供配电线路的应用】

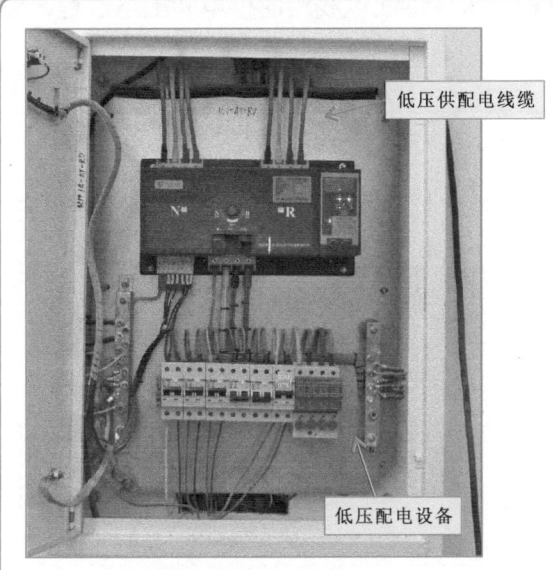

典型室内低压配电电路

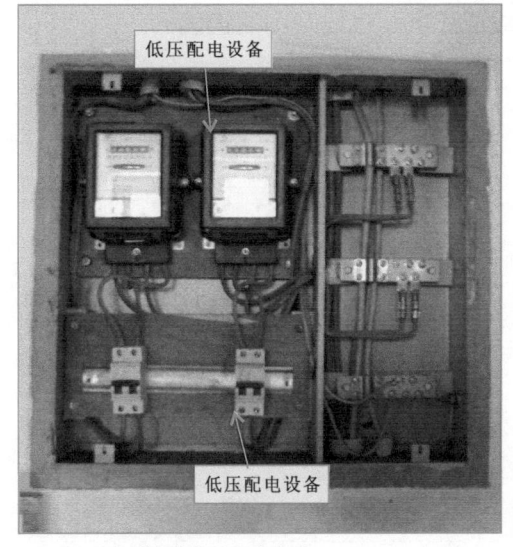

典型室外低压配电电路

特别提醒

车间、建筑场地等动力用电电压多为380V（三相电），可直接由车间或楼宇变电所降压、传输和低压配电设备分配后得到；照明用供配电电压为220V（单相电），是由变电所转换而来，实际上是由380V三相电中其中任意一相与零线构成单相电，经一定低压配电设备分配后得到。下图为典型低压供配电线路的连接示意图。

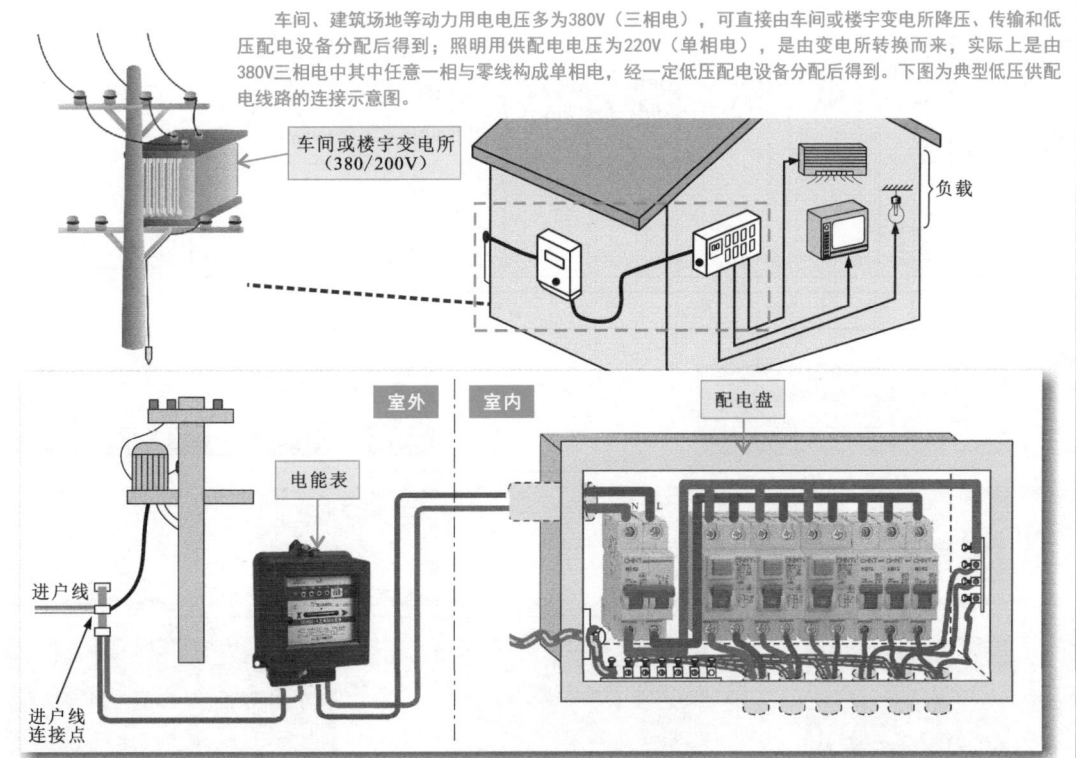

3.2.2 低压供配电线路图的识读

对低压供配电线路进行识读时，应从线路图中各主要元器件的功能特点和连接关系入手，对整个线路的工作流程进行细致的解析，搞清供配电线路的供电和配电过程，完成低压供配电线路图的识读。

【多层住宅低压供配电线路图的识读】

YJV-4×70+BV-1×35 FPC32

通常500mA是引起火灾的最小点燃电流，500mA以下的电弧电能不足以引燃起火，因此把额定漏电动作电流为500mA的漏电保护断路器称为防火灾RCD（防火灾剩余电流保护器）。

每条支路上安装有一块电能表，最大可承受60A的电流，为各住户计量用电量。

QF1　RCD-4300, 160A　$I_{\triangle n}=300\sim500mA$

1

5～8层电能表箱

Wh5　DDS××-4　15（60）A

DDS××-4　15（60）A　Wh8

QF2　**2**

BV-3×16 FPC32

QF3　**3**

501室配电盘　　801室配电盘

| QF6 20A | QF7 20A | QF8 20A | QF9 25A | QF10 20A | QF11 20A | QF4 25A $I_{\triangle n}=300mA$ | QF5 32A $I_{\triangle n}=300mA$ |

4　　**5**　　**6**　　**7**

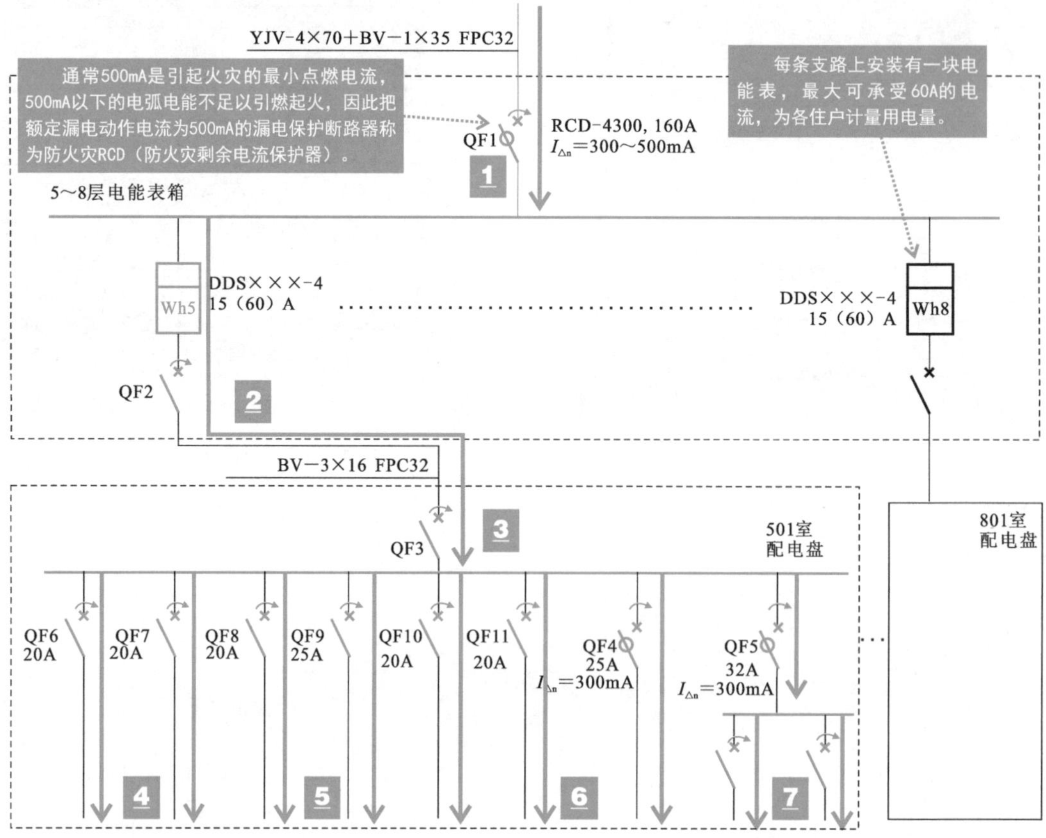

| 用途 | 照明1 | 照明2 | 空调1 | 空调2 | 空调3 | 备用 | 厨房插座 | 客厅插座 | 卧室插座 |

1 低压电源经进户线后送到楼间各层住户配电箱中。闭合带有防火灾漏电保护的断路器QF1，接通低压电源。

2 在配电箱中，低压电源分为多条支路（根据楼层及每层住户数量而定），低压电源经每个支路上的普通断路器后输出，送往住户室内的配电盘。

3 来自楼间住户配电箱的低压电源送至住户室内，以5层501住户为例。闭合断路器QF3，低压电源引入室内。该低压电源经由8个低压开关设备进行分配和控制，将室内供电线路分为8条支路。

5 第三～五条支路为室内空调器供电线路，由普通低压断路器QF8～QF10进行控制，可分别承受最大允许电流为25 A和20 A电的空调器用电，一般每台空调器需要单独一条线路供电，不与其他用电设备共用供电线。

4 第一、二条支路为室内照明供电线路，由普通低压断路器QF6、QF7进行控制。

6 第六条支路为备用线路，由普通低压断路器QF11进行控制，可以承受最大电流为20 A的电器等用电。

7 第七、八条支路分别为厨房、客厅和卧室插座供电线路，由带防火灾漏电保护功能的断路器QF4、QF5进行控制，可用于连接各种家用电器设备。

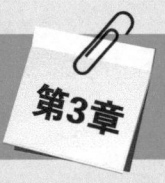

3.3 供配电线路图的识读综合训练

第3章

3.3.1 高压变电所供配电线路图的识读

该高压变电所供配电线路是对35kV进行传输并转换为10kV高压，再进行分配与传输的线路，在传输和分配高压电的场合十分常见，如高压变电站、高压配电柜等与该线路十分相近。识读过程可参看下面的图解演示。

【高压变电所供配电线路图的识读】

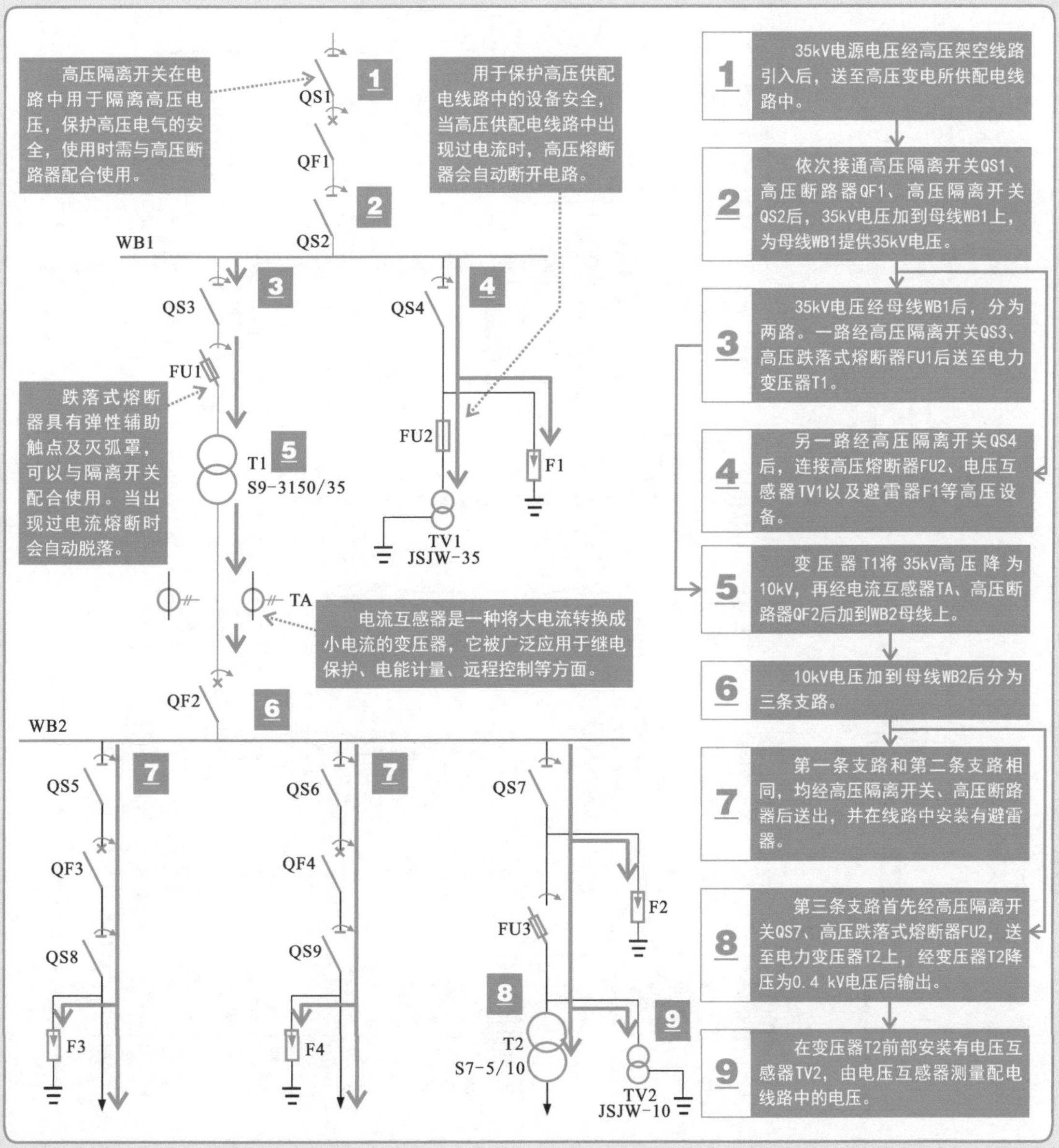
高压隔离开关在电路中用于隔离高压电压，保护高压电气的安全，使用时需与高压断路器配合使用。
用于保护高压供配电线路中的设备安全，当高压供配电线路中出现过电流时，高压熔断器会自动断开电路。
跌落式熔断器具有弹性辅助触点及灭弧罩，可以与隔离开关配合使用。当出现过电流熔断时会自动脱落。
电流互感器是一种将大电流转换成小电流的变压器，它被广泛应用于继电保护、电能计量、远程控制等方面。
QS1
QF1
QS2
WB1
QS3
QS4
FU1
FU2
F1
T1
S9-3150/35
TV1
JSJW-35
TA
QF2
WB2
QS5
QS6
QS7
QF3
QF4
QS8
QS9
FU3
F2
F3
F4
T2
S7-5/10
TV2
JSJW-10
1 35kV电源电压经高压架空线路引入后，送至高压变电所供配电线路中。
2 依次接通高压隔离开关QS1、高压断路器QF1、高压隔离开关QS2后，35kV电压加到母线WB1上，为母线WB1提供35kV电压。
3 35kV电压经母线WB1后，分为两路。一路经高压隔离开关QS3、高压跌落式熔断器FU1后送至电力变压器T1。
4 另一路经高压隔离开关QS4后，连接高压熔断器FU2、电压互感器TV1以及避雷器F1等高压设备。
5 变压器T1将35kV高压降为10kV，再经电流互感器TA、高压断路器QF2后加到WB2母线上。
6 10kV电压加到母线WB2后分为三条支路。
7 第一条支路和第二条支路相同，均经高压隔离开关、高压断路器后送出，并在线路中安装有避雷器。
8 第三条支路首先经高压隔离开关QS7、高压跌落式熔断器FU2，送至电力变压器T2上，经变压器T2降压为0.4 kV电压后输出。
9 在变压器T2前部安装有电压互感器TV2，由电压互感器测量配电线路中的电压。

【高压变电所供配电线路的主要部件连接图】

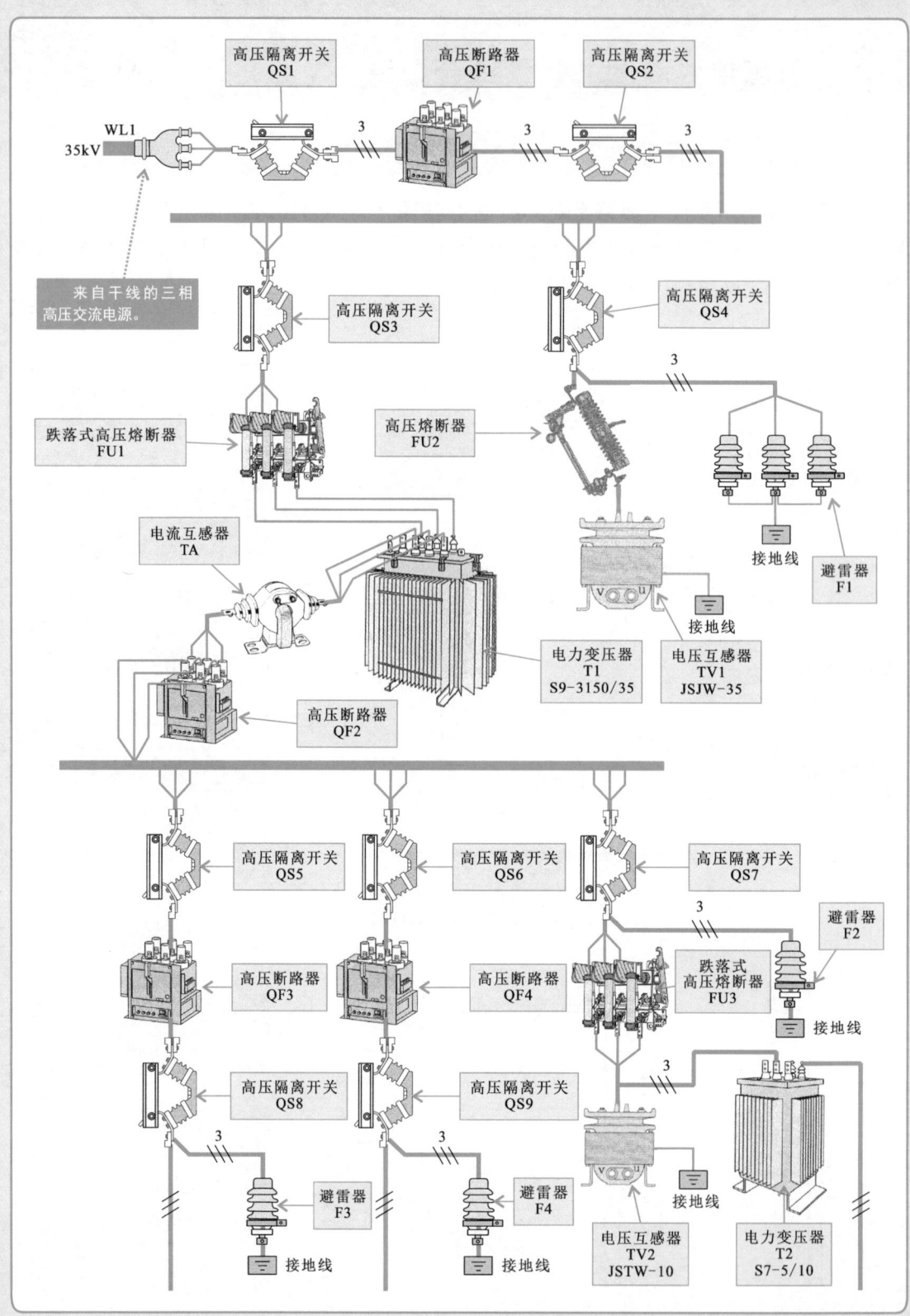

3.3.2 一次变压供配电线路图的识读

一次变压供配电线路是指电源电压只经过一次电压变换后，就直接为工厂、企业或居民区提供电能的线路。

【简单的一次变压供配电线路图】

6～10kV
电源进线
该线路只有一个变电所的一次变压供电系统，可将6～10kV电压降压为380/220V电压，通常工厂车间常设置这种变压供电系统的变电所。
电力变压器
380/220V
C
各车间用电设备
装有一台电力变压器的车间变电所
6～10kV
电源进线
电力变压器
380/220V
采用两个电力变压器的变电所，若有一个变压器有故障需要检修时，另一个变压器仍可正常供电。
C
各车间用电设备
各车间用电设备
装有两台电力变压器的车间变电所

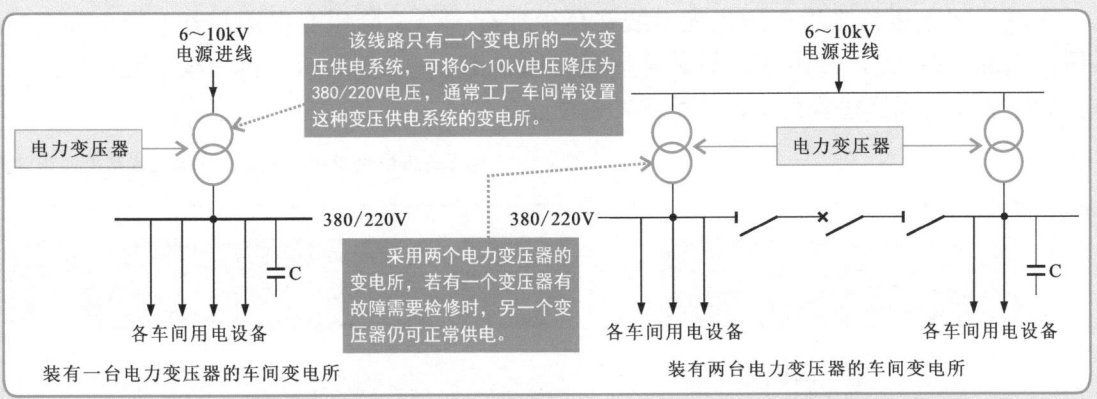

高压配电所的一次变压供电线路有两路独立的供电线路，且采用单母线分段接线形式，当一路有故障时，可由另一路为设备供电。识读过程请参看下面的图解演示。

【高压配电所的一次变压供配电线路图的识读】

1 一次变压供电线路的两路独立的线路分别送入6～10kV的电压，其中一路分别经电力变压器T1、T2降压为380/220 V电压，为1号车间和2号车间内的用电设备供电；另一路分别经电力变压器T3、T4降压为380/220 V电压，为2号车间和3号车间内的用电设备供电。
6～10kV
电源进线
2
QF1
6～10kV
电源进线
1
T1
T2
3
1
T3
T4
380/220V
380/220V
380/220V
380/220V
QF3
3
C
QF2
QF4
3
3
1号车间用电设备
2号车间用电设备
3号车间用电设备
4号车间用电设备
2 当有一路供电线路出现故障时，便可将配电所中的高压断路器闭合，例如，当左侧供电线路出现故障时，闭合高压断路器QF1，可由右侧供电线路为四条支路供电。
3 同样，当车间变电所中，某一台电力变压器出现故障时，也可将高压断路器QF2～QF4闭合，用另一台电力变压器为该路设备供电。

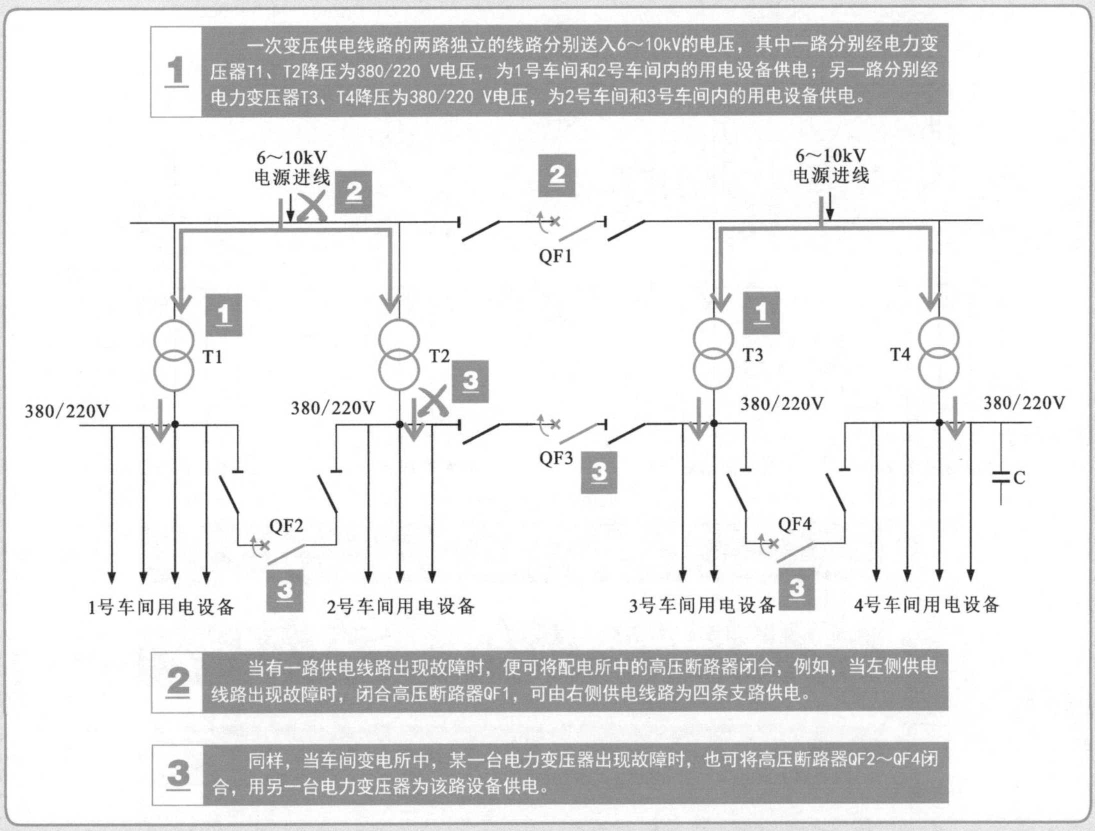

3.3.3 二次变压供配电线路图的识读

二次变压供配电线路是指电压经过两次电压变换后,再为后级电路提供电能的电路,大型工厂和某些电力负荷较大的中型工厂,一般都采用具有总降压变电所的二次变压供电系统。

高压配电所的二次变压供配电线路至少拥有一个总降压变电所和若干个车间变电所,电源进线为35~110kV,经总降压变电所输出6~10kV高压,再由车间变电所降压为380/220V。识读过程可参看下面的图解演示。

【高压配电所的二次变压供配电线路图的识读】

1 二次变压供电线路的两路独立的线路分别送入35~110 kV的电源电压,分别经总降压变压器T1、T2降压为6~10 kV高压。

2 其中一路分别经电力变压器T3、T4降压为380/220 V电压,为1号车间和2号车间内的用电设备供电;另一路分别经电力变压器T5、T6降压为380/220 V电压,为2号车间和3号车间内的用电设备供电。

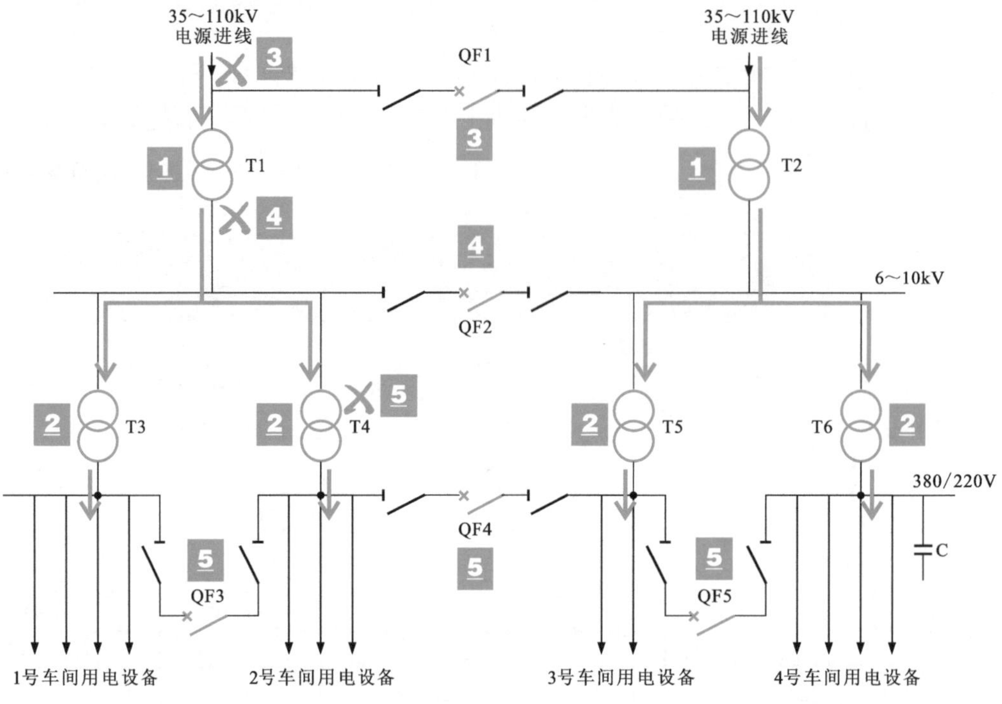

3 当有一路供电线路出现故障时,便可将配电所中的高压断路器QF1闭合,例如,当左侧供电线路出现故障时,闭合高压断路器QF1,可由右侧供电线路为整个电路供电。

4 同样,当电力变压器T1出现故障时,闭合高压断路器QF2,可由电力变压器T2为后级电路供电。

5 当电力变压器T4出现故障时,闭合高压断路器QF3、QF4、QF5,可由其他电力变压器为该支路后级电路供电。

3.3.4 低压配电柜供配电线路图的识读

低压配电柜供配电线路主要用来对低电压进行传输和分配，为低压用电设备供电。该线路中，一路作为常用电源，另一路则作为备用电源，当两路电源均正常时，黄色指示灯HL1、HL2均点亮，若指示灯HL1不能正常点亮，则说明常用电源出现故障或停电，此时需要使用备用电源进行供电，使该低压配电柜能够维持正常工作。识读过程可参看下面的图解演示。

【低压配电柜供配电线路图的识读】

1. HL1亮，常用电源正常。合上断路器QF1，接通三相电源。
2. 接通开关SB1，交流接触器KM1线圈得电。
3. KM1常开触点KM1-1接通，向母线供电；常闭触点KM1-2断开，防止备用电源接通，起联锁保护作用；常开触点KM1-3接通，红色指示灯HL3点亮。
4. 常用电源供电电路正常工作时，KM1的常闭触点KM1-2处于断开状态，因此备用电源不能接入母线。
5. 当常用电源出现故障或停电时，交流接触器KM1线圈失电，常开、常闭触点复位。
6. 此时接通断路器QF2、开关SB2，交流接触器KM2线圈得电。
7. KM2常开触点KM2-1接通，向母线供电；常闭触点KM2-2断开，防止常用电源接通，起联锁保护作用；常开触点KM2-3接通，红色指示灯HL4点亮。

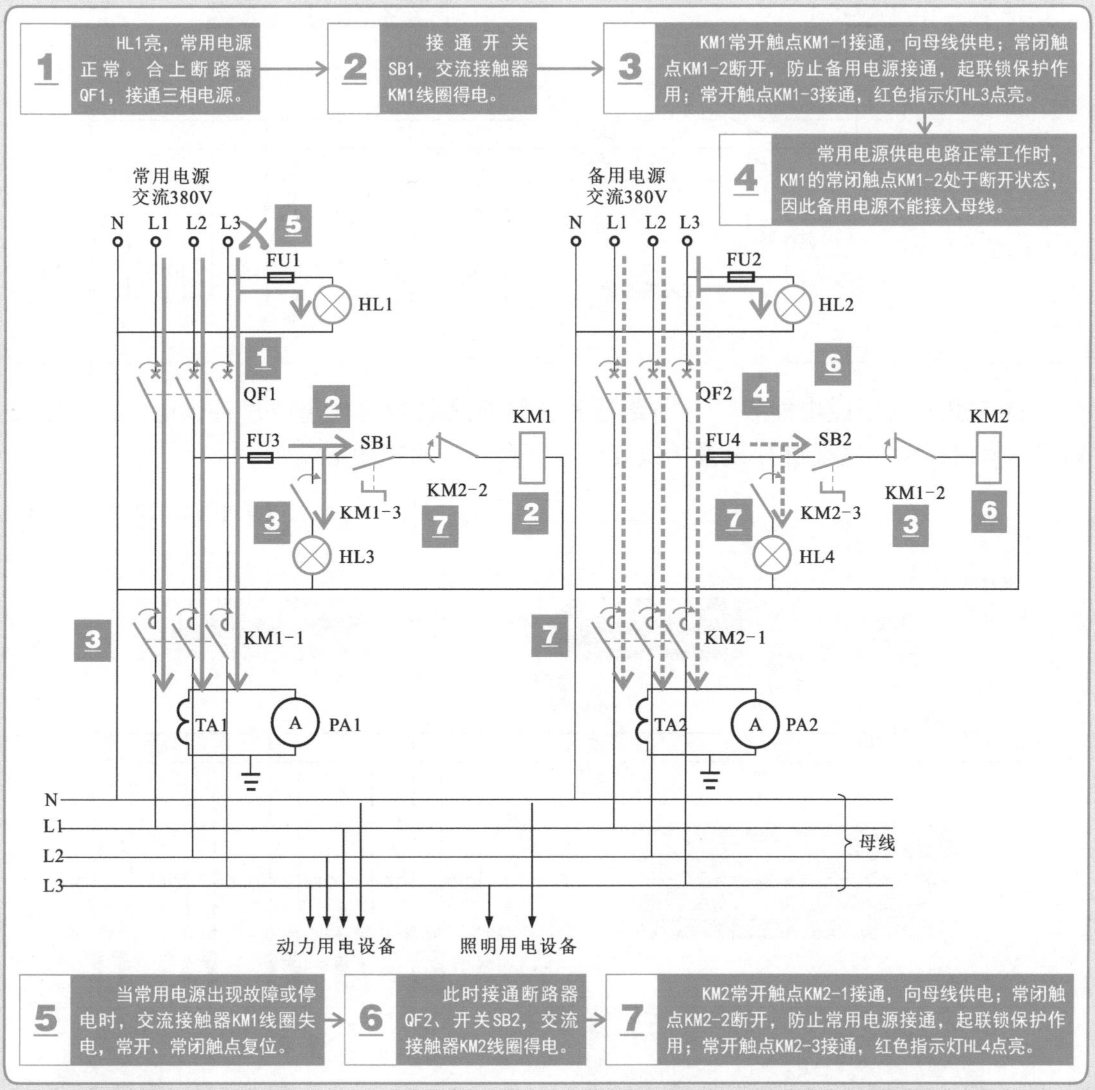

特别提醒

当常用电源恢复正常后，由于交流接触器KM2的常闭触点KM2-2处于断开状态，因此交流接触器KM1不能得电，常开触点KM1-1不能自动接通，此时需要断开开关SB2使交流接触器KM2线圈失电，常开、常闭触点复位，为交流接触器KM1线圈再次工作提供条件，此时再操作SB1才起作用。

3.3.5 室内供配电线路图的识读

室内供配电线路主要用来对送入室内的低电压进行传输和分配，为家庭低压用电设备供电。该线路主要由电能表Wh、总断路器QF1、带漏电保护的总断路器QF2、支路断路器QF3～QF8构成。

【室内供配电线路图的结构】

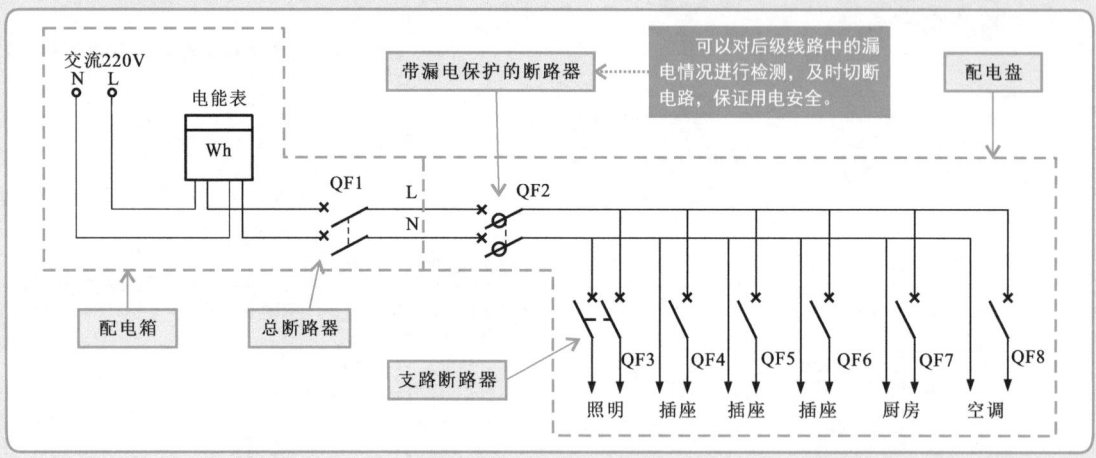

220V交流电压经电能表、总断路器和支路断路器为室内用电设备供电，支路断路器根据室内线路的需要进行设置。识读过程可参看下面的图解演示。

【室内供配电线路图的识读】

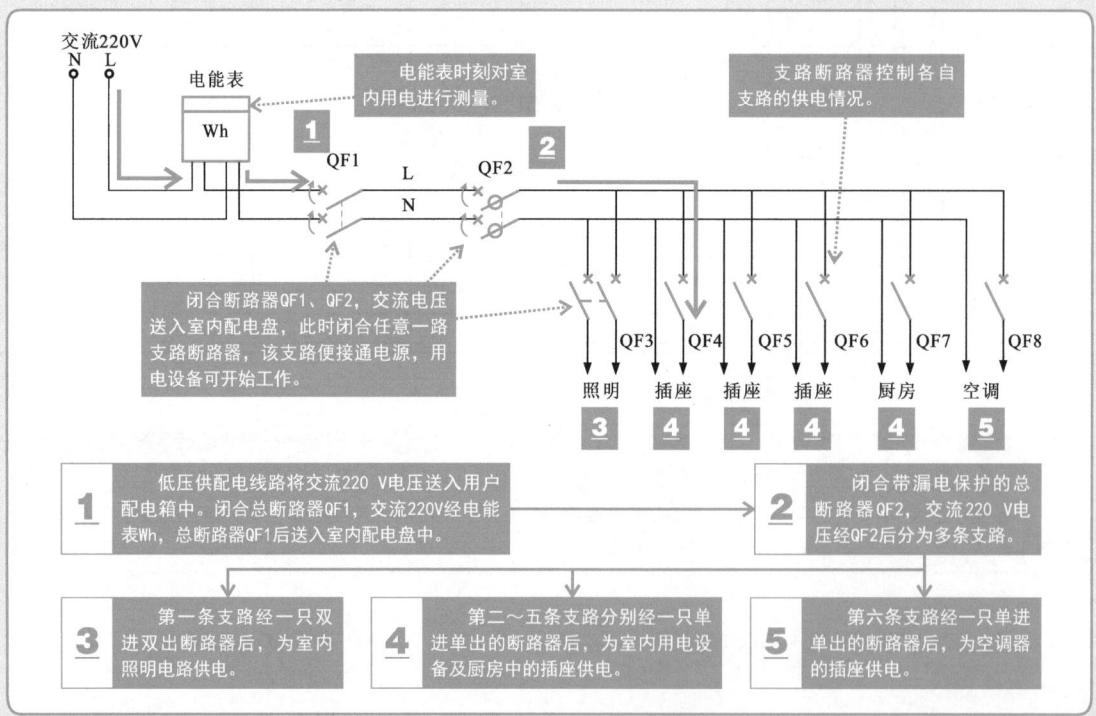

1. 低压供配电线路将交流220 V电压送入用户配电箱中。闭合总断路器QF1，交流220V经电能表Wh、总断路器QF1后送入室内配电盘中。

2. 闭合带漏电保护的总断路器QF2，交流220 V电压经QF2后分为多条支路。

3. 第一条支路经一只双进双出断路器后，为室内照明电路供电。

4. 第二～五条支路分别经一只单进单出的断路器后，为室内用电设备及厨房中的插座供电。

5. 第六条支路经一只单进单出的断路器后，为空调器的插座供电。

3.3.6 工厂35kV中心变电所供配电线路图的识读

工厂35kV中心变电所供配电线路适用于高压电力的传输,可将35kV的高压电经变压器后变为10kV电压,再送往各个车间的10kV变电室中,为车间动力、照明及电气设备供电;再将10kV电压降到380/220V,送往办公室、食堂、宿舍等公共用电场所。

【工厂35kV中心变电所供配电线路图的结构】

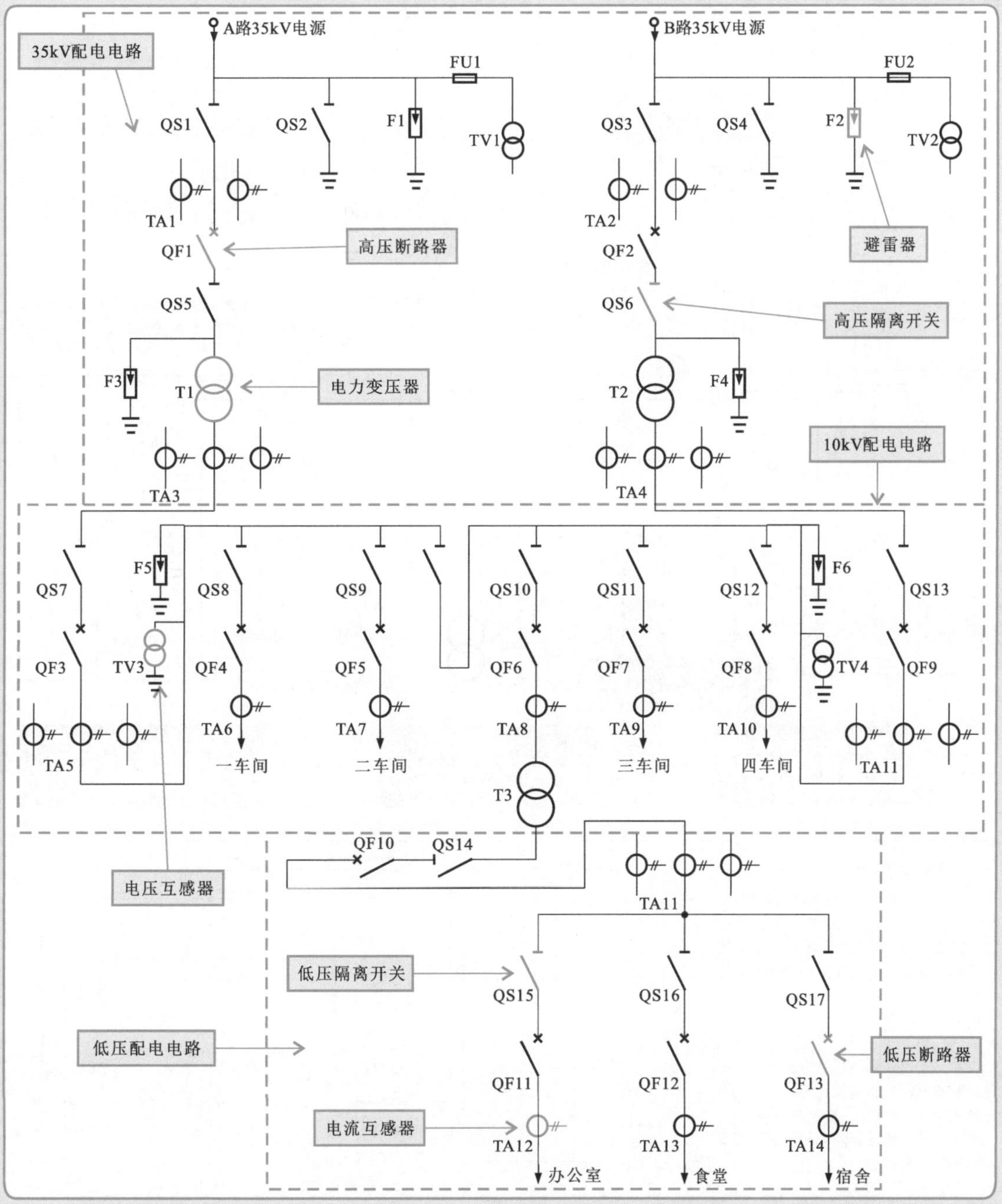

根据电路中主要电气部件的功能，我们可以对35kV变配电和10kV变配电的工作流程以及低压变配电线路进行识读。识读过程可参看下面的图解演示。

【工厂35kV中心变电所供配电线路图中35kV供配电工作流程的识读】

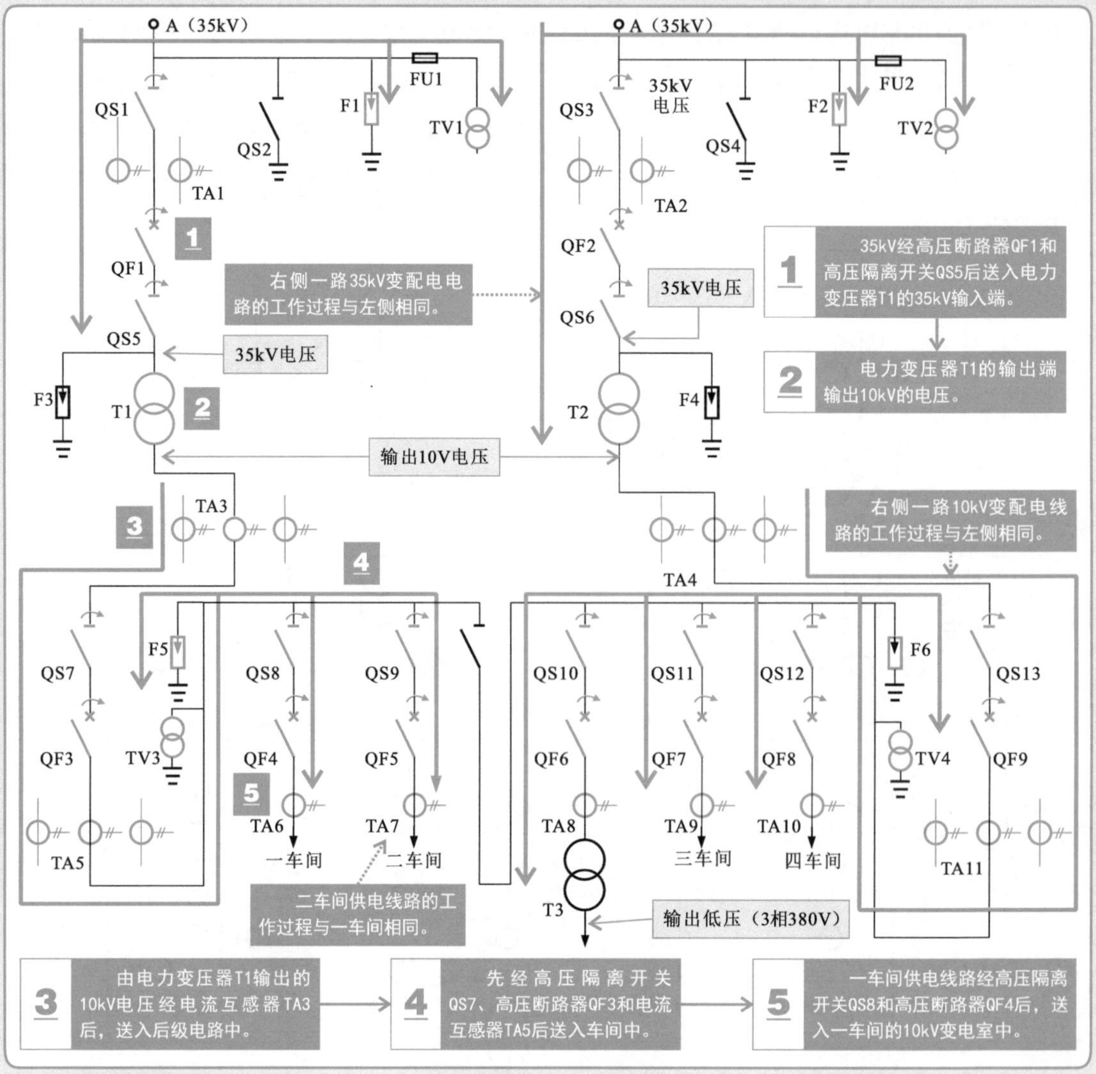

① 35kV经高压断路器QF1和高压隔离开关QS5后送入电力变压器T1的35kV输入端。

② 电力变压器T1的输出端输出10kV的电压。

③ 由电力变压器T1输出的10kV电压经电流互感器TA3后，送入后级电路中。

④ 先经高压隔离开关QS7、高压断路器QF3和电流互感器TA5后送入车间中。

⑤ 一车间供电线路经高压隔离开关QS8和高压断路器QF4后，送入一车间的10kV变电室中。

特别提醒

低压变配电工作过程识读分析：10 kV电压经电力变压器T3后，将输入电压变为380 V的低压。再经低压隔离开关QS14、低压断路器QF10和电流互感器TA11后，分为三路：一路经低压隔离开关QS15、低压断路器QF11和电流互感器TA12为办公室供电；另一路经低压隔离开关QS16、低压断路器QF12和电流互感器TA13为食堂供电；最后一路经低压隔离开关QS17、低压断路器QF13和电流互感器TA14为宿舍供电。

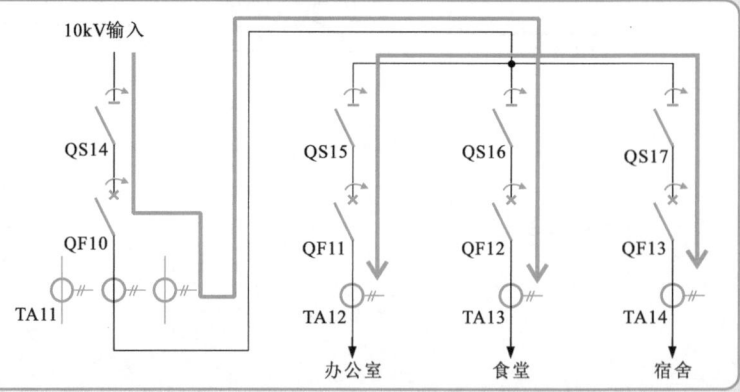

3.3.7 建筑工地低压供配电线路图的识读

建筑工地低压配电线路是一种短期使用的低压配电线路，通过电源传输线、总电源开关、支路电源开关等，为电动机及其控制电路、搅拌机、电焊机、卷扬机、小型配电盘以及照明设备等供电。

该电路主要由电源总开关QS1、支路电源开关QS2～QS6等构成。三相交流电源采用三相四线式，设有一条零线N和三条相线。识读过程可参看下面的图解演示。

【建筑工地低压供配电线路图的识读】

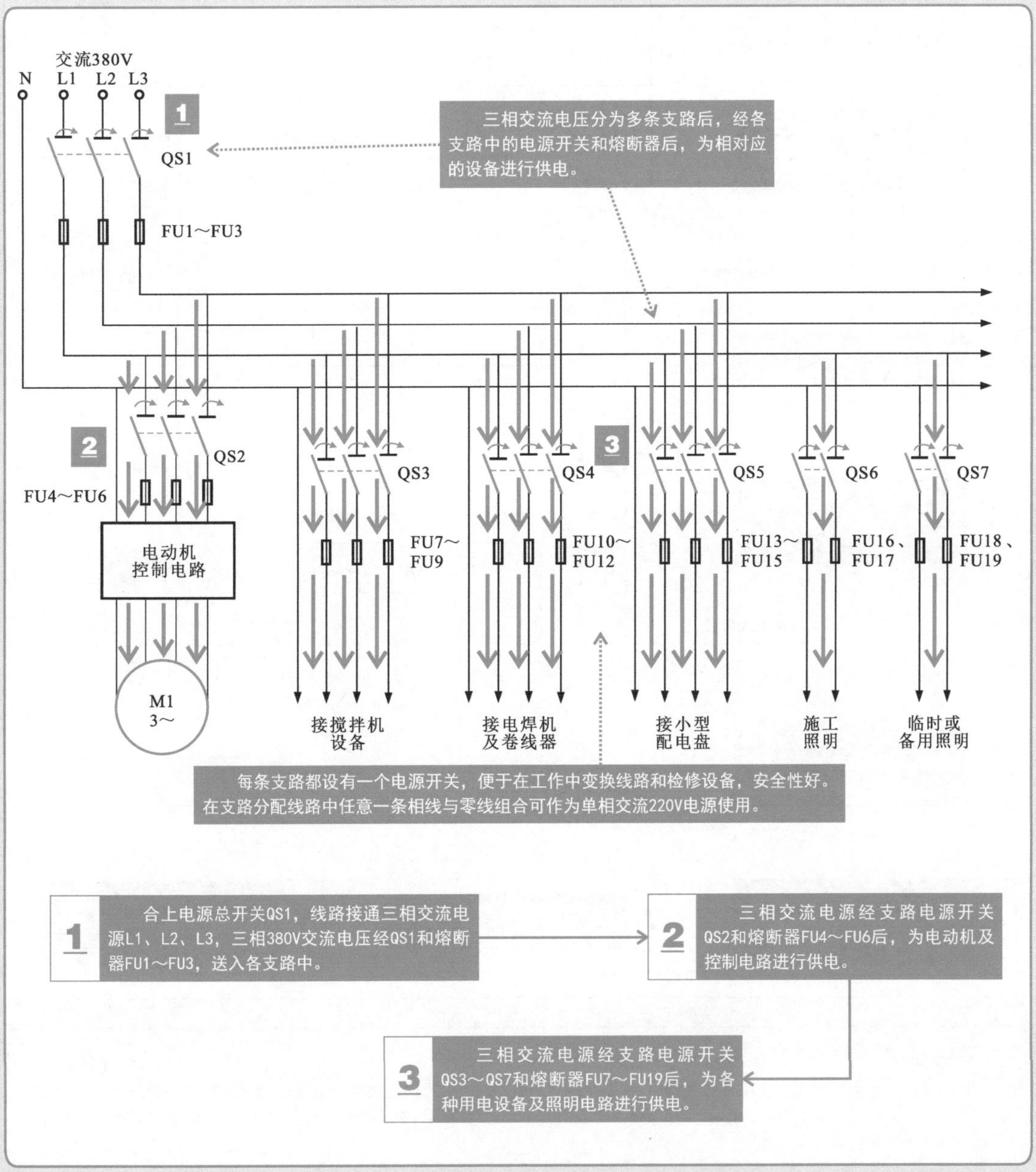

交流380V
N L1 L2 L3
1
QS1
FU1～FU3
三相交流电压分为多条支路后，经各支路中的电源开关和熔断器后，为相对应的设备进行供电。
2
QS2
FU4～FU6
电动机控制电路
M1 3～
QS3
FU7～FU9
QS4
FU10～FU12
3
QS5
FU13～FU15
QS6
FU16、FU17
QS7
FU18、FU19
接搅拌机设备
接电焊机及卷线器
接小型配电盘
施工照明
临时或备用照明
每条支路都设有一个电源开关，便于在工作中变换线路和检修设备，安全性好。在支路分配线路中任意一条相线与零线组合可作为单相交流220V电源使用。
1 合上电源总开关QS1，线路接通三相交流电源L1、L2、L3，三相380V交流电压经QS1和熔断器FU1～FU3，送入各支路中。
2 三相交流电源经支路电源开关QS2和熔断器FU4～FU6后，为电动机及控制电路进行供电。
3 三相交流电源经支路电源开关QS3～QS7和熔断器FU7～FU19后，为各种用电设备及照明电路进行供电。

3.3.8 楼宇变电所高压供配电线路图的识读

楼宇变电所高压供配电线路是一种应用在高层住宅小区或办公楼中的变电所，其内部采用多个高压开关设备对线路的通、断进行控制，从而为高层的各个楼层进行供电。识读过程可参看下面的图解演示。

【楼宇变电所高压供配电线路图的识读】

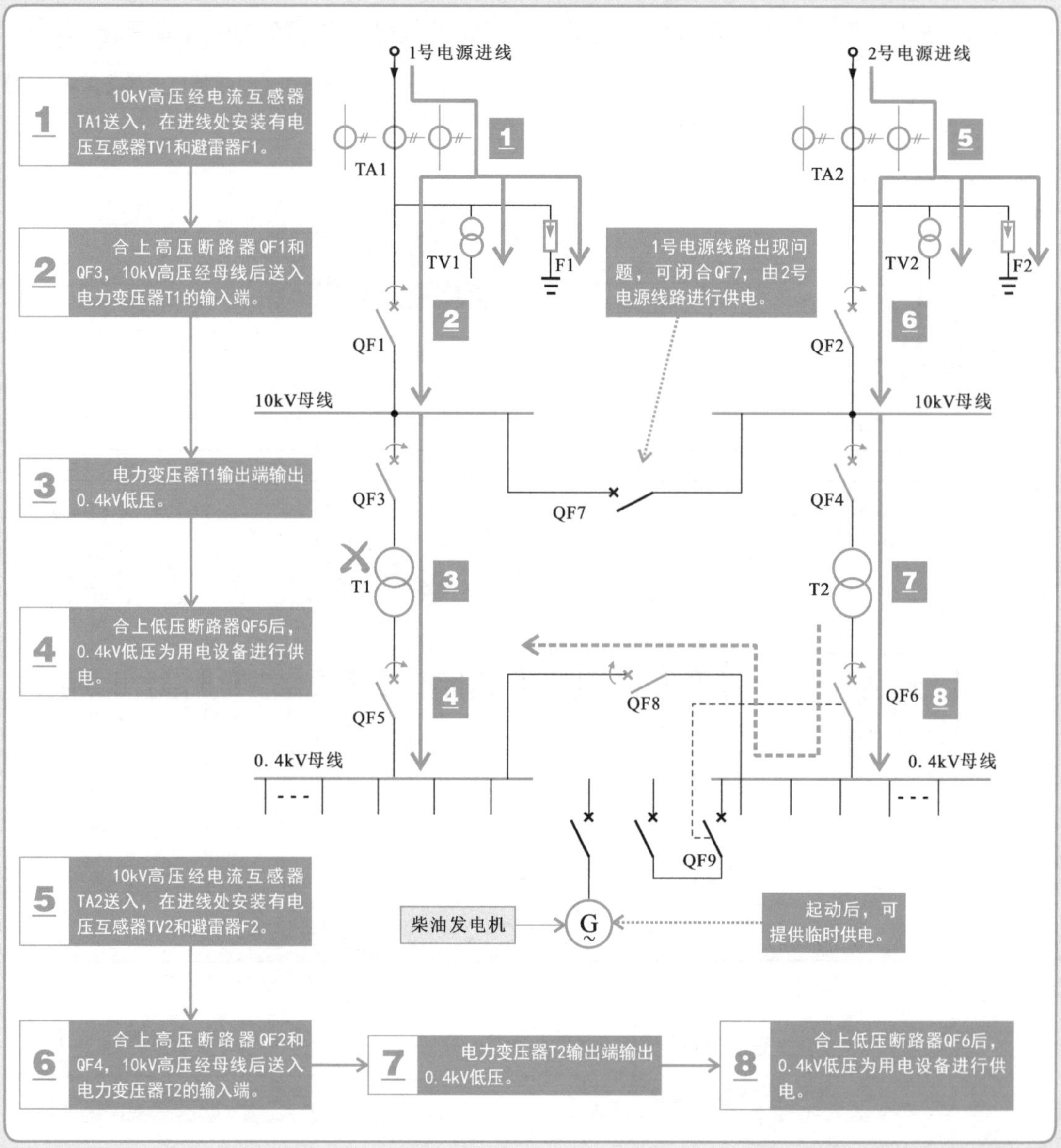
1 10kV高压经电流互感器TA1送入，在进线处安装有电压互感器TV1和避雷器F1。
2 合上高压断路器QF1和QF3，10kV高压经母线后送入电力变压器T1的输入端。
3 电力变压器T1输出端输出0.4kV低压。
4 合上低压断路器QF5后，0.4kV低压为用电设备进行供电。
5 10kV高压经电流互感器TA2送入，在进线处安装有电压互感器TV2和避雷器F2。
6 合上高压断路器QF2和QF4，10kV高压经母线后送入电力变压器T2的输入端。
7 电力变压器T2输出端输出0.4kV低压。
8 合上低压断路器QF6后，0.4kV低压为用电设备进行供电。
1号电源进线
2号电源进线
TA1
TA2
TV1
F1
TV2
F2
1号电源线路出现问题，可闭合QF7，由2号电源线路进行供电。
QF1
QF2
10kV母线
10kV母线
QF3
QF7
QF4
T1
T2
QF5
QF8
QF6
0.4kV母线
0.4kV母线
QF9
柴油发电机
G
起动后，可提供临时供电。

特别提醒

当1号电源线路中的电力变压器T1出现故障后，1号电源线路停止工作。合上低压断路器QF8，由2号电源线路输出的0.4kV电压便会经QF8为1号电源线路中的负载设备供电，以维持其正常工作。此外，在该线路中还设有柴油发电机G，在两路电源均出现故障后，则可起动柴油发电机，进行临时供电。

3.3.9 企业10kV高压配电柜供配电线路图的识读

企业10kV配电柜高压开关设备控制电路是一种企业中比较常见的配电线路，可将10kV的高压通过配电线路为各个设备进行供电，在线路中还接有电流互感器等设备。识读过程可参看下面的图解演示。

【企业10kV高压配电柜供配电线路图的识读】

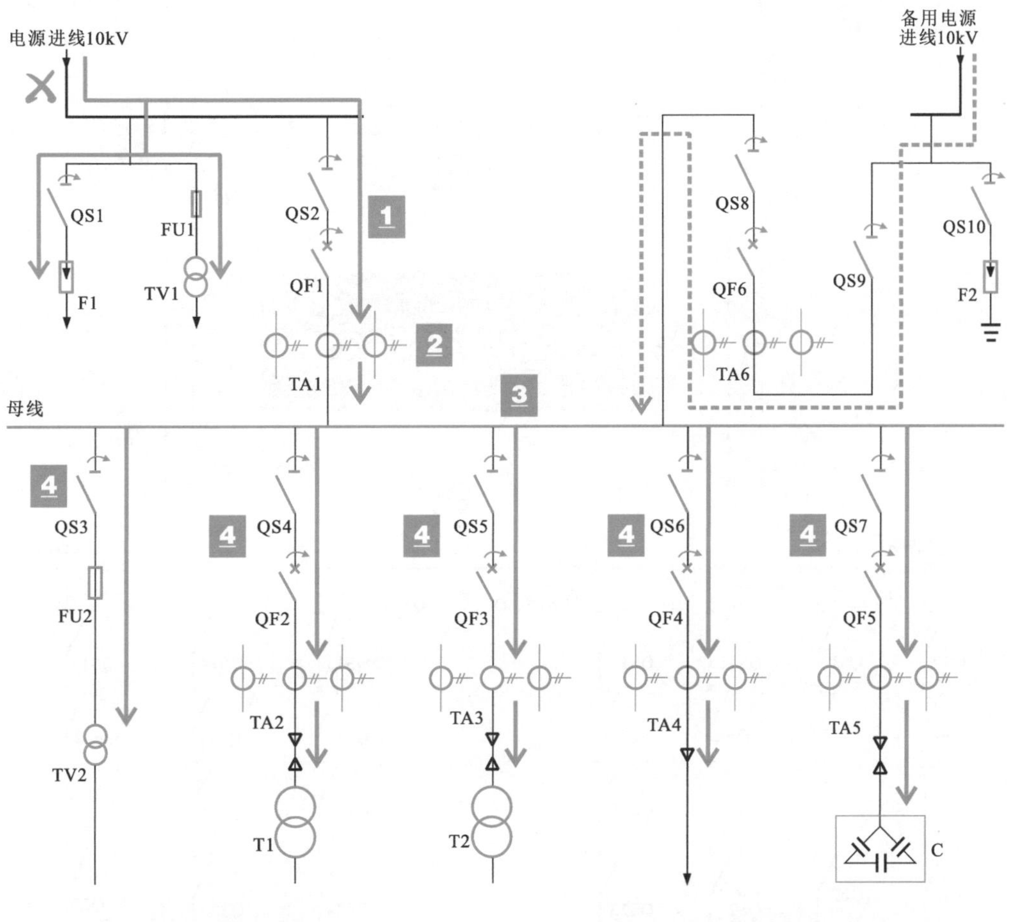

1. 合上高压隔离开关QS2和高压断路器QF1。
2. 10kV高压经QS2和QF1、电流互感器TA1送入10kV母线中。
3. 10kV母线将高压分为多路，为各配电柜供电。
4. 10kV高压分别经过高压隔离开关QS3～QS7、高压断路器QF2～QF5为各支路供电。

特别提醒

当主电源线路出现故障后，可合上高压隔离开关QS8和QS9，以及高压断路器QF6。备用电源的10kV高压经TA6为母线继续供电，确保高压配电柜能够继续工作。

3.3.10 工厂高压供配电线路图的识读

工厂高压供配电线路是一种为工厂车间进行供电的配线系统，电路中设置有多个高压开关设备，例如高压断路器、高压隔离开关等，这些开关设备可以控制线路的通断，从而为车间的用电设备进行供电。识读过程可参看下面的图解演示。

【企业10kV高压配电柜供配电线路图中高压供配电工作流程的识读】

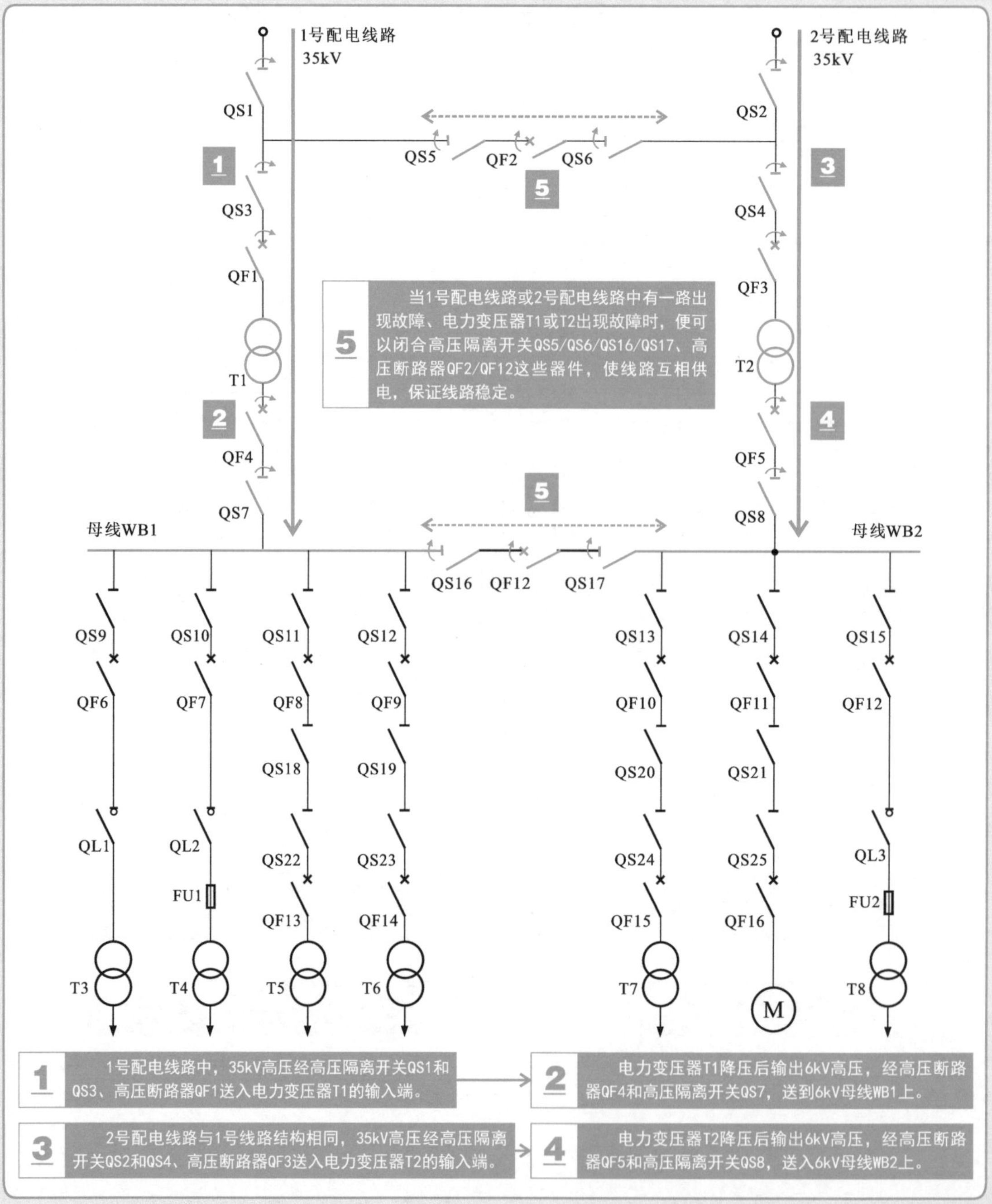

1号配电线路
35kV
2号配电线路
35kV
QS1
QS2
QS5
QF2
QS6
QS3
QS4
QF1
QF3
T1
T2
QF4
QF5
QS7
QS8
母线WB1
母线WB2
QS16
QF12
QS17
QS9
QS10
QS11
QS12
QS13
QS14
QS15
QF6
QF7
QF8
QF9
QF10
QF11
QF12
QS18
QS19
QS20
QS21
QL1
QL2
QS22
QS23
QS24
QS25
QL3
FU1
FU2
QF13
QF14
QF15
QF16
T3
T4
T5
T6
T7
M
T8
5 当1号配电线路或2号配电线路中有一路出现故障、电力变压器T1或T2出现故障时，便可以闭合高压隔离开关QS5/QS6/QS16/QS17、高压断路器QF2/QF12这些器件，使线路互相供电，保证线路稳定。
1 1号配电线路中，35kV高压经高压隔离开关QS1和QS3、高压断路器QF1送入电力变压器T1的输入端。
2 电力变压器T1降压后输出6kV高压，经高压断路器QF4和高压隔离开关QS7，送到6kV母线WB1上。
3 2号配电线路与1号线路结构相同，35kV高压经高压隔离开关QS2和QS4、高压断路器QF3送入电力变压器T2的输入端。
4 电力变压器T2降压后输出6kV高压，经高压断路器QF5和高压隔离开关QS8，送入6kV母线WB2上。

第3章 供配电线路的识读

【企业10kV高压配电柜供配电线路图中车间配电工作流程的识读】

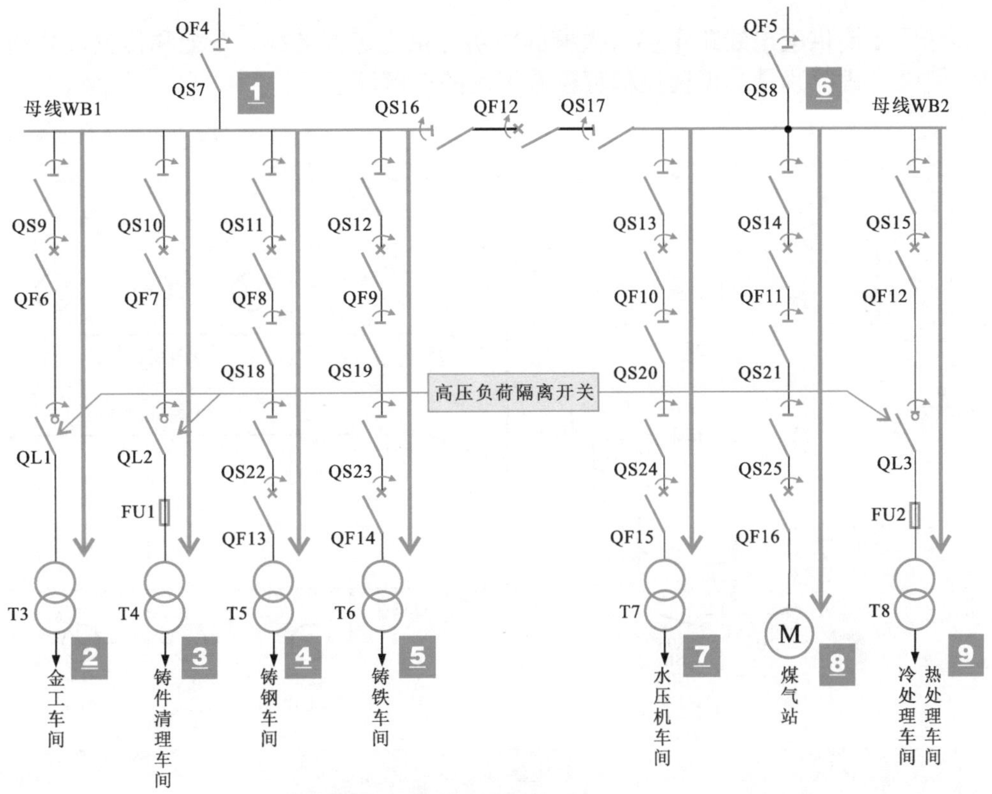

1 6kV母线WB1分为多路，为各车间供电。

2 一路经QS9、QF6和QL1送入电力变压器T3的输入端，T3输出端输出的电压为金工车间供电。

3 一路经QS10、QF7、QL2和FU1送入电力变压器T4的输入端，T4输出端输出的电压为铸件清理车间供电。

4 一路经QS11、QF8、QS18、QS22、QF13送入电力变压器T5的输入端，T5输出端输出的电压为铸钢车间供电。

5 一路经QS12、QF9、QS19、QS23、QF14送入电力变压器T6的输入端，T6输出端输出的电压为铸铁车间供电。

6 6kV母线WB2也分为多路，为各车间供电。

7 一路经QS13、QF10、QS20、QS24、QF15送入电力变压器T7的输入端，T7输出端输出的电压为水压机车间供电。

8 一路经QS14、QF11、QS21、QS25、QF16，为煤气站电动机供电。

9 最后一路经QS15、QF12、QL3和FU2送入电力变压器T8的输入端，T8输出端输出的电压为冷处理和热处理车间供电。

3.3.11 低压大棚照明供配电线路图的识读

该低压照明供配电线路主要对大棚的照明灯供电进行转换、分配和传输,并通过电能表对用电量进行测量。识读过程可参看下面的图解演示。

【低压大棚照明供配电线路图的识读】

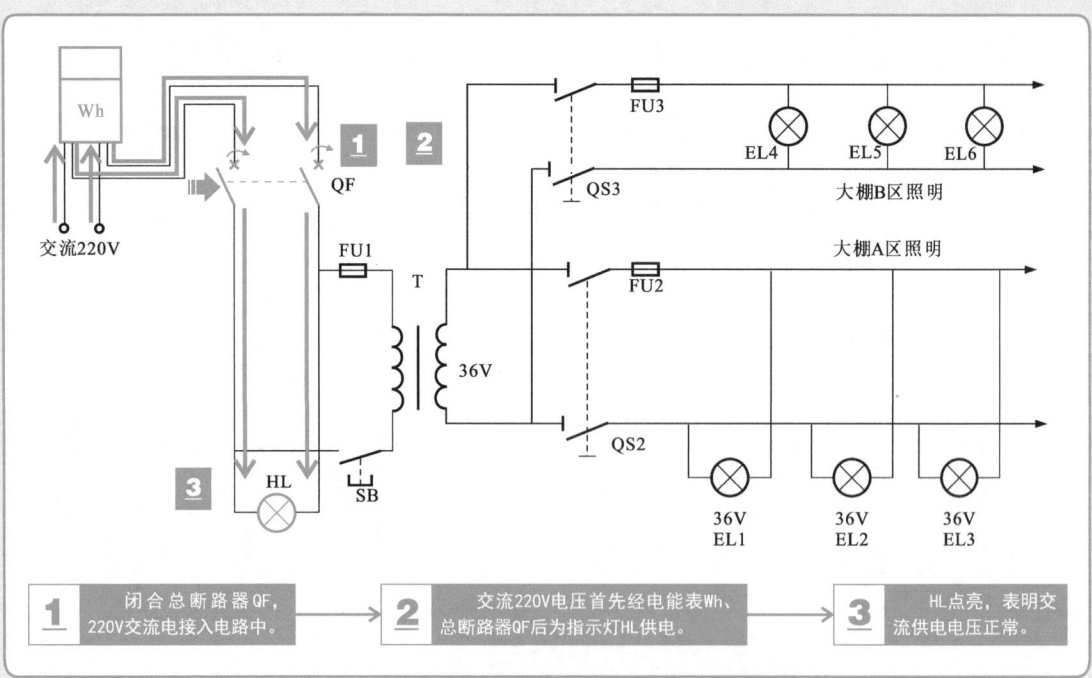

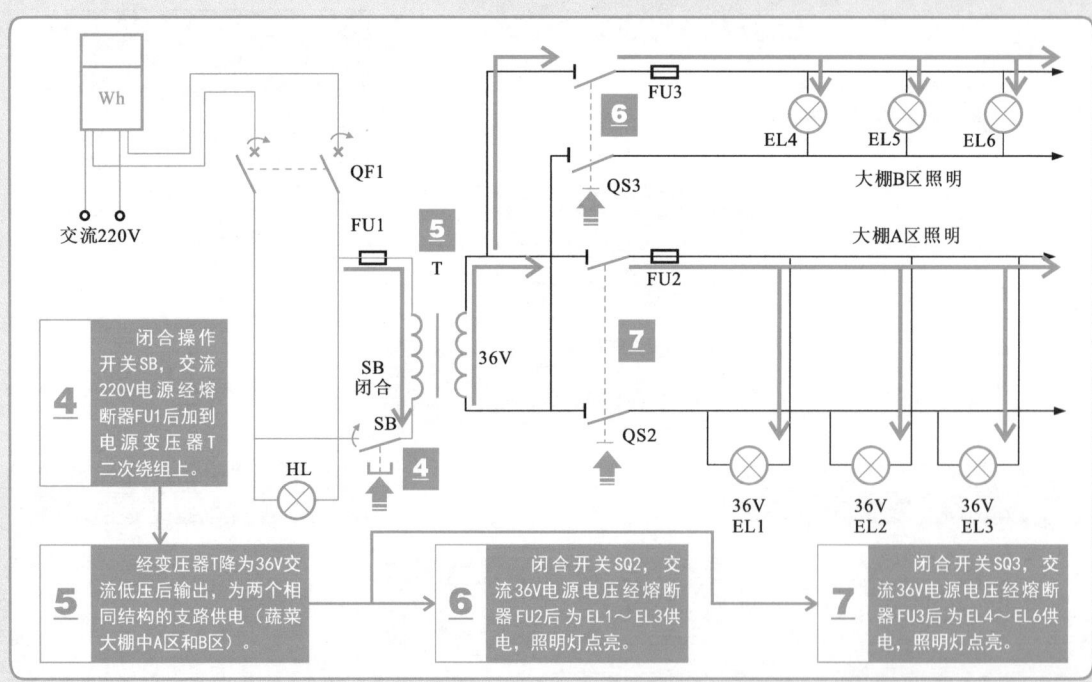

第3章 供配电线路的识读

【低压大棚照明供配电线路图的工作过程主要部件连接图】

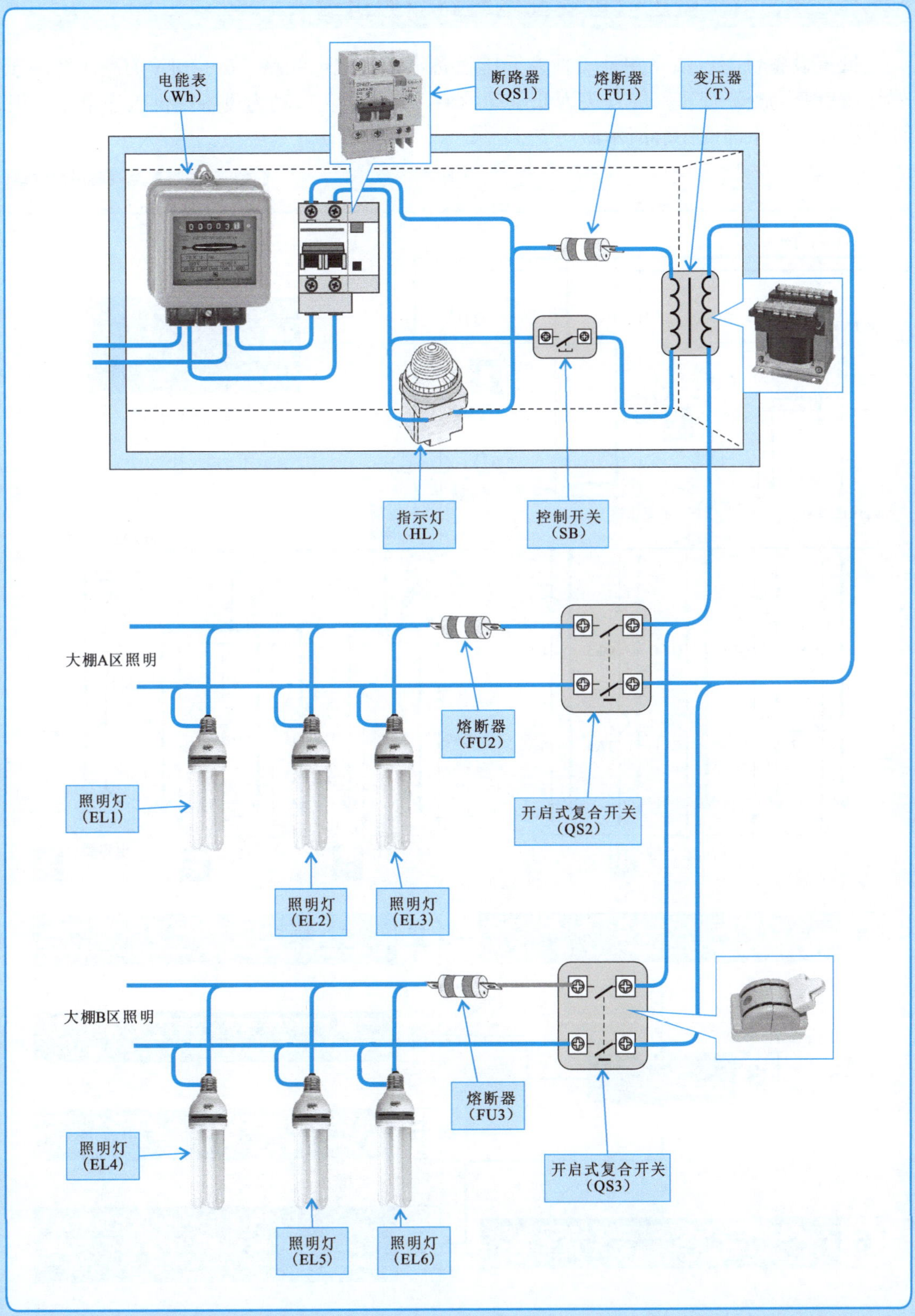

3.3.12 低压设备供配电线路图的识读

低压设备供配电线路图是一种为低压设备供电的配电线路，6～10kV的高压经降压器变压后变为交流低压，经开关为低压动力柜、照明设备或动力设备提供工作电压。识读过程可参看下面的图解演示。

【低压设备供配电线路图的识读】

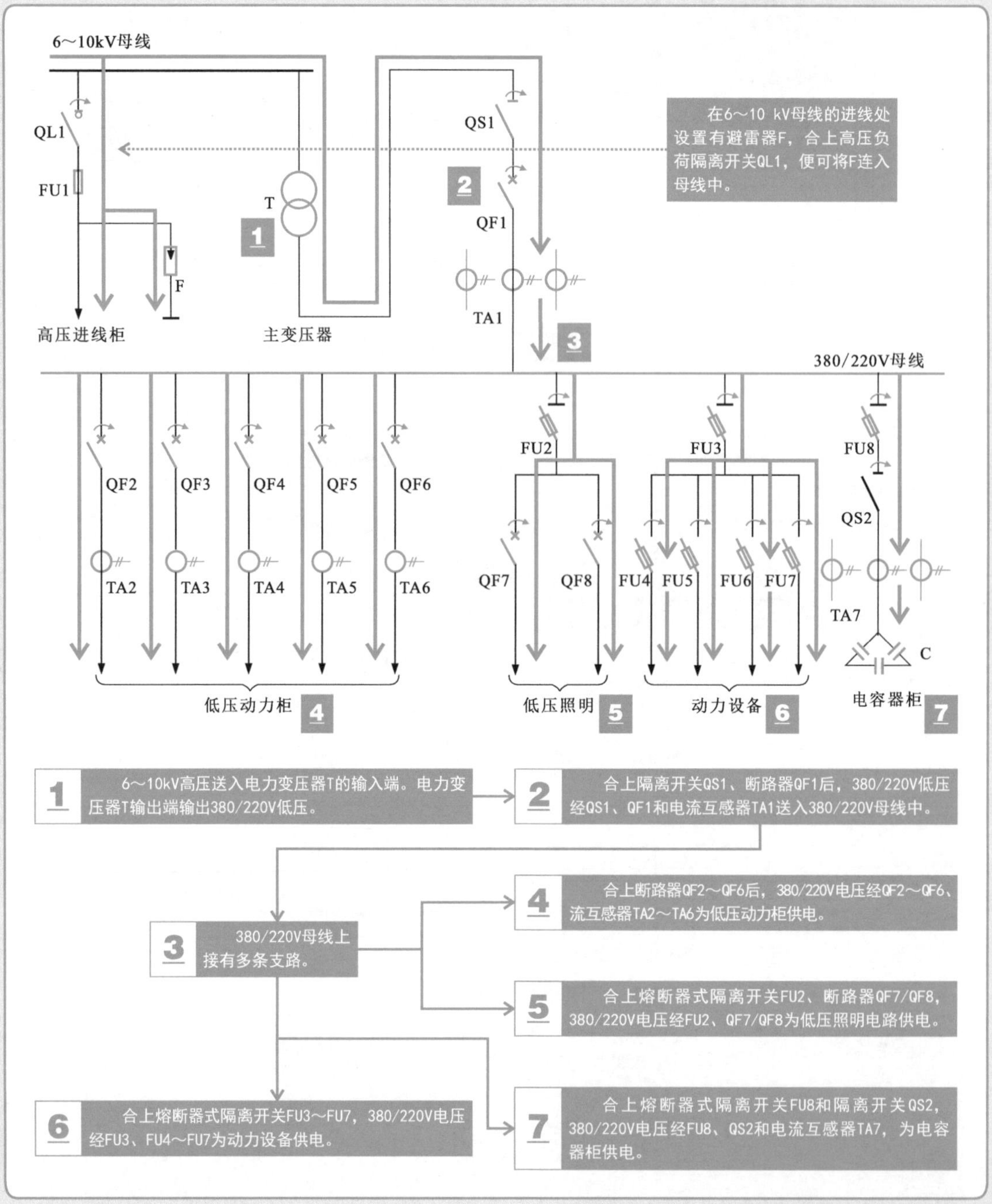
6～10kV母线
QL1
FU1
F
高压进线柜
T
1
主变压器
QS1
2
QF1
TA1
3
在6～10 kV母线的进线处设置有避雷器F，合上高压负荷隔离开关QL1，便可将F连入母线中。
380/220V母线
QF2
QF3
QF4
QF5
QF6
TA2
TA3
TA4
TA5
TA6
FU2
QF7
QF8
FU3
FU4
FU5
FU6
FU7
FU8
QS2
TA7
C
低压动力柜
4
低压照明
5
动力设备
6
电容器柜
7
1 6～10kV高压送入电力变压器T的输入端。电力变压器T输出端输出380/220V低压。
2 合上隔离开关QS1、断路器QF1后，380/220V低压经QS1、QF1和电流互感器TA1送入380/220V母线中。
3 380/220V母线上接有多条支路。
4 合上断路器QF2～QF6后，380/220V电压经QF2～QF6、流互感器TA2～TA6为低压动力柜供电。
5 合上熔断器式隔离开关FU2、断路器QF7/QF8，380/220V电压经FU2、QF7/QF8为低压照明电路供电。
6 合上熔断器式隔离开关FU3～FU7，380/220V电压经FU3、FU4～FU7为动力设备供电。
7 合上熔断器式隔离开关FU8和隔离开关QS2，380/220V电压经FU8、QS2和电流互感器TA7，为电容器柜供电。

3.3.13 高层住宅低压供配电线路图的识读

该线路为高层住宅中的低压供配电线路，线路中设置有备用电源，在主电源异常时，备用电源会为高层住宅的公用照明及设备供电，但不会为住户供电。识读过程可参看下面的图解演示。

【低压设备供配电线路图的识读】

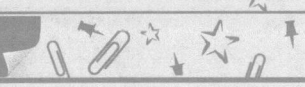

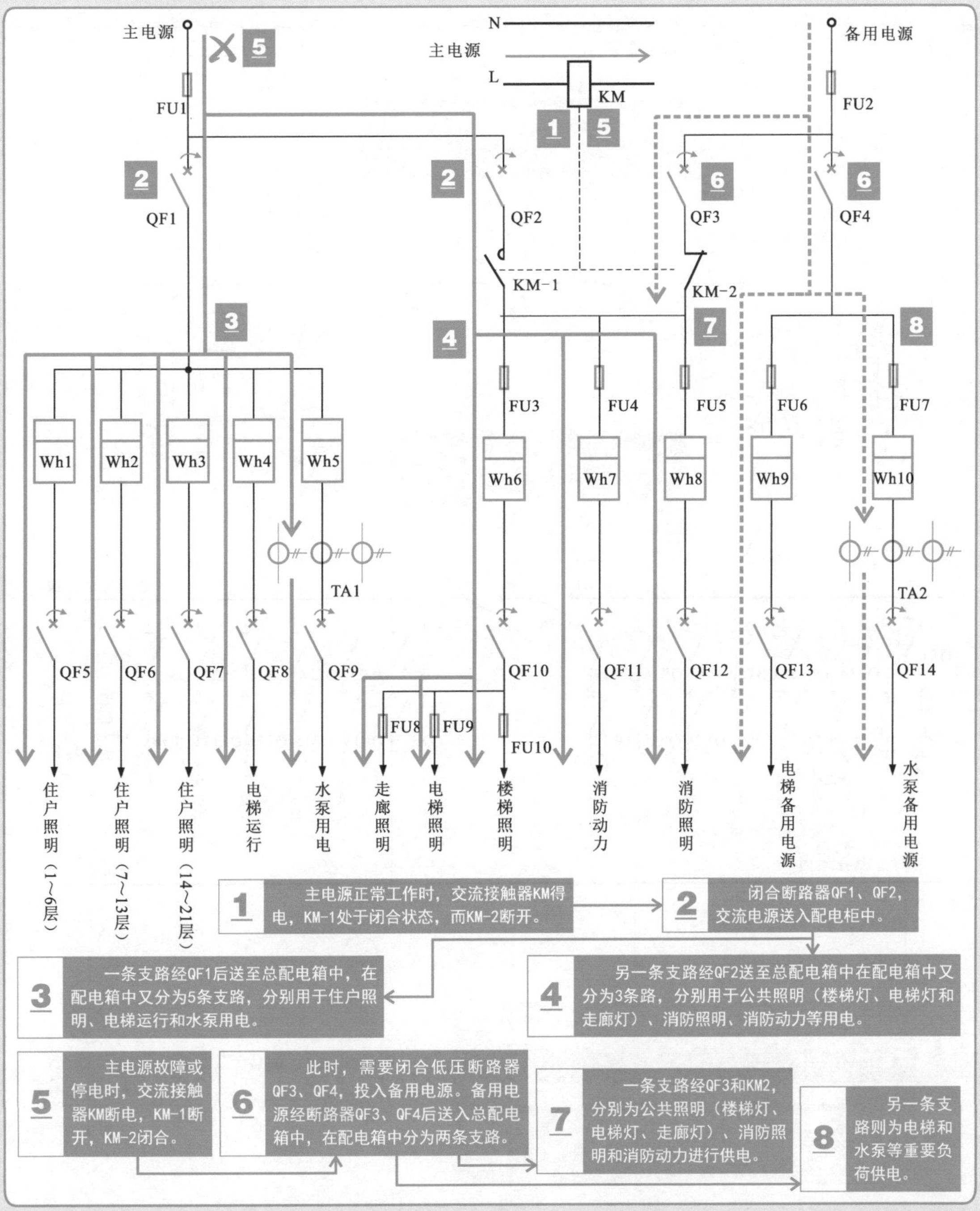
主电源
5
N
主电源
L
KM
1
5
备用电源
FU1
FU2
2
QF1
2
QF2
6
QF3
6
QF4
KM-1
KM-2
3
4
7
8
FU3
FU4
FU5
FU6
FU7
Wh1
Wh2
Wh3
Wh4
Wh5
Wh6
Wh7
Wh8
Wh9
Wh10
TA1
TA2
QF5
QF6
QF7
QF8
QF9
QF10
QF11
QF12
QF13
QF14
FU8
FU9
FU10
住户照明（1～6层）
住户照明（7～13层）
住户照明（14～21层）
电梯运行
水泵用电
走廊照明
电梯照明
楼梯照明
消防动力
消防照明
电梯备用电源
水泵备用电源
1 主电源正常工作时，交流接触器KM得电，KM-1处于闭合状态，而KM-2断开。
2 闭合断路器QF1、QF2，交流电源送入配电柜中。
3 一条支路经QF1后送至总配电箱中，在配电箱中又分为5条支路，分别用于住户照明、电梯运行和水泵用电。
4 另一条支路经QF2送至总配电箱中在配电箱中又分为3条路，分别用于公共照明（楼梯灯、电梯灯和走廊灯）、消防照明、消防动力等用电。
5 主电源故障或停电时，交流接触器KM断电，KM-1断开，KM-2闭合。
6 此时，需要闭合低压断路器QF3、QF4，投入备用电源。备用电源经断路器QF3、QF4后送入总配电箱中，在配电箱中分为两条支路。
7 一条支路经QF3和KM2，分别为公共照明（楼梯灯、电梯灯、走廊灯）、消防照明和消防动力进行供电。
8 另一条支路则为电梯和水泵等重要负荷供电。

3.3.14 深井高压供配电线路图的识读

深井高压开关设备控制电路是一种应用在矿井、深井等工作环境下的高压供配电线路，在线路中使用高压隔离开关、高压断路器等对线路的通断进行控制，母线可以将电源分为多路，为各设备提供工作电压。识读过程可参看下面的图解演示。

【深井高压供配电线路图中35～110kV供配电工作流程的识读】

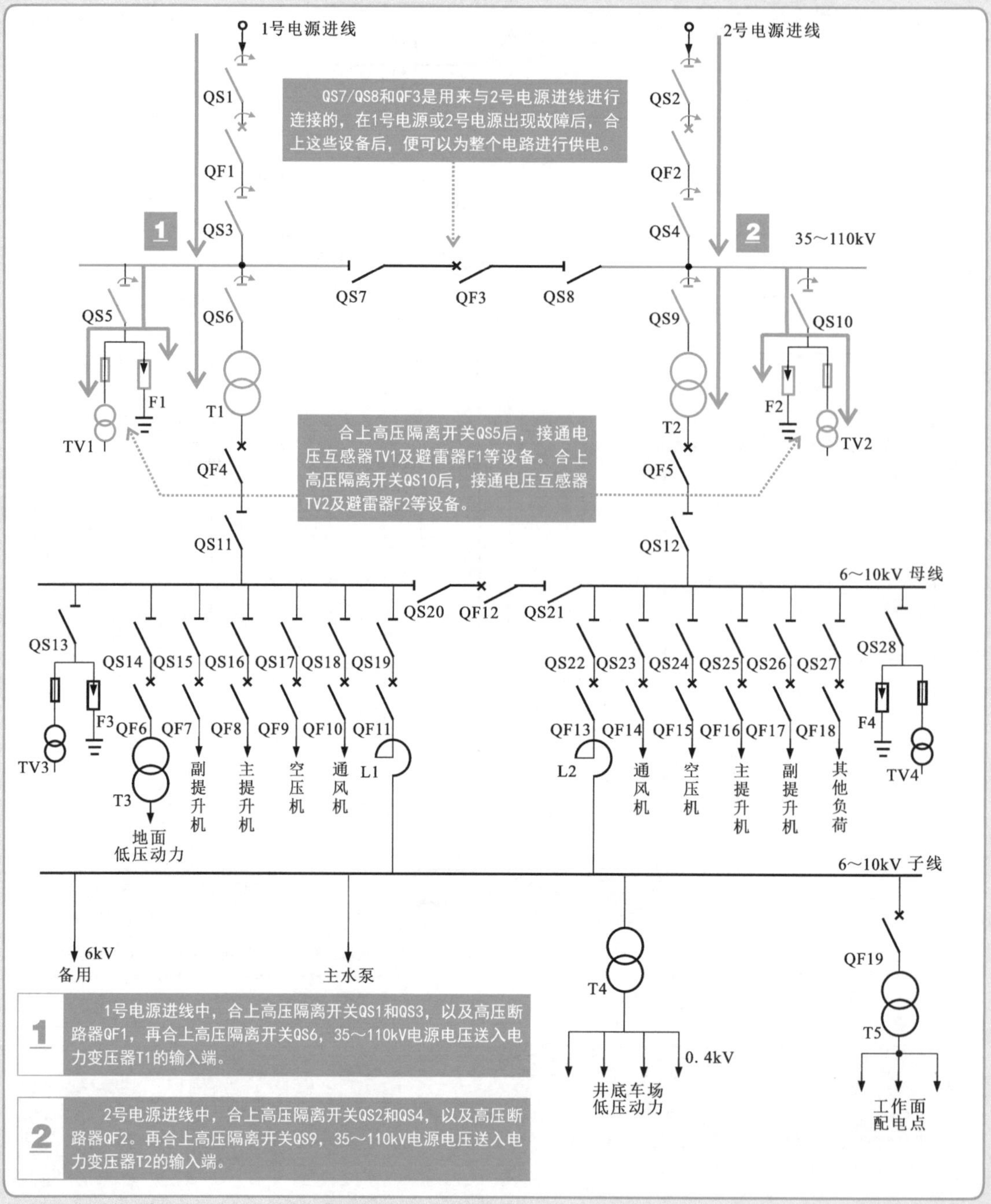

1号电源进线
2号电源进线
QS7/QS8和QF3是用来与2号电源进线进行连接的，在1号电源或2号电源出现故障后，合上这些设备后，便可以为整个电路进行供电。
QS1
QF1
QS3
QS2
QF2
QS4
35～110kV
QS5
QS6
QS7
QF3
QS8
QS9
QS10
F1
TV1
T1
T2
F2
TV2
合上高压隔离开关QS5后，接通电压互感器TV1及避雷器F1等设备。合上高压隔离开关QS10后，接通电压互感器TV2及避雷器F2等设备。
QF4
QF5
QS11
QS12
6～10kV 母线
QS20
QF12
QS21
QS13
QS14
QS15
QS16
QS17
QS18
QS19
QS22
QS23
QS24
QS25
QS26
QS27
QS28
F3
QF6
QF7
QF8
QF9
QF10
QF11
QF13
QF14
QF15
QF16
QF17
QF18
F4
TV3
T3
副提升机
主提升机
空压机
通风机
L1
L2
通风机
空压机
主提升机
副提升机
其他负荷
TV4
地面低压动力
6～10kV 子线
6kV
备用
主水泵
T4
QF19
T5
0. 4kV
井底车场低压动力
工作面配电点
1
1号电源进线中，合上高压隔离开关QS1和QS3，以及高压断路器QF1，再合上高压隔离开关QS6，35～110kV电源电压送入电力变压器T1的输入端。
2
2号电源进线中，合上高压隔离开关QS2和QS4，以及高压断路器QF2。再合上高压隔离开关QS9，35～110kV电源电压送入电力变压器T2的输入端。

第3章 供配电线路的识读

【深井高压供配电线路图中6～10kV供配电工作流程的识读】

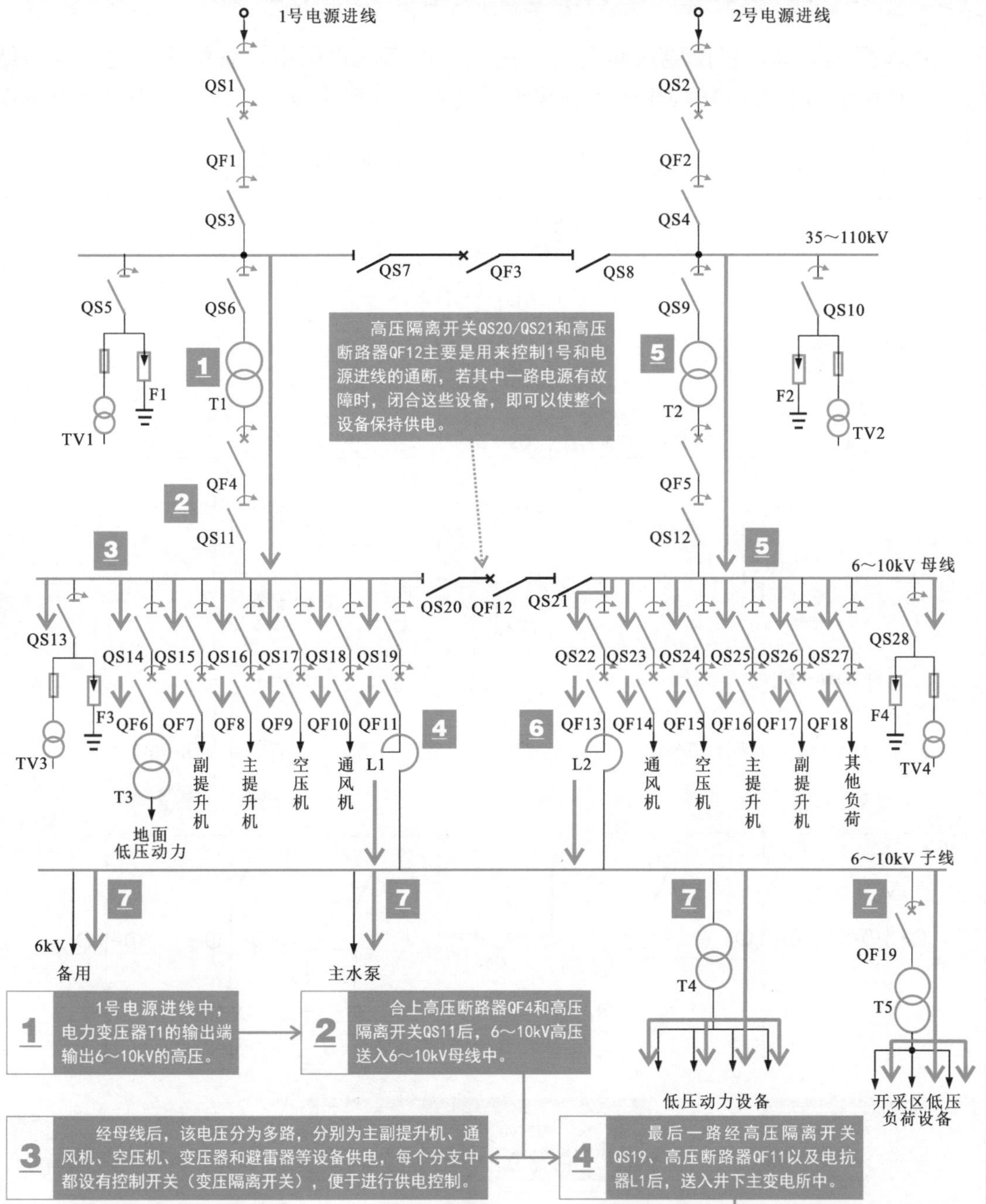

高压隔离开关QS20/QS21和高压断路器QF12主要是用来控制1号和2号电源进线的通断，若其中一路电源有故障时，闭合这些设备，即可以使整个设备保持供电。

1 1号电源进线中，电力变压器T1的输出端输出6～10kV的高压。

2 合上高压断路器QF4和高压隔离开关QS11后，6～10kV高压送入6～10kV母线中。

3 经母线后，该电压分为多路，分别为主副提升机、通风机、空压机、变压器和避雷器等设备供电，每个分支中都设有控制开关（变压隔离开关），便于进行供电控制。

4 最后一路经高压隔离开关QS19、高压断路器QF11以及电抗器L1后，送入井下主变电所中。

5 2号电源进线中，电力变压器T2的输出端输出6～10kV的高压。合上高压断路器QF5和高压隔离开关QS12后，6～10kV高压送入6～10kV母线中。该母线的电源分配方式与前述的1号电源的分配方式相同。

6 其中高压隔离开关QS22、高压断路器QF13以及电抗器L2后，为井下主变电所供电。

7 由6～10kV母线送来的高压，再送入6～10kV子线中，再由子线对主水泵和低压设备供电。其中一路直接为主水泵进行供电，另一路作为备用电源。还有一路经电力变压器T4后，变为0.4kV（380V）低压，为低压动力设备进行供电。最后一路经高压断路器QF9和电力变压器T5后，变为0.69kV低压，为开采区低压负荷设备进行供电。

3.3.15 35kV变电站高压供配电线路图的识读

35kV变电站高压供配电线路是指采用适当的高压供配电设备组成一定的电路结构,并对变电站引入的35kV电压进行传输、转换、分配的线路。识读过程可参看下面的图解演示。

【35kV变电高压供配电线路图中35kV供电及双路降压工作流程的识读】

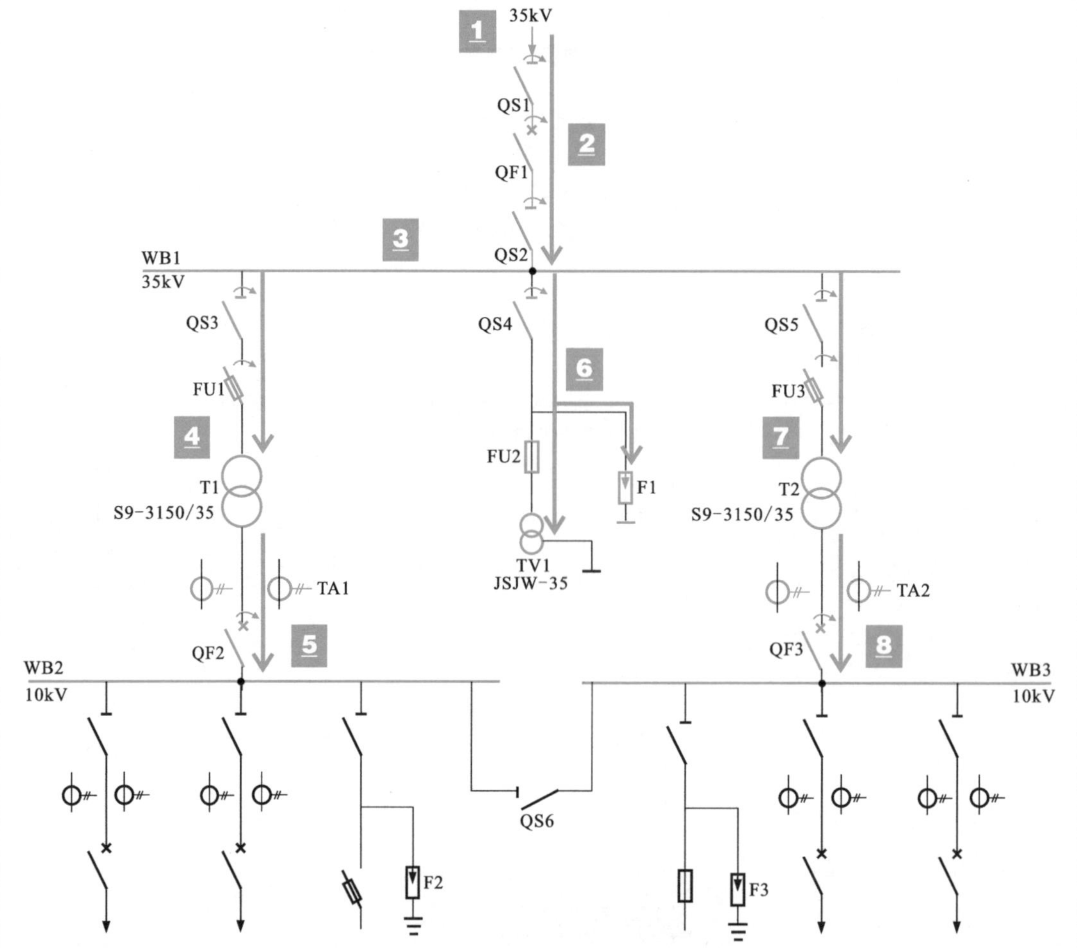

1. 35kV电源电压经高压架空线路引起入后,送至电路中。
2. 依次闭合高压隔离开关QS1、高压断路器QF1、高压隔离开关QS2后,35kV电源电压加到母线WB1上。
3. 经母线WB1后,该电压分为三条支路。
4. 第一路经高压隔离开关QS3、高压跌落式熔断器FU1后送至电力变压器T1。
5. 变压器T1将35kV高压降为10kV,再经电流互感器TA1、高压断路器QF2后加到母线WB2上。
6. 第二路经高压隔离开关QS4后,连接高压熔断器FU2、电压互感器TV1以及避雷器F1等高压设备。
7. 第三路经高压隔离开关QS5、高压跌落式熔断器FU3后送至电力变压器T2。
8. 变压器T2将35kV高压降为10kV,再经电流互感器TA2、高压断路器QF3后也加到母线WB2上。

第3章 供配电线路的识读

【35kV变电高压供配电线路图中多路输出工作流程的识读】

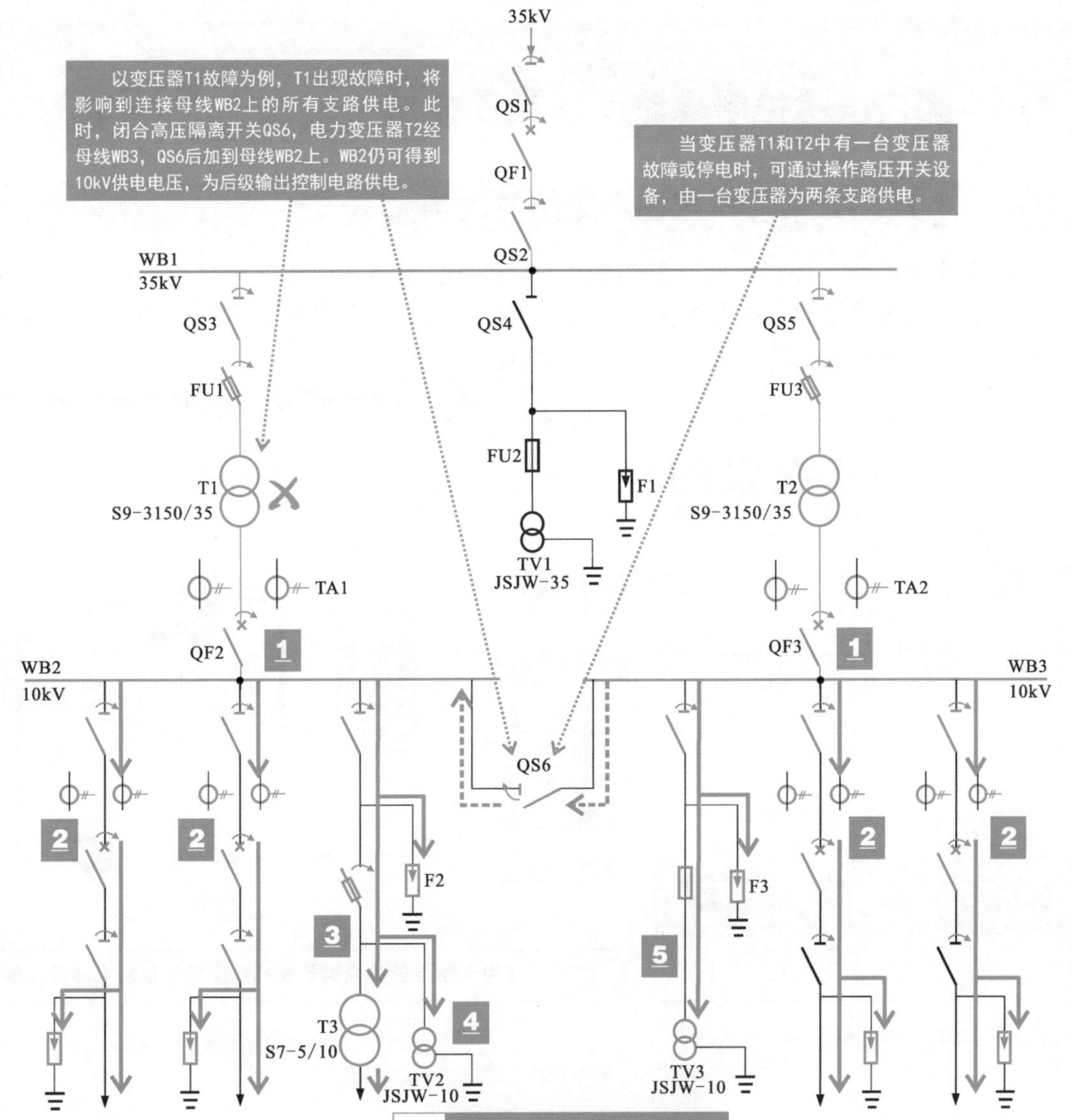

以变压器T1故障为例，T1出现故障时，将影响到连接母线WB2上的所有支路供电。此时，闭合高压隔离开关QS6，电力变压器T2经母线WB3，QS6后加到母线WB2上。WB2仍可得到10kV供电电压，为后级输出控制电路供电。

当变压器T1和T2中有一台变压器故障或停电时，可通过操作高压开关设备，由一台变压器为两条支路供电。

1 变压器T1和T2输出双路电源加到母线WB2和WB3上，分为6条支路输出。

2 第一、二、五、六条支路结构相同，均经高压隔离开关、高压熔断路器后送出，并在线路中安装有避雷器。

3 第三条支路首先经高压隔离开关、高压跌落式熔断器后，送至电力变压器T3上，降压后输出0.4kV电压。

4 在变压器T3前部安装有电压互感器TV2，由电压互感器TV2测量控制电路中的电压。

5 第四条支路首先经高压隔离开关、高压熔断器后，送至电压互感器TV3上，由其测量控制电路中的电压。

第4章 照明控制电路的识读

4.1 室内照明控制电路图的识读方法

4.1.1 室内照明控制电路图的结构

照明控制电路是控制照明灯供电的电路,室内照明控制电路一般采用单控开关、双控开关来控制照明灯的点亮和熄灭。识读该类电路图,首先要识别电路图中主要部件的符号标识,根据标识了解电路图的结构以及功能特点。

【一个单控开关控制一盏照明灯控制电路的结构】

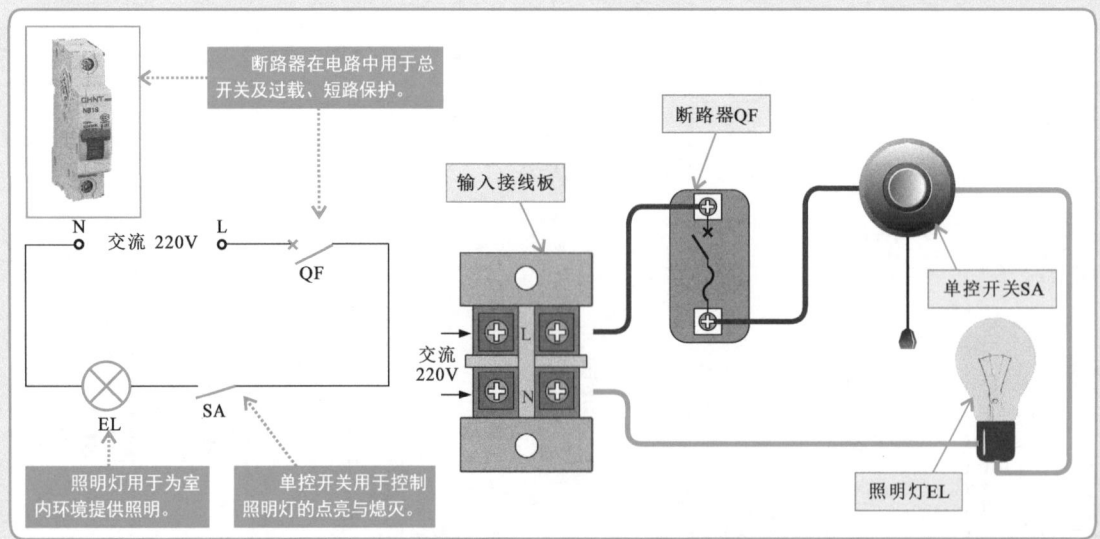

【两个单控开关分别控制两盏照明灯控制电路的结构】

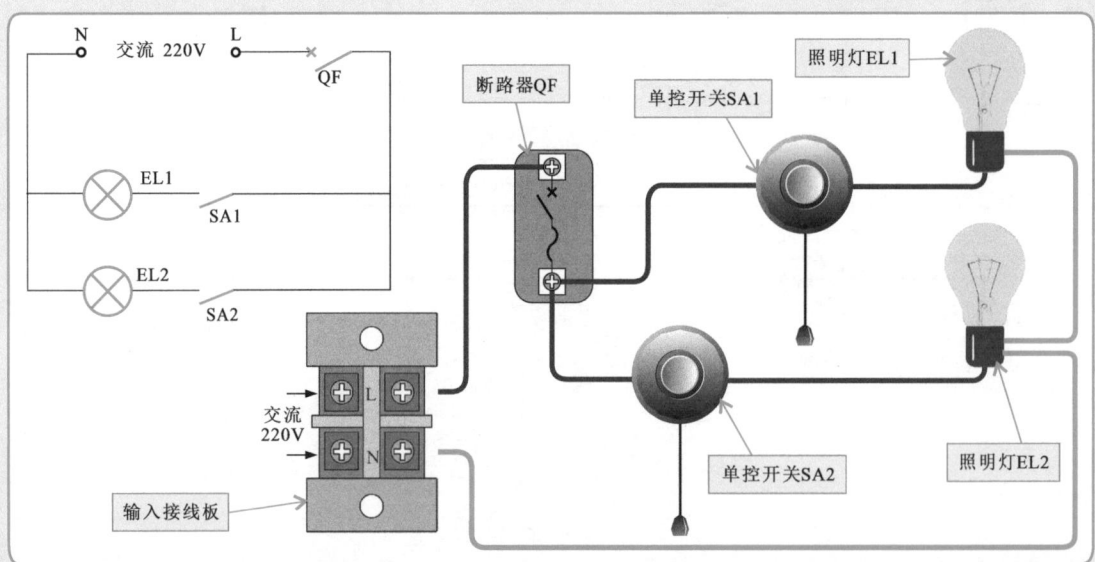

第4章 照明控制电路的识读

【两个双控开关共同控制一盏照明灯控制电路的结构】

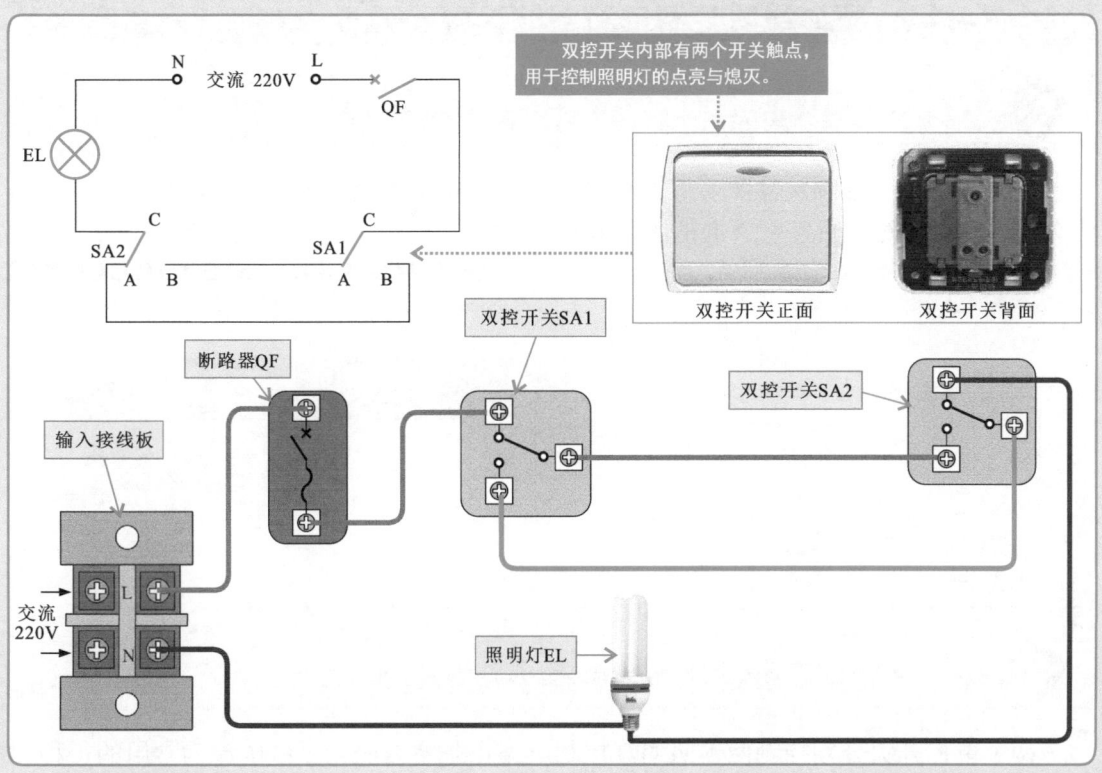

【双控开关三方共同控制一盏照明灯控制电路的结构】

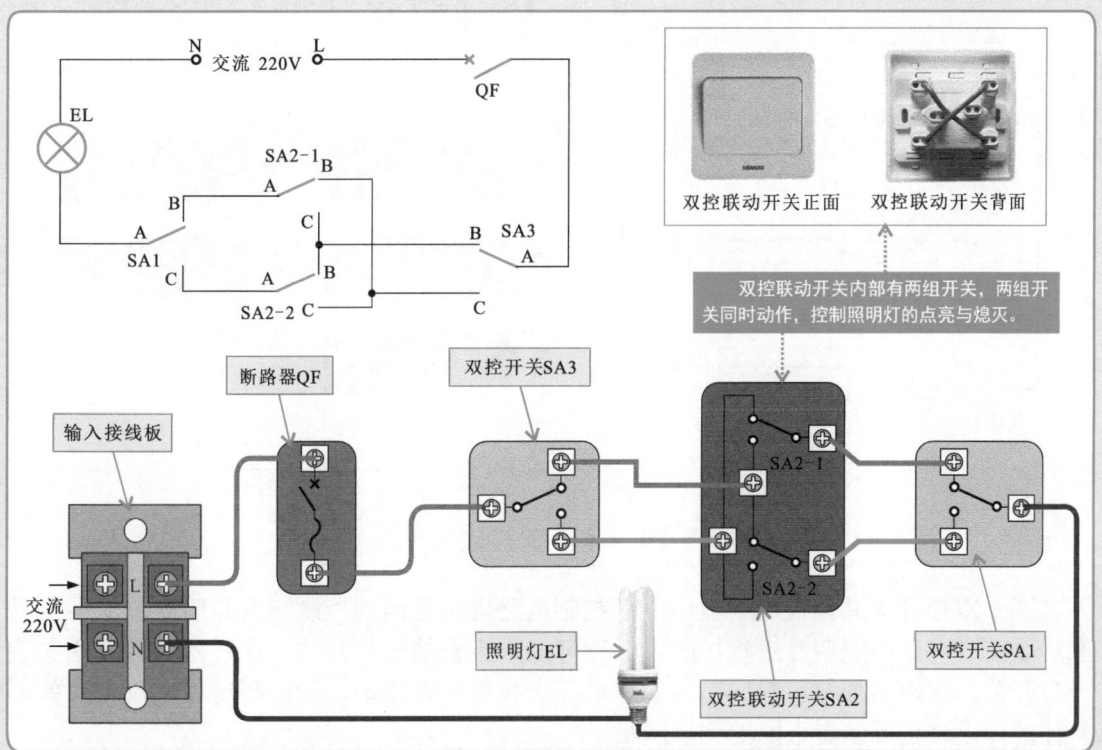

4.1.2 室内照明控制电路图的识读

1. 一个单控开关控制一盏照明灯控制电路的识读

一个单控开关控制一盏照明灯控制电路在室内照明系统中最为常用，其控制过程也十分简单。识读过程可参看下面的图解演示。

【一个单控开关控制一盏照明灯控制电路的识读】

2. 两个单控开关分别控制两盏照明灯控制电路的识读

两个单控开关分别控制两盏照明灯控制电路也是室内照明系统中最为常用的一种，其控制过程也十分简单。识读过程可参看下面的图解演示。

【两个单控开关分别控制两盏照明灯控制电路的识读】

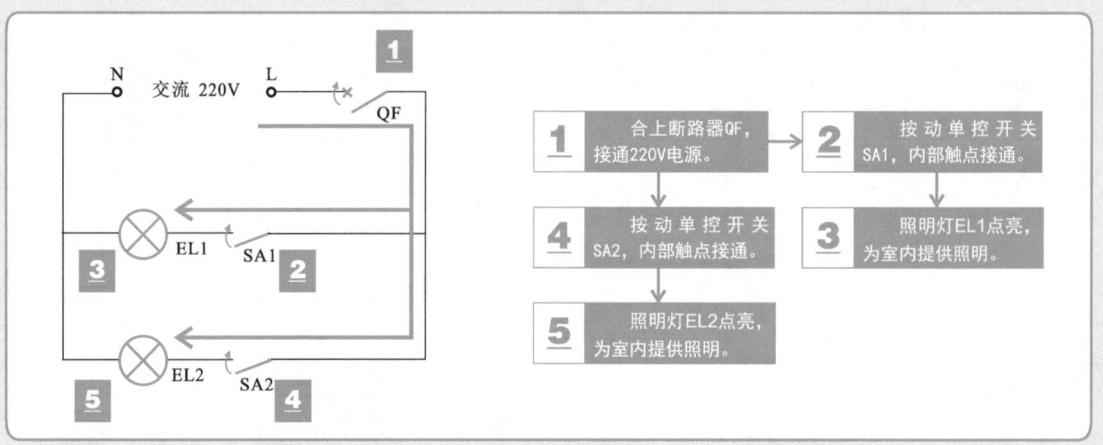

3. 两个双控开关共同控制一盏照明灯控制电路的识读

两个双控开关共同控制一盏照明灯控制电路可实现两地控制一盏照明灯，常用于对家居卧室或客厅中照明灯进行控制，一般可在床头安装一只开关，在进入房间门处安装一只开关，实现两处都可对卧室照明灯进行点亮和熄灭控制，其控制过程也较为简单，具体的识读过程可参看下面的图解演示。

【两个双控开关共同控制一盏照明灯控制电路的识读】

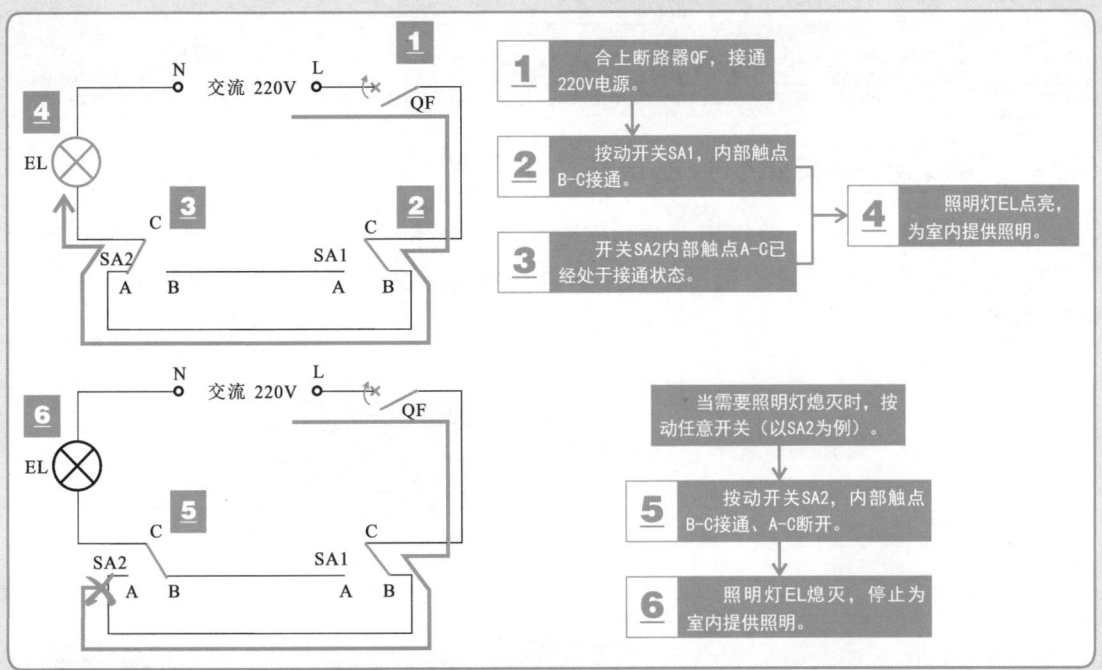

 4. 三方共同控制一盏照明灯控制电路的识读

三方共同控制一盏照明灯控制电路可实现三地控制一盏照明灯，三个开关分别安装在家庭的不同位置，不管按动哪个开关，都可以控制照明灯的点亮与熄灭，具体的识读分析过程可参看下面的图解演示。

【三方共同控制一盏照明灯控制电路的识读】

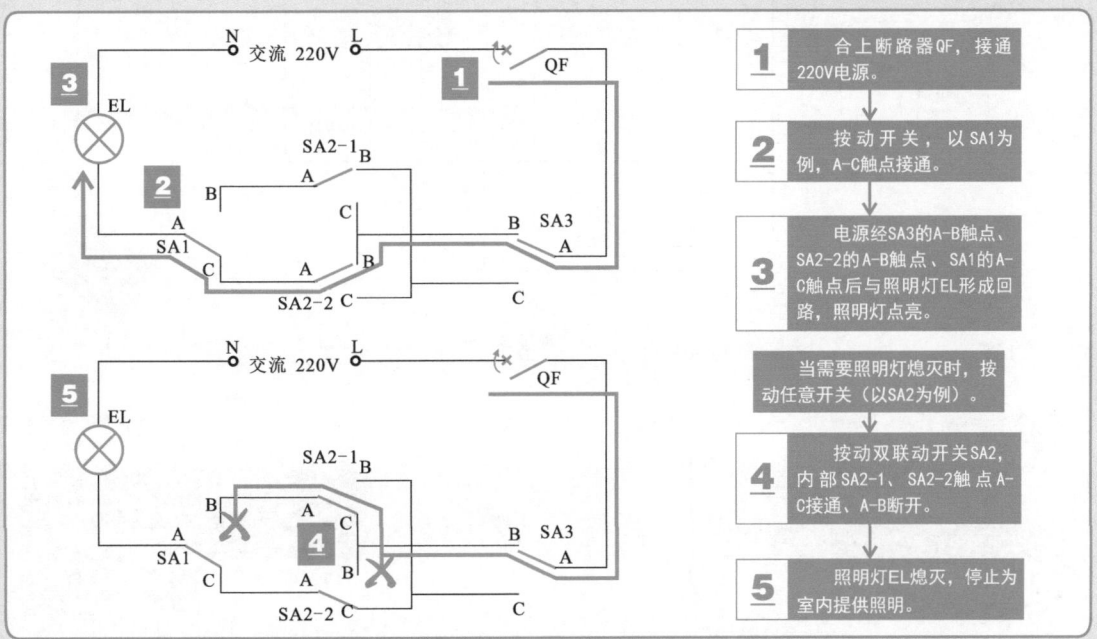

4.2 公共照明控制电路图的识读方法

4.2.1 公共照明控制电路图的结构

公共照明控制电路一般应用在公共环境下,如室外景观、路灯、楼道照明等。这类照明控制线路的结构组成较室内照明控制电路复杂,通常由小型集成电路负责电路控制,具备一定的智能化。

【典型公共照明控制电路的结构】

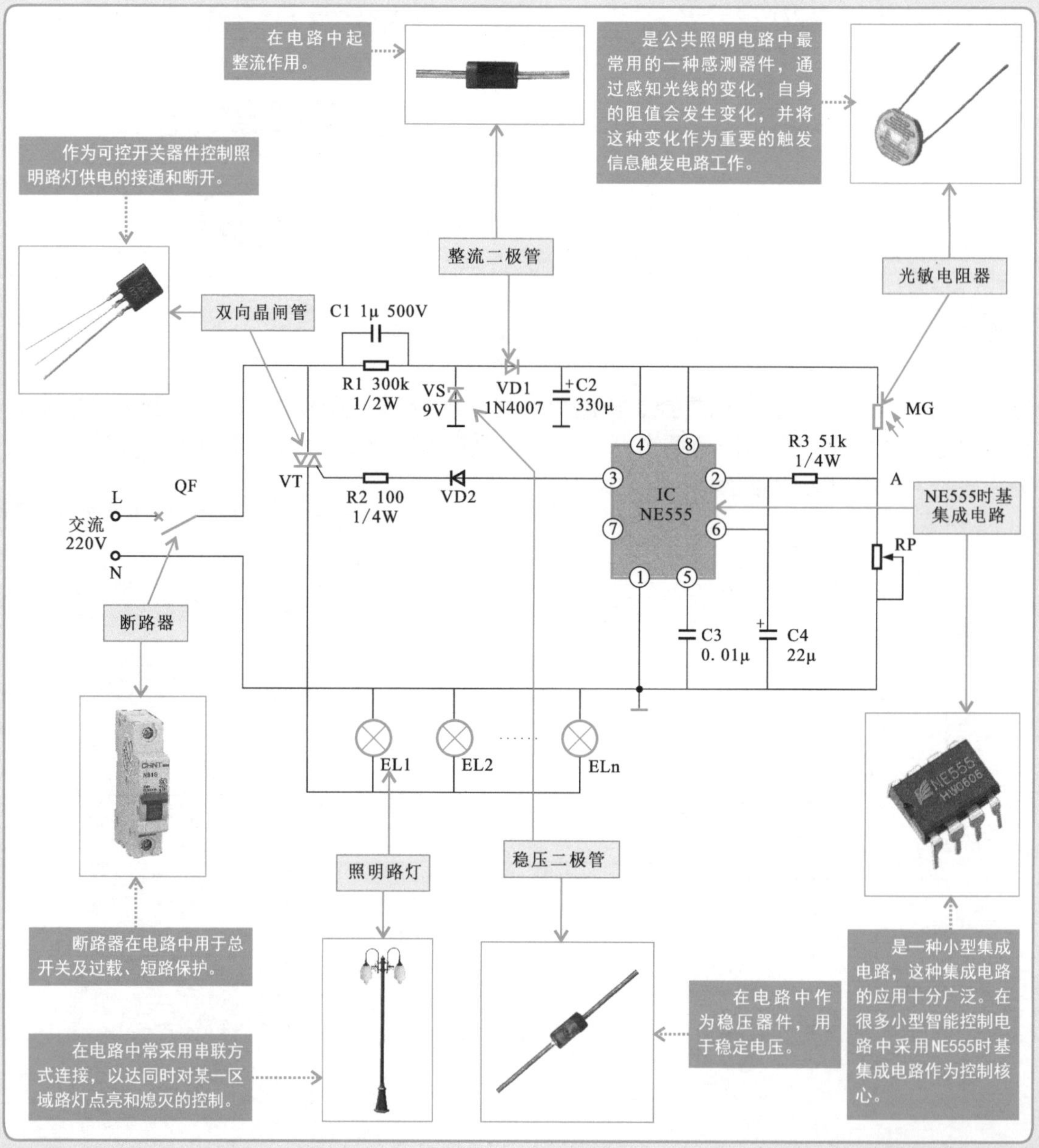

4.2.2 公共照明控制电路图的识读

公共照明电路多是依靠自动感应元件、触发控制器件等组成的触发控制电路来对照明灯具进行控制的,对这种控制电路进行识读时,应结合电路图中各主要部件的功能特点和连接关系,对整个公共照明控制电路的工作流程进行细致的识读。

【典型公共照明控制电路的识读】

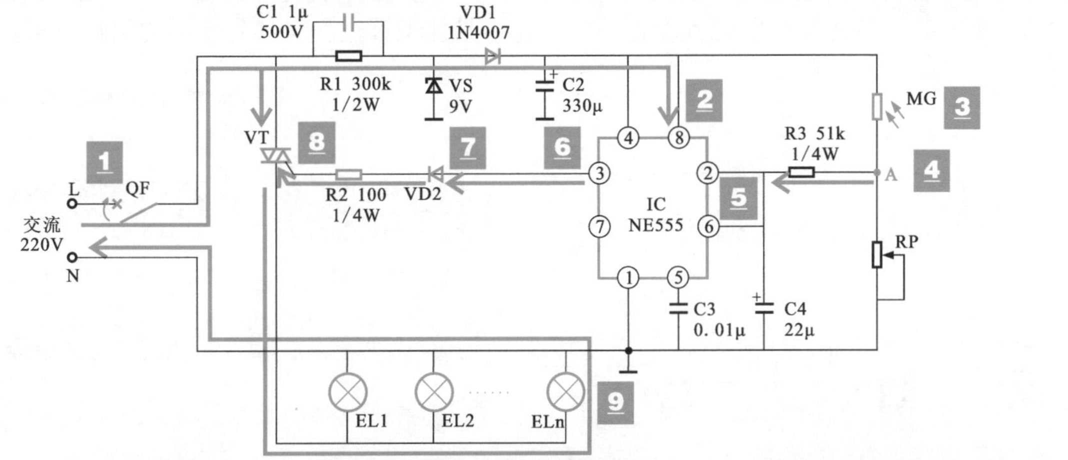

1 合上断路器QF,接通220V电源。

2 交流220V电压经整流和滤波后输出直流电压为电路中时基集成电路IC供电。

3 夜晚来临时,光照强度逐渐减弱,光敏电阻器MG的阻值逐渐增大。

4 光敏电阻器MG阻值增大,其压降升高,分压点A点电压降低。

5 加到时基集成电路IC的②、⑥脚电压变为低电平。

6 IC的②、⑥脚低于$V_{cc}/3$时,内部触发器翻转,其③脚输出高电平。

7 二极管VD2导通。

8 触发晶闸管VT导通。

9 照明路灯形成供电回路,EL1~ELn同时点亮。

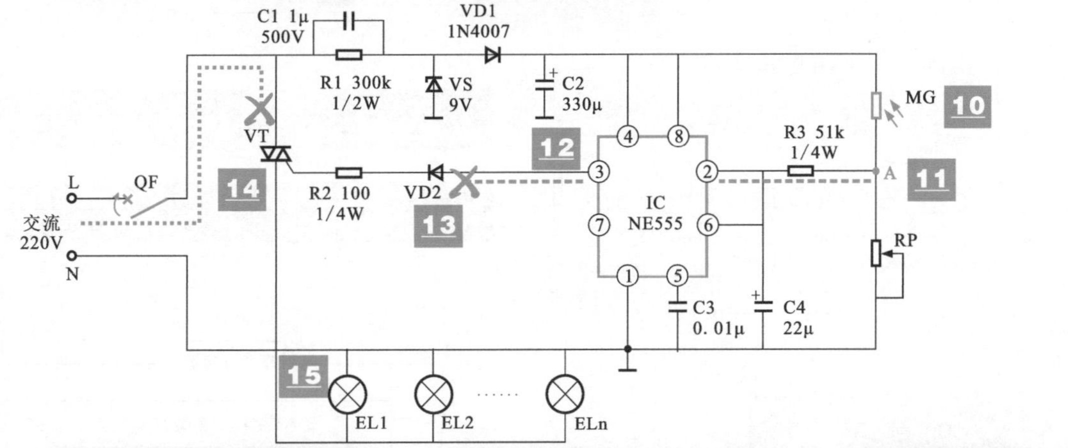

10 第二天黎明来临时光照强度越来越高,光敏电阻器MG阻值逐渐减小。

11 光敏电阻器MG分压后加到时基集成电路IC的②、⑥脚上电压又逐渐升高。

12 当IC的②脚和⑥脚电压上升至大于$2V_{cc}/3$时,IC内部触发器再次翻转,IC的③脚输出低电平。

13 二极管VD2截止。

14 晶闸管VT截止。

15 照明路EL1~ELn供电回路被切断,所有照明路灯同时熄灭。

4.3 照明控制电路图的识读综合训练

第4章

4.3.1 荧光灯调光控制电路图的识读

荧光灯调光控制电路是利电容器与控制开关组合，控制荧光灯的亮度，当控制开关的挡位不同时，荧光灯的发光程度也随之变化，具体识读过程可参看下面的图解演示。

【荧光灯调光控制电路的识读】

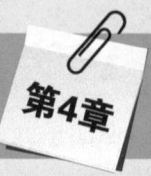

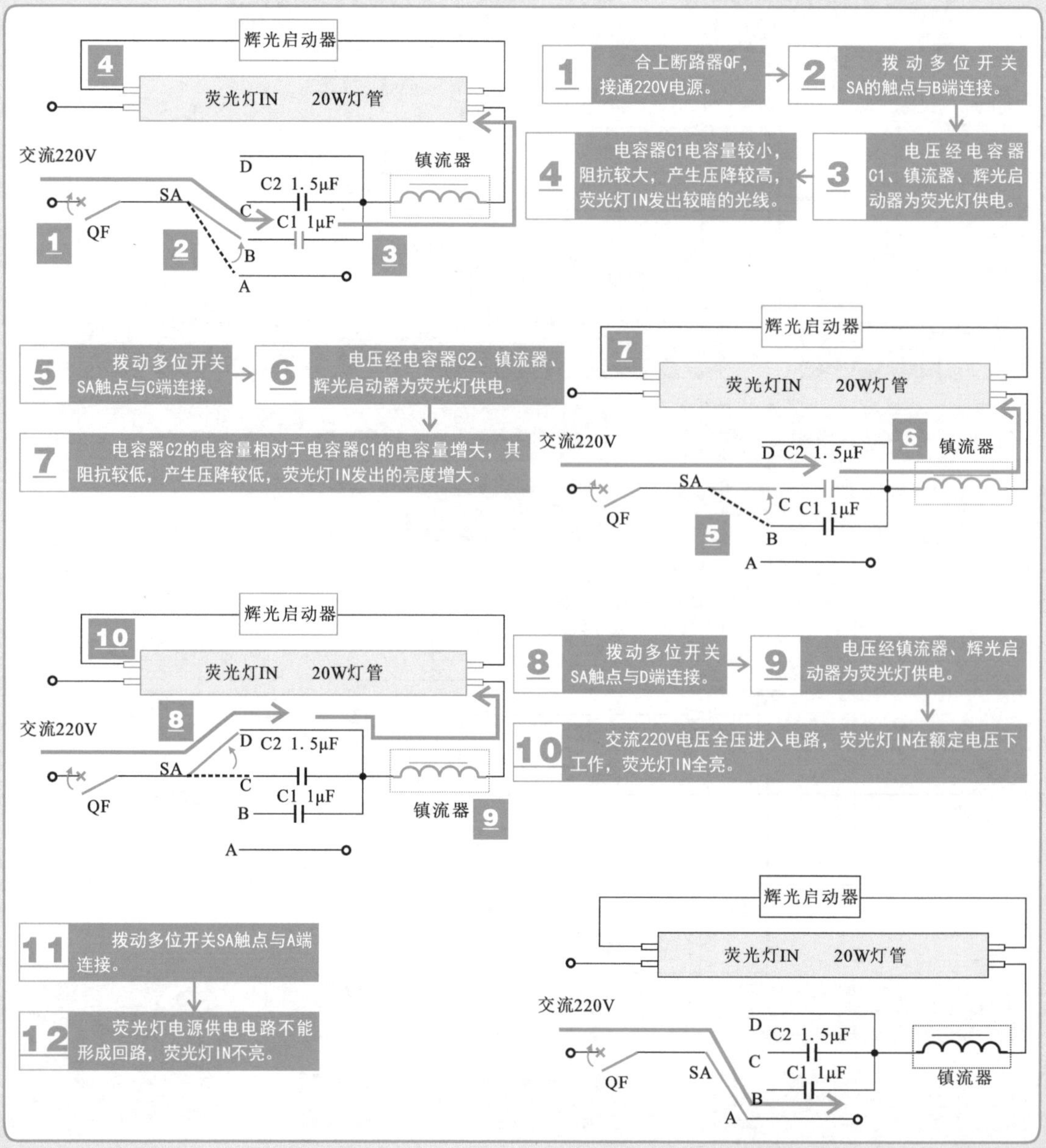
辉光启动器
荧光灯IN 20W灯管
交流220V
QF
SA
D C2 1.5μF
C C1 1μF
B
A
镇流器
1 合上断路器QF，接通220V电源。
2 拨动多位开关SA的触点与B端连接。
3 电压经电容器C1、镇流器、辉光启动器为荧光灯供电。
4 电容器C1电容量较小，阻抗较大，产生压降较高，荧光灯IN发出较暗的光线。
5 拨动多位开关SA触点与C端连接。
6 电压经电容器C2、镇流器、辉光启动器为荧光灯供电。
7 电容器C2的电容量相对于电容器C1的电容量增大，其阻抗较低，产生压降较低，荧光灯IN发出的亮度增大。
8 拨动多位开关SA触点与D端连接。
9 电压经镇流器、辉光启动器为荧光灯供电。
10 交流220V电压全压进入电路，荧光灯IN在额定电压下工作，荧光灯IN全亮。
11 拨动多位开关SA触点与A端连接。
12 荧光灯电源供电电路不能形成回路，荧光灯IN不亮。

4.3.2 卫生间门控照明灯控制电路图的识读

卫生间门控照明灯控制电路是一种自动控制照明灯工作的电路,在有人开门进入卫生间时,照明灯自动点亮,当人走出卫生间时,照明灯自动熄灭。识读分析过程可参看下面的图解演示。

【卫生间门关闭时照明灯控制电路的识读】

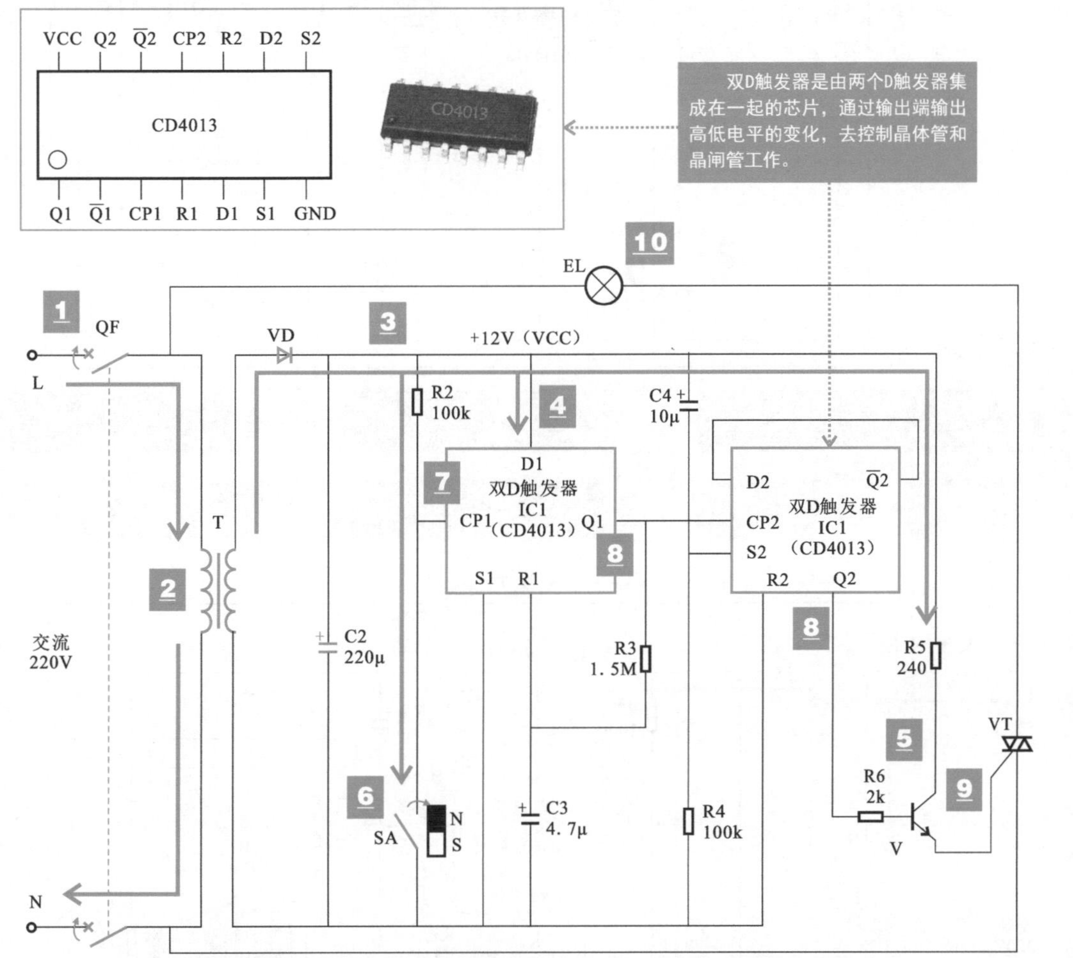

1. 合上断路器QF,接通220V电源。
2. 交流220V电压经变压器T进行降压。
3. 降压后的交流电压经整流二极管VD整流和滤波电容器C2滤波后,变为12V左右的直流电压。
4. +12V的直流电压为双D触发器IC1的D1端供电。
5. +12V的直流电压为晶体管V的集电极进行供电。
6. 门在关闭时,磁控开关SA处于闭合的状态。
7. 双D触发器IC1的CP1端为低电平。
8. 双D触发器IC1的Q1和Q2端输出低电平。
9. 晶体管V和双向晶闸管VT均处于截止状态。
10. 照明灯EL不亮。

【进入卫生间和走出卫生间时照明灯控制电路的识读】

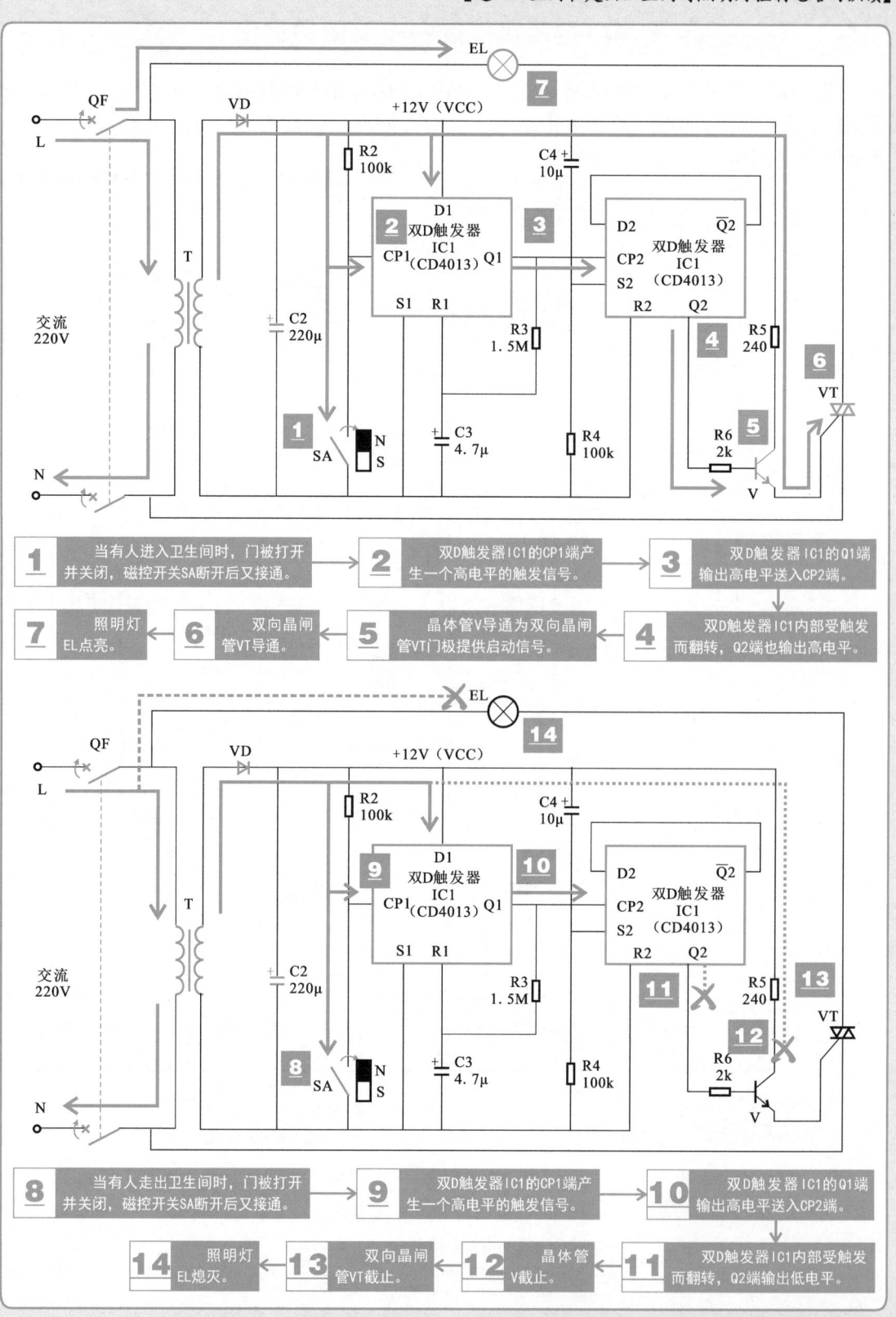

4.3.3 触摸延时照明灯控制电路图的识读

触摸延时照明灯控制电路是利用触摸开关控制照明灯迅速启动而延迟断开的电路。当无人碰触触摸开关时，照明灯不工作；当有人碰触触摸开关时，照明灯点亮，并可以实现延时一段时间后自动熄灭的功能。识读过程可参看下面的图解演示。

【触摸延时照明灯控制电路的识读】

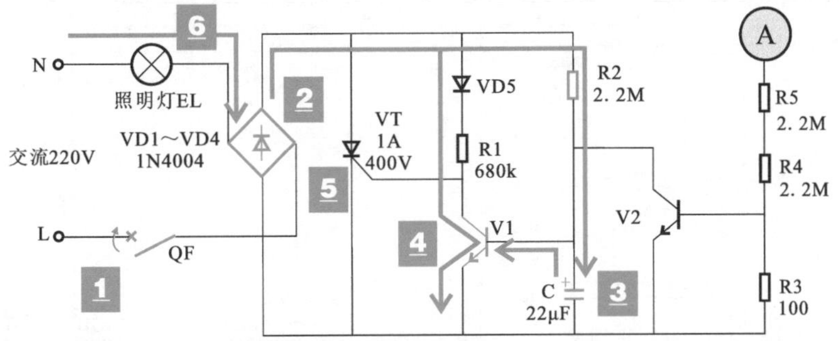

① 合上断路器QF，接通220V电源。 → ② 交流220V电压经桥式整流堆VD1~VD4整流后输出直流电压。 → ③ 直流电压经电阻器R2后为电解电容器C充电。

⑥ 照明灯EL不亮。 ← ⑤ 充电电压加到V1的基极使之导通，集电极接地，晶闸管VT的触发端为低电平，处于截止状态。 ← ④ 充电完成为晶体管V1提供导通信号，使V1导通。

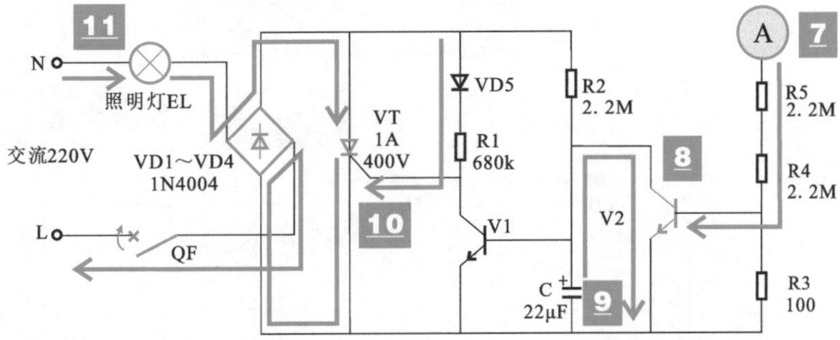

⑦ 人体碰触触摸开关A。 → ⑧ 触发信号经电阻器R5、R4将触发信号送到晶体管V2的基极，使V2导通。 → ⑨ 电解电容器C经晶体管V2放电，此时晶体管V1基极电压降低而截止。

⑪ 照明灯供电电路形成回路，电流量满足照明灯EL点亮的需求，使其点亮。 ← ⑩ 晶闸管VT的门极电压升高达到触发电平，VT导通。

特别提醒

当手指离开触摸开关A后，晶体管V2无触发信号，晶体管V2截止。晶体管V2截止时，电解电容器C再次充电。由于电阻器R2的阻值较大，导致电解电容器C的充电电流较小，其充电时间较长。在电解电容器C充电完成之前，晶体管V1会保持截止状态，晶闸管VT仍处于导通，照明灯EL继续点亮。

当电解电容器C充电完成后，晶体管V1导通，晶闸管VT的触发电压降低而截止，照明灯供电电路中的电流再次减小至等待状态，无法使照明灯EL维持点亮，导致照明灯EL熄灭。

4.3.4 应急照明灯自动控制电路图的识读

应急照明灯自动控制电路是在交流电断电时自动为应急照明灯供电的线路。当交流电供电正常时，应急照明灯自动控制电路中的蓄电池进行充电；当交流电停止供电时，蓄电池为应急照明灯进行供电，应急照明灯点亮进行应急照明。识读过程可参看下面的图解演示。

【应急照明自动控制电路的识读】

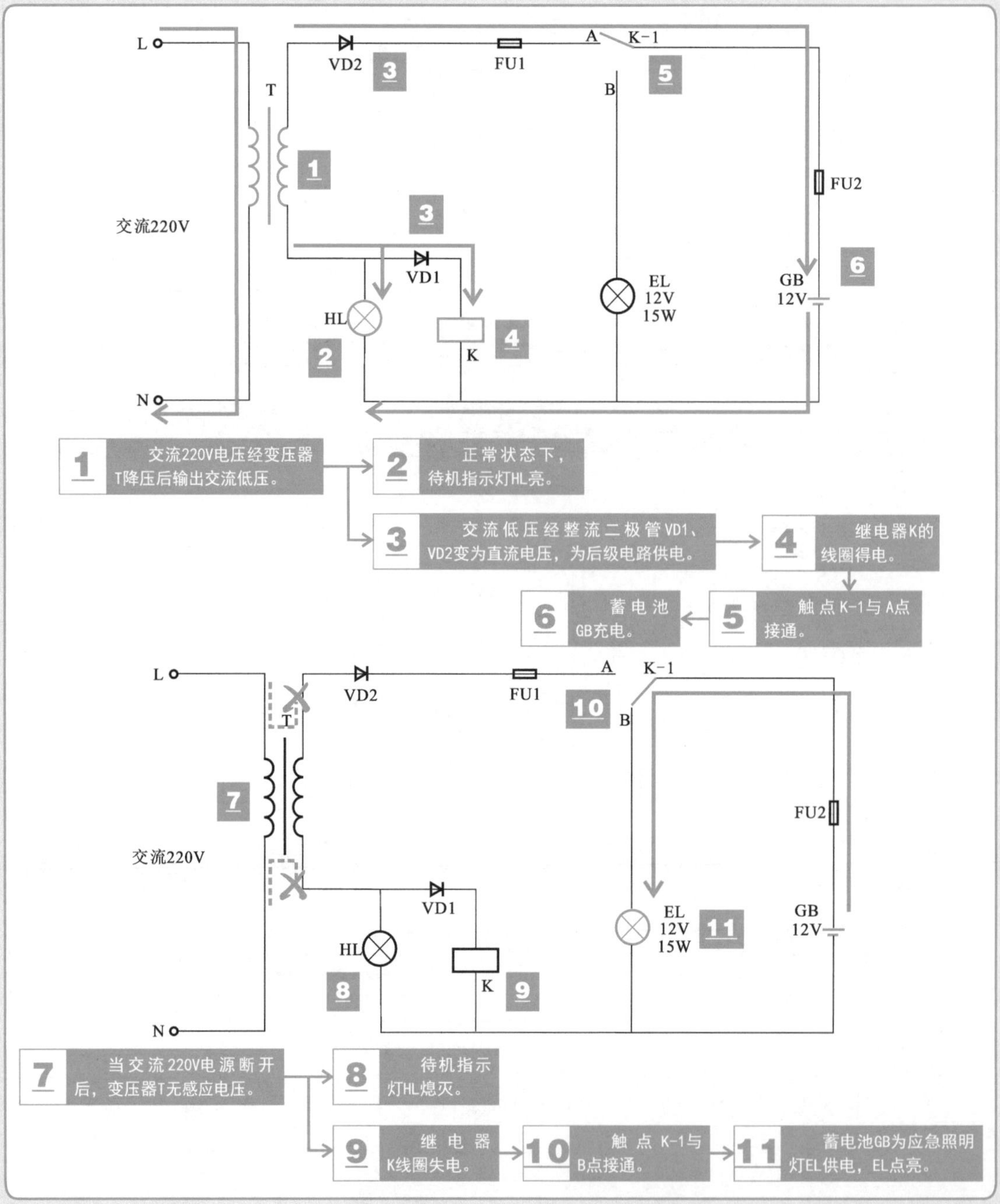
L
N
T
交流220V
VD2
FU1
A
K-1
B
FU2
VD1
HL
K
EL 12V 15W
GB 12V
1 交流220V电压经变压器T降压后输出交流低压。
2 正常状态下，待机指示灯HL亮。
3 交流低压经整流二极管VD1、VD2变为直流电压，为后级电路供电。
4 继电器K的线圈得电。
5 触点K-1与A点接通。
6 蓄电池GB充电。
7 当交流220V电源断开后，变压器T无感应电压。
8 待机指示灯HL熄灭。
9 继电器K线圈失电。
10 触点K-1与B点接通。
11 蓄电池GB为应急照明灯EL供电，EL点亮。

4.3.5 声控照明灯控制电路图的识读

在一些公共场合光线较暗的环境下，通常会设置一种声控照明灯电路，在无声音时，照明灯不亮；当有声音时，照明灯便会点亮，经过一段时间后，自动熄灭。识读过程可参看下面的图解演示。

【声控照明灯控制电路的识读】

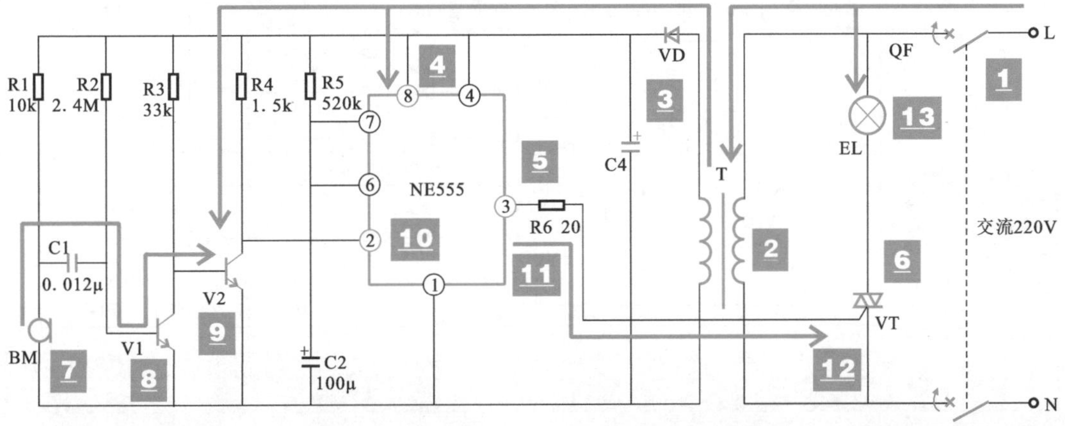

1. 合上断路器QF，接通220V电源。
2. 交流220V电压经变压器T进行降压。
3. 低压交流电压经VD整流和C4滤波后变为直流电压。
4. 直流电压为NE555的⑧脚提供工作电压。
5. 无声音时，NE555的②脚为高电平、③脚输出低电平。
6. 双向晶闸管VT截止。
7. 有声音时传声器BM将声音信号转换为电信号。
8. 该信号送往V1由V1对信号进行放大。
9. 放大信号再送往V2输出放大后的音频信号。
10. V2将音频信号加到NE555的②脚。
11. NE555的③脚输出高电平。
12. VT导通。
13. 照明灯EL点亮。

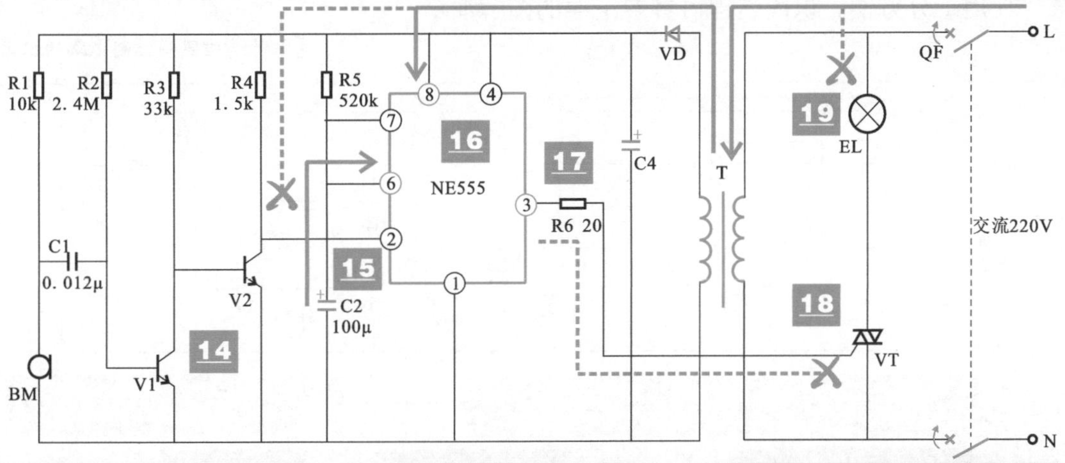

14. 声音停止后，晶体管V1和V2处于放大等待状态。
15. 由于电容器C2的充电过程，使NE555的⑥脚电压逐渐升高。
16. 当电压升高到一定值后（8V以上，2/3供电电压），NE555内部复位。
17. 复位后，NE555时基电路的③脚输出低电平。
18. 双向晶闸管VT截止。
19. 照明灯EL熄灭。

4.3.6 追逐式循环彩灯控制电路图的识读

追逐式循环彩灯控制电路是指彩灯通电后，可控制彩灯按顺序依次循环点亮的线路。识读过程可参看下面的图解演示。

【追逐式循环彩灯控制电路的识读】

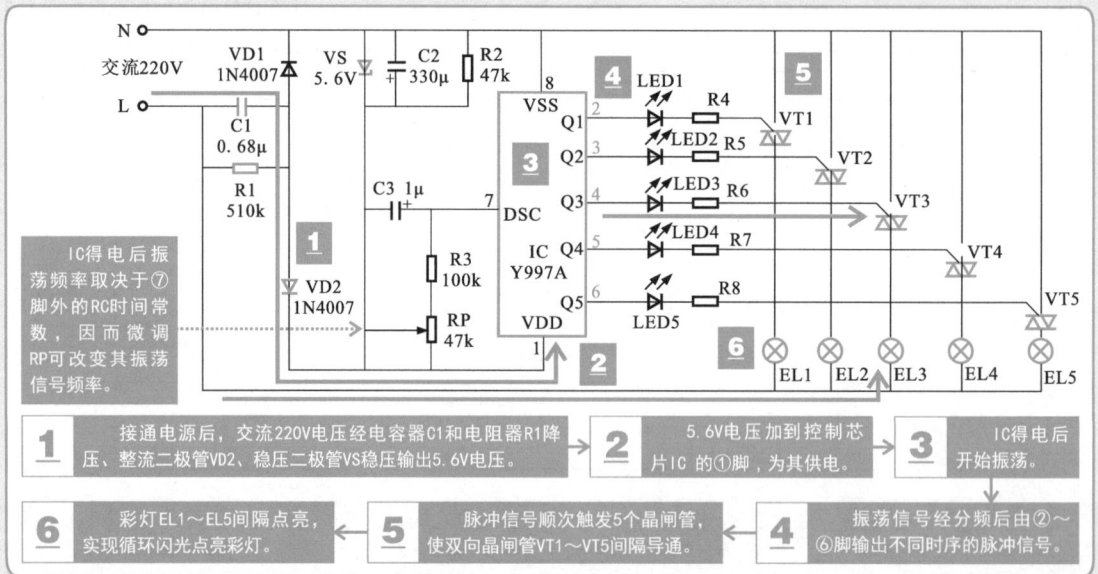

4.3.7 红外遥控照明控制电路图的识读

红外遥控照明电路中设有红外信号接收器，可使用遥控器近距离控制照明灯的亮灭，使用十分方便。识读过程可参看下面的图解演示。

【红外遥控照明控制电路的识读】

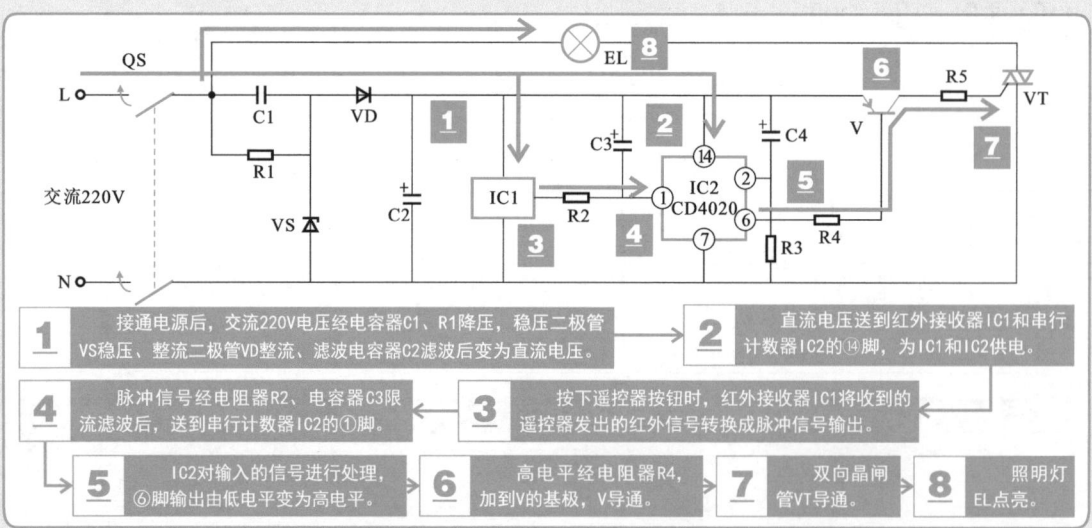

4.3.8 声光双控楼道照明灯控制电路图的识读

声光双控楼道照明灯控制电路是指利用声光感应器件控制照明灯的电路。白天光照较强，即使有声音，照明灯也不亮；当夜晚降临或光照较弱时，可以通过声音来控制照明灯点亮，并可以实现延时一段时间后自动熄灭的功能。识读过程可参看下面的图解演示。

【声光双控楼道照明灯控制电路白天工作状态的识读】

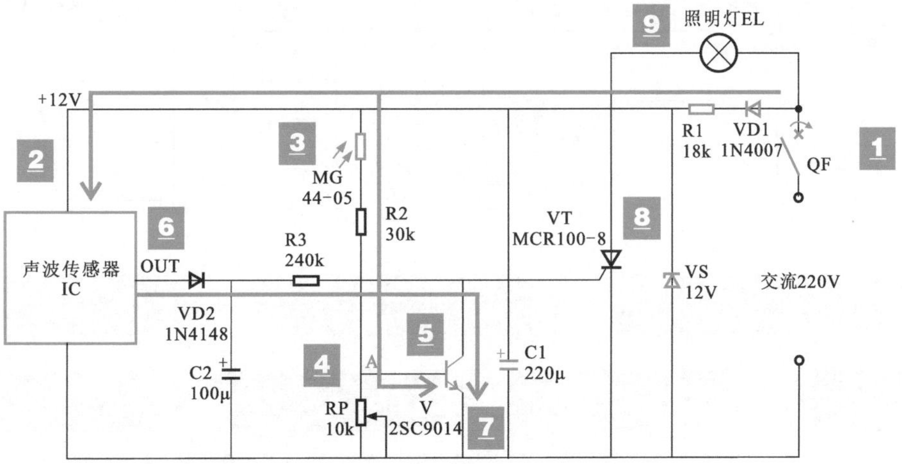

声光控照明控制电路中的传感器部件以及各电子元器件通常集成在声光控延时开关面板背部的电路板上。

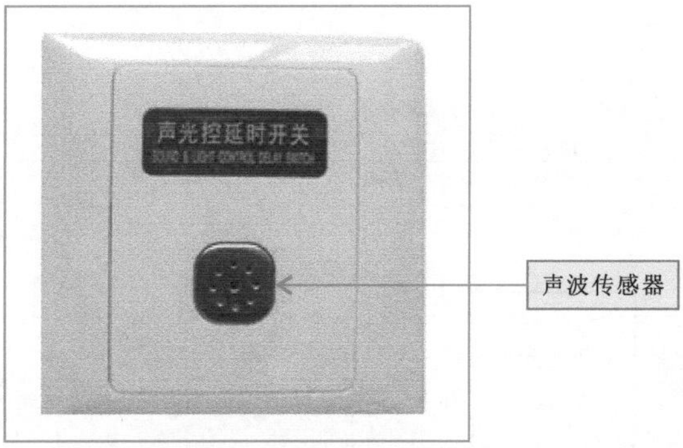

1 合上断路器QF，接通220V电源。

2 交流220V电压经二极管VD1整流、稳压二极管VS稳压、滤波电容器C1滤波后，输出+12V直流电压为IC供电。

3 白天光敏电阻器MG受强光照射呈低阻状态。

5 电压加到晶体管V基极，V导通将晶闸管VT的触发极接地，白天将VT锁定在截止状态。

4 由光敏电阻器MG、电阻器R2与电位器RP形成分压电路，光敏电阻器MG上的压降较低，分压点A点电压偏高。

6 若声波传感器IC接收到声音，将其转换为电信号，由输出端输出高电平。

7 高电平经VD2、R3后也被短路到地。

8 晶闸管VT的触发极维持在低电平状态，VT截止。

9 照明灯供电电路不能形成回路，照明灯EL不亮。

【声光双控楼道照明灯点亮控制过程的识读】

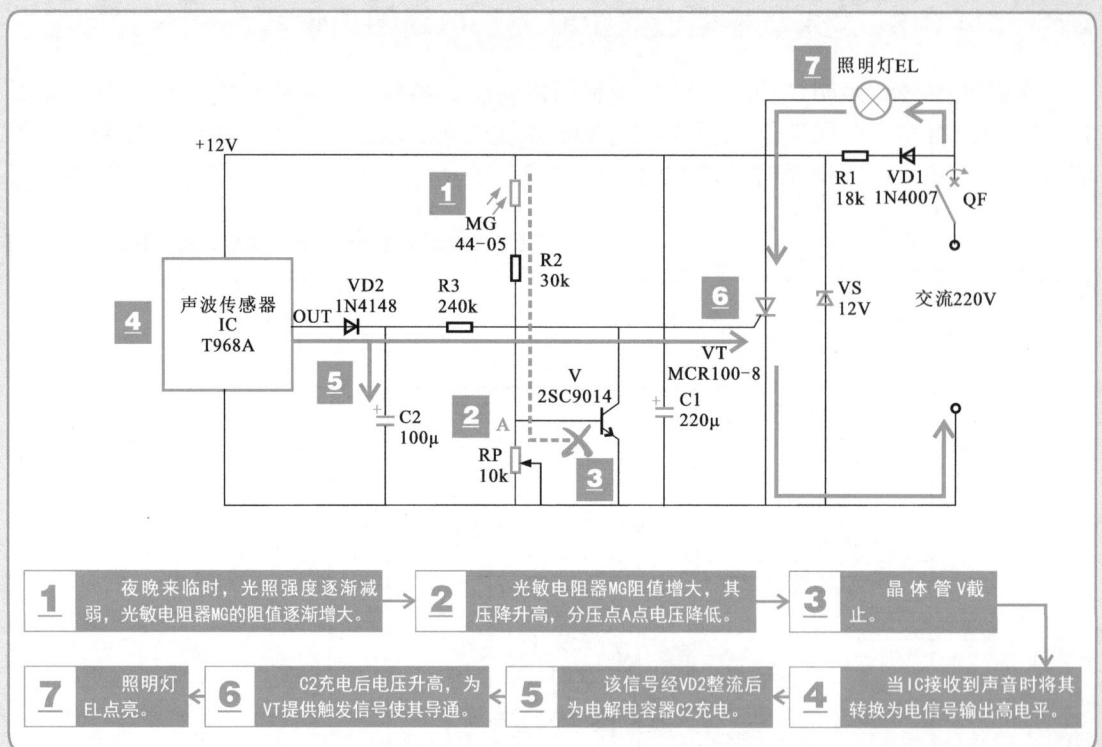

【声光双控楼道照明灯延时熄灭控制过程的识读】

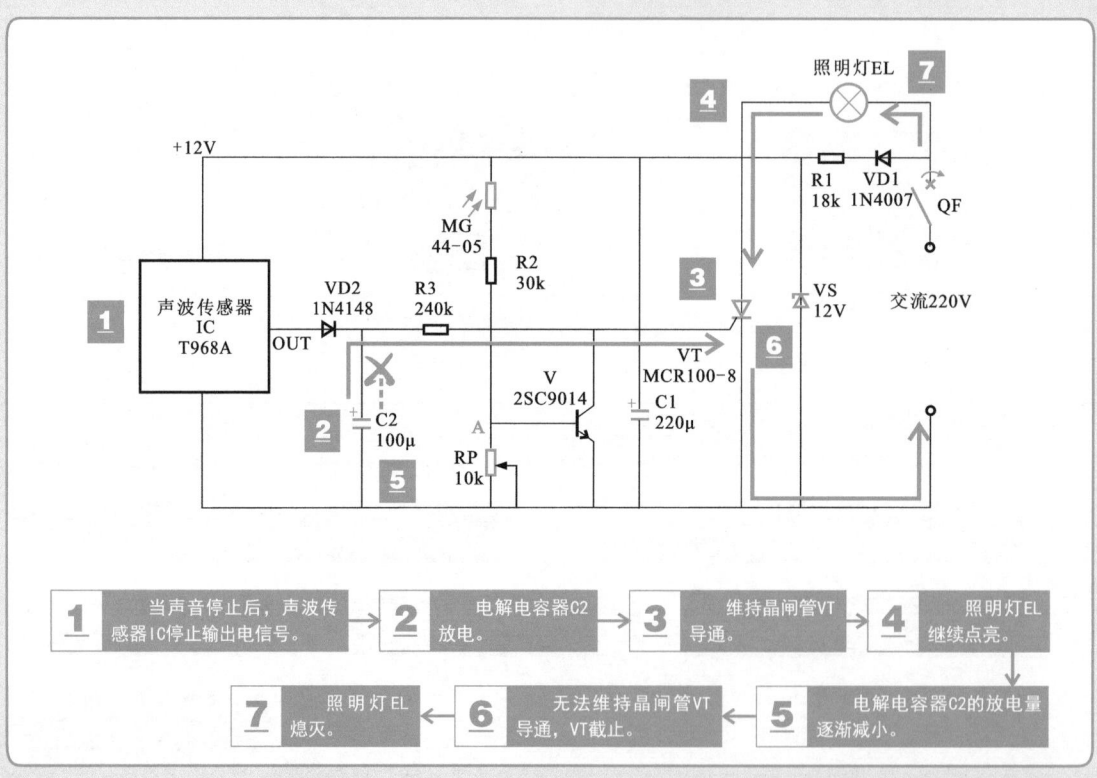

4.3.9 触摸、声控双功能延时照明灯控制电路图的识读

触摸、声控双功能延时照明灯控制电路是指利用声音和触摸感应器件控制照明灯工作状态的控制电路。该照明灯控制电路无论是通过接收声音信号还是接收人体触碰信号之后，都会控制照明电路中的照明灯点亮，并可以实现延时一段时间后自动熄灭的功能。识读过程可参看下面的图解演示。

【触摸、声控双功能延时照明灯控制电路等待工作状态的识读】

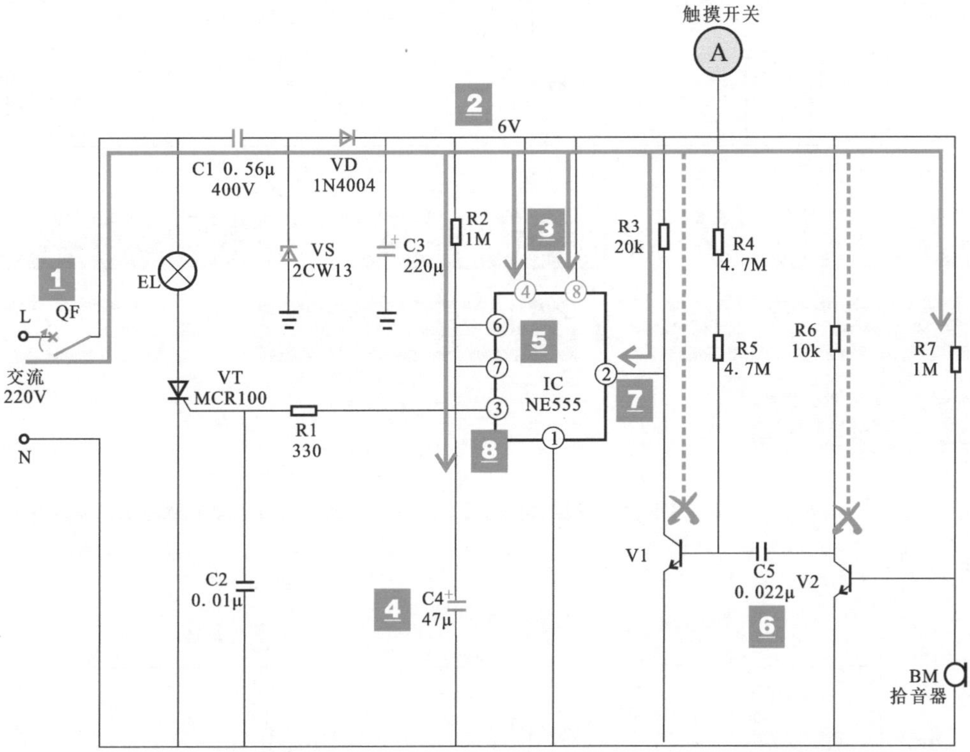

1 合上断路器QF，接通220V电源。

2 交流220V电压经电容器C1降压、稳压二极管VS稳压，整流二极管VD整流以及滤波电容器C3滤波后输出6V直流电压，为后级电路进行供电。

3 6V直流电压加到NE555的④脚、⑧脚上，为其提供工作电压。

4 6V直流电压经电阻器R2为电解电容器C4充电。

5 充电完成后，NE555的⑥脚、⑦脚输入高电平。

6 当没有声音或人手离开触摸开关A时，V2、V1截止。

7 直流电压经R3加到IC的②脚，NE555的②脚输入高电平。

8 NE555内部无置位或反相信号，③脚输出低电平，无法使晶闸管VT导通，照明灯供电电路不能形成回路，照明灯EL不亮。

【触摸、声控双功能延时照明灯控制电路由声音控制,点亮过程的识读】

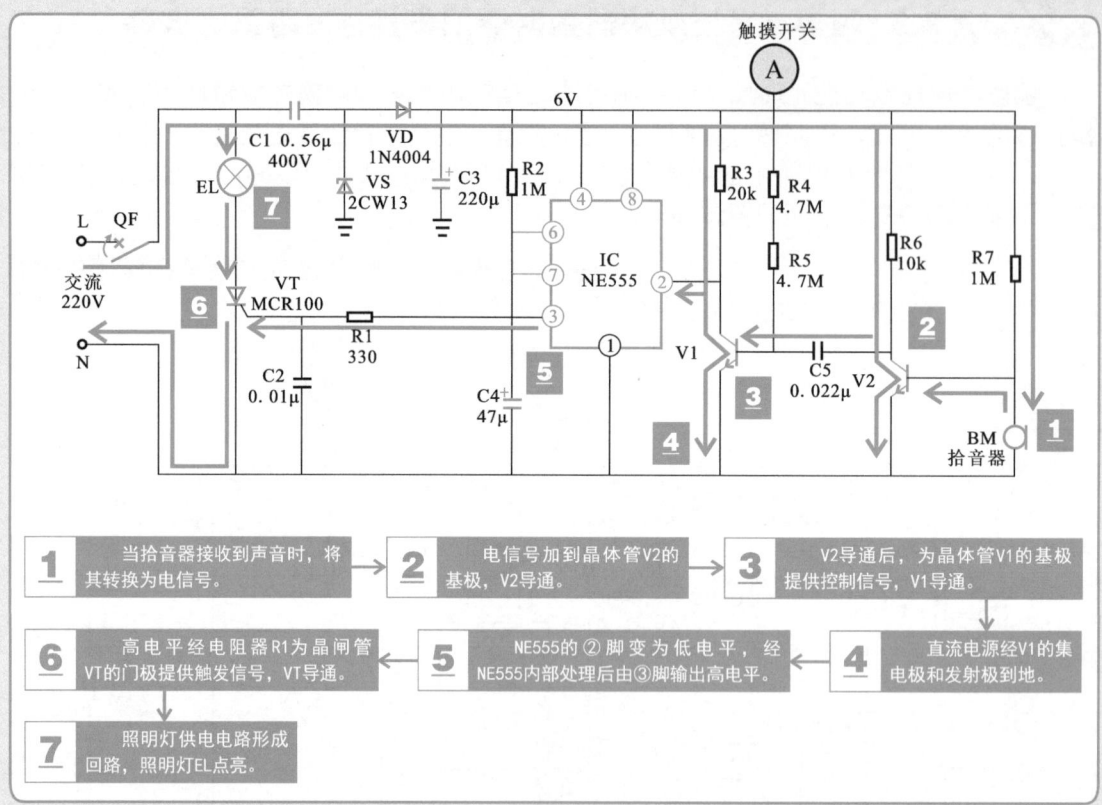

【触摸、声控双功能延时照明灯控制电路由人体触碰控制,点亮过程的识读】

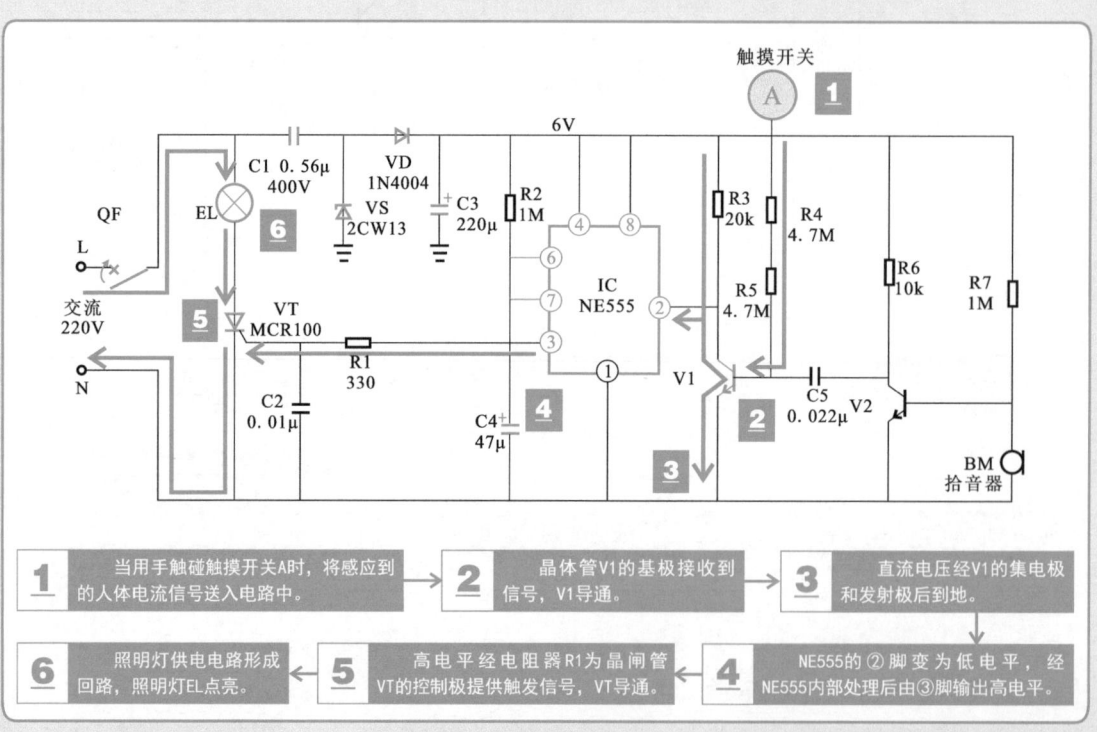

4.3.10 光控路灯控制电路图的识读

光控路灯控制电路是指利用光敏电阻器代替手动开关，自动控制路灯工作状态的线路。当白天，光照较强时，路灯不工作；当夜晚降临或光照较弱时，路灯自动点亮。识读过程可参看下面的图解演示。

【光控路灯控制电路的识读】

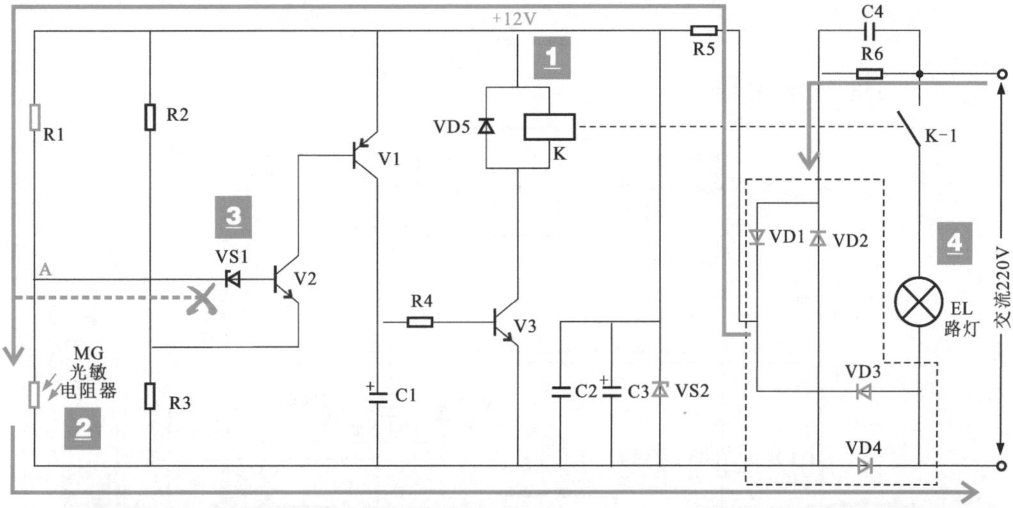

1 交流220V电压经桥式整流电路VD1～VD4整流、稳压二极管VS2稳压后，输出+12V直流电压。

2 白天光敏电阻器MG受强光照射呈低阻状态。

3 由光敏电阻器MG、电阻器R1形成分压电路，电阻器R1上的压降较高，分压点A点电压偏低。

4 稳压二极管VS1无法导通，晶体管V2、V1、V3均截止，继电器K不吸合，路灯EL不亮。

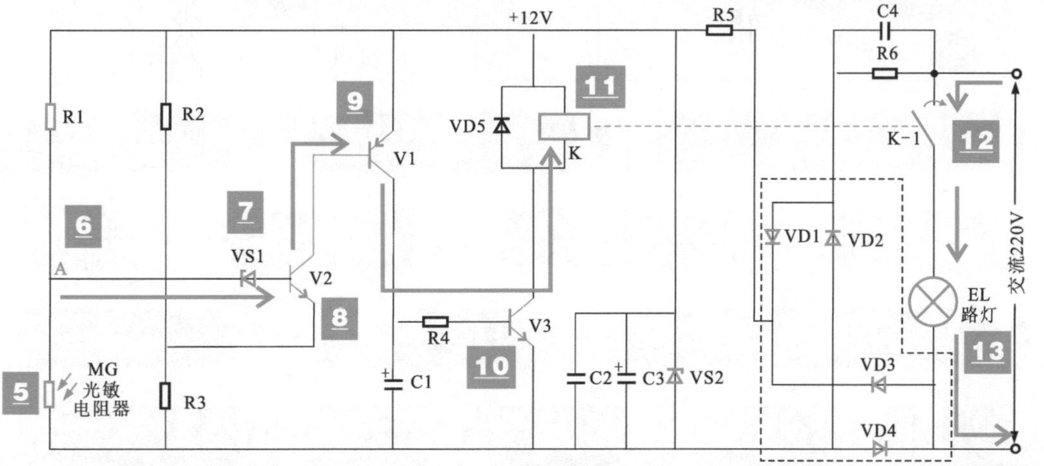

5 夜晚时光照强度减弱，光敏电阻器MG阻值增大。

6 MG阻值增大，电阻器R1上的压降降低，分压点A点电压升高。

7 稳压二极管VS1导通。

8 晶体管V2导通。

9 晶体管V1导通。

10 晶体管V3导通。

11 继电器K线圈得电。

12 常开触点K-1闭合。

13 路灯EL点亮。

4.3.11 超声波遥控照明控制电路图的识读

超声波遥控照明电路中设有超声波接收器，可使用遥控器近距离控制照明灯的亮灭，使用十分方便。识读过程可参看下面的图解演示。

【超声波遥控照明控制电路的识读】

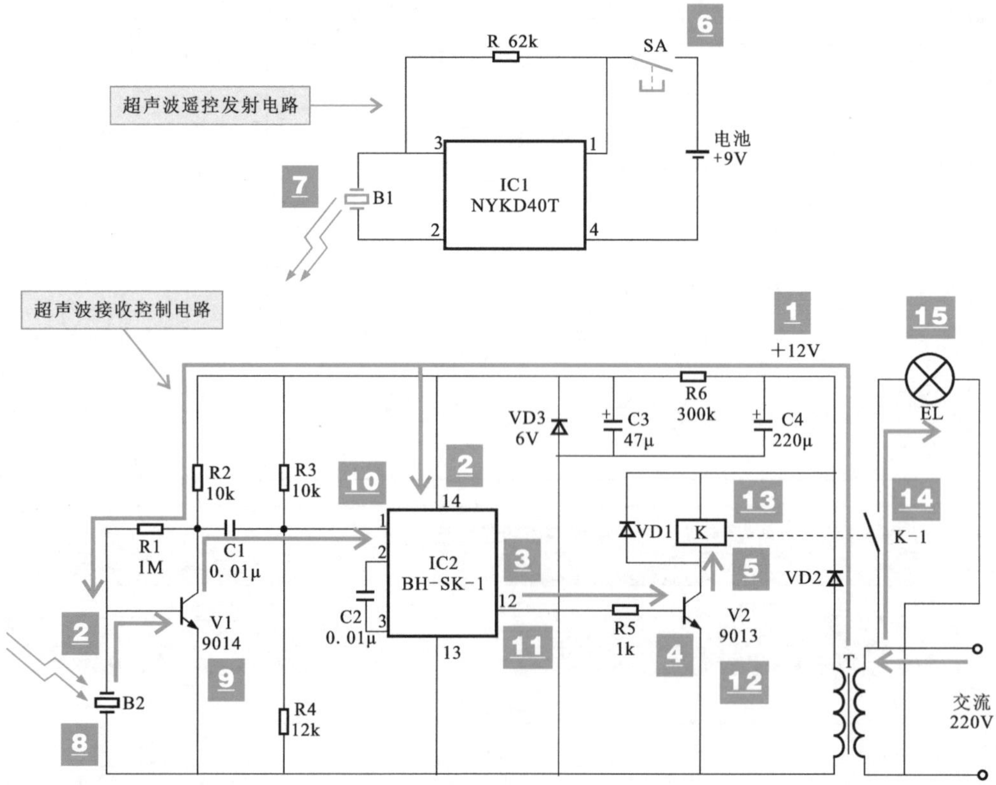

| 1 | 接通电源后，交流220V电源经变压器T降压和二极管VD2整流后输出+12V电压。 | 2 | 直流电压送到超声波接收器B2和IC2的⑭脚，为其供电。 | 3 | 在待机状态下，IC2的⑫脚输出低电平。 |

| 7 | 超声波发射器发出超声波信号。 | 6 | 按下超声波发生器电路中的开关SA时，SA接通。 | 5 | 继电器K不动作，照明灯EL不亮。 | 4 | 晶体管V2截止。 |

| 8 | 超声波接收器收到超声波信号后，将超声波信号变为电信号输出。 | 9 | 该电信号经晶体管V1放大。 | 10 | 放大后信号输入IC2的①脚上。 |

| 15 | 照明灯EL点亮。 | 14 | 常开触点K-1闭合。 | 13 | 继电器K线圈得电。 | 12 | 晶体管V2导通。 | 11 | 放大后信号经IC2处理由⑫脚输出高电平。 |

特别提醒

当超声波发生器电路中开关SA再次接通时，超声波接收器再次收到超声波信号，经V1放大后，输入IC2的①脚上，经处理在由⑫脚输出低电平，使晶体管V2截止，继电器K断开，照明电路断路，照明灯熄灭。

第5章 电动机控制电路的识读

5.1 电动机减压起动控制电路图的识读方法

5.1.1 电动机减压起动控制电路图的结构

电动机减压起动控制电路通过改变电动机的供电电压和电流,使电动机在低压状态下起动,然后再将电动机重新接入到正常电源电压中,使电动机进入全压运行状态。识读该类电路图,首先要了解电路图中符号标识,根据标识了解电路的结构以及功能特点。

【电动机电阻器减压起动控制电路图的结构】

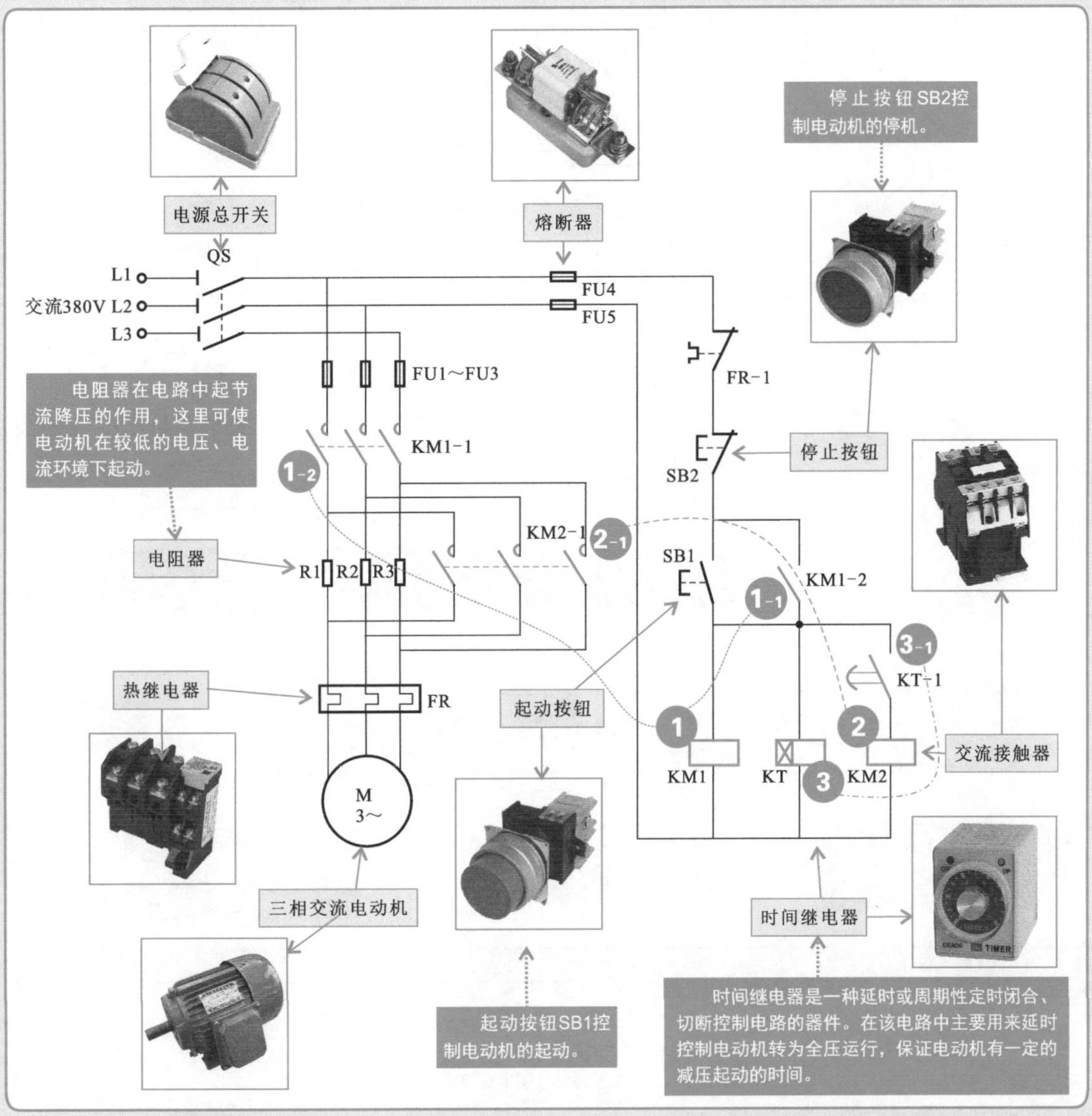

5.1.2 电动机减压起动控制电路图的识读

1. 电动机电阻器减压起动控制电路的识读分析

对电动机电阻器减压起动控制电路进行识读时，应从电路图中各主要部件的功能特点和连接关系入手，对整个控制电路的工作流程进行细致的解析，搞清控制电路的工作过程和控制细节，完成电动机电阻器减压起动控制电路的识读。

【电动机电阻器减压起动控制电路图的减压起动过程的识读】

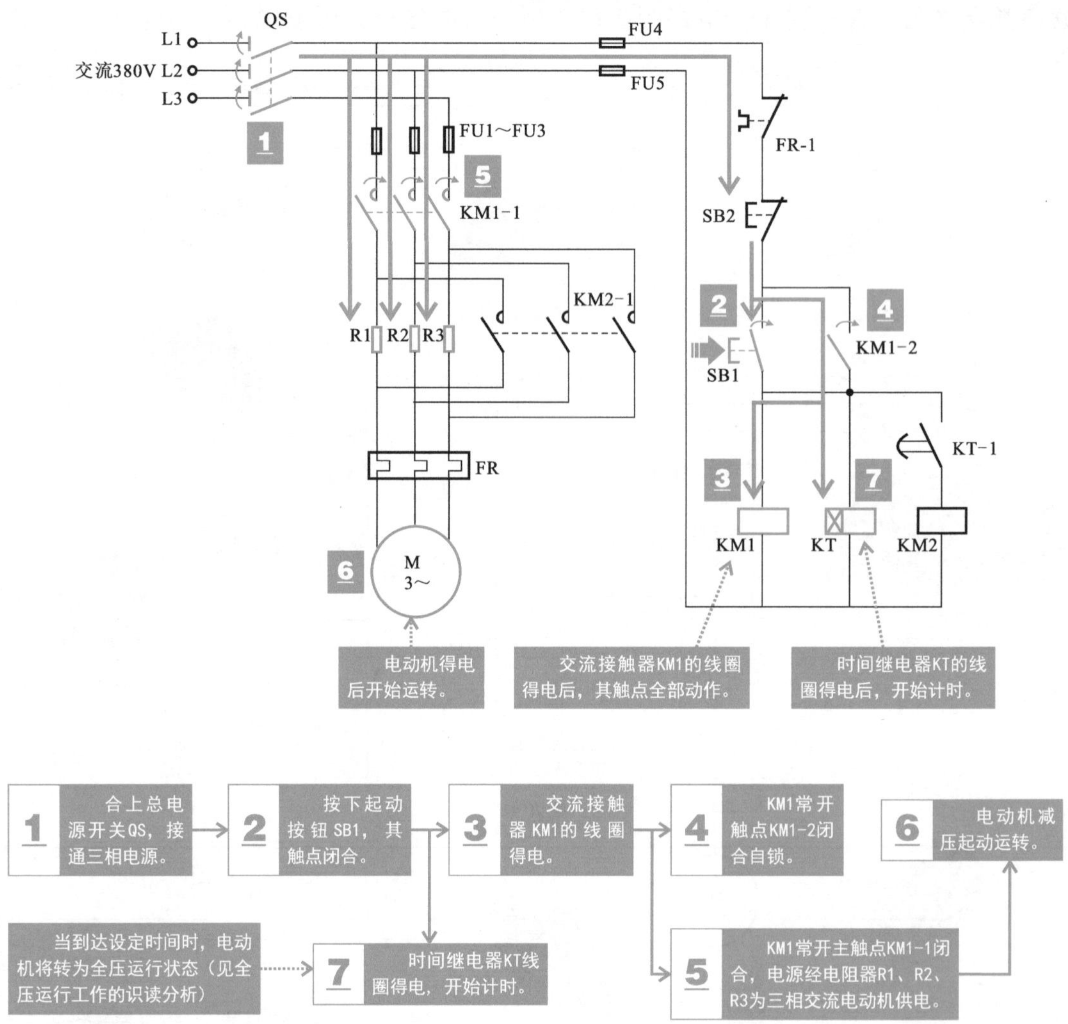
QS
L1
交流380V L2
L3
FU4
FU5
FU1～FU3
FR-1
SB2
KM1-1
KM2-1
R1 R2 R3
SB1
KM1-2
KT-1
FR
M
3～
KM1
KT
KM2
电动机得电后开始运转。
交流接触器KM1的线圈得电后，其触点全部动作。
时间继电器KT的线圈得电后，开始计时。
1 合上总电源开关QS，接通三相电源。
2 按下起动按钮SB1，其触点闭合。
3 交流接触器KM1的线圈得电。
4 KM1常开触点KM1-2闭合自锁。
6 电动机减压起动运转。
当到达设定时间时，电动机将转为全压运行状态（见全压运行工作的识读分析）
7 时间继电器KT线圈得电，开始计时。
5 KM1常开主触点KM1-1闭合，电源经电阻器R1、R2、R3为三相交流电动机供电。

特别提醒

电动机电阻器减压起动控制电路是指在电动机供电电路中串入电阻器，串入的电阻器可起到降压限流的作用，使电动机在低压状态下起动，然后再通过将串联的电阻器短接的方式，使电动机进入全压运行状态。

第5章 电动机控制电路的识读

【电动机电阻器减压起动控制电路图中全压运行过程的识读】

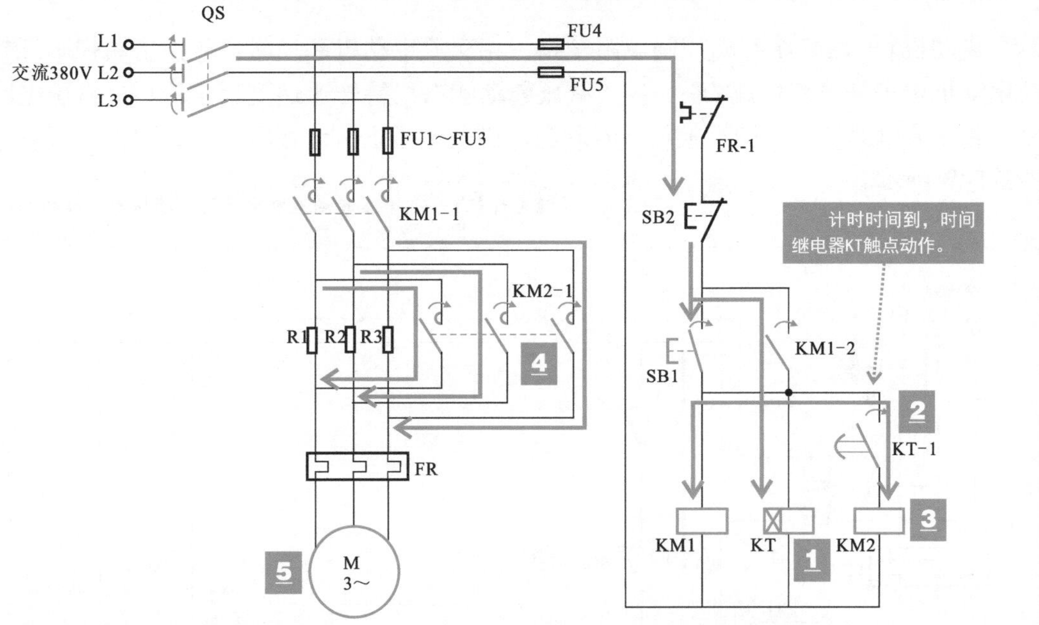

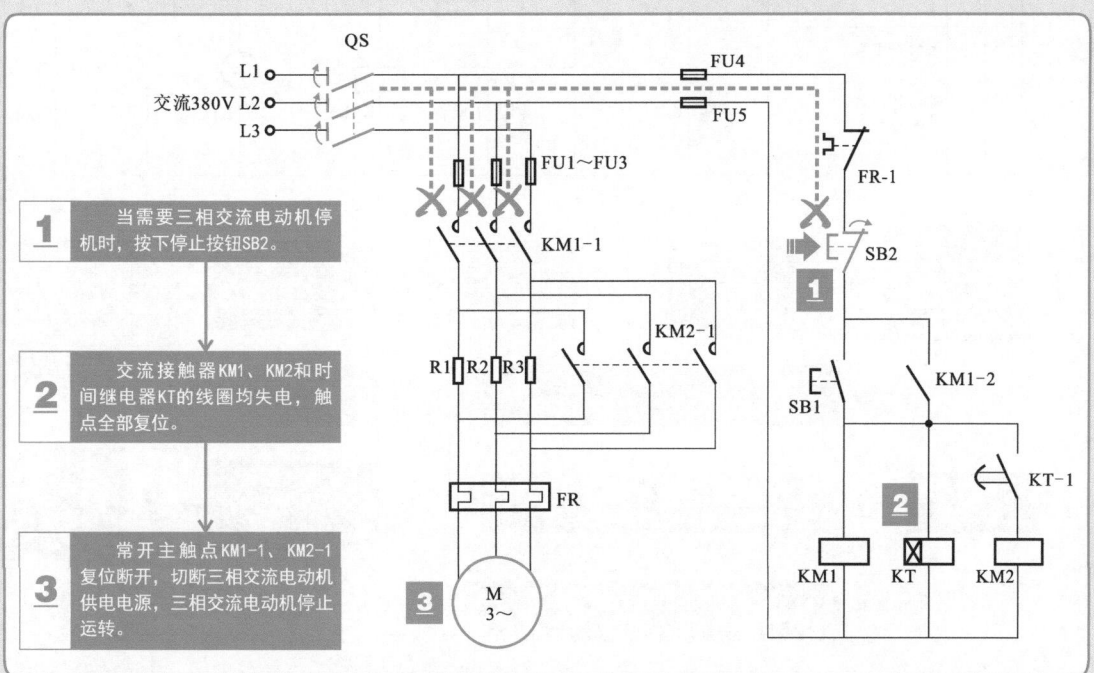

1. 时间继电器KT到达预定时间。
2. KT常开触点KT-1延时闭合。
3. 交流接触器KM2的线圈得电。
4. KM2常开主触点KM2-1闭合,电源直接为三相交流电动机供电。
5. 电动机开始全压运行。

【电动机电阻器减压起动控制电路图中停机过程的识读】

1. 当需要三相交流电动机停机时,按下停止按钮SB2。
2. 交流接触器KM1、KM2和时间继电器KT的线圈均失电,触点全部复位。
3. 常开主触点KM1-1、KM2-1复位断开,切断三相交流电动机供电电源,三相交流电动机停止运转。

2. 电动机Y—△减压起动控制电路的识读

电动机Y—△减压起动控制电路是指三相交流电动机起动时，先由电路控制三相交流电动机定子绕组连接成Y联结进入减压起动状态，待转速达到一定值后，再由电路控制三相交流电动机定子绕组换接成△联结，进入全压正常运行状态。识读过程可参看下面的图解演示。

【电动机Y—△减压起动控制电路图中减压起动过程的识读】

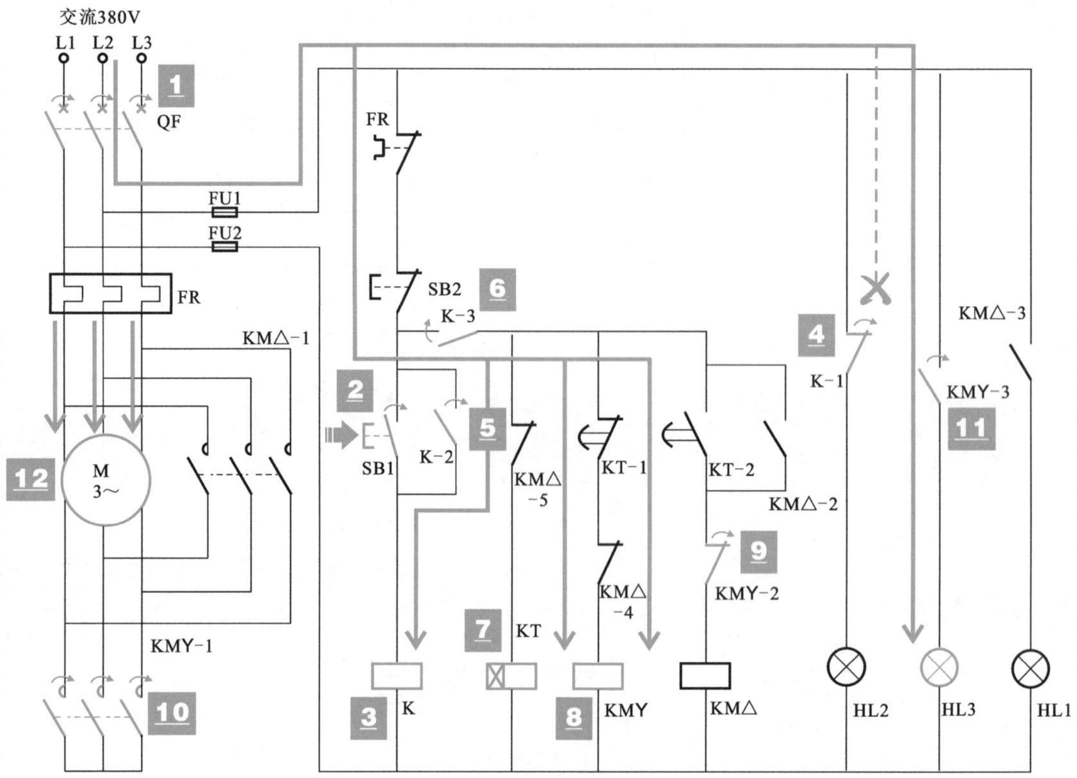

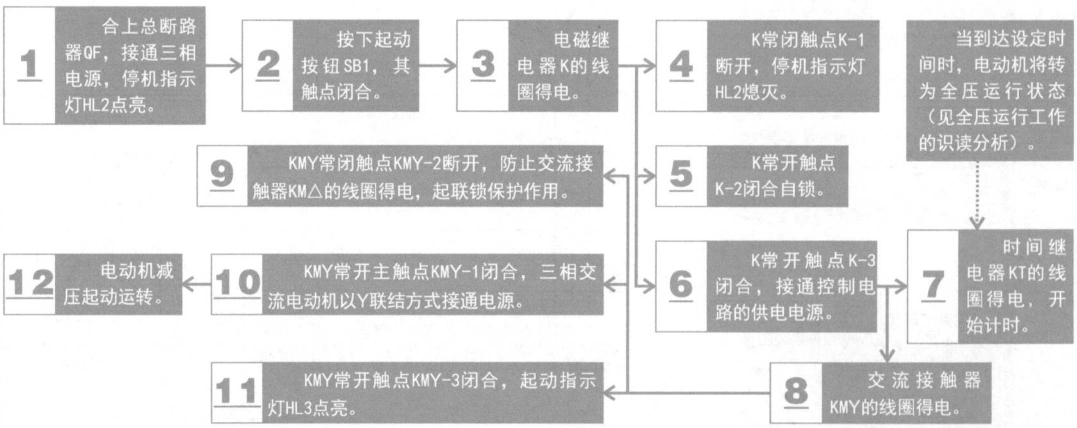

1	合上总断路器QF，接通三相电源，停机指示灯HL2点亮。
2	按下起动按钮SB1，其触点闭合。
3	电磁继电器K的线圈得电。
4	K常闭触点K-1断开，停机指示灯HL2熄灭。
5	K常开触点K-2闭合自锁。
6	K常开触点K-3闭合，接通控制电路的供电电源。
7	时间继电器KT的线圈得电，开始计时。
8	交流接触器KMY的线圈得电。
9	KMY常闭触点KMY-2断开，防止交流接触器KM△的线圈得电，起联锁保护作用。
10	KMY常开主触点KMY-1闭合，三相交流电动机以Y联结方式接通电源。
11	KMY常开触点KMY-3闭合，起动指示灯HL3点亮。
12	电动机减压起动运转。
—	当到达设定时间时，电动机将转为全压运行状态（见全压运行工作的识读分析）。

第5章 电动机控制电路的识读

【电动机Y-△减压起动控制电路图中全压运行过程的识读】

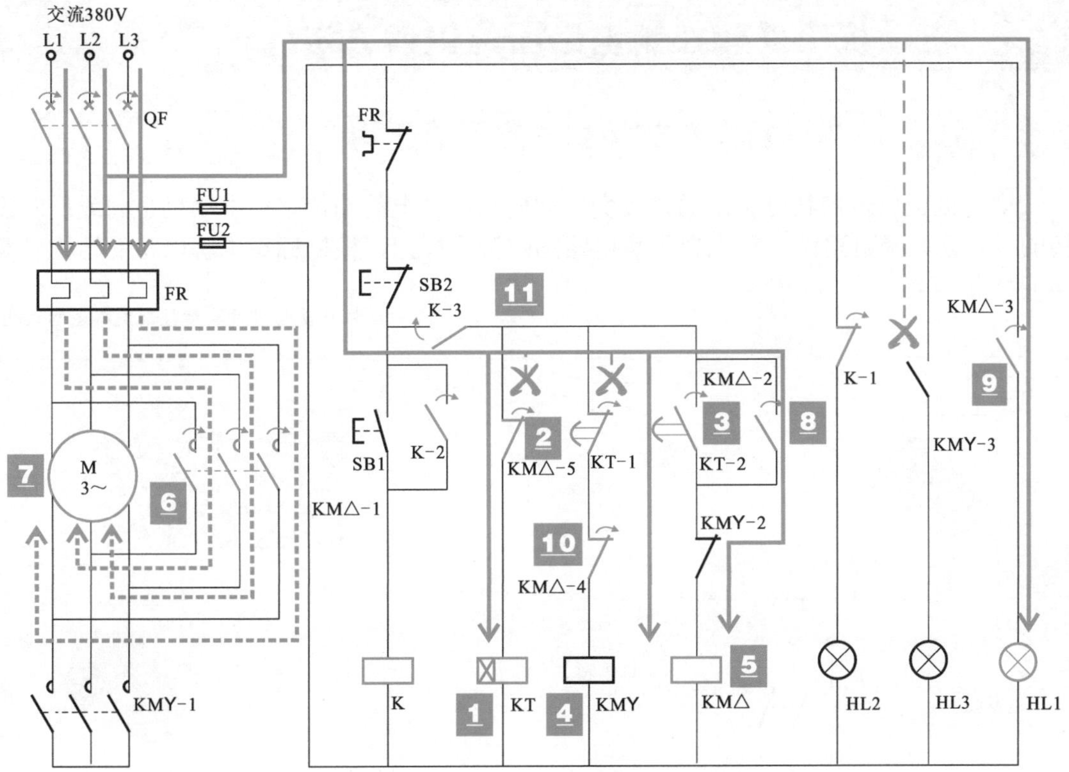

| 1 | 时间继电器KT到达预定时间。 | → | 2 | KM常闭触点KT-1延时断开。 | → | 4 | 断开交流接触器KMY的供电,KMY触点全部复位。 | → | 7 | 电动机开始全压运行。 |

| 3 | KM常开触点KT-2延时闭合。 | → | 5 | 交流接触器KM△的线圈得电。 | → | 6 | KM△常开主触点KM△-1闭合,三相交流电动机以△联结方式接通电源。 |

| 10 | KM△常闭触点KM△-4断开,防止LMY的线圈得电,起联锁保护作用。 | ← | 8 | KM△常开触点KM△-2闭合自锁。 |

| 11 | KM△常闭触点KM△-5断开,切断时间继电器KT线圈的供电,其触点全部复位。 | ← | 9 | KM△常开触点KM△-3闭合,运行指示灯HL1点亮。 |

特别提醒

当需要三相交流电动机停机时,按下停止按钮SB2,电磁继电器K、交流接触器KM△等失电,触点全部复位,切断三相交流电动机的供电电源,三相交流电动机便会停止运转。

当三相交流电动机采用Y联结时(减压起动),三相交流电动机每相承受的电压均为220V,当三相交流电动机采用△联结时(全压运行),三相交流电动机每相绕组承受的电压为380V。

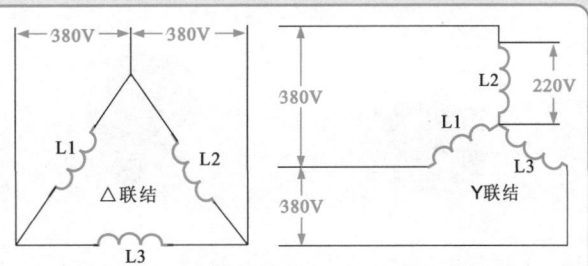

5.2 电动机正反转控制电路图的识读方法

5.2.1 电动机正反转控制电路图的结构

电动机正反转控制电路是通过改变电动机三相供电的相位来使电动机正向或反向旋转的。识读该类电路图，首先要了解电路图中符号标识，根据标识了解电路的结构以及功能特点。

【电动机正反转限位点动控制电路图的结构】

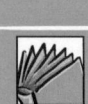

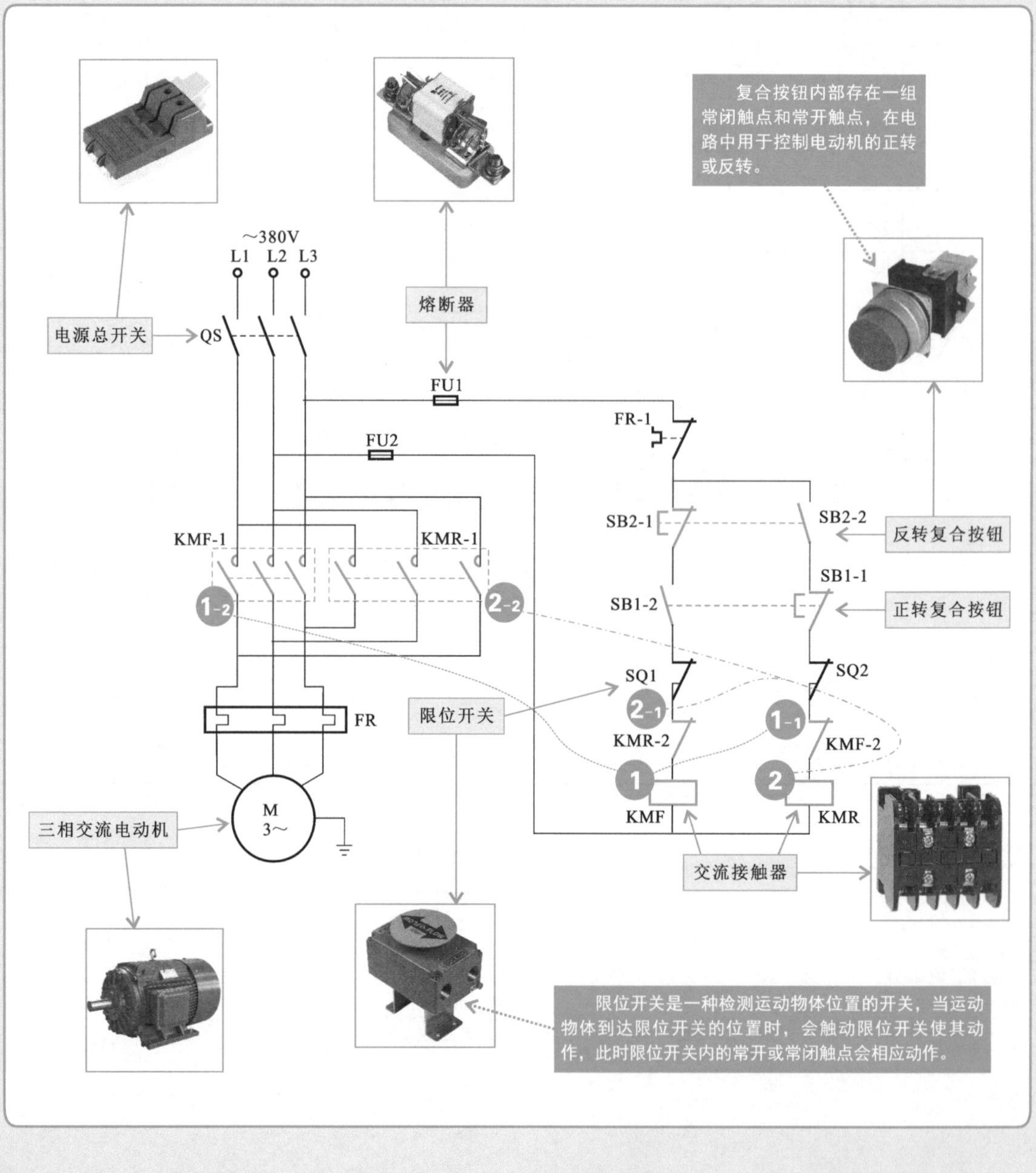

复合按钮内部存在一组常闭触点和常开触点，在电路中用于控制电动机的正转或反转。
~380V
L1 L2 L3
熔断器
电源总开关
QS
FU1
FU2
FR-1
SB2-1
SB2-2
反转复合按钮
KMF-1
KMR-1
SB1-1
SB1-2
正转复合按钮
SQ1
SQ2
FR
限位开关
KMR-2
KMF-2
KMF
KMR
M
3~
三相交流电动机
交流接触器
限位开关是一种检测运动物体位置的开关，当运动物体到达限位开关的位置时，会触动限位开关使其动作，此时限位开关内的常开或常闭触点会相应动作。

5.2.2 电动机正反转控制电路图的识读

1. 电动机正反转限位点动控制电路的识读

电动机正反转限位点动控制电路是指通过正、反转起动按钮控制电动机正向或反向运转的电路。该电路中还设有限位开关，用以检测三相交流电动机驱动对象的位移，当到达正转或反转限位开关限定的位置时，电动机便会停止工作。识读过程可参看下面的图解演示。

【电动机正反转限位点动控制电路图中正转工作过程的识读】

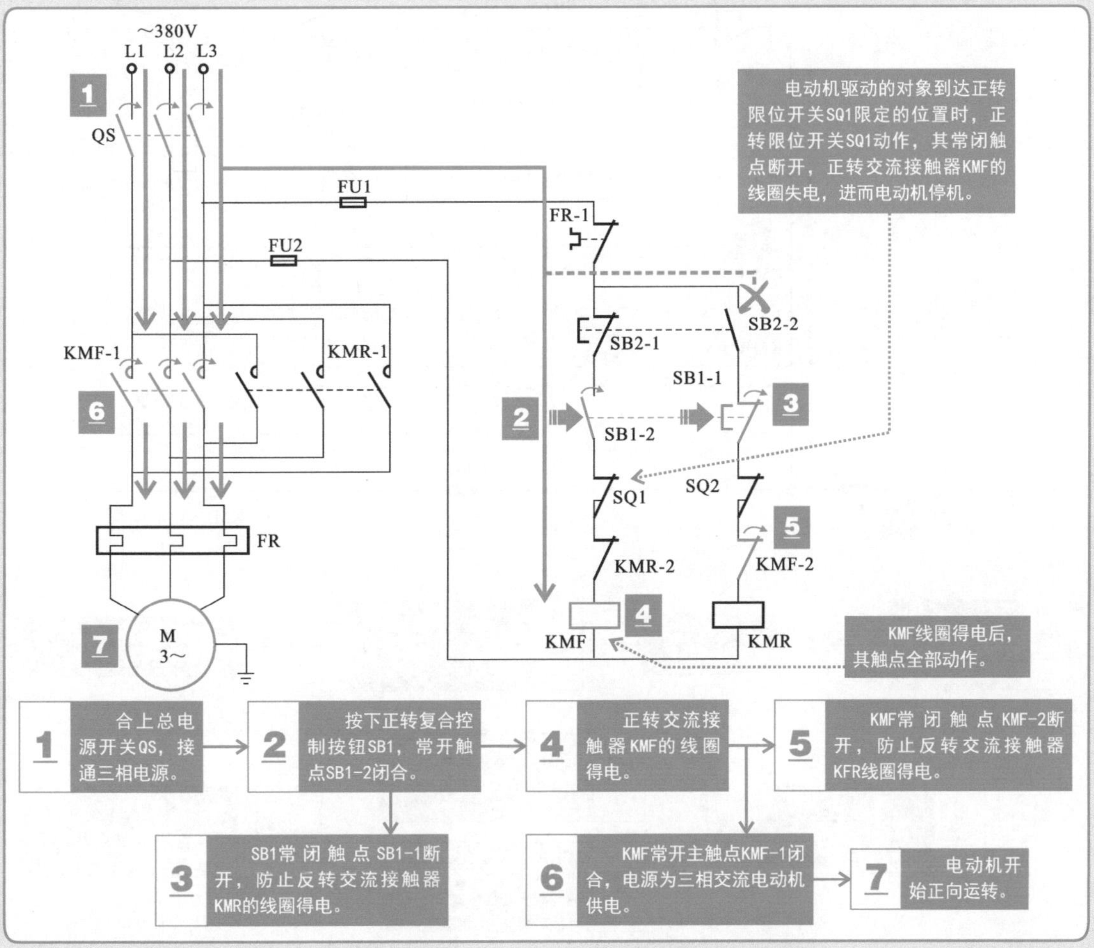

电动机驱动的对象到达正转限位开关SQ1限定的位置时，正转限位开关SQ1动作，其常闭触点断开，正转交流接触器KMF的线圈失电，进而电动机停机。

1. 合上总电源开关QS，接通三相电源。
2. 按下正转复合控制按钮SB1，常开触点SB1-2闭合。
3. SB1常闭触点SB1-1断开，防止反转交流接触器KMR的线圈得电。
4. 正转交流接触器KMF的线圈得电。
5. KMF常闭触点KMF-2断开，防止反转交流接触器KFR线圈得电。
6. KMF常开主触点KMF-1闭合，电源为三相交流电动机供电。
7. 电动机开始正向运转。

特别提醒

对电动机正反转控制电路进行识读时，应从电路图中各主要部件的功能特点和连接关系入手，对整个控制电路的工作流程进行细致的解析，搞清控制电路的工作过程和控制细节，完成电动机正反转控制电路的识读过程。

电动机反向运转的工作过程与正转比较相似，反向运转的工作过程的识读分析：按下反转复合控制按钮SB2，SB2常开触点SB2-2闭合；SB2常闭触点SB2-1断开，防止正转交流接触器KMF线圈得电。反转交流接触器KMR的线圈得电，KMR常闭触点KMR-2断开，防止正转交流接触器KMF线圈得电；KMR常开主触点KMR-1闭合，电源为三相交流电动机供电，电动机开始反向运转。

电动机驱动的对象到达反转限位开关SQ2限定的位置时，反转限位开关SQ2动作，其常闭触点断开，反转交流接触器KMR线圈失电，进而电动机停机。

2. 直流电动机正反转控制电路的识读

对三相交流电动机正反转控制电路有所了解后，再来了解一下直流电动机的正反转控制电路。直流电动机正反转连续控制电路是通过起动按钮控制直流电动机进行长时间正向或反向运转的。识读过程可参看下面的图解演示。

【直流电动机正反转连续控制电路图中正转工作过程的识读】

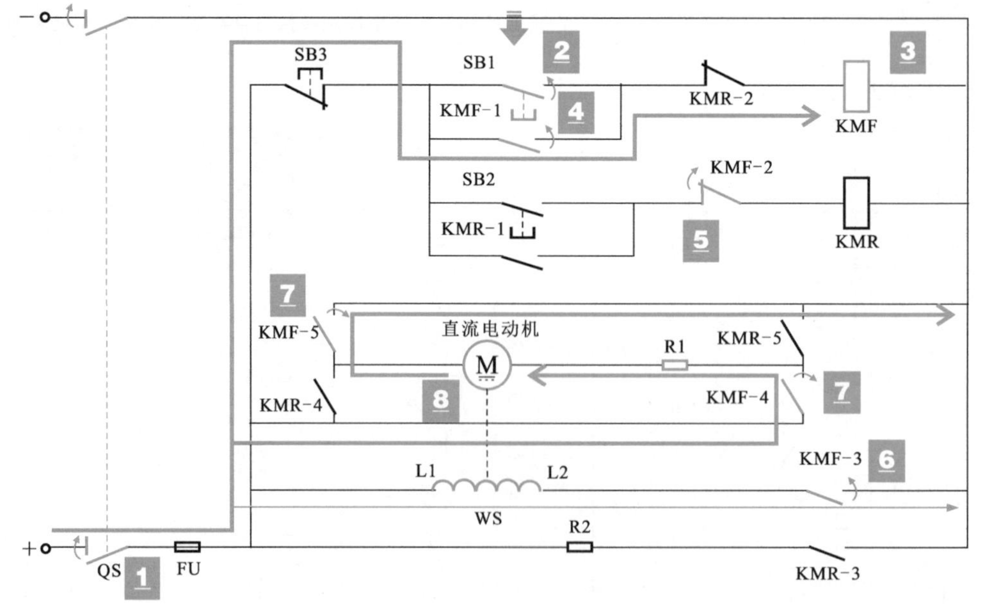

1. 合上总电源开关QS，接通直流电源。
2. 按下正转起动按钮SB1。
3. 正转直流接触器KMF的线圈得电，其触点全部动作。
4. KMF常开触点KMF-1闭合实现自锁功能。
5. KMF常闭触点KMF-2断开，防止反转直流接触器KMR的线圈得电。
6. KMF常开触点KMF-3闭合，直流电动机励磁绕阻WS得电。
7. KMF常开触点KMF-4、KMF-5闭合，直流电动机得电。
8. 直流电动机串联起动电阻器R，正向起动运转。

特别提醒

直流电动机是由电枢与励磁绕阻两部分组成，直流电动机的电枢为转子部分，而励磁绕阻相当于定子部分。只有当电枢与励磁绕阻同时得电时，才能保证直流电动机运转。

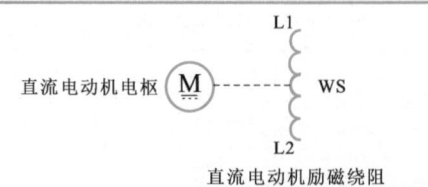

第5章 电动机控制电路的识读

【直流电动机正反转连续控制电路图中正转停机过程的识读】

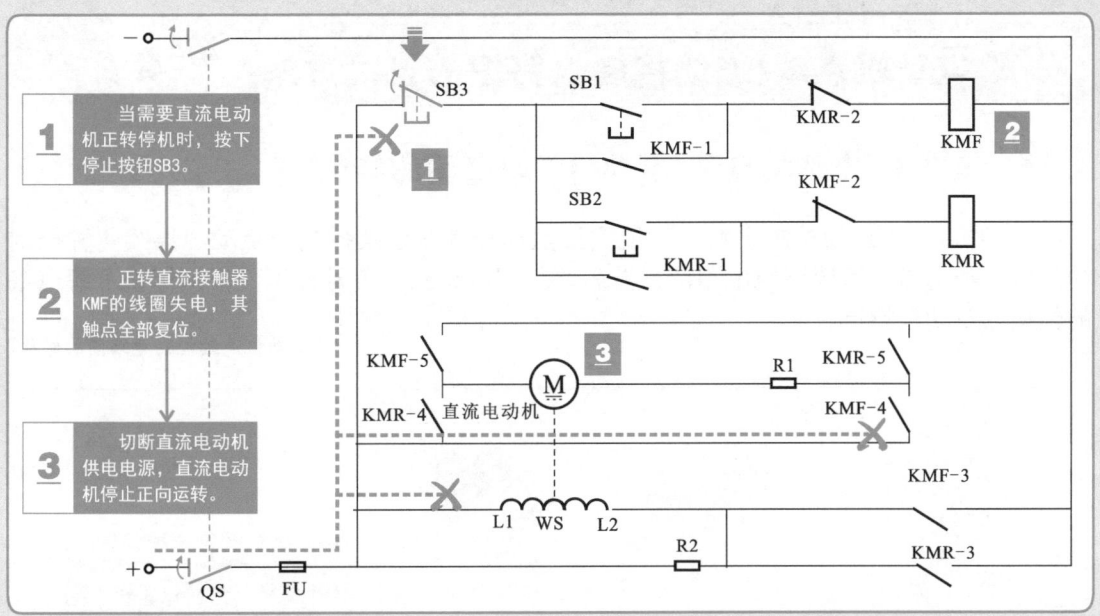

【直流电动机正反转连续控制电路图中反转工作过程的识读】

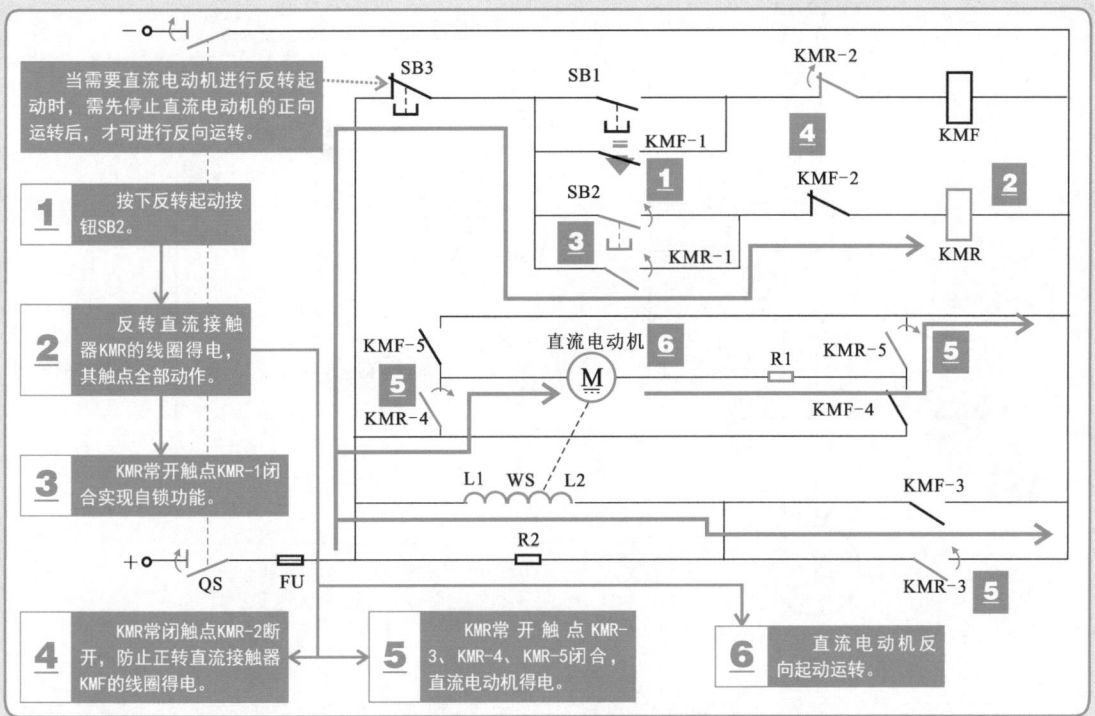

特别提醒

当需要直流电动机反转停机时,按下停止按钮SB3。反转直流接触器KMR线圈失电,其常开触点KMR-1复位断开,解除自锁功能;常闭触点KMR-2复位闭合,为直流电动机正转起动做好准备;常开触点KMR-3复位断开,直流电动机励磁绕阻WS失电;常开触点KMR-4、KMR-5复位断开,切断直流电动机供电电源,直流电动机停止反向运转。

5.3 电动机点动/连续控制电路图的识读方法

5.3.1 电动机点动/连续控制电路图的结构

电动机点动/连续控制电路是指能实现点动控制、连续控制或点动、连续两种控制功能的一类电路。识读该类电路图，首先要了解电路图中符号标识，根据标识了解电路的结构以及功能特点。

【电动机连续控制电路图的结构】

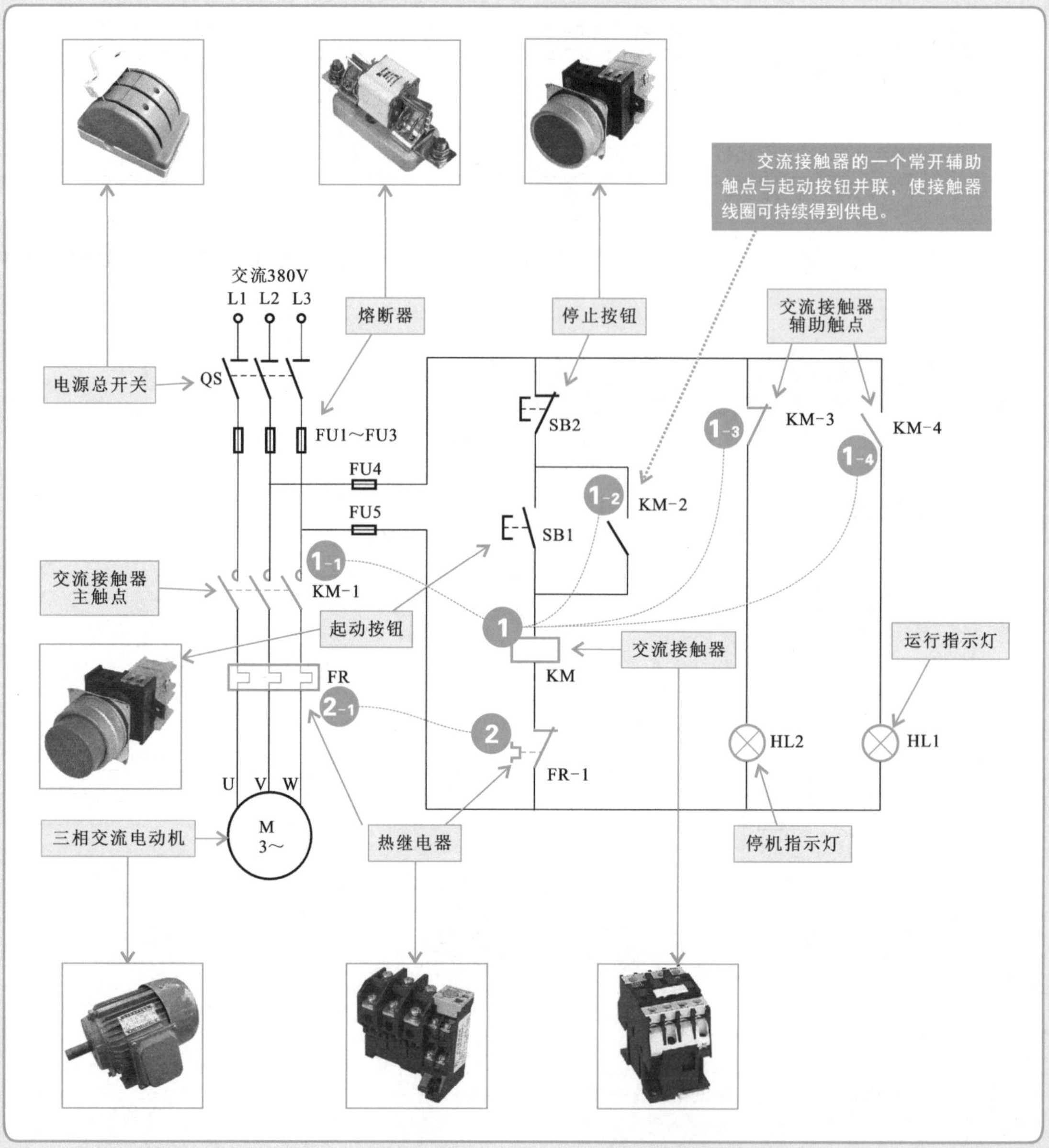

第5章 电动机控制电路的识读

【电动机连续控制电路主要部件连接图】

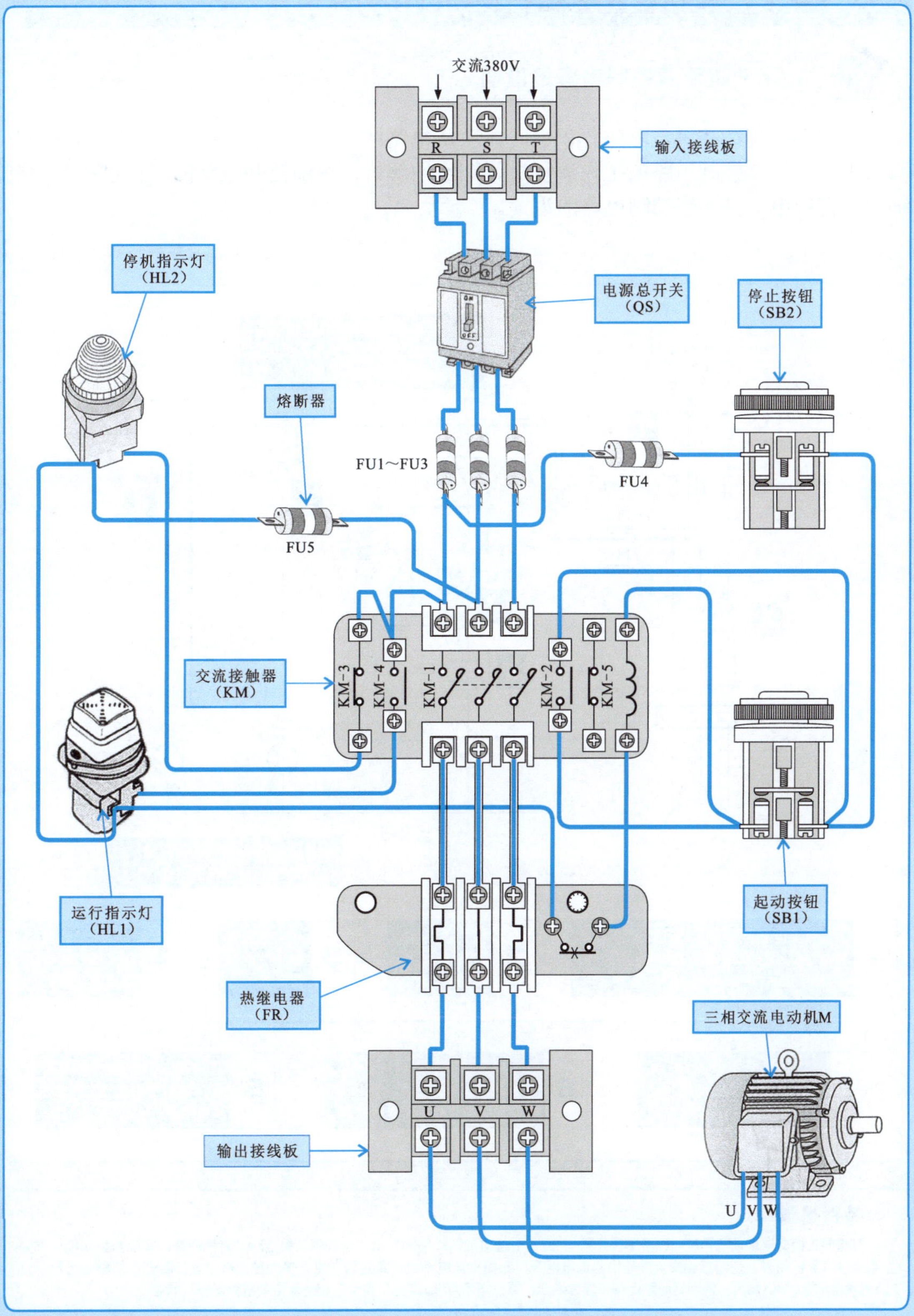

5.3.2 电动机点动/连续控制电路图的识读

1. 电动机连续控制电路的识读

对电动机连续控制电路进行识读时，应从电路图中各主要部件的功能特点和连接关系入手，对整个控制电路的工作流程进行细致的解析，搞清控制电路的工作过程和控制细节，完成电动机连续控制电路的识读。

【电动机连续控制电路图的识读】

交流接触器KM的常开触点KM-2用来维持接触器的供电，使电路自锁，达到连续运转的目的。

停机指示灯HL2和运行指示灯HL1用来指示电动机的工作状态。

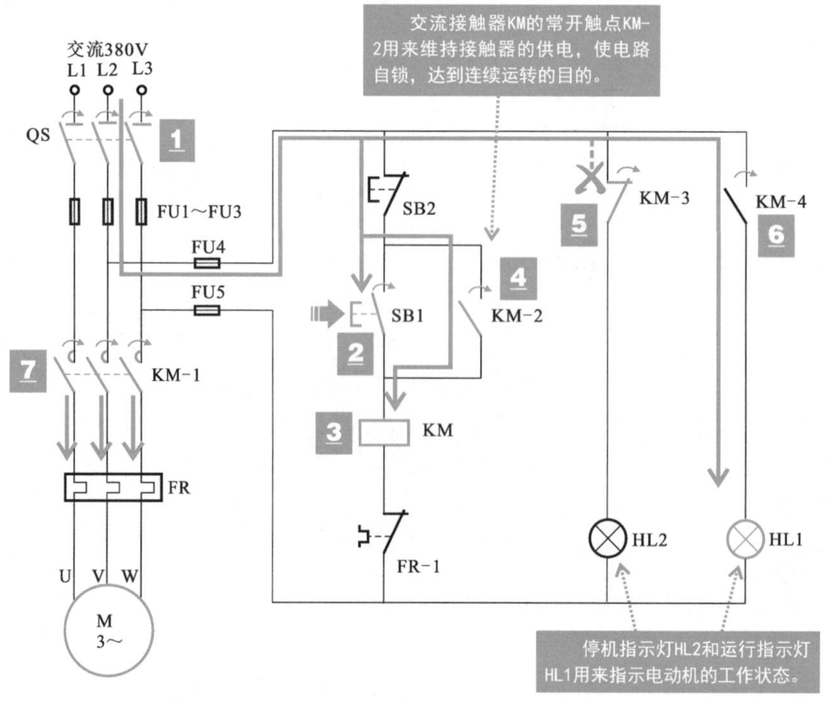

1. 合上电源总开关QS，接通三相电源。电源经交流接触器KM的常闭辅助触点KM-3为停机指示灯HL2供电，HL2点亮。
2. 按下起动按钮SB1，其常开触点闭合。
3. 交流接触器KM的线圈得电。
4. KM常开辅助触点KM-2闭合实现自锁功能。
5. KM常闭辅助触点KM-3断开，切断停机指示灯HL2的供电电源，HL2熄灭。
6. 常开辅助触点KM-4闭合，运行指示灯HL1点亮，指示三相交流电动机处于工作状态。
7. KM常开主触点KM-1闭合，三相交流电动机接通三相电源起动运转。

特别提醒

当需要三相交流电动机停机时，按下停止按钮SB2。交流接触器KM线圈失电，常开辅助触点KM-2复位断开，解除自锁功能；常开主触点KM-1复位断开，切断三相交流电动机的供电电源，三相交流电动机停止运转；常开辅助触点KM-4复位断开，切断运行指示灯HL1的供电电源，HL1熄灭；常闭辅助触点KM-3复位闭合，停机指示灯HL2点亮，指示三相交流电动机处于停机状态。

2. 电动机点动/连续控制电路的识读

电动机点动/连续控制电路是指该电路既能实现点动控制，也能实现连续控制。当按住点动控制按钮时，电动机转动，松开该按钮，电动机停止工作；当按下连续控制按钮后再松开，电动机进入持续运转状态。识读过程可参看下面的图解演示。

【电动机点动/连续控制电路图的识读】

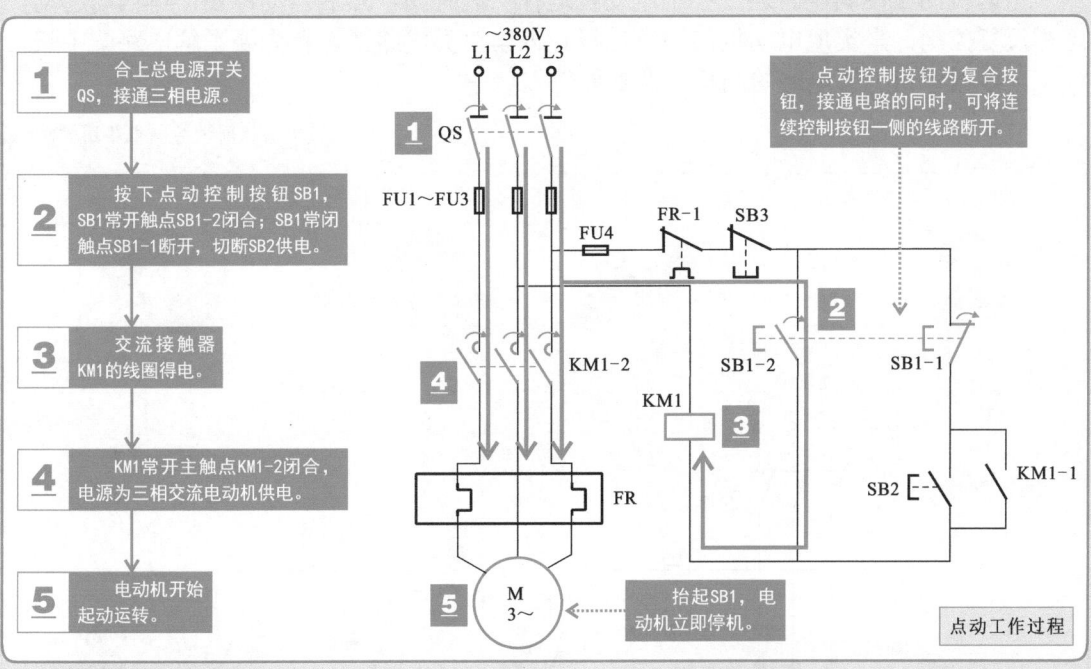

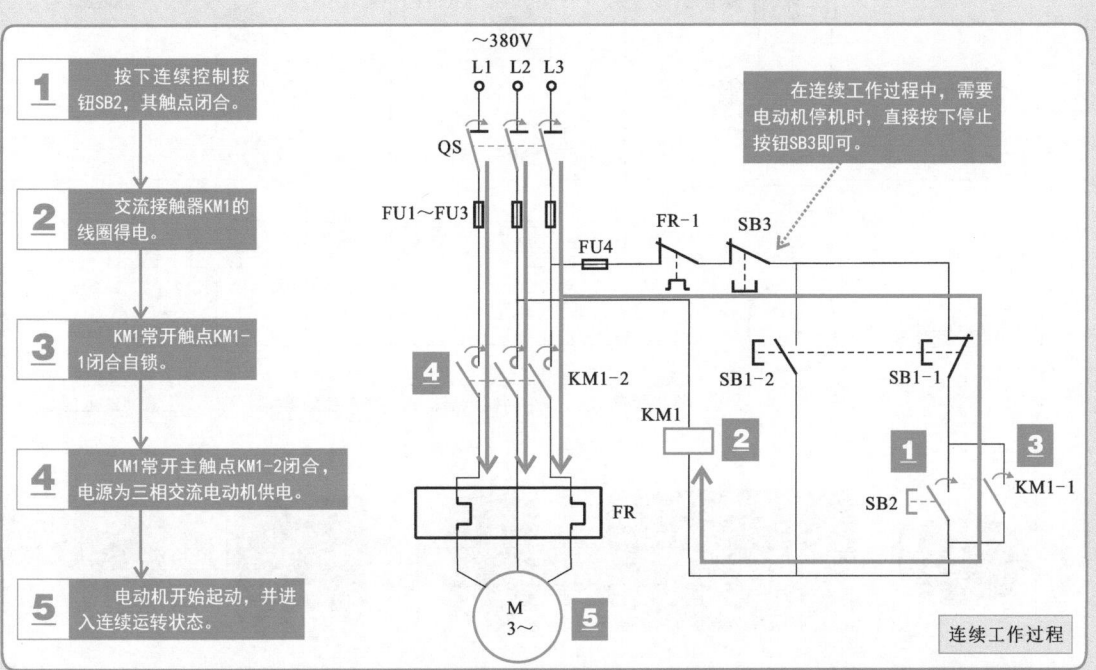

5.4 电动机间歇控制电路图的识读方法

5.4.1 电动机间歇控制电路图的结构

电动机间歇控制电路通过控制电动机运行一段时间，然后自动停止，再自动起动，这样反复控制，来实现电动机的间歇运行。识读该类电路图，首先要了解电路图中符号标识，根据标识了解电路的结构以及功能特点。

【电动机间歇控制电路图的结构】

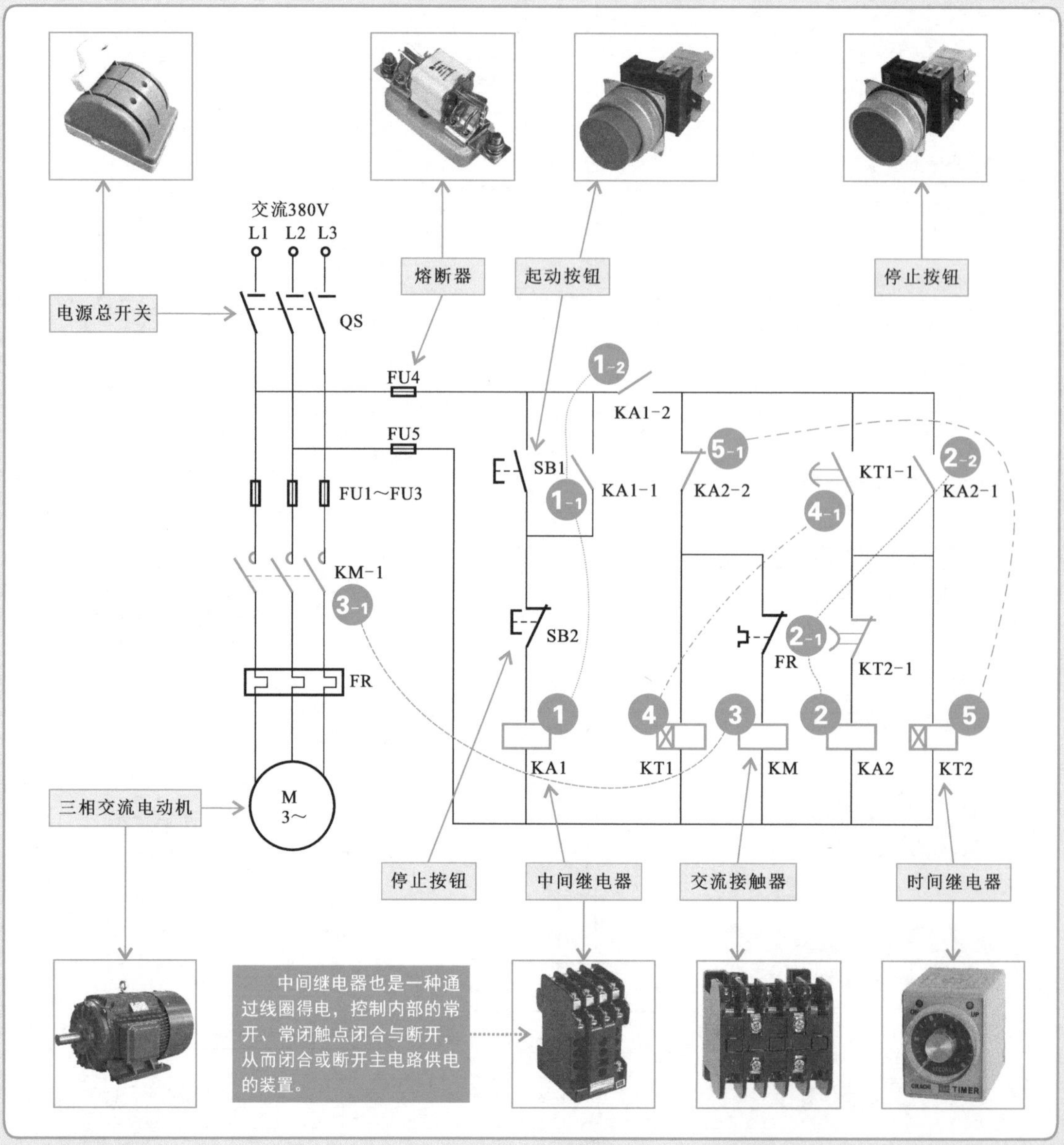

5.4.2 电动机间歇控制电路图的识读

1. 电动机间歇控制电路的识读

通常电动机的间歇运行是通过时间继电器进行控制的，通过预先对时间继电器的延迟时间进行设定，从而实现对电动机起动时间和停机时间的控制。

对电动机间歇控制电路进行识读时，应从电路图中各主要部件的功能特点和连接关系入手，对整个控制电路的工作流程进行细致的解析，搞清控制电路的工作过程和控制细节，完成电动机间歇控制电路的识读。

【电动机间歇控制电路图中起动过程的识读】

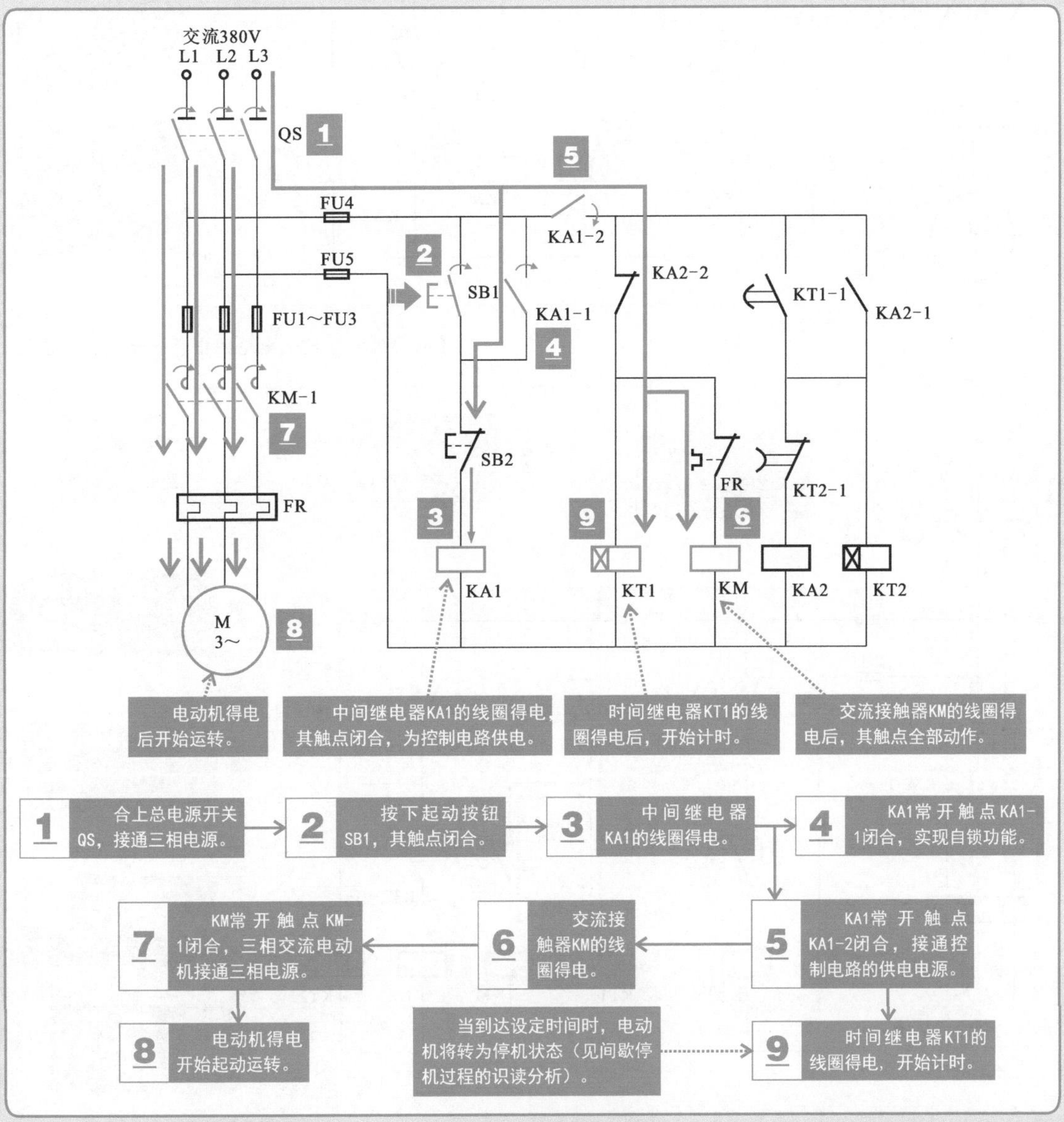
交流380V
L1 L2 L3
QS 1
5
FU4
KA1-2
FU5
2
SB1
KA1-1
KA2-2
KT1-1
KA2-1
FU1～FU3
4
KM-1
7
SB2
FR
KT2-1
FR
3
9
6
KA1
KT1
KM
KA2
KT2
M 3～
8
电动机得电后开始运转。
中间继电器KA1的线圈得电，其触点闭合，为控制电路供电。
时间继电器KT1的线圈得电后，开始计时。
交流接触器KM的线圈得电后，其触点全部动作。
1 合上总电源开关QS，接通三相电源。
2 按下起动按钮SB1，其触点闭合。
3 中间继电器KA1的线圈得电。
4 KA1常开触点KA1-1闭合，实现自锁功能。
5 KA1常开触点KA1-2闭合，接通控制电路的供电电源。
6 交流接触器KM的线圈得电。
7 KM常开触点KM-1闭合，三相交流电动机接通三相电源。
8 电动机得电开始起动运转。
9 时间继电器KT1的线圈得电，开始计时。
当到达设定时间时，电动机将转为停机状态（见间歇停机过程的识读分析）。

【电动机间歇控制电路图中间歇停机过程的识读】

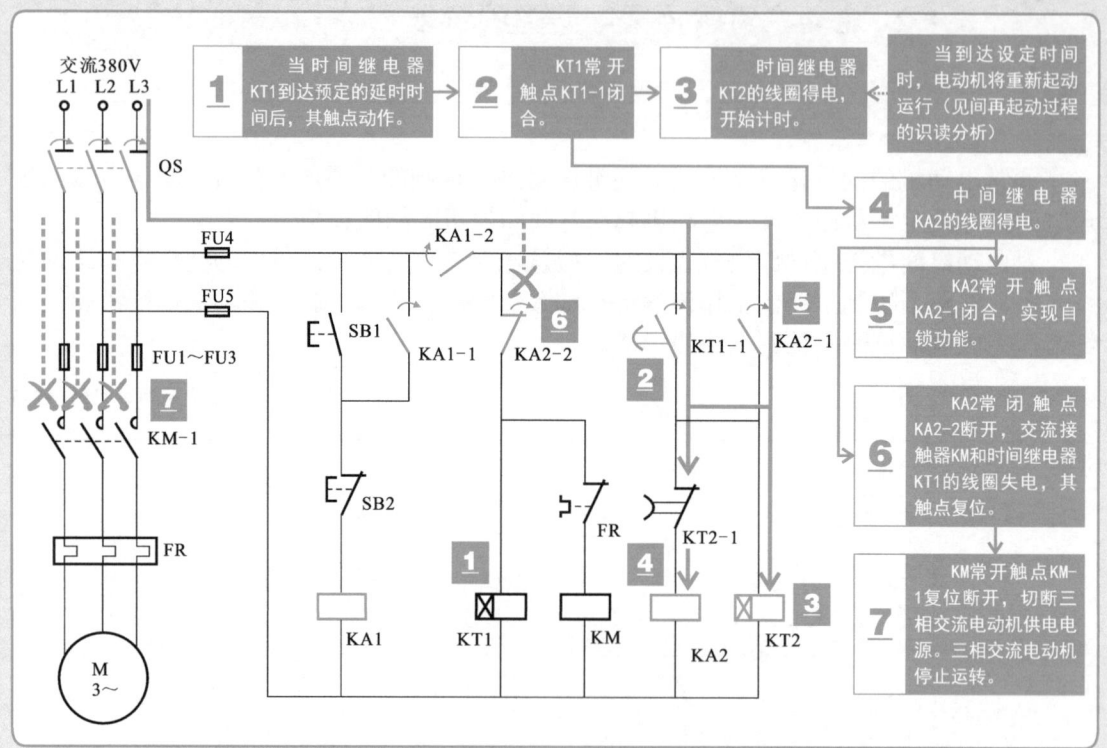

【电动机间歇控制电路图中再起动过程的识读】

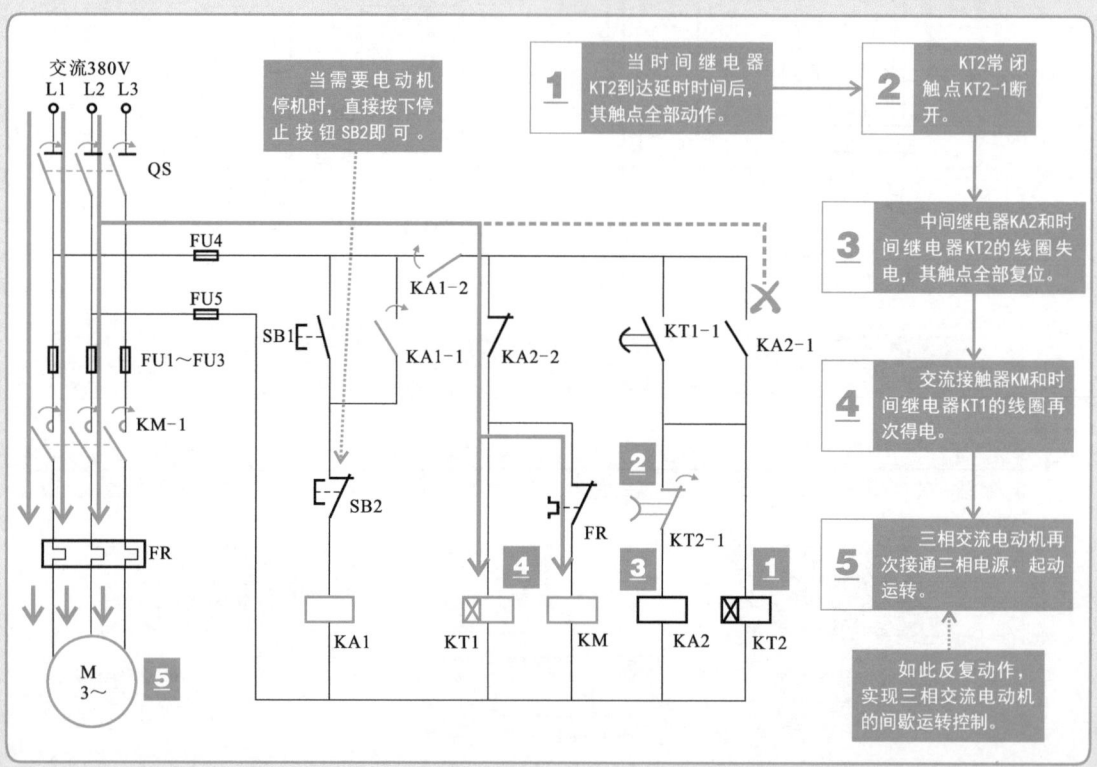

第5章 电动机控制电路的识读

  2. 两台电动机交替工作间歇控制电路的识读

该间歇控制电路中有两部分相似的结构组成,利用时间继电器延时动作的特点,间歇控制两台电动机的工作,达到电动机交替工作的目的。识读过程可参看下面的图解演示。

【两台电动机交替工作间歇控制电路图中电动机工作过程的识读】

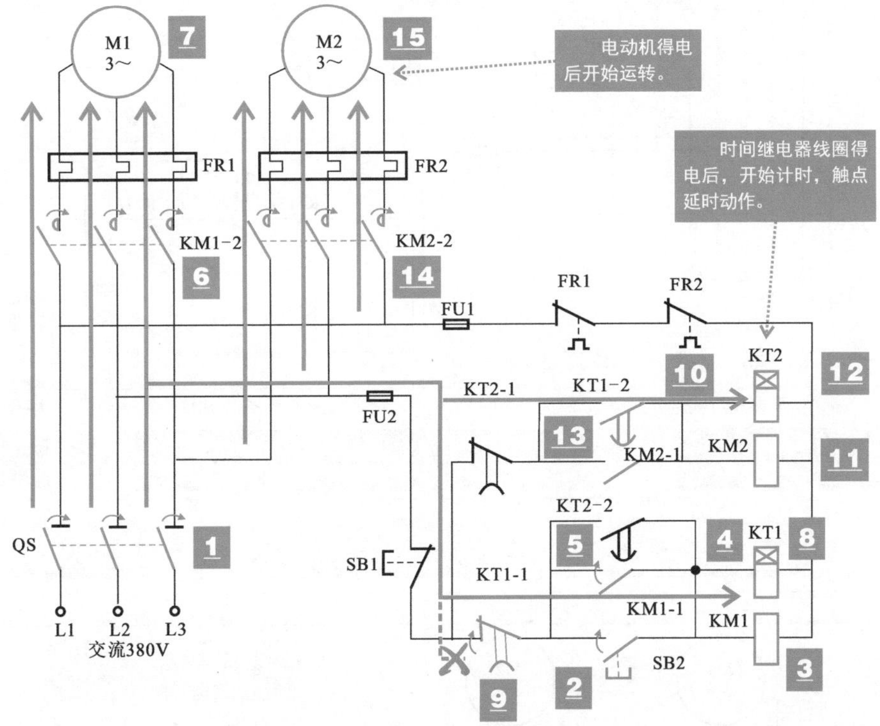

1	合上总电源开关QS,接通三相电源。	2	按下起动按钮SB2,其触点闭合。	3	交流接触器KM1的线圈得电。	5	KM1常开触点KM1-1闭合,实现自锁功能。
8	时间继电器KT1达到设定时间后,其触点动作。	4	时间继电器KT1的线圈得电,开始计时。	6	KM1常开主触点KM1-2闭合,接通电动机M1三相电源。
9	延时常闭触点KT1-1断开,交流接触器KM1的线圈失电,其触点复位,电动机M1停止运转。		7	电动机M1得电开始起动运转。
10	延时常开触点KT1-2闭合。	12	KM2常开触点KM2-1闭合,实现自锁功能。
15	时间继电器KT2的线圈得电,开始计时。	11	交流接触器KM2的线圈得电。	14	电动机M2得电开始起动运转。
	13	KM2常开主触点KM2-2闭合,接通电动机M2三相电源。

【两台电动机交替工作间歇控制电路图中电动机工作及停机过程的识读】

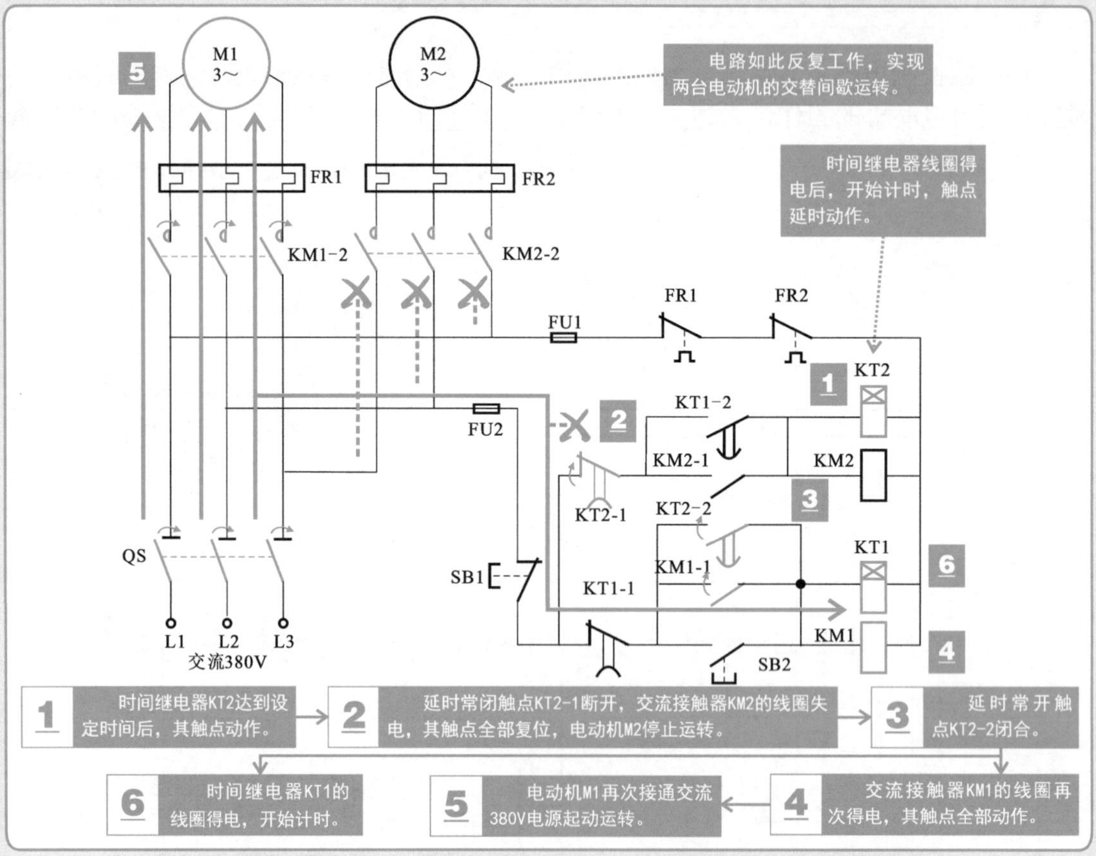

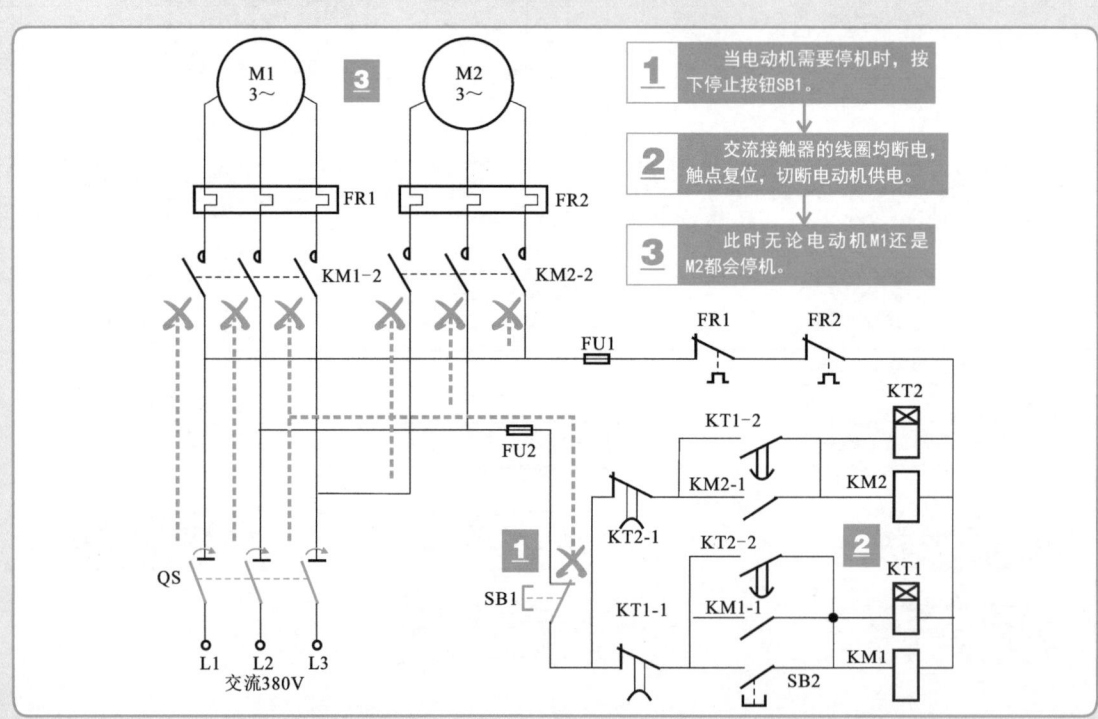

5.5 电动机调速控制电路图的识读方法

5.5.1 电动机调速控制电路图的结构

电动机调速控制电路是指利用时间继电器控制电动机的低速或高速运转,通过低速运转按钮和高速运转按钮,实现对电动机低速和高速运转的切换控制。识读该类电路图,首先要了解电路图中的符号标识,根据标识了解电路的结构以及功能特点。

【电动机调速控制电路图的结构】

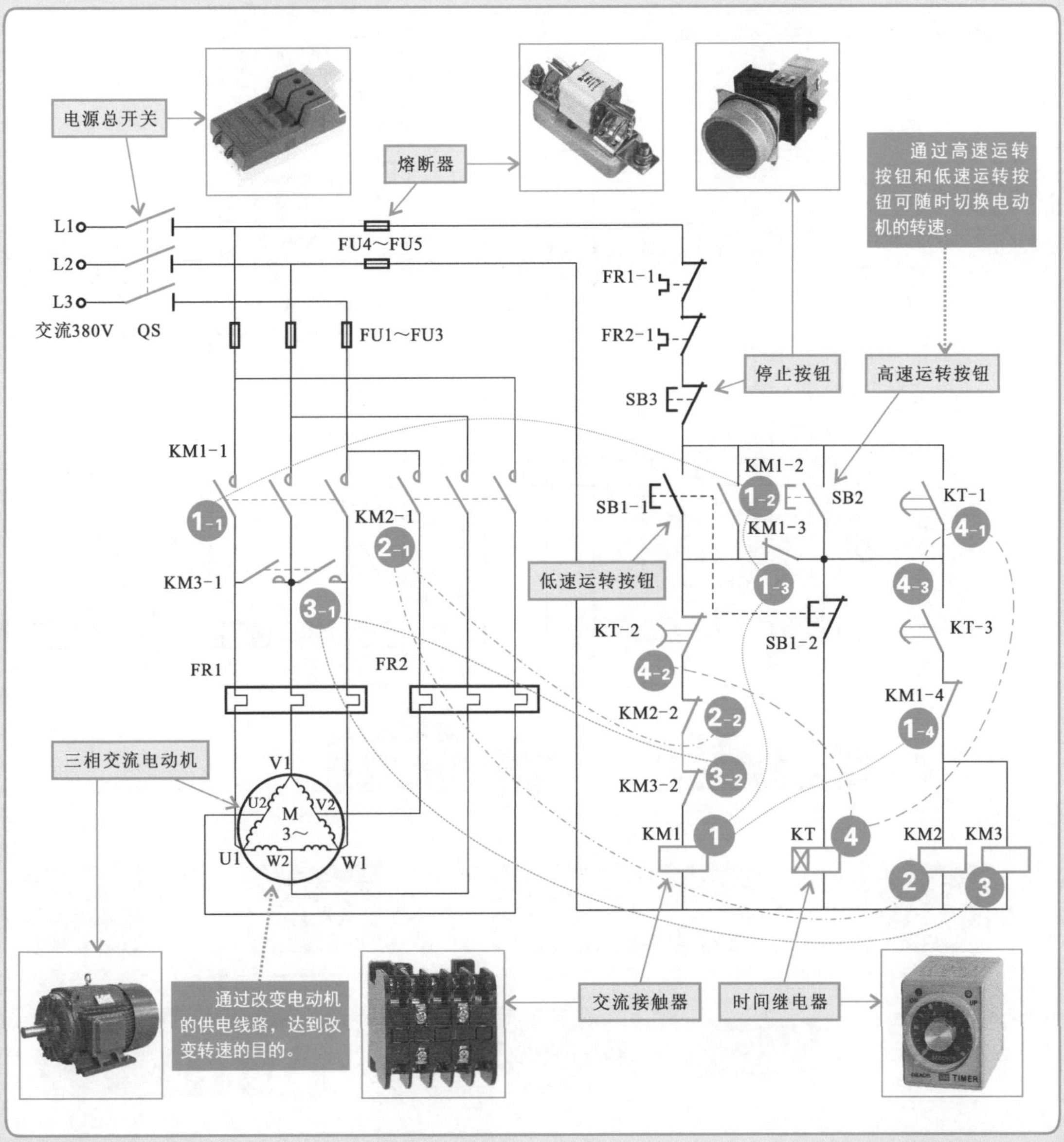

5.5.2 电动机调速控制电路图的识读

1. 电动机调速控制电路的识读

对电动机调速控制电路进行识读时，应从电路图中各主要部件的功能特点和连接关系入手，对整个控制电路的工作流程进行细致的解析，搞清控制电路的工作过程和控制细节，完成电动机调速控制电路的识读。

【电动机调速控制电路图中低速运转过程的识读】

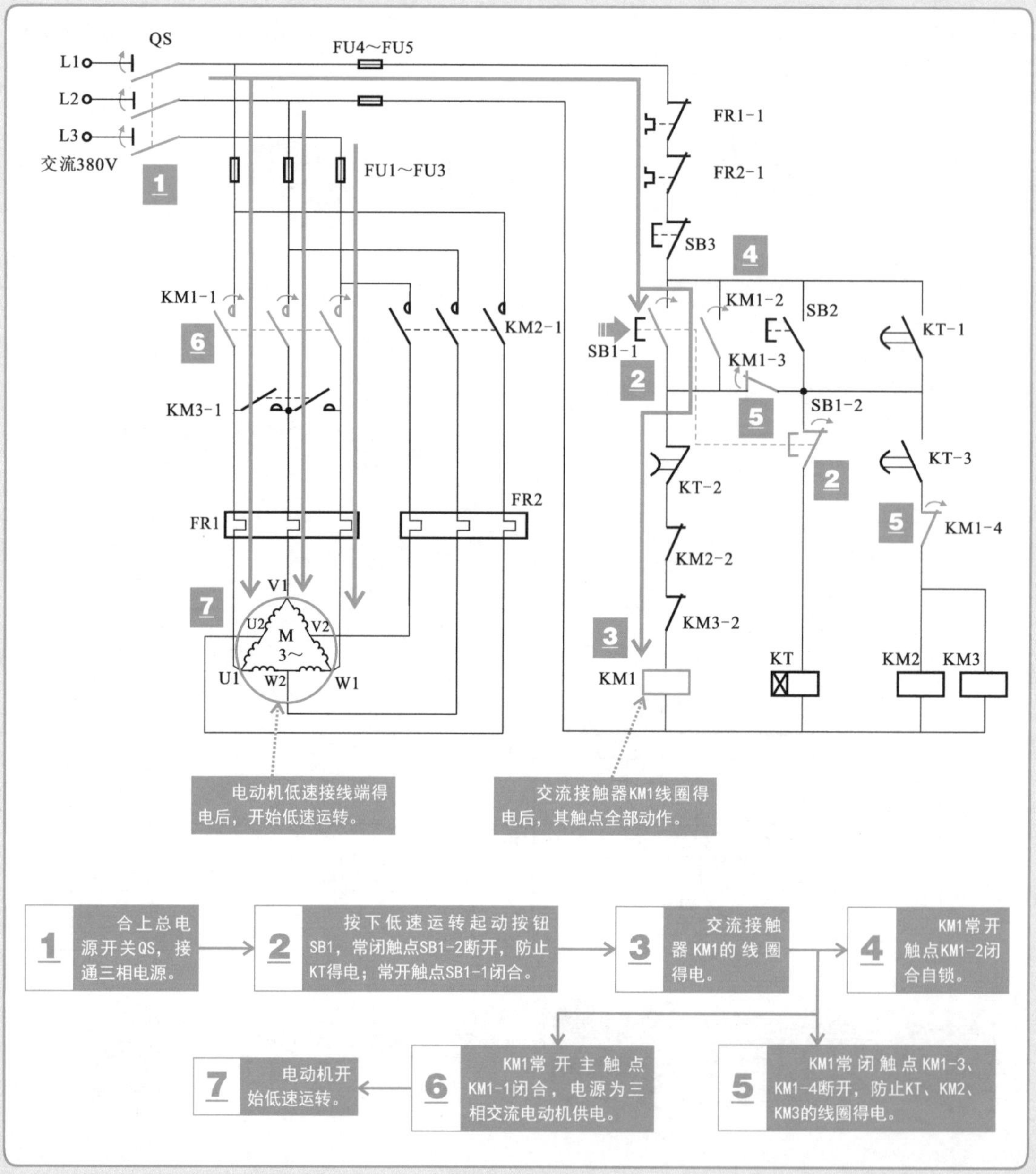

QS
L1
L2
L3
交流380V
FU4～FU5
FU1～FU3
FR1-1
FR2-1
SB3
KM1-1
KM2-1
KM3-1
KM1-2
SB2
KT-1
SB1-1
KM1-3
SB1-2
KT-3
KT-2
KM1-4
FR1
FR2
KM2-2
KM3-2
V1
U2
V2
M
3～
U1
W2
W1
KM1
KT
KM2
KM3
电动机低速接线端得电后，开始低速运转。
交流接触器KM1线圈得电后，其触点全部动作。
1 合上总电源开关QS，接通三相电源。
2 按下低速运转起动按钮SB1，常闭触点SB1-2断开，防止KT得电；常开触点SB1-1闭合。
3 交流接触器KM1的线圈得电。
4 KM1常开触点KM1-2闭合自锁。
5 KM1常闭触点KM1-3、KM1-4断开，防止KT、KM2、KM3的线圈得电。
6 KM1常开主触点KM1-1闭合，电源为三相交流电动机供电。
7 电动机开始低速运转。

第5章 电动机控制电路的识读

【电动机调速控制电路图中高速运转过程的识读】

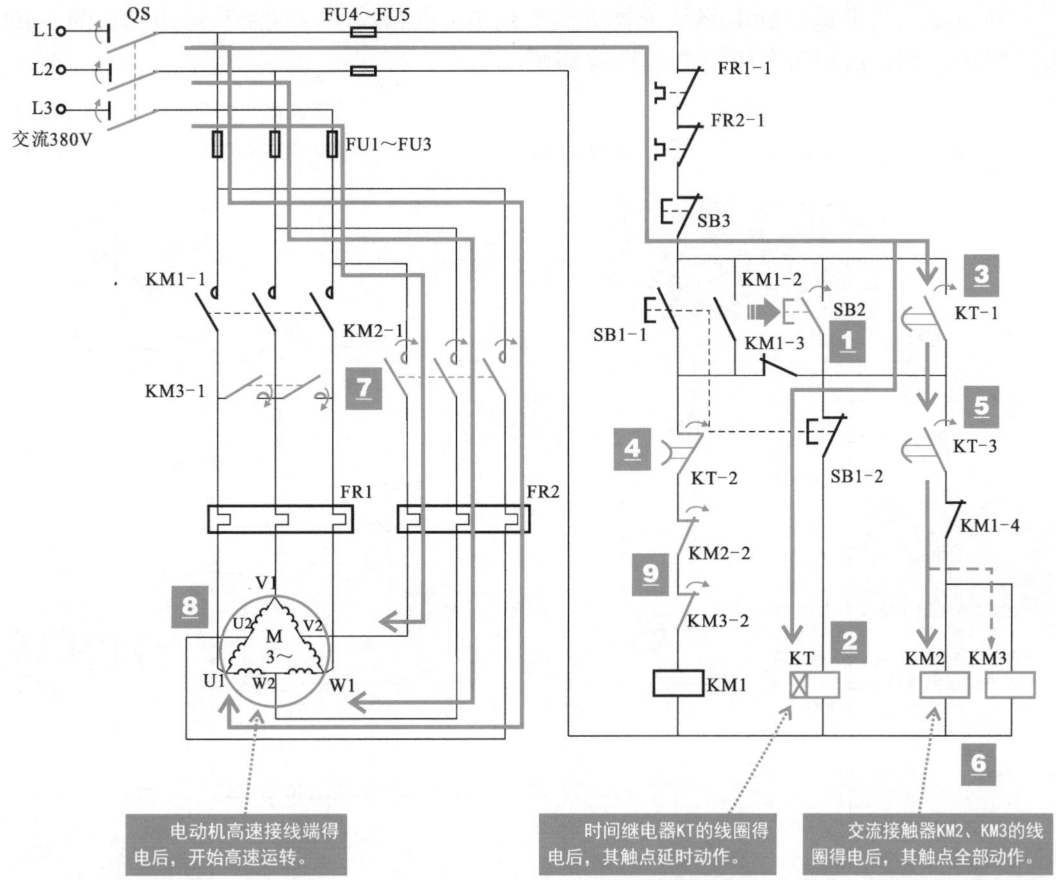

电动机高速接线端得电后,开始高速运转。

时间继电器KT的线圈得电后,其触点延时动作。

交流接触器KM2、KM3的线圈得电后,其触点全部动作。

1	按下高速运转按钮SB2。
2	时间继电器KT的线圈得电。
3	KT常开触点KT-1延时闭合自锁。
4	KT常闭触点KT-2延时断开,KM1失电,其触点全部复位。
5	KT常开触点KT-3延时闭合。
6	交流接触器KM2、KM3的线圈得电。
7	KM2、KM3常开触点KM2-1、KM3-1闭合,电源为三相交流电动机供电。
8	电动机开始高速运转。
9	KM2、KM3常闭触点KM2-2、KM3-2断开,防止KM1的线圈得电。

特别提醒

当需要停机时,按下停止按钮SB3,交流接触器KM1、KM2、KM3和时间继电器KT全部失电,触点全部复位,切断三相交流电动机的供电,电动机停机。

2. 直流电动机调速控制电路的识读

直流电动机调速控制电路是一种可在负载不变的情况下，控制直流电动机的旋转速度的电路。识读过程可参看下面的图解演示。

【直流电动机调速控制电路图的识读】

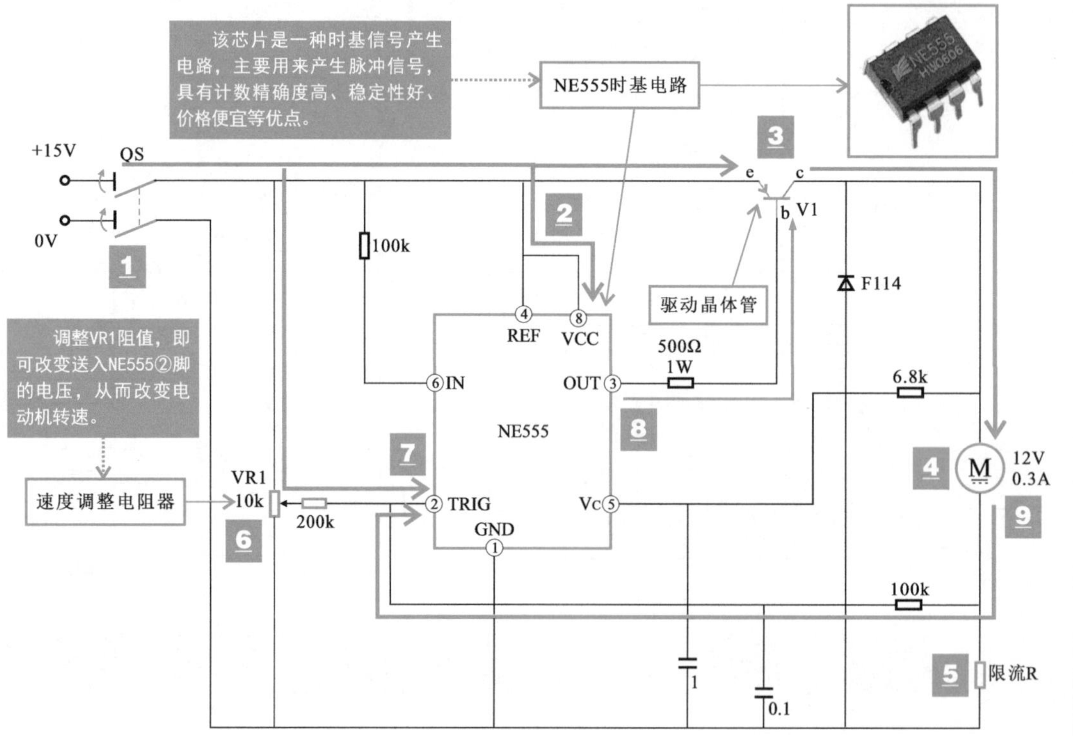

该芯片是一种时基信号产生电路，主要用来产生脉冲信号，具有计数精确度高、稳定性好、价格便宜等优点。→ NE555时基电路

驱动晶体管

调整VR1阻值，即可改变送入NE555②脚的电压，从而改变电动机转速。

速度调整电阻器

1 合上总电源开关QS，接直流15V电源。 → **2** 15V直流为NE555的⑧脚提供工作电源，NE555开始工作。 → **3** NE555的③脚输出驱动脉冲信号，送往驱动晶体管V1的基极，经放大后，其集电极输出脉冲电压。

5 直流电动机的电流会在限流电阻R上产生压降，该压降经100kΩ电阻器反馈到NE555的②脚，NE555控制③脚输出脉冲信号的宽度，实现对直流电动机稳速控制。 ← **4** 15V直流电压经V1变成脉冲电流为直流电动机供电，电动机开始起动运转。

6 将速度调整电阻器VR1的阻值调至最下端。 → **7** 15V直流电压经过VR1和200kΩ电阻器串联送入NE555的②脚。 → **8** NE555内部控制③脚输出的脉冲信号宽度最小。 → **9** 直流电动机转速达到最低。

特别提醒

将速度调整电阻器VR1调至最上端，15V直流电压只经过200kΩ电阻器送入NE555的②脚，NE555内部控制③脚输出的脉冲信号宽度最大，直流电动机转速达到最高。需停机时，将电源总开关QS关闭即可。

5.6 电动机制动控制电路图的识读方法

5.6.1 电动机制动控制电路图的结构

电动机制动控制电路是指通过某种方式（反接、强制），来降低电动机的转速，最终达到停机的目的。识读该类电路图，首先要了解电路图中的符号标识，根据标识了解电路的结构以及功能特点。

【电动机反接制动控制电路图的结构】

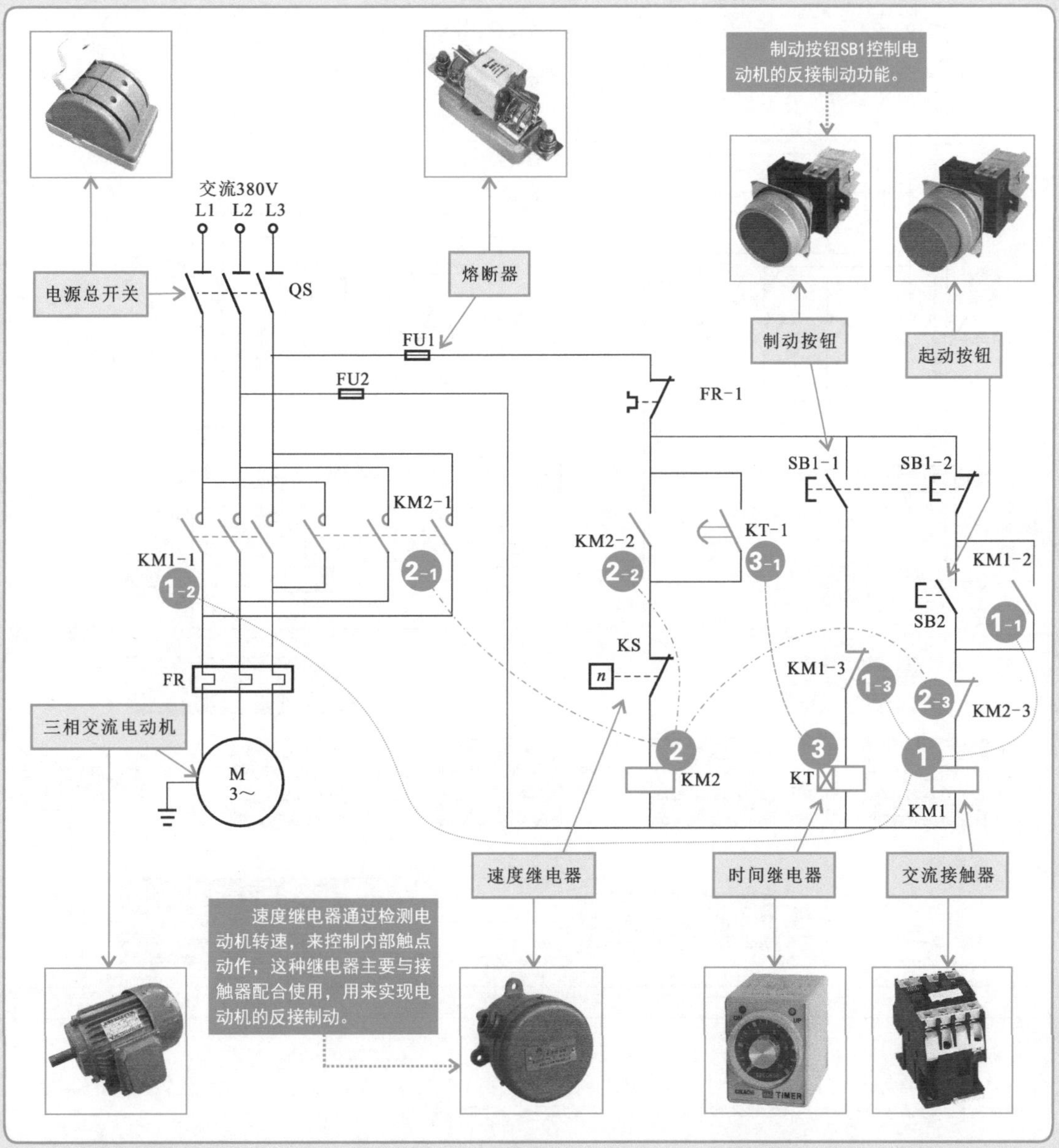

5.6.2 电动机制动控制电路图的识读

1. 电动机反接制动控制电路的识读

该电路中电动机在反接制动时，电路会改变电动机定子绕组的电源相序，使之有反转趋势而产生较大的制动力矩，从而迅速使电动机的转速降低，并且通过速度继电器来自动切断制动电源，确保电动机不会反转。识读过程可参看下面的图解演示。

【电动机反接制动控制电路图中起动过程的识读】

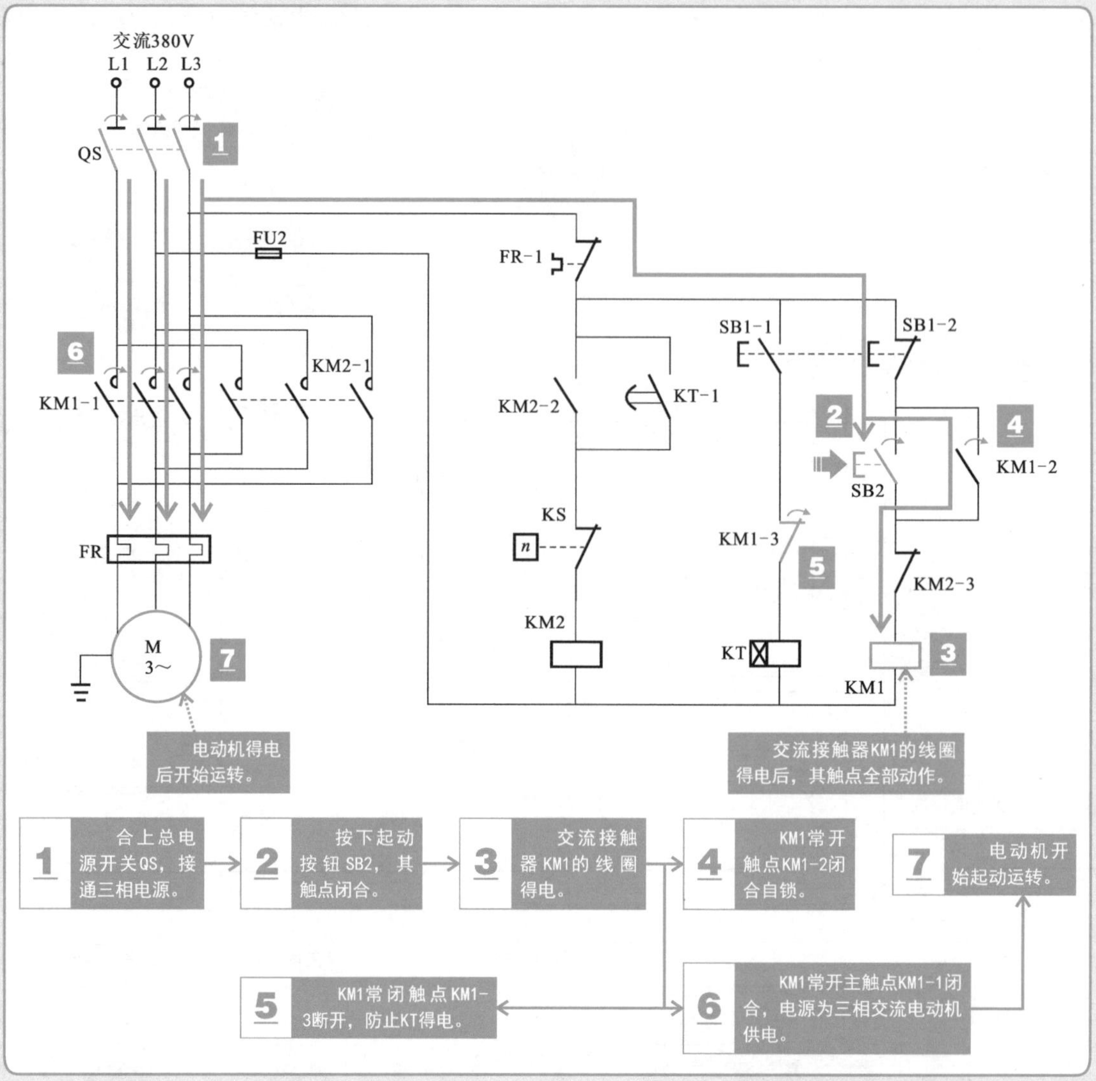

（图示：交流380V L1 L2 L3，QS，FU2，FR，KM1-1，KM2-1，KM2-2，KT-1，KS，KM2，SB1-1，SB1-2，SB2，KM1-2，KM1-3，KT，KM2-3，KM1，M 3~）

电动机得电后开始运转。

交流接触器KM1的线圈得电后，其触点全部动作。

1. 合上总电源开关QS，接通三相电源。
2. 按下起动按钮SB2，其触点闭合。
3. 交流接触器KM1的线圈得电。
4. KM1常开触点KM1-2闭合自锁。
5. KM1常闭触点KM1-3断开，防止KT得电。
6. KM1常开主触点KM1-1闭合，电源为三相交流电动机供电。
7. 电动机开始起动运转。

特别提醒

对电动机反接制动控制电路进行识读时，应从电路图中各主要部件的功能特点和连接关系入手，对整个控制电路的工作流程进行细致的解析，搞清控制电路的工作过程和控制细节，完成电动机反接制动控制电路的识读过程。

第5章 电动机控制电路的识读

【电动机反接制动控制电路图中反接制动过程的识读】

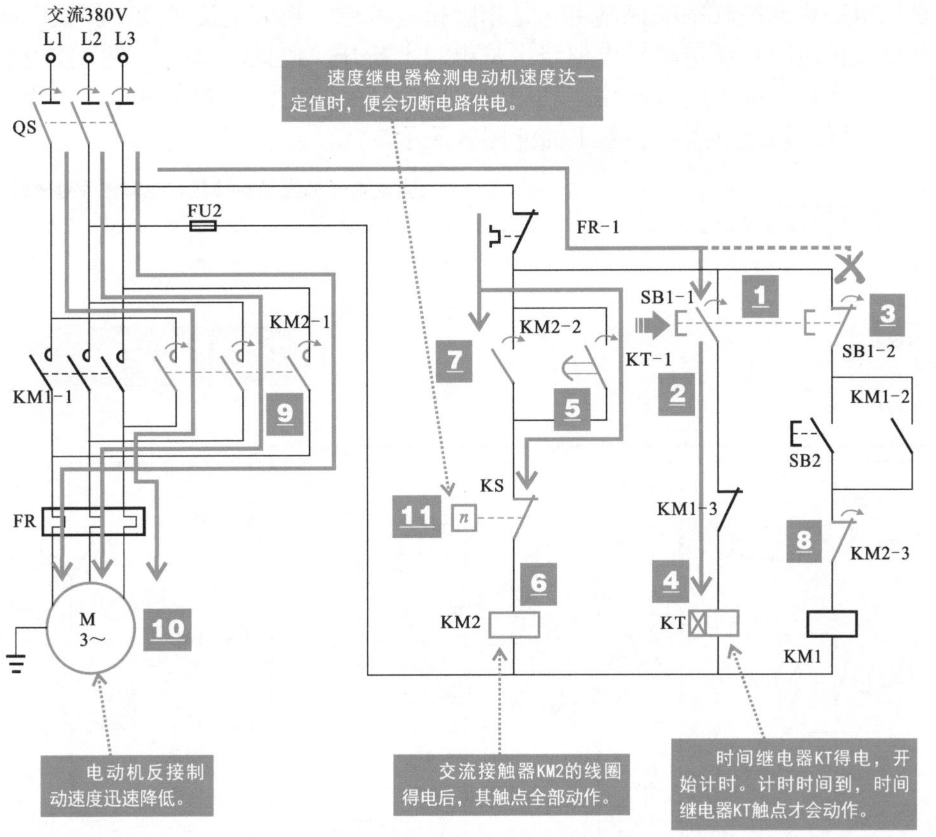

交流380V L1 L2 L3
QS
FU2
FR-1
KM2-1
KM1-1
KM2-2
SB1-1 [1]
KT-1
[3] SB1-2
KM1-2
[7]
[5]
[2]
SB2
[9]
KS
[11] n
KM1-3
[8] KM2-3
FR
M 3~
[10]
[6] KM2
[4] KT
KM1

速度继电器检测电动机速度达一定值时,便会切断电路供电。

电动机反接制动速度迅速降低。

交流接触器KM2的线圈得电后,其触点全部动作。

时间继电器KT得电,开始计时。计时时间到,时间继电器KT触点才会动作。

| [1] 按下制动按钮SB1。 | → | [2] SB1常开触点SB1-1闭合。 | → | [4] 时间继电器KT的线圈得电。 | → | [5] KT常开触点KT-1延时闭合。 |

[3] SB1常闭触点SB1-2断开,防止交流接触器KM1的线圈得电。

[6] 交流接触器KM2的线圈得电。

[7] KM2常开触点KM2-2闭合自锁。

[11] 当电动机转速减小到一定值时,速度继电器KS动作断开,M2失电,其触点全部复位,电动机制动停机。

[8] KM2常闭触点KM2-3断开,防止交流接触器KM1的线圈得电。

[9] KM2常开主触点KM2-1闭合,电源为三相交流电动机供电。

[10] 电动机开始反向运转。

2. 直流电动机能耗制动控制电路的识读

直流电动机的能耗制动控制电路是指维持直流电动机的励磁不变，把正在接通电源并具有较高转速的直流电动机电枢绕组从电源上断开，使直流电动机变为发电机，并与外加电阻器连接而成为闭合回路，利用此电路中产生的电流及制动转矩使直流电动机快速停车的电路。识读过程可参看下面的图解演示。

【直流电动机能耗制动控制电路图中起动过程的识读】

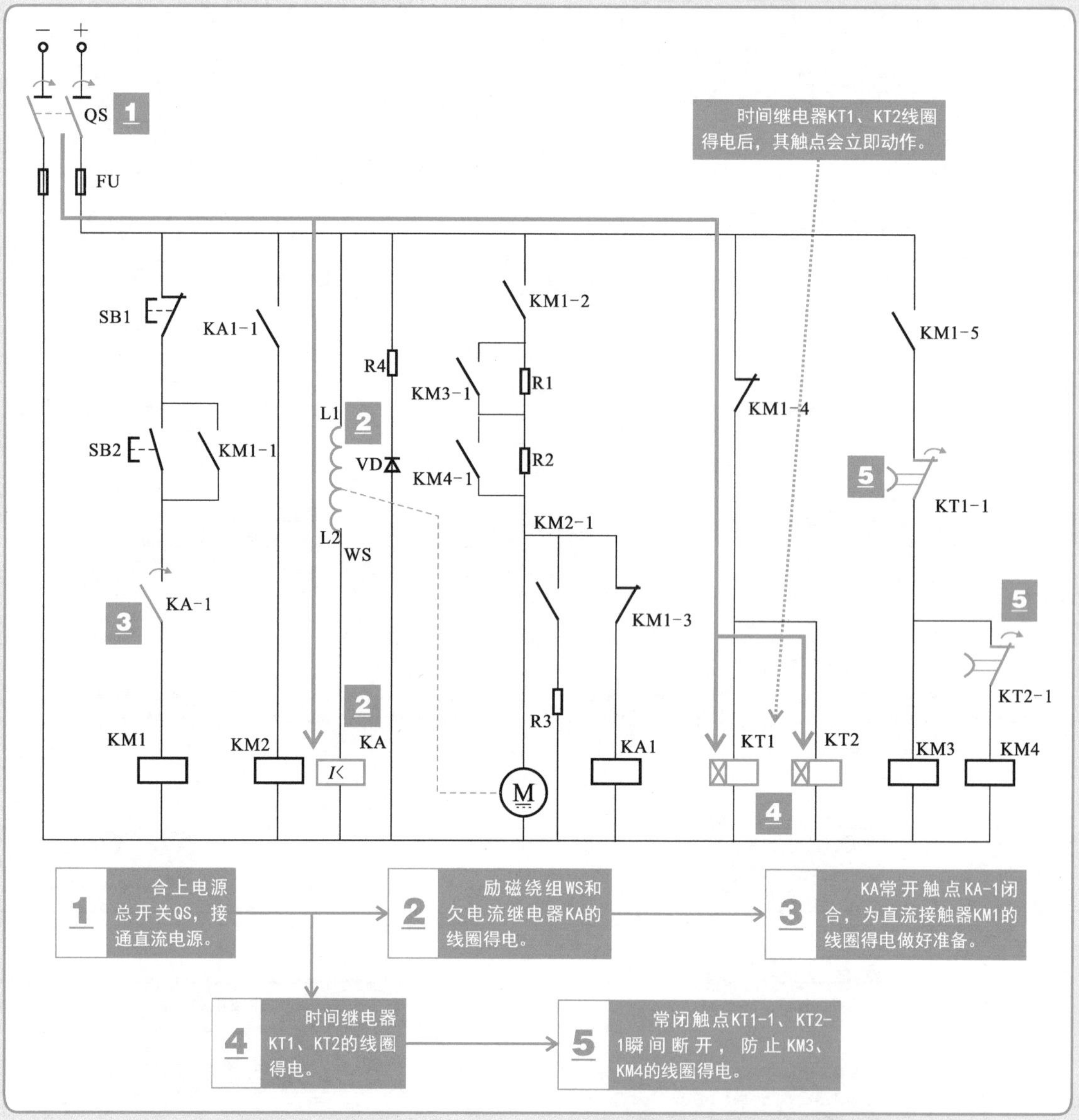

1 合上电源总开关QS，接通直流电源。 → 2 励磁绕组WS和欠电流继电器KA的线圈得电。 → 3 KA常开触点KA-1闭合，为直流接触器KM1的线圈得电做好准备。

4 时间继电器KT1、KT2的线圈得电。 → 5 常闭触点KT1-1、KT2-1瞬间断开，防止KM3、KM4的线圈得电。

特别提醒

对直流电动机能耗制动控制电路进行识读时，应从线路图中各主要部件的功能特点和连接关系入手，对整个控制电路的工作流程进行细致的解析，搞清控制电路的工作过程和控制细节，完成直流电动机能耗制动控制电路的识读过程。

【直流电动机能耗制动控制电路图中起动过程的识读】

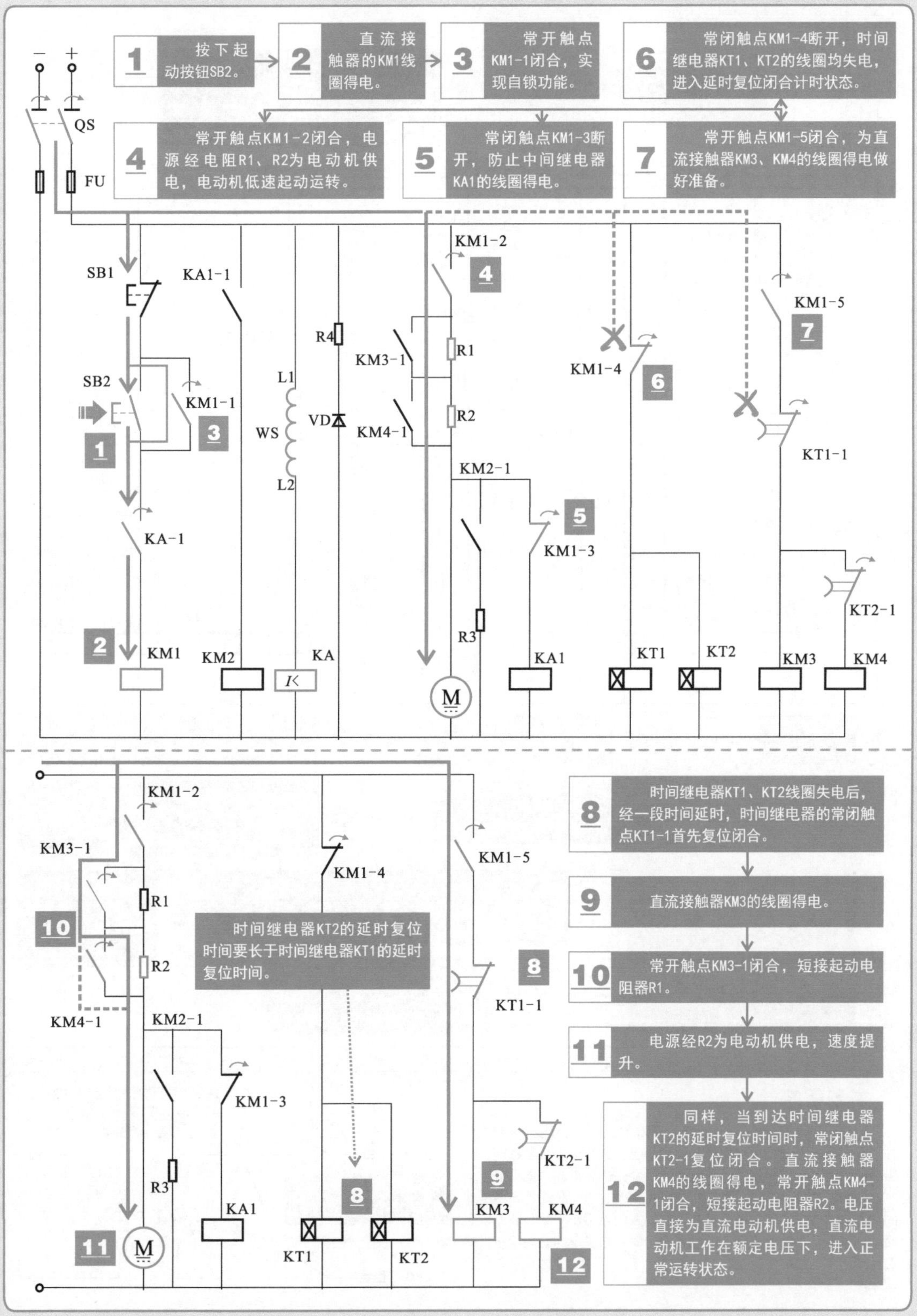
1 按下起动按钮SB2。
2 直流接触器的KM1线圈得电。
3 常开触点KM1-1闭合，实现自锁功能。
6 常闭触点KM1-4断开，时间继电器KT1、KT2的线圈均失电，进入延时复位闭合计时状态。
4 常开触点KM1-2闭合，电源经电阻R1、R2为电动机供电，电动机低速起动运转。
5 常闭触点KM1-3断开，防止中间继电器KA1的线圈得电。
7 常开触点KM1-5闭合，为直流接触器KM3、KM4的线圈得电做好准备。
− +
QS
FU
SB1
KA1-1
KM1-2
KM1-5
R4
KM3-1
R1
KM1-4
SB2
L1
KM1-1
WS
VD
KM4-1
R2
KT1-1
L2
KM2-1
KA-1
KM1-3
KT2-1
R3
KM1
KM2
KA
KA1
KT1
KT2
KM3
KM4
M
8 时间继电器KT1、KT2线圈失电后，经一段时间延时，时间继电器的常闭触点KT1-1首先复位闭合。
9 直流接触器KM3的线圈得电。
10 常开触点KM3-1闭合，短接起动电阻器R1。
11 电源经R2为电动机供电，速度提升。
12 同样，当到达时间继电器KT2的延时复位时间时，常闭触点KT2-1复位闭合。直流接触器KM4的线圈得电，常开触点KM4-1闭合，短接起动电阻器R2。电压直接为直流电动机供电，直流电动机工作在额定电压下，进入正常运转状态。
时间继电器KT2的延时复位时间要长于时间继电器KT1的延时复位时间。

【直流电动机能耗制动控制电路图中能耗制动过程的识读】

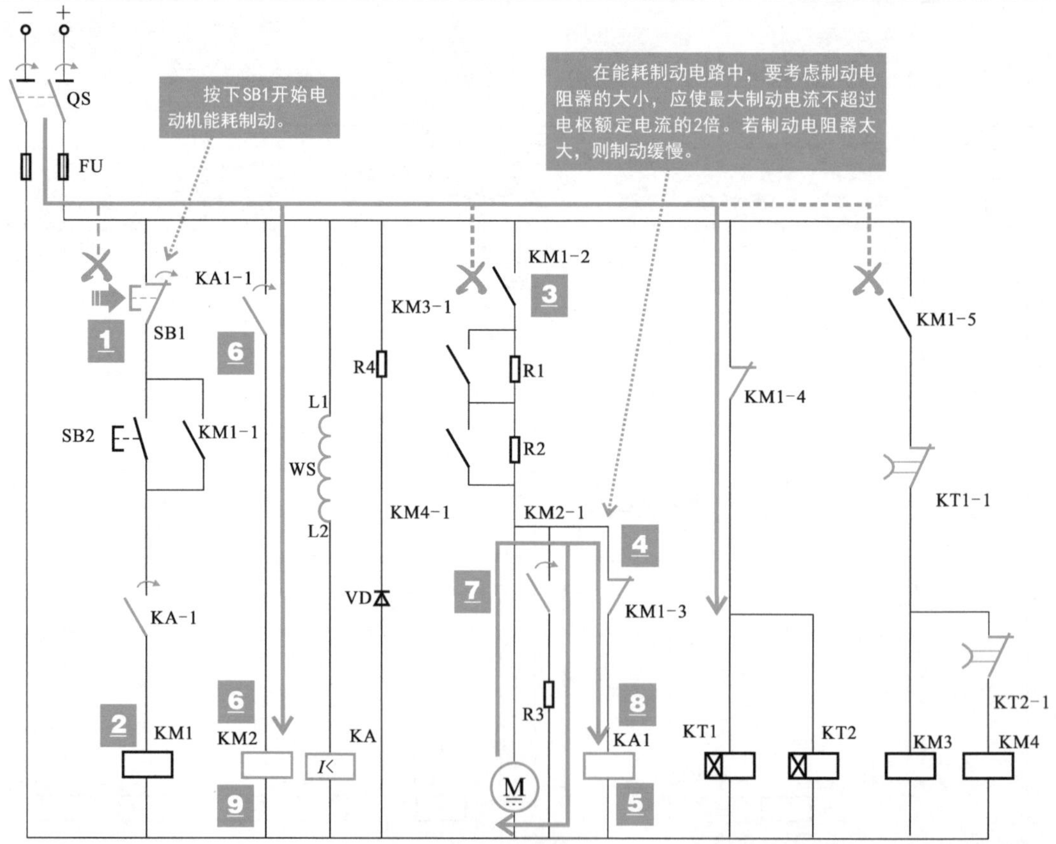

在能耗制动电路中,要考虑制动电阻器的大小,应使最大制动电流不超过电枢额定电流的2倍。若制动电阻器太大,则制动缓慢。

按下SB1开始电动机能耗制动。

| 1 | 按下停止按钮SB1。 | → | 2 | 直流接触器KM1的线圈失电,其触点全部复位。 | → | 3 | 常开触点KM1-2复位断开,切断直流电动机供电电源,直流电动机做惯性运转。 |

| 4 | 常闭触点KM1-3复位闭合,为中间继电器KA1的线圈得电做好准备。 | → | 5 | 由于惯性运转的电枢切割磁力线,在电枢绕组中产生感应电动势,使并联在电枢两端的中间继电器KA1的线圈得电。 |

| 8 | 当直流电动机转速降低到一定程度时,电枢绕组的感应反电动势也降低,中间继电器KA1的线圈失电。常开触点KA1-1复位断开,直流接触器KM2的线圈失电。 | ← | 7 | 常开触点KM2-1闭合,接通制动电阻器R3回路,这时电枢的感应电流方向与原来的方向相反,电枢产生制动转矩,使直流电动机迅速停止转动。 | ← | 6 | 常开触点KA1-1闭合,直流接触器KM2的线圈得电。 |

| | | → | 9 | 常开触点KM2-1复位断开,切断制动电阻器R3回路,停止能耗制动,整个系统停止工作。 |

特别提醒

直流电动机的能耗制动过程,是将电动机的动能转化为电能并以热能形式消耗在电枢电路的电阻器上。直流电动机制动时,励磁绕组L1、L2两端电压极性不变,因而励磁的大小和方向不变。

此时,由于直流电动机存在惯性,仍会按照直流电动机原来的方向继续旋转,所以电枢反电动势的方向也不变,并且成为电枢回路的电源,这就使得制动电流的方向同原来供电的方向相反,电磁转矩的方向也随之改变,成为制动转矩,从而促使直流电动机迅速减速以至停止。

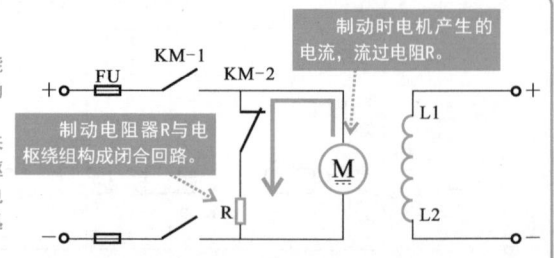

制动时电机产生的电流,流过电阻R。

制动电阻器R与电枢绕组构成闭合回路。

第6章 工业机床控制电路的识读

6.1 车床控制电路图的识读方法

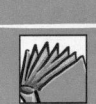

6.1.1 车床控制电路图的结构

车床主要用于车削精密零件,加工公制、英制、模数、径节螺纹等,而车床控制电路则是用于控制车床设备完成相应的工作。识读该类电路图,首先要识别电路图中主要部件的符号标识,根据标识了解电路图的结构以及功能特点。

【典型车床控制电路图】

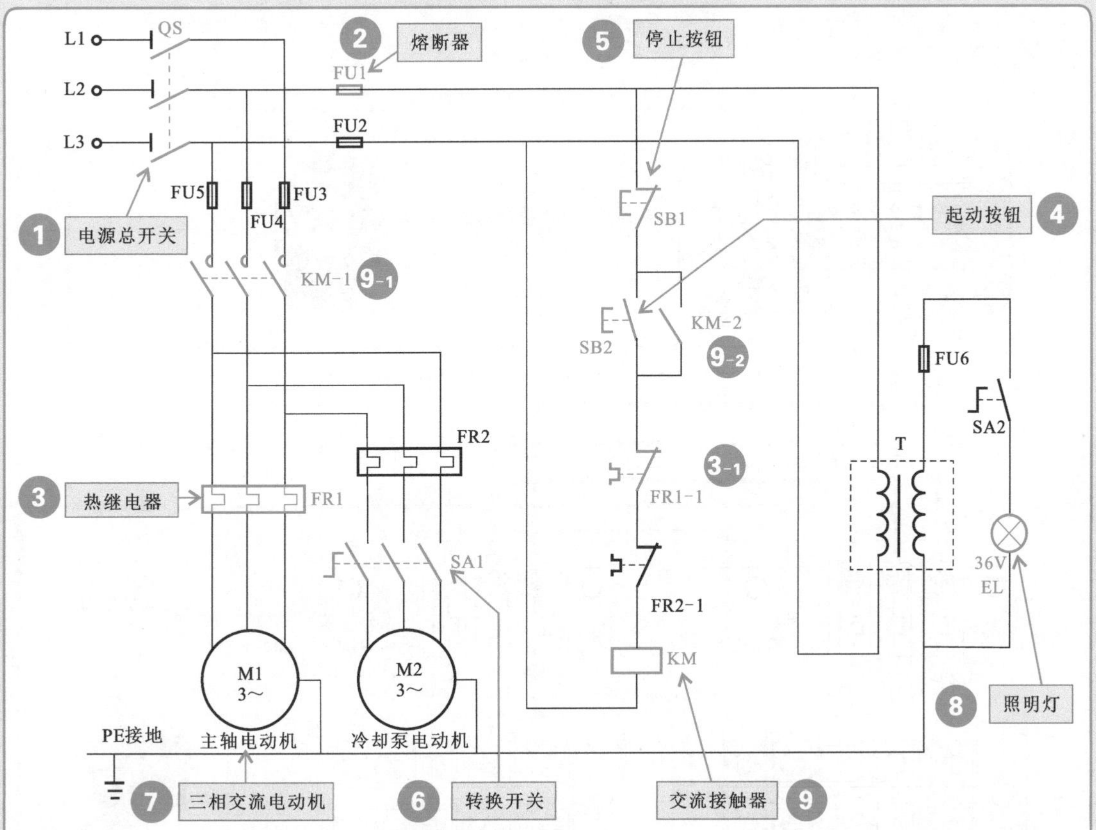

1	用于接通三相电源。
2	用于过载、短路保护。
3	用于电动机的过热保护。
4	用于电动机M1的起动控制。
5	用于电动机M1的停机控制。
6	用于电动机M2的起停控制。
7	用于为机械设备提供动力。
8	用于为车床设备提供照明。
9	交流接触器线圈,用于控制常开、常闭触点动作。
9-1	交流接触器常开主触点,线圈得电,该触点闭合,接通三相电源,起动电动机工作。
9-2	交流接触器常开辅助触点,线圈得电,该触点闭合,锁定起动按钮,使电动机连续运转。

119

典型车床控制电路主要部件及实物连接图

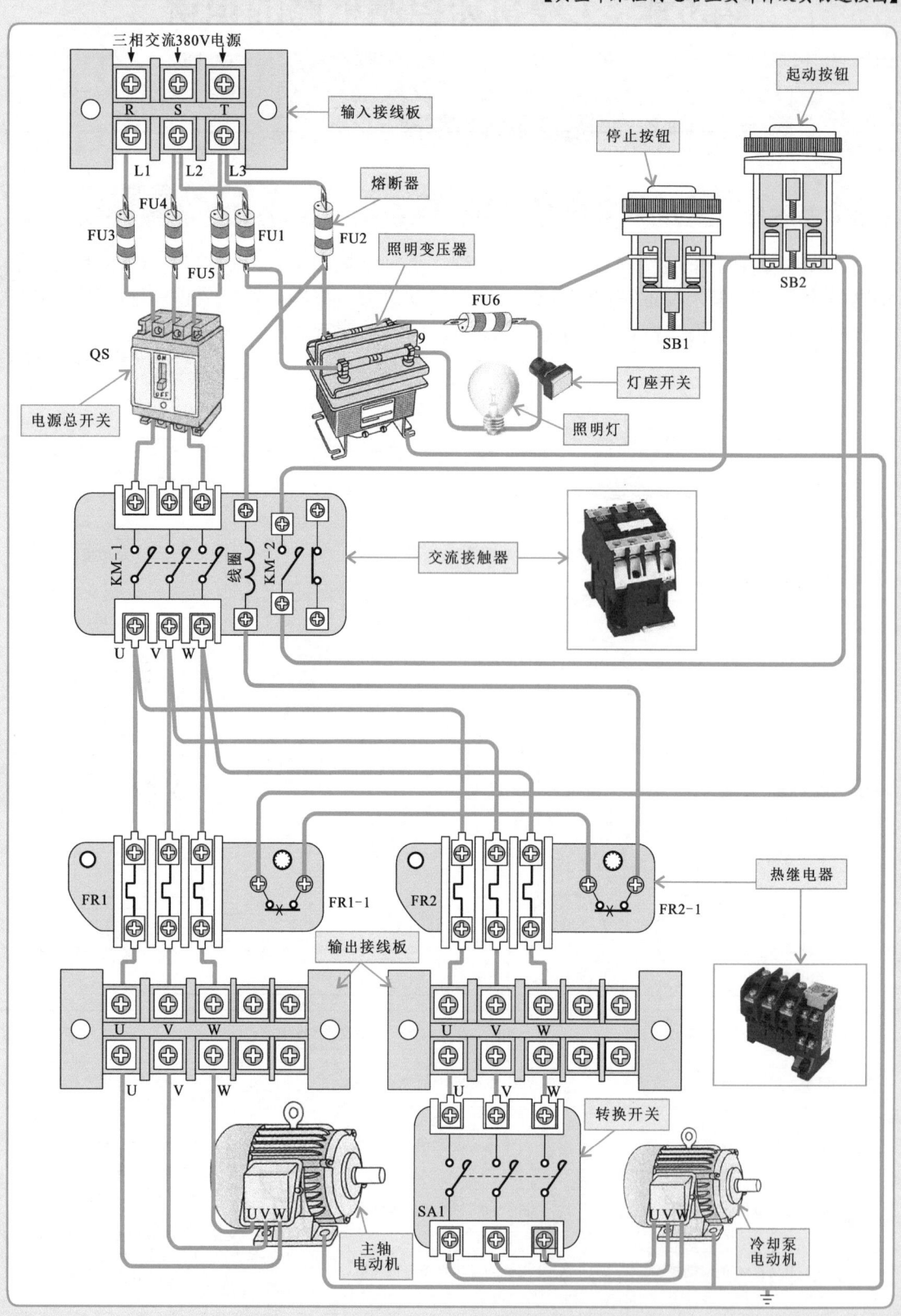

6.1.2 车床控制电路图的识读

对车床控制电路进行识读时，应从电路图中各主要部件的功能特点和连接关系入手，对整个车床控制电路的工作流程进行细致的解析，搞清车床控制电路的工作过程和控制细节，完成车床控制电路的识读。

1. 典型车床控制电路识读

典型车床共配置了2台电动机，依靠起动按钮、停止按钮以及交流接触器等进行控制，再由电动机带动电气设备中的机械部件运作，从而实现对电气设备的控制。

【典型车床控制电路的识读】

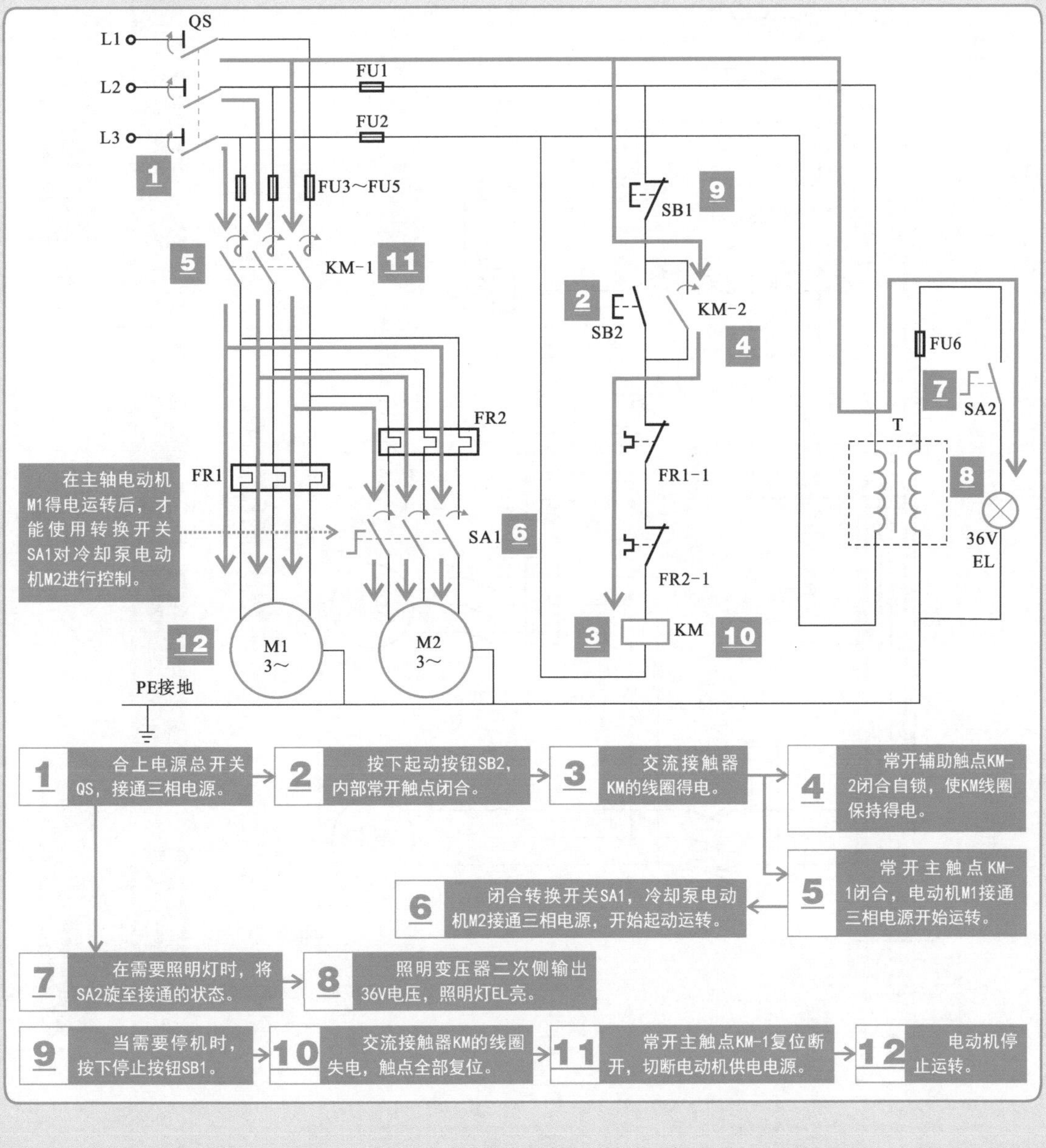

1 合上电源总开关QS，接通三相电源。

2 按下起动按钮SB2，内部常开触点闭合。

3 交流接触器KM的线圈得电。

4 常开辅助触点KM-2闭合自锁，使KM线圈保持得电。

5 常开主触点KM-1闭合，电动机M1接通三相电源开始运转。

6 闭合转换开关SA1，冷却泵电动机M2接通三相电源，开始起动运转。

7 在需要照明灯时，将SA2旋至接通的状态。

8 照明变压器二次侧输出36V电压，照明灯EL亮。

9 当需要停机时，按下停止按钮SB1。

10 交流接触器KM的线圈失电，触点全部复位。

11 常开主触点KM-1复位断开，切断电动机供电电源。

12 电动机停止运转。

2. CM6132型车床控制电路识读

CM6132型车床共配置了3台电动机，分别通过交流接触器、中间继电器和时间继电器等进行控制。

【液压泵电动机M3工作的识读】

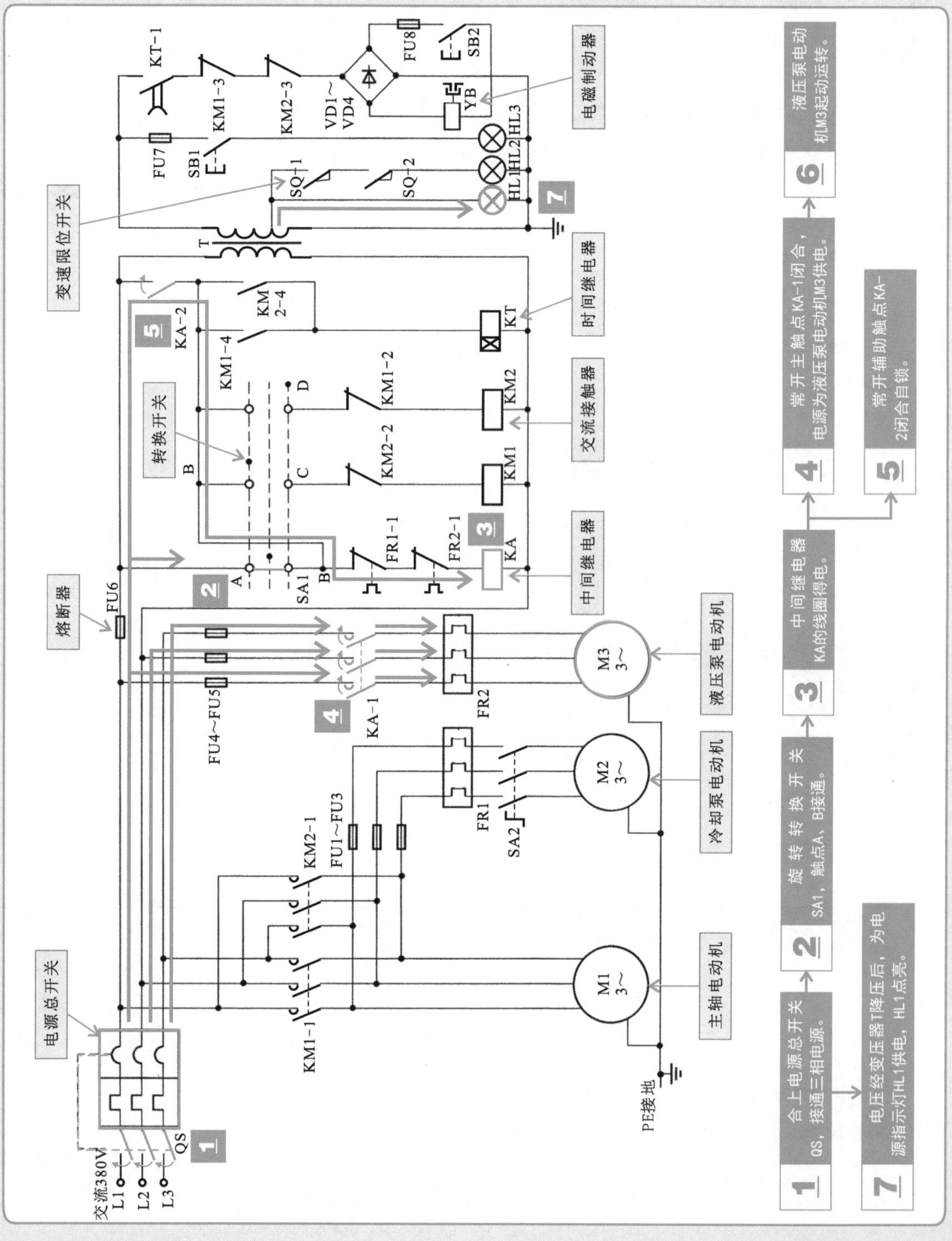

第6章 工业机床控制电路的识读

【主轴电动机M1正向运转和冷却泵电动机M2工作的识读】

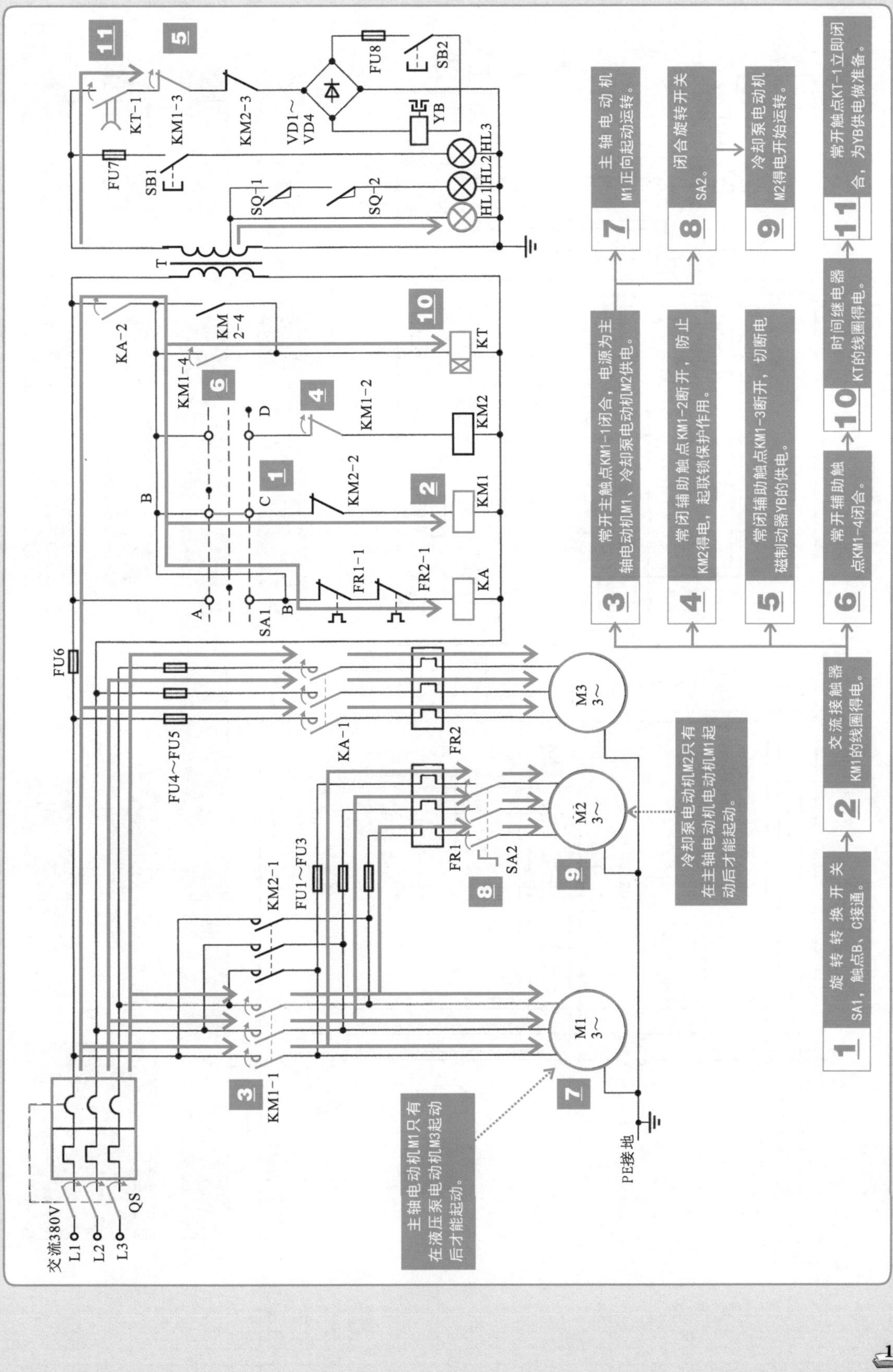

主轴电动机M1反向运转及变速控制的识读

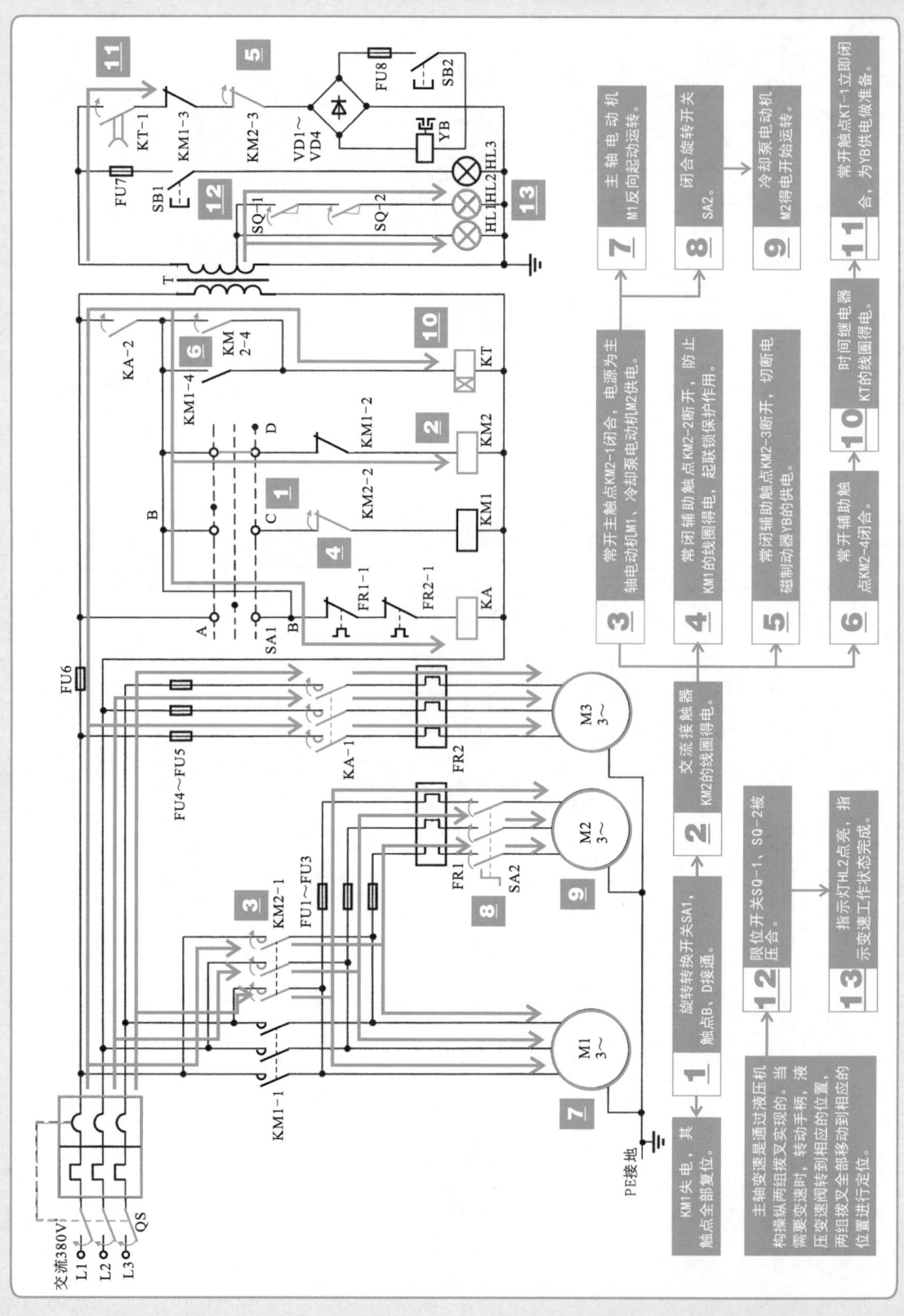

第6章 工业机床控制电路的识读

【主轴电动机M1制动停机的识读】

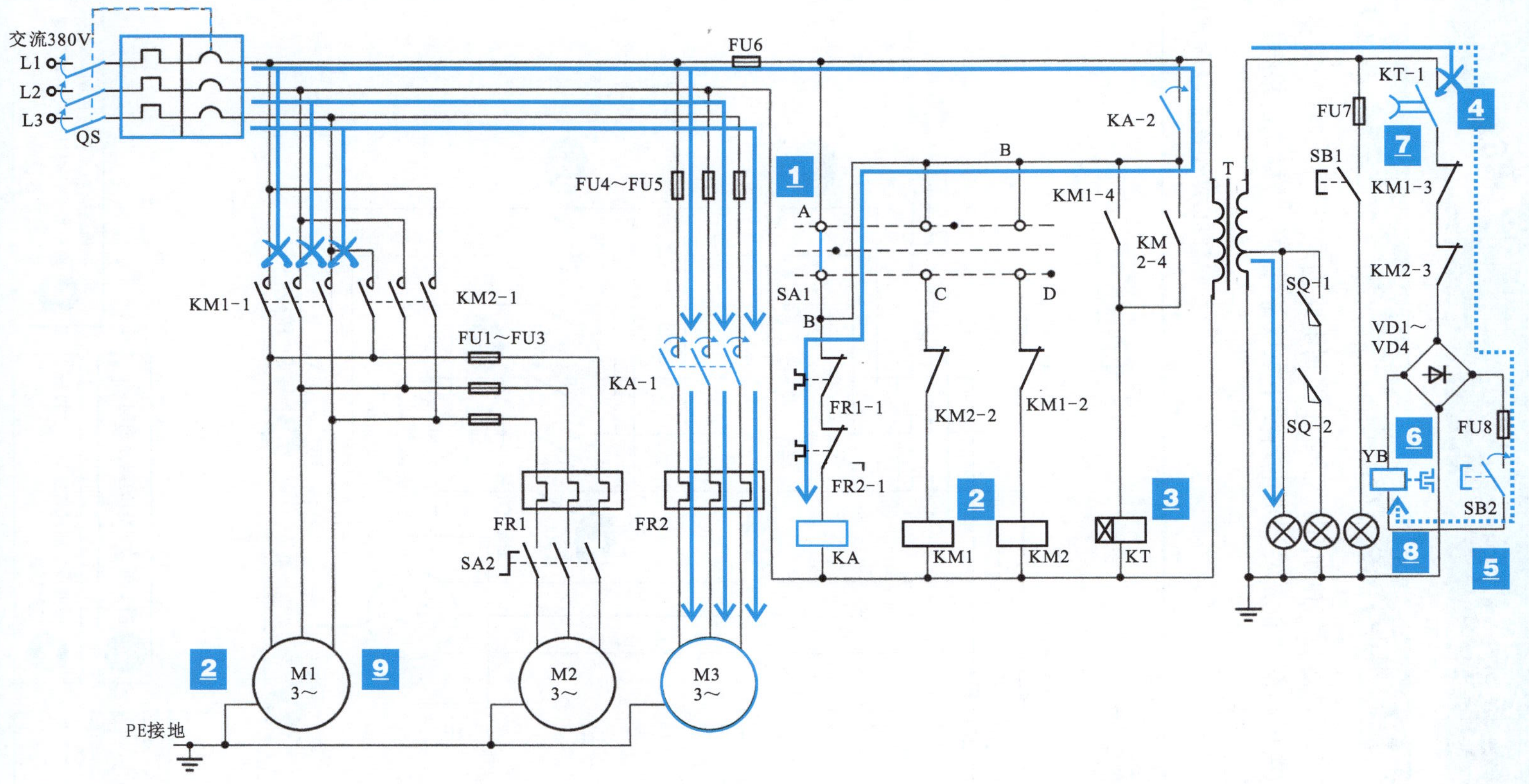

6.2 铣床控制电路图的识读方法

6.2.1 铣床控制电路图的结构

铣床主要用于对加工工件进行铣削加工,而铣床控制电路则是用于控制铣床设备完成相应的工作。识读该类电路图,首先要识别电路图中主要部件的符号标识,根据标识了解电路图的结构以及功能特点。

【X8120W型铣床控制电路图】

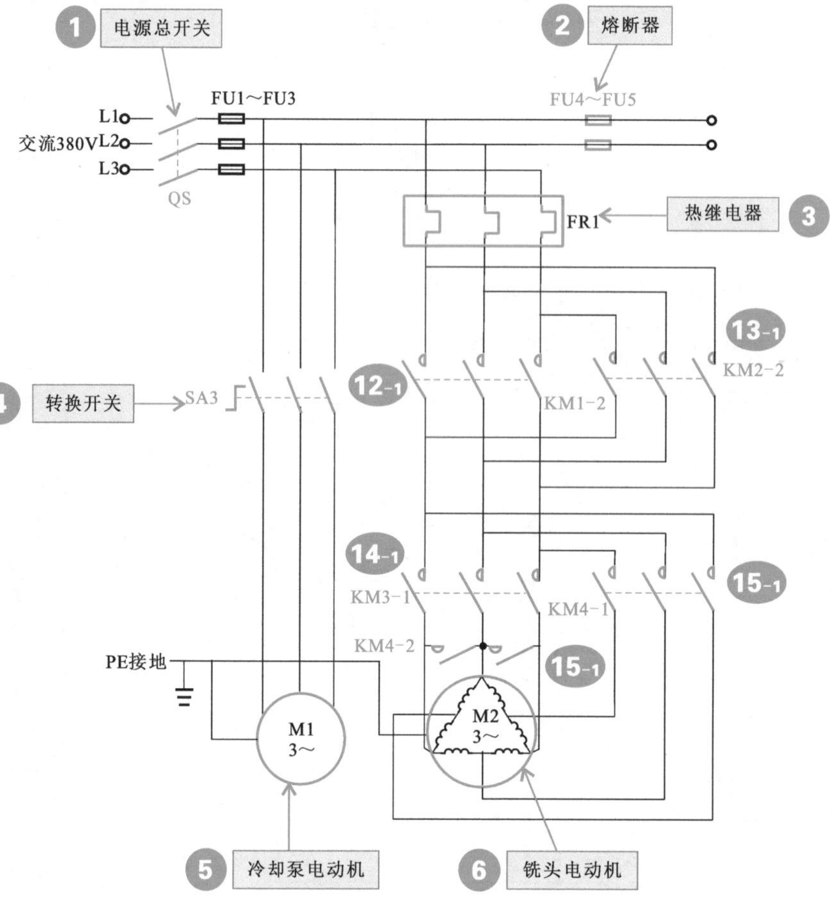

1. 用于接通三相电源。
2. 用于过载、短路保护。
3. 用于电动机的过热保护。
4. 用于电动机M1的起停控制。
5. 根据需要通过转换开关直接进行控制。
6. 采用调速和正反转控制,可根据加工工件对其运转方向及旋转速度进行设置。

第6章 工业机床控制电路的识读

【X8120W型铣床控制电路图（续）】

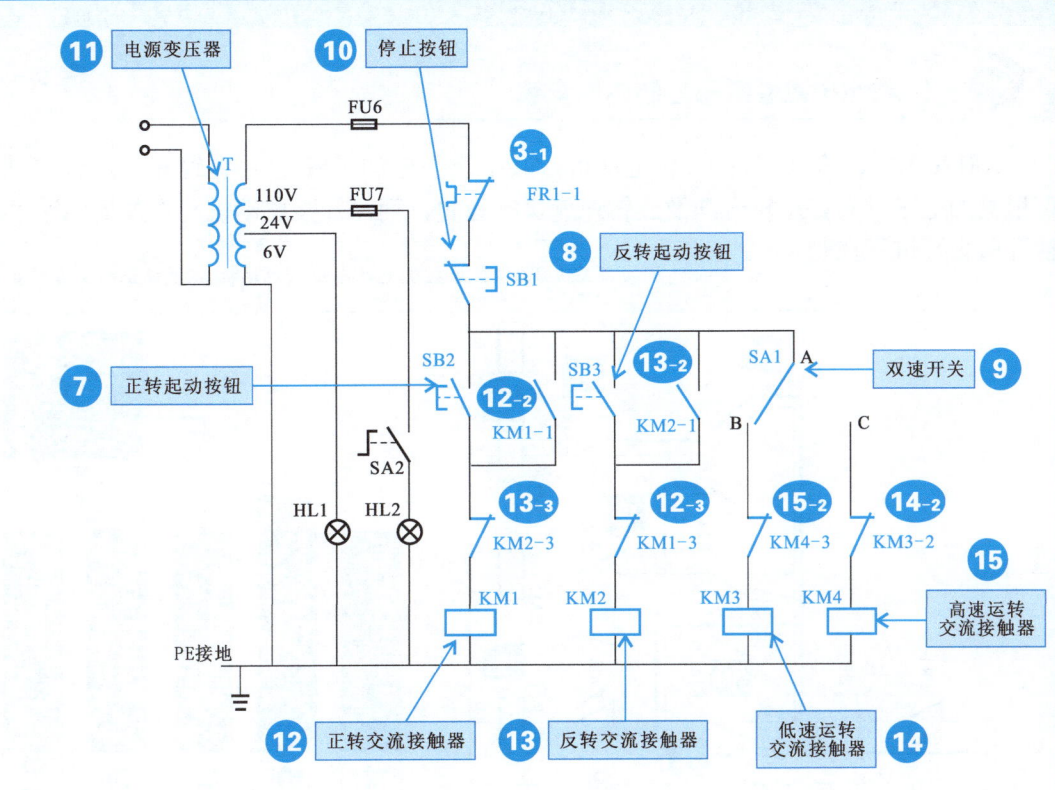

7	用于电动机M2正转起动控制。
8	用于电动机M2反转起动控制。
9	用于电动机M2的调速控制。
10	用于电动机M2的停机控制。
11	用于输出控制电路部分所需的交流电压。

12	正转交流接触器线圈，用于控制常开、常闭触点动作。
12-1	正转交流接触器常开主触点，线圈得电，该触点闭合，为电动机正向起动做好准备。
12-2	正转交流接触器常开辅助触点，线圈得电，该触点闭合，自锁正转交流接触器，使电动机正向连续运转。
12-3	正转交流接触器常闭辅助触点，线圈得电，该触点断开，防止KM2得电。
14	低速运转交流接触器线圈，用于控制常开、常闭触点动作。
14-1	低速运转交流接触器常开主触点，线圈得电，该触点闭合，电动机低速起动运转。
14-2	低速运转交流接触器常闭辅助触点，线圈得电，该触点断开，防止KM4得电。

13	反转交流接触器线圈，用于控制常开、常闭触点动作。
13-1	反转交流接触器常开主触点，线圈得电，该触点闭合，为电动机反向起动做好准备。
13-2	反转交流接触器常开辅助触点，线圈得电，该触点闭合，自锁反转交流接触器，使电动机反向连续运转。
13-3	反转交流接触器常闭辅助触点，线圈得电，该触点断开，防止KM1得电。
15	高速运转交流接触器线圈，用于控制常开、常闭触点动作。
15-1	高速运转交流接触器常开主触点，线圈得电，该触点闭合，电动机高速起动运转。
15-2	高速运转交流接触器常闭辅助触点，线圈得电，该触点断开，防止KM3得电。

6.2.2 铣床控制电路图的识读

1. X8120W型铣床控制电路识读

X8120W型铣床共配置了2台电动机，其中铣头电动机M2采用调速和正反转控制，可根据加工工件对其运转方向及旋转速度进行设置，而冷却泵电动机则根据需要通过转换开关直接进行控制。

【X8120W型铣床控制电路图铣头电动机M2低速正转工作的识读】

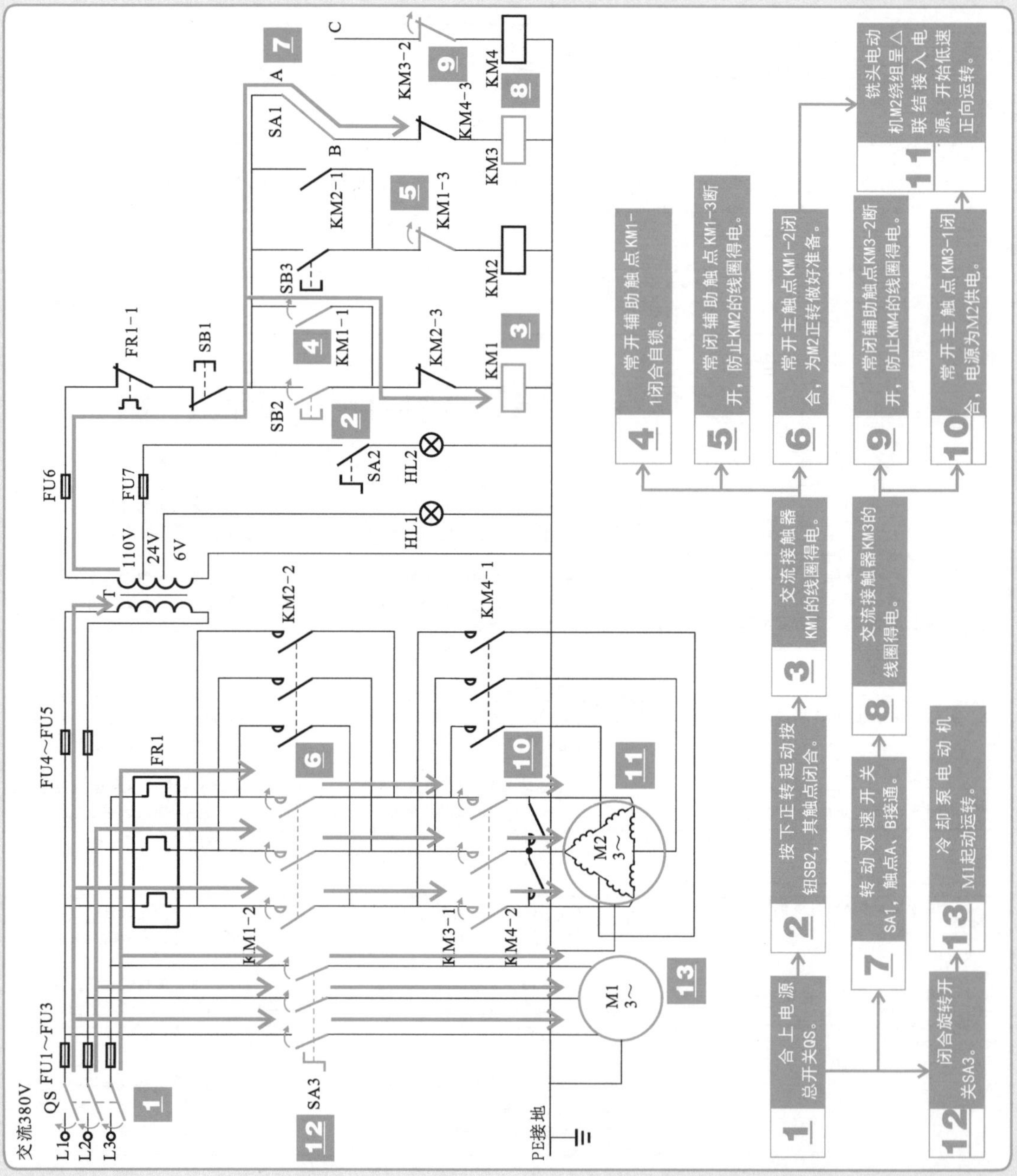

【X8120W型铣床控制电路图铣头电动机M2高速正转工作的识读】

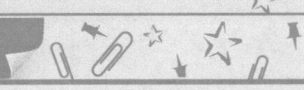

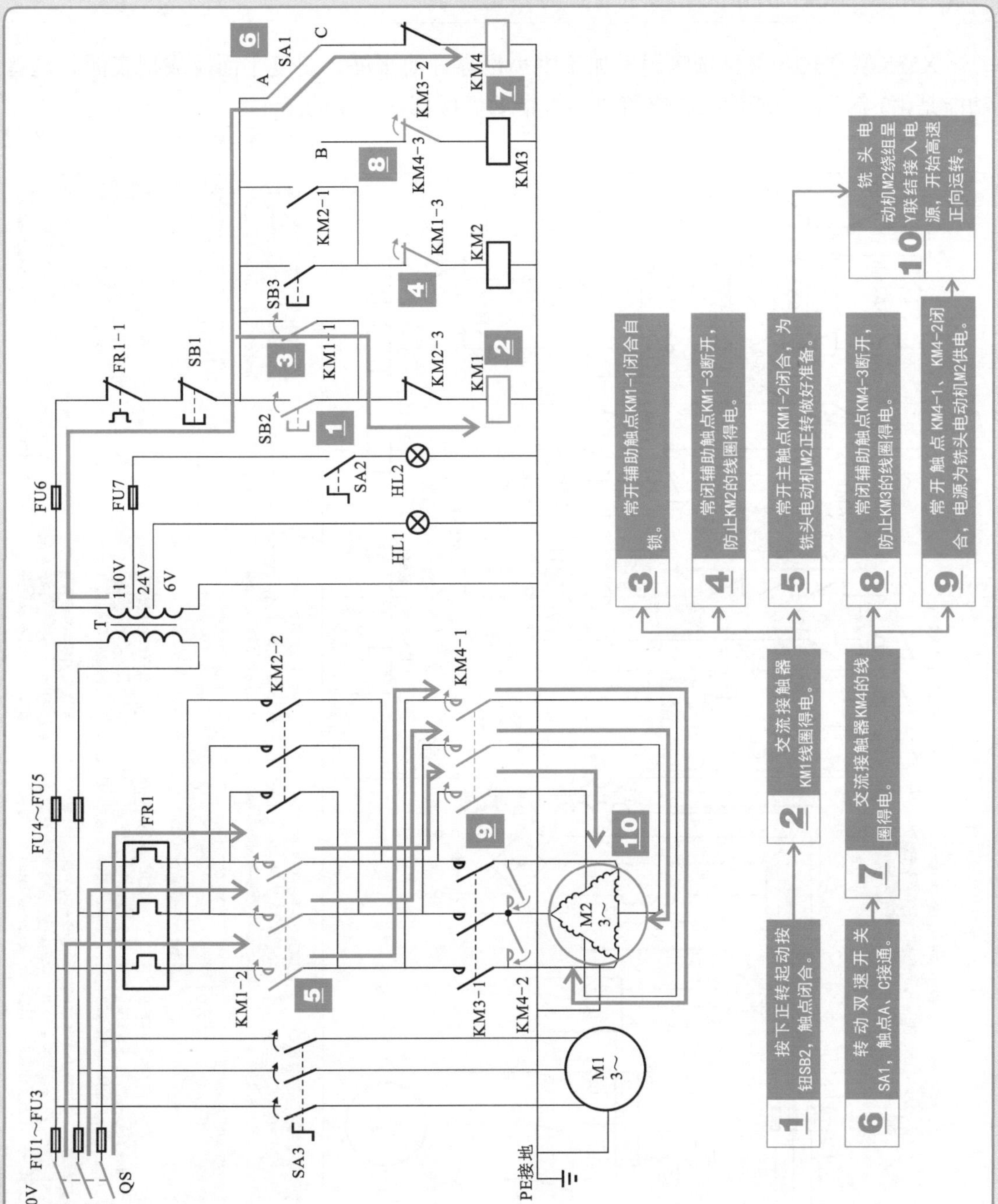

特别提醒

铣头电动机M2的低速反转运转和高速反转运转过程与低速正转和高速正转过程相似，当铣头电动机需要反转加工工件时，按下反转起动按钮SB3，控制接触器KM2线圈得电。

当铣削加工完成后，按下停止按钮SB1，无论电动机处于任何方向或速度运转，接触器线圈均失电，铣头电动机M2停止运转。

2. X52K型立式升降台铣床控制电路识读

X52K型立式升降台铣床用于加工中小型零件的平面、斜度平面及成型表面。这些功能是由3个不同功能的三相交流电动机带动机械部件实现的。

【主轴电动机M1工作的识读】

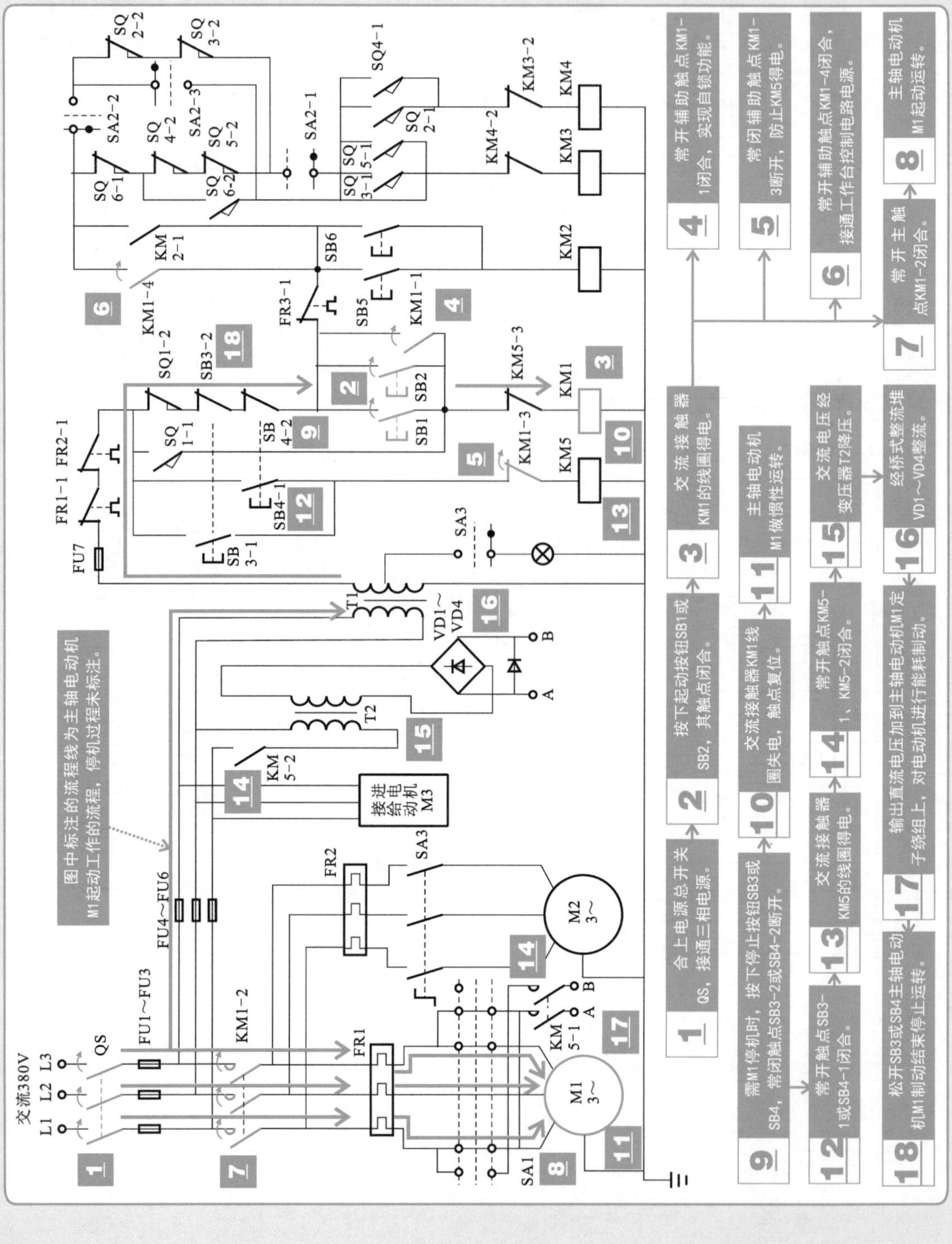

【主轴变速冲动控制的识读】

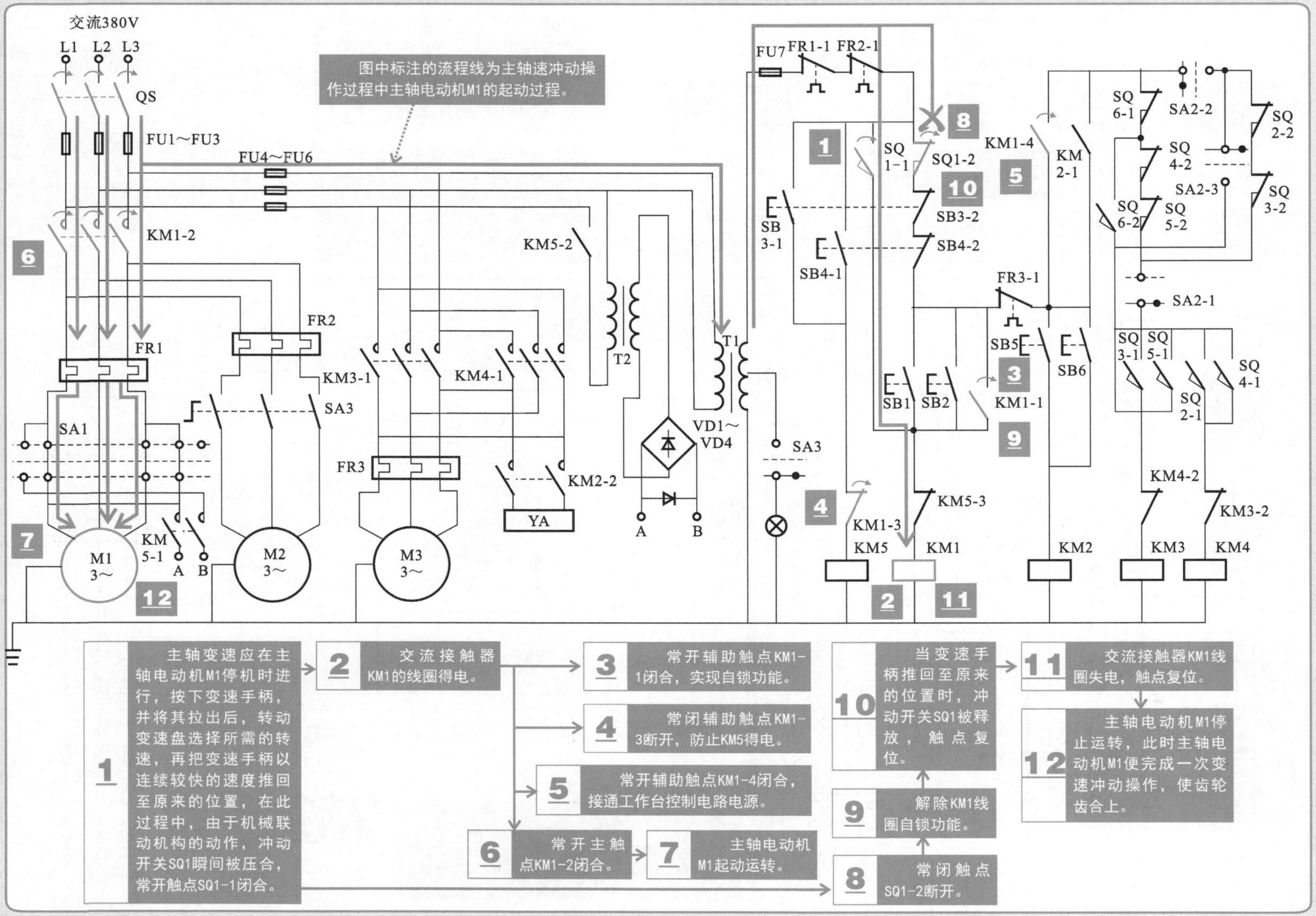
交流380V
L1 L2 L3
QS
FU1～FU3
KM1-2
FU4～FU6
图中标注的流程线为主轴速冲动操作过程中主轴电动机M1的起动过程。
FR1
SA1
M1 3～
KM 5-1
A B
FR2
KM3-1
SA3
M2 3～
KM4-1
FR3
M3 3～
KM2-2
YA
KM5-2
T2
T1
VD1～VD4
FU7 FR1-1 FR2-1
SQ 1-1
SQ1-2
SB 3-1
SB3-2
SB4-1
SB4-2
SB1 SB2
SB5 SB6
FR3-1
KM1-1
KM1-3
KM5-3
KM1-4
KM 2-1
KM5 KM1 KM2 KM3 KM4
SQ 6-1
SQ 6-2
SA2-2
SQ 4-2
SA2-3
SQ 5-2
SQ 2-2
SQ 3-2
SA2-1
SQ 3-1
SQ 5-1
SQ 2-1
SQ 4-1
KM4-2
KM3-2
1 主轴变速应在主轴电动机M1停机时进行，按下变速手柄，并将其拉出后，转动变速盘选择所需的转速，再把变速手柄以连续较快的速度推回至原来的位置，在此过程中，由于机械联动机构的动作，冲动开关SQ1瞬间被压合，常开触点SQ1-1闭合。
2 交流接触器KM1的线圈得电。
3 常开辅助触点KM1-1闭合，实现自锁功能。
4 常闭辅助触点KM1-3断开，防止KM5得电。
5 常开辅助触点KM1-4闭合，接通工作台控制电路电源。
6 常开主触点KM1-2闭合。
7 主轴电动机M1起动运转。
8 常闭触点SQ1-2断开。
9 解除KM1线圈自锁功能。
10 当变速手柄推回至原来的位置时，冲动开关SQ1被释放，触点复位。
11 交流接触器KM1线圈失电，触点复位。
12 主轴电动机M1停止运转，此时主轴电动机M1便完成一次变速冲动操作，使齿轮齿合上。

【进给电动机M3工作（工作台向左和向右进给运动）的识读】

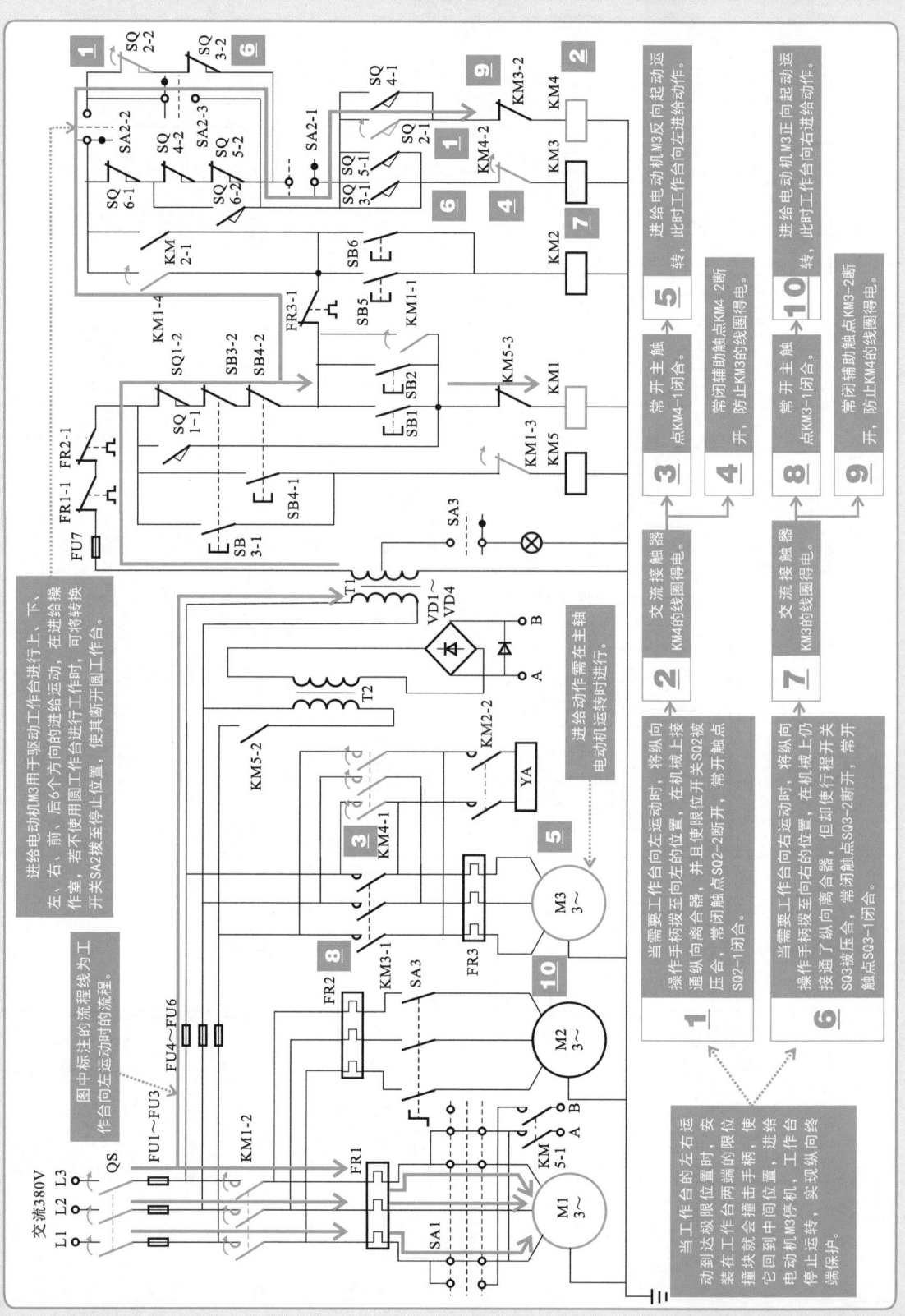

【进给电动机M3工作（工作台快速移动过程）的识读】

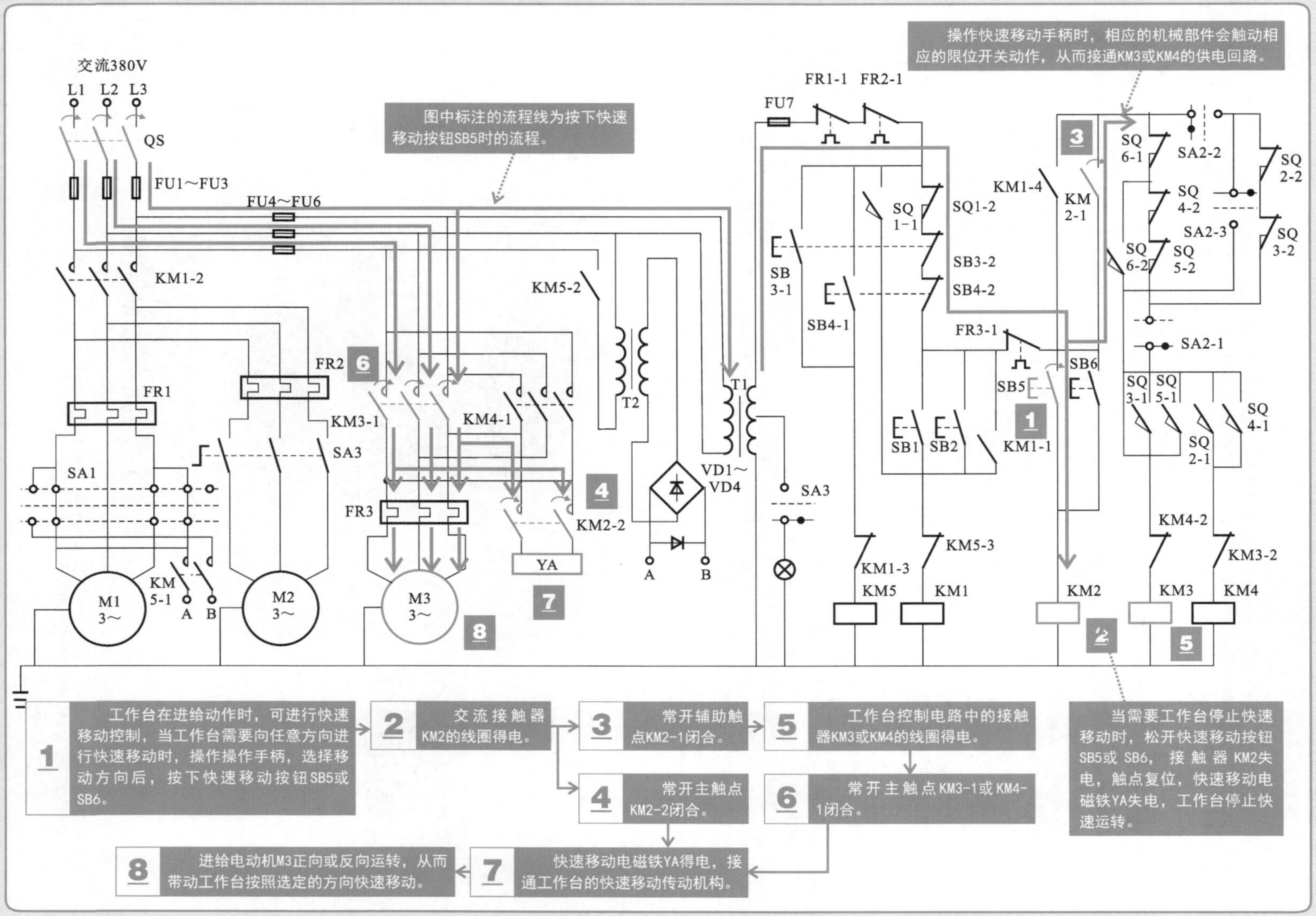
交流380V
L1 L2 L3
QS
FU1～FU3
FU4～FU6
KM1-2
FR1
FR2
FR3
SA1
SA3
KM3-1
KM4-1
KM5-2
KM2-2
YA
T1
T2
VD1～VD4
A
B
KM 5-1
M1 3～
M2 3～
M3 3～
FU7
FR1-1 FR2-1
SQ1-2
SQ 1-1
SB 3-1
SB3-2
SB4-2
SB4-1
FR3-1
SB1 SB2
SB5
SB6
KM1-1
KM1-3
KM5-3
KM5
KM1
KM1-4
KM 2-1
KM2
SQ 6-1
SQ 6-2
SA2-2
SQ 4-2
SQ 5-2
SA2-3
SQ 2-2
SQ 3-2
SA2-1
SQ 3-1
SQ 5-1
SQ 2-1
SQ 4-1
KM4-2
KM3-2
KM3
KM4
图中标注的流程线为按下快速移动按钮SB5时的流程。
操作快速移动手柄时，相应的机械部件会触动相应的限位开关动作，从而接通KM3或KM4的供电回路。
当需要工作台停止快速移动时，松开快速移动按钮SB5或 SB6，接触器 KM2失电，触点复位，快速移动电磁铁YA失电，工作台停止快速运转。
1 工作台在进给动作时，可进行快速移动控制，当工作台需要向任意方向进行快速移动时，操作操作手柄，选择移动方向后，按下快速移动按钮SB5或SB6。
2 交流接触器KM2的线圈得电。
3 常开辅助触点KM2-1闭合。
4 常开主触点KM2-2闭合。
5 工作台控制电路中的接触器KM3或KM4的线圈得电。
6 常开主触点KM3-1或KM4-1闭合。
7 快速移动电磁铁YA得电，接通工作台的快速移动传动机构。
8 进给电动机M3正向或反向运转，从而带动工作台按照选定的方向快速移动。

特别提醒

进给电动机M3工作的识读：

◆ 工作台向上（后）和向下（前）进给运动控制

工作台的向上（后）和向下（前）进给运动是通过十字操作手柄进行控制的，当需要工作台向上（后）运动时，将十字操作手柄拨至向上（后）位置，联动机构接通垂直离合器，限位开关SQ4被压合，常闭触点SQ4-2断开，常开触点SQ4-1闭合，交流接触器KM4线圈得电，常开触点KM4-1闭合，进给电动机M3反向起动运转，此时工作台向上（后）进给动作，常闭触点KM4-2断开，防止交流接触器KM3的线圈得电，起联锁保护作用。

当需要工作台向下（前）运动时，将纵向操作手柄拨至向下（前）的位置，在机械上仍接通了垂直离合器，但却使限位开关SQ5被压合，常闭触点SQ5-2断开，常开触点SQ5-1闭合，交流接触器KM3线圈得电，常开触点KM3-1闭合，进给电动机M3正向起动运转，此时工作台向下（前）进给动作，常闭触点KM3-2断开，防止接触器KM4线圈得电，起联锁保护作用。

当工作台的上、下、前、后运动到达极限位置时，安装在工作台4个方向的限位撞块就会撞击手柄，使它回到中间位置，进给电动机M3停机，工作台停止运转，实现终端保护。

◆ 工作台变速的冲动控制

当需要工作台变速时，应将主轴电动机M1起动运转，按下变速手柄，并将其拉出后，转动变速盘选择所需的进给转速，拉到极限位置后再把变速手柄以连续较快的速度推回到原来的位置，在此过程中，由于机械联动机构的动作，冲动开关SQ6瞬间被压合，常开触点SQ6-2闭合，交流接触器KM3线圈得电，触点动作，进给电动机M3起动运转，同时常闭触点SQ6-1断开，交流接触器KM3线圈失电，触点复位，进给电动机M3停止运转，此时进给电动机M3便完成一次变速冲动操作，使齿轮齿合上。

◆ 圆工作台进给运动的控制

圆工作台安装于水平工作台上，也是通过进给电动机M3进行驱动控制的。同样通过转换开关SA2实现对圆工作台和水平工作台的联锁控制。

起动圆工作台进行工作时，先将转换开关SA2拨至接通位置，使其圆工作台可以起动工作。再将两个操作手柄拨至中间位置，使限位开关SQ2～SQ5不受压，并将工作台变速冲动开关SQ6至于正常工作位置后，按下起动按钮SB1或SB2，接触器KM1线圈得电，常开触点KM1-1闭合，实现自锁功能；KM1-4闭合，控制电路电源接通；常闭触点KM1-3断开，切断接触器KM5的供电；常开触点KM1-2闭合，主轴电动机M1正向起动运转。

当接通控制电路电源后，交流接触器KM3线圈得电，常开触点KM3-1闭合，进给电动机M3正向起动运转，圆工作台在电动机的带动下做定向回转运动，但交流接触器KM4线圈不能得电，因此圆工作台不能做双向回转，只能进行单方向回转运动。

当需要圆工作台停止时，按下停止按钮SB3或SB4后松开，交流接触器KM1和KM5线圈均失电，触点复位，主轴电动机M1和进给电动机M3均停止运转，则主轴和圆工作台同时停止工作。

X52K立式升降台铣床

X52K型立式升降台铣床用于加工中小型零件的平面、斜度平面及成型表面。

X52K型立式升降台铣床工作过程较为复杂，需机械部件触动限位开关与电路系统配合工作，完成工件的加工。

冷却泵电动机M2工作的识读：

冷却泵电动机M2需在主轴电动机M1起动后才能起动运转，主轴电动机M1起动后，可通过转换开关SA3直接进行起停控制，将转换开关SA3拨至起动位置时，冷却泵电动机M2接通三相电源起动运转，当不需要冷却泵电动机起动时，可将转换开关SA3拨至停止位置，断开电源，电动机停止运转。

6.3 磨床控制电路图的识读方法

6.3.1 磨床控制电路图的结构

磨床主要用于对加工工件进行磨削加工，而磨床控制电路则是用于控制磨床设备完成相应的工作。识读该类电路图，首先要识别电路图中主要部件的符号标识，根据标识了解电路图的结构以及功能特点。

【M7130型平面磨床控制电路图】

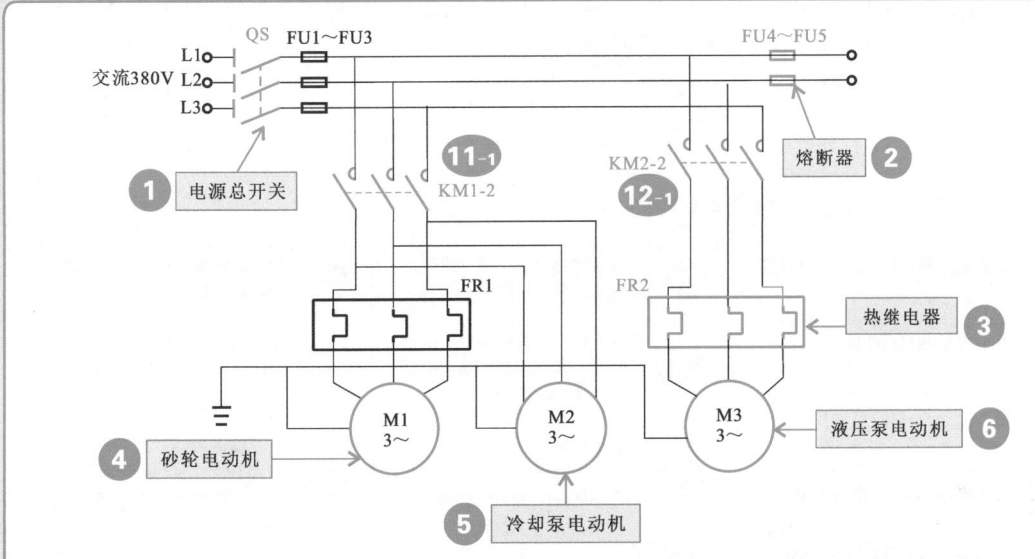

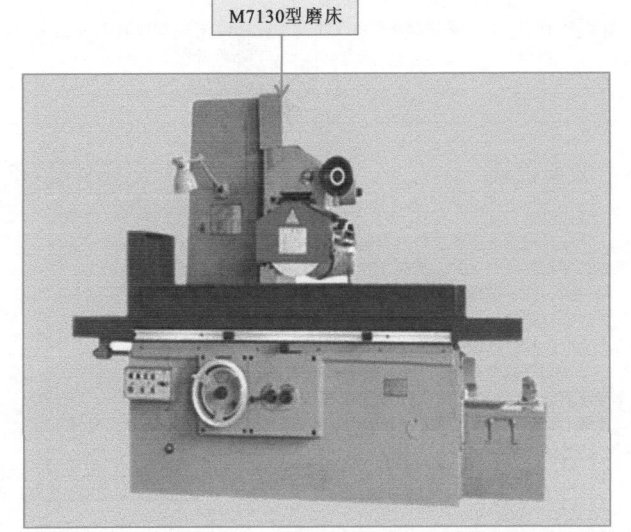

M7130型磨床

1. 用于接通三相电源。

2. 用于过载、短路保护。

3. 用于电动机的过热保护。

4. 与冷却泵电动机同时起动，受交流接触器KM1控制。

5. 与砂轮电动机同时起动，受交流接触器KM1控制。

6. 由交流接触器KM2单独进行控制。

【M7130型平面磨床控制电路图（续）】

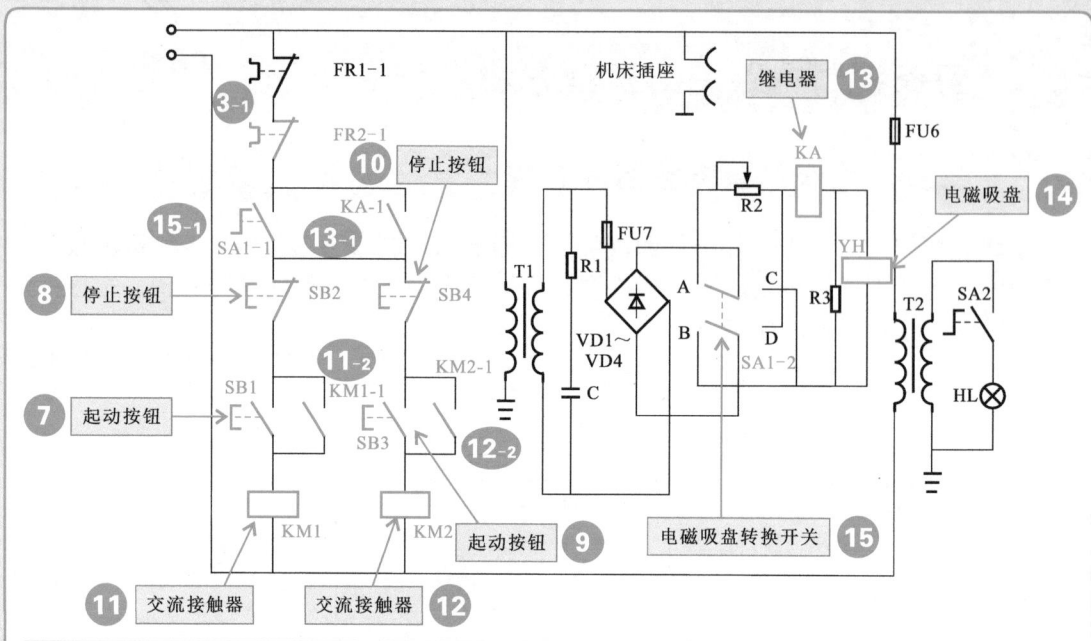

7	用于电动机M1和M2起动控制。
8	用于电动机M1和M2停机控制。
9	用于电动机M3的起动控制。
10	用于电动机M3的停机控制。
13	继电器线圈，用于控制常开触点动作。
13-1	常开触点，线圈得电，该触点闭合，为交流接触器得电做好准备。
11	交流接触器线圈，用于控制常开、常闭触点动作。
11-1	常开主触点，线圈得电，该触点闭合，接通三相电源，电动机M1、M2起动运转。
11-2	常开辅助触点，线圈得电，该触点闭合，自锁交流接触器KM1，使电动机M1、M2连续运转。
12	交流接触器线圈，用于控制常开、常闭触点动作。
12-1	常开主触点，线圈得电，该触点闭合，接通三相电源，电动机M3起动运转。
12-2	常开辅助触点，线圈得电，该触点闭合，自锁交流接触器KM2，使电动机M3连续运转。
14	用于吸牢工件。
15	对电磁吸盘的充磁和去磁进行控制。

特别提醒

电磁吸盘是一种夹具，其夹紧程度不可调整，但可同时吸牢若干个工件，具有工作效率高，加工精度高等特点。由于电磁吸盘只能用于加工铁磁性材料的工件，因此也称为电磁工作台。电动机起动工作前，需先起动电磁吸盘进行工作，将工件夹紧。

与电磁吸盘并联的电阻器R3用于吸收电磁吸盘瞬间断电释放的电磁能量，防止线圈及其他元件损坏。而电阻器R1和电容器C则用于吸收由变压器T1输出的冲击电压或干扰脉冲。

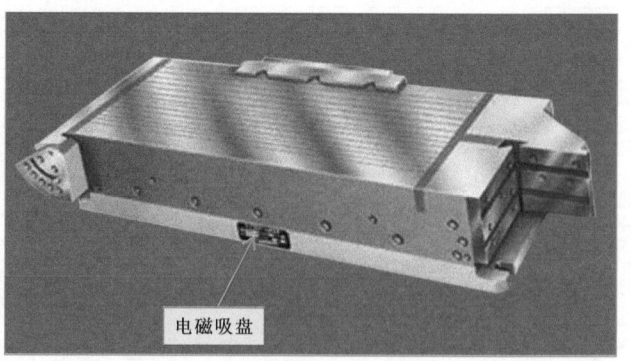

电磁吸盘

6.3.2 磨床控制电路图的识读

1. M7130型平面磨床控制电路识读

M7130型平面磨床共配置了3台电动机，通过两个接触器进行控制，其中砂轮电动机M1和冷却泵电动机M2都是由接触器KM1进行控制，因此，两台电动机需同时起动工作，而液压泵电动机M3则由接触器KM2单独进行控制。

【M7130型平面磨床控制电路电磁吸盘充去磁的识读】

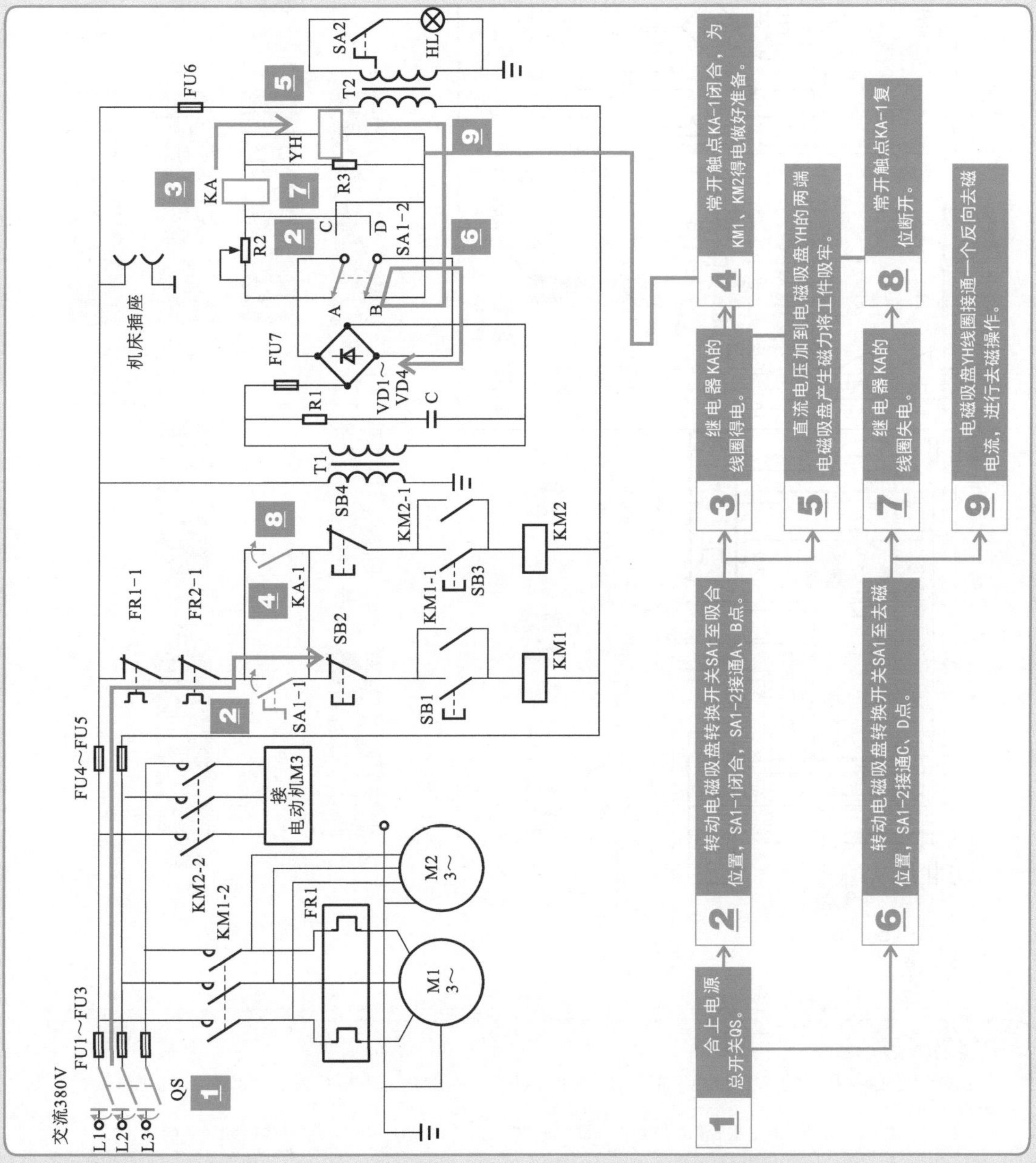
交流380V
L1
L2
L3
QS
FU1~FU3
FU4~FU5
KM1-2
KM2-2
FR1
M1
3~
M2
3~
接
电动机M3
SA1-1
SB1
SB2
KA-1
FR1-1
FR2-1
KM1-1
SB3
KM1
KM2
SB4
KM2-1
T1
C
VD1~
VD4
R1
FU7
机床插座
A
B
SA1-2
C
D
R2
KA
R3
YH
T2
FU6
SA2
HL
1 合上电源总开关QS。
2 转动电磁吸盘转换开关SA1至吸合位置，SA1-1闭合，SA1-2接通A、B点。
3 继电器KA的线圈得电。
4 常开触点KA-1闭合，为KM1、KM2得电做好准备。
5 直流电压加到电磁吸盘YH的两端电磁吸盘产生磁力将工件吸牢。
6 转动电磁吸盘转换开关SA1至去磁位置，SA1-2接通C、D点。
7 继电器KA的线圈失电。
8 常开触点KA-1复位断开。
9 电磁吸盘YH线圈接通一个反向去磁电流，进行去磁操作。

【M7130型平面磨床三台电动机运转的识读】

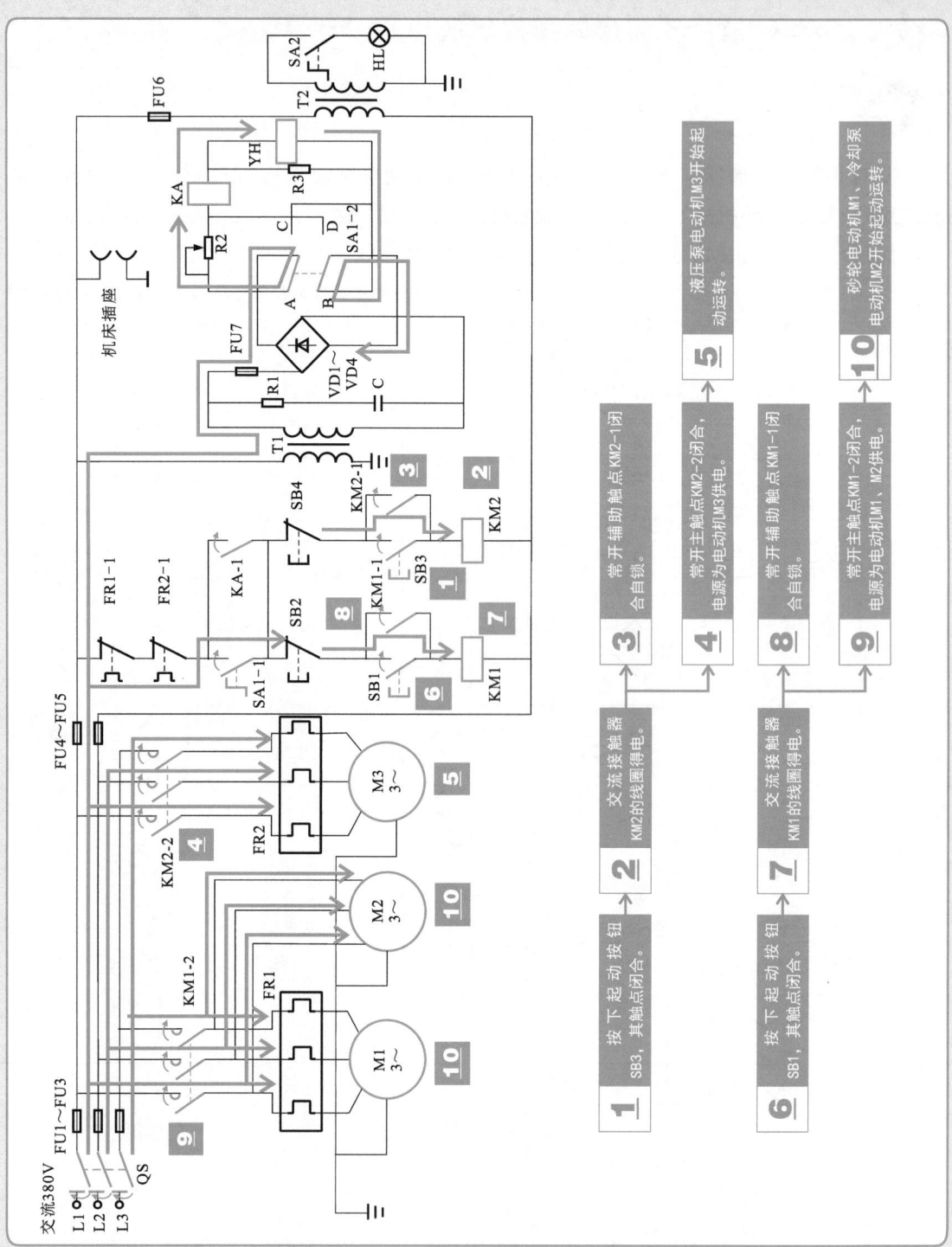

特别提醒

当需要砂轮电动机M1和冷却泵电动机M2停机时，按下停止按钮SB2，接触器KM1线圈失电，触点复位，砂轮电动机M1和冷却泵电动机M2停止运转。

当需要液压泵电动机M3停机时，按下停止按钮SB4，接触器KM2线圈失电，触点复位，液压泵电动机M3停止运转。

第6章 工业机床控制电路的识读

  2. Y7131型齿轮磨床控制电路识读

Y7131型齿轮磨床中采用3个三相交流电动机，由起动按钮、停止按钮、交流接触器以及多速开关、旋转开关等进行控制，来实现不同的功能。

【电动机M1、M2、M3工作的识读】

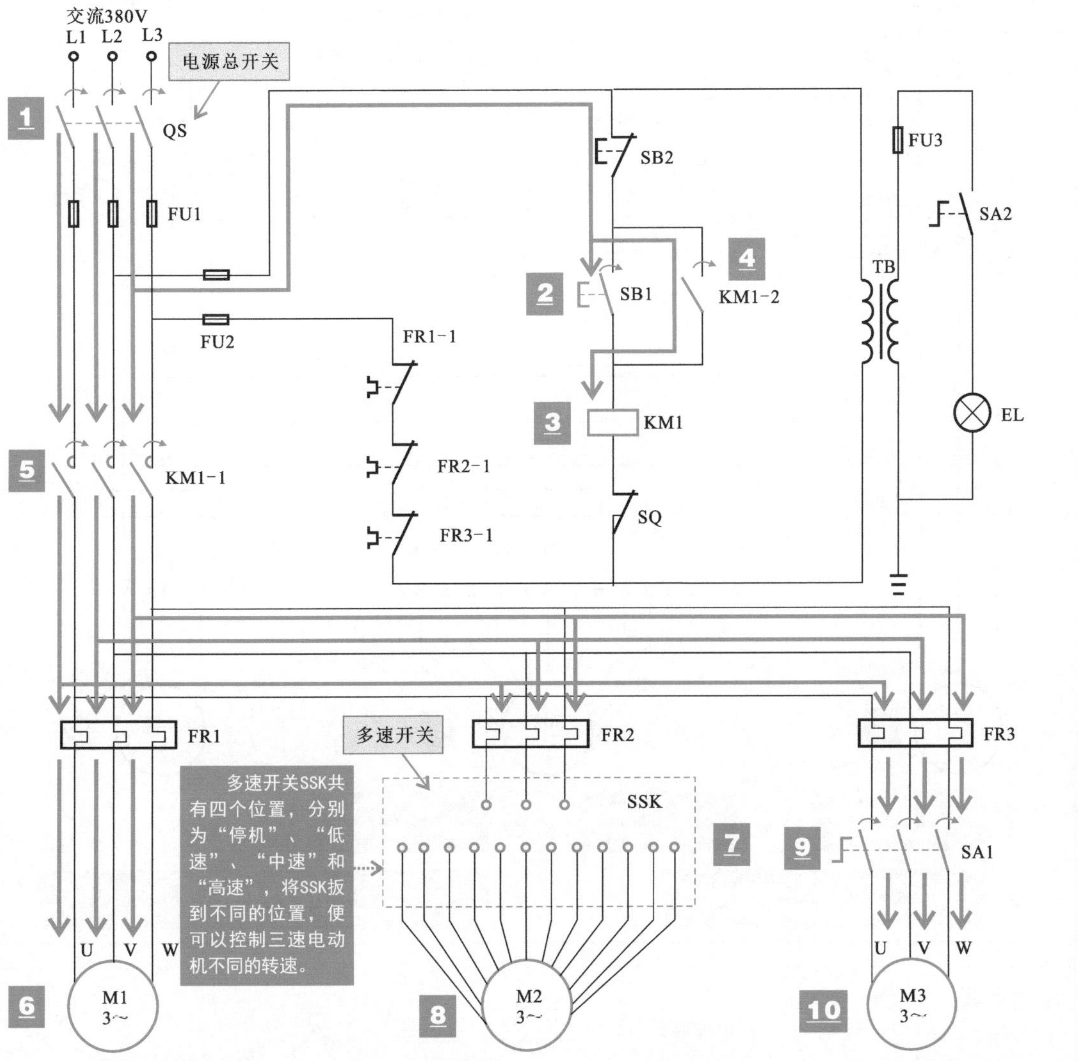

1	合上电源总开关QS，接通三相电源。
2	按下起动按钮SB1，其触点接通。
3	交流接触器KM1的线圈得电。
4	常开辅助触点KM1-2闭合自锁。
5	常开主触点KM1-1闭合，电源为电动机M1供电。
6	电动机M1起动运转。
7	调整多速开关SSK，至低速、中速或高速的任意一个位置。
8	电动机M2以不同转速运转。
9	转动开关SA1，其触点闭合。
10	电动机M3起动运转。

【电动机M1、M2、M3停机的识读】

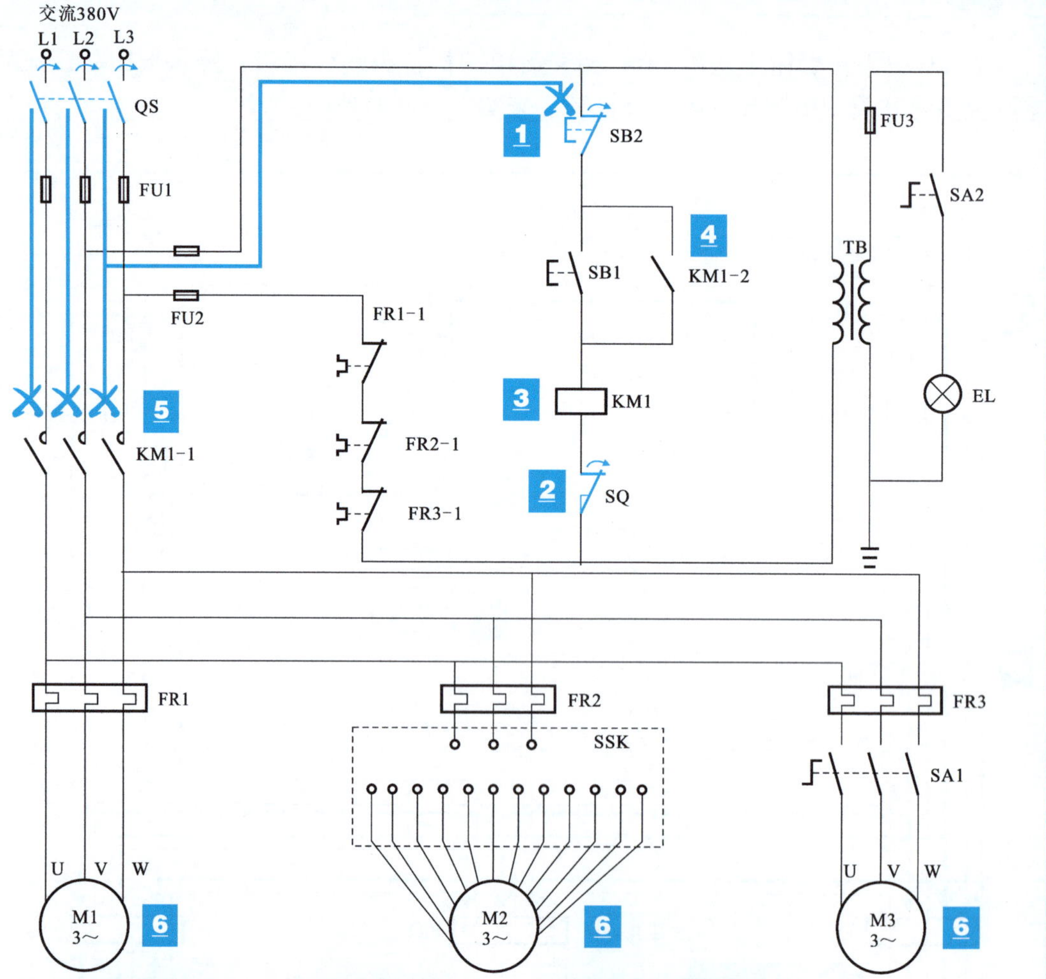

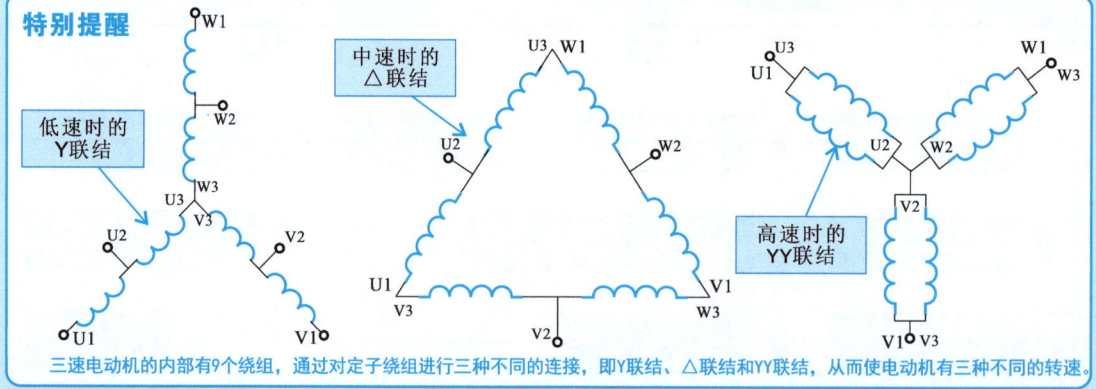

1. 按下停止按钮SB2,其触点断开。
2. 当电动机M1控制的设备运行碰触到限位开关SQ时,其常闭触点断开。
3. 交流接触器KM1的线圈失电。
4. 常开辅助触点KM1-2复位断开,解除自锁功能。
5. 常开主触点KM1-1复位断开,切断电动机供电。
6. 电动机停止运转。

特别提醒

低速时的Y联结
中速时的△联结
高速时的YY联结

三速电动机的内部有9个绕组,通过对定子绕组进行三种不同的连接,即Y联结、△联结和YY联结,从而使电动机有三种不同的转速。

6.4 钻床控制电路图的识读方法

6.4.1 钻床控制电路图的结构

钻床主要用于对加工工件进行钻孔、扩孔、钻沉头孔、铰孔、镗孔等，而钻床控制电路则是用于控制钻床设备完成相应的工作。识读该类电路图，首先要识别电路图中主要部件的符号标识，根据标识了解电路图的结构以及功能特点。

【Z535型钻床控制电路图】

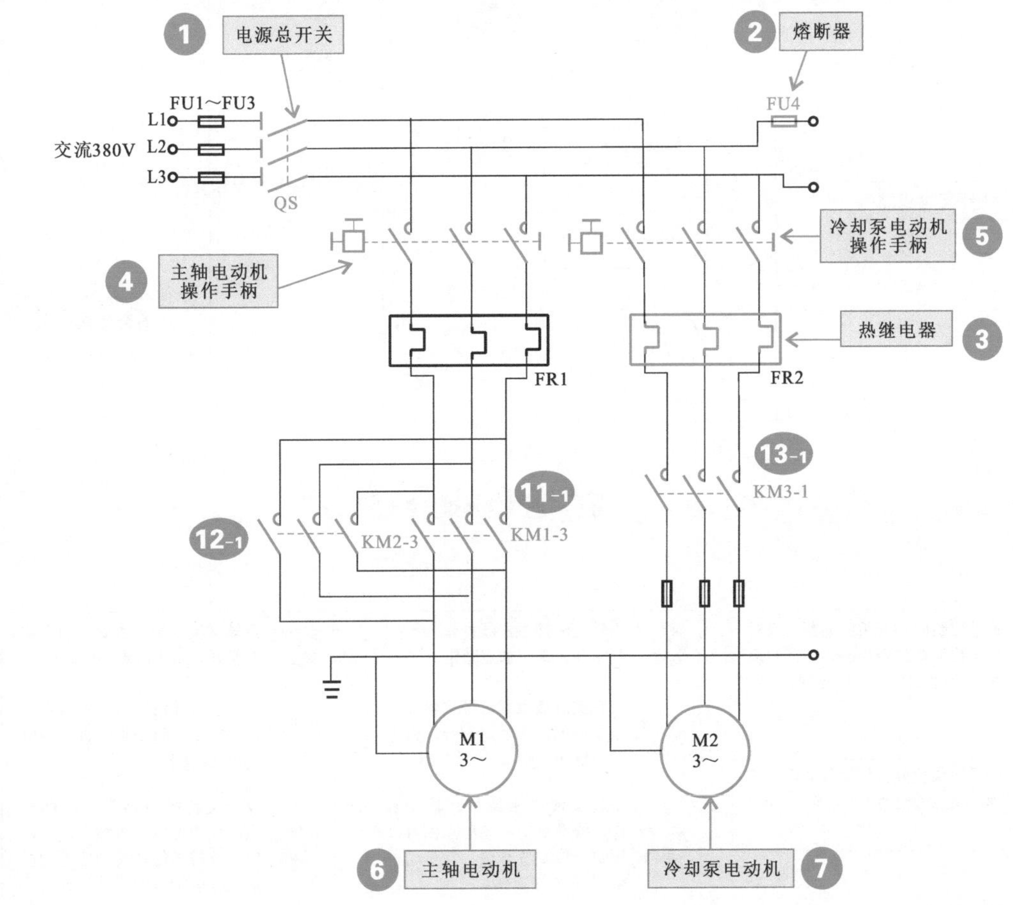

1. 用于接通三相电源。
2. 用于过载、短路保护。
3. 用于电动机的过热保护。
4. 由主轴电动机操作手柄控制其动作，从而实现主轴电动机的正转控制。
5. 用于电动机M2的起停控制。
6. 采用正反转控制，可根据加工工件对其运转方向进行设置。
7. 机床需要冷却液时通过操作手柄直接进行起停控制。

【Z535型钻床控制线路图（续）】

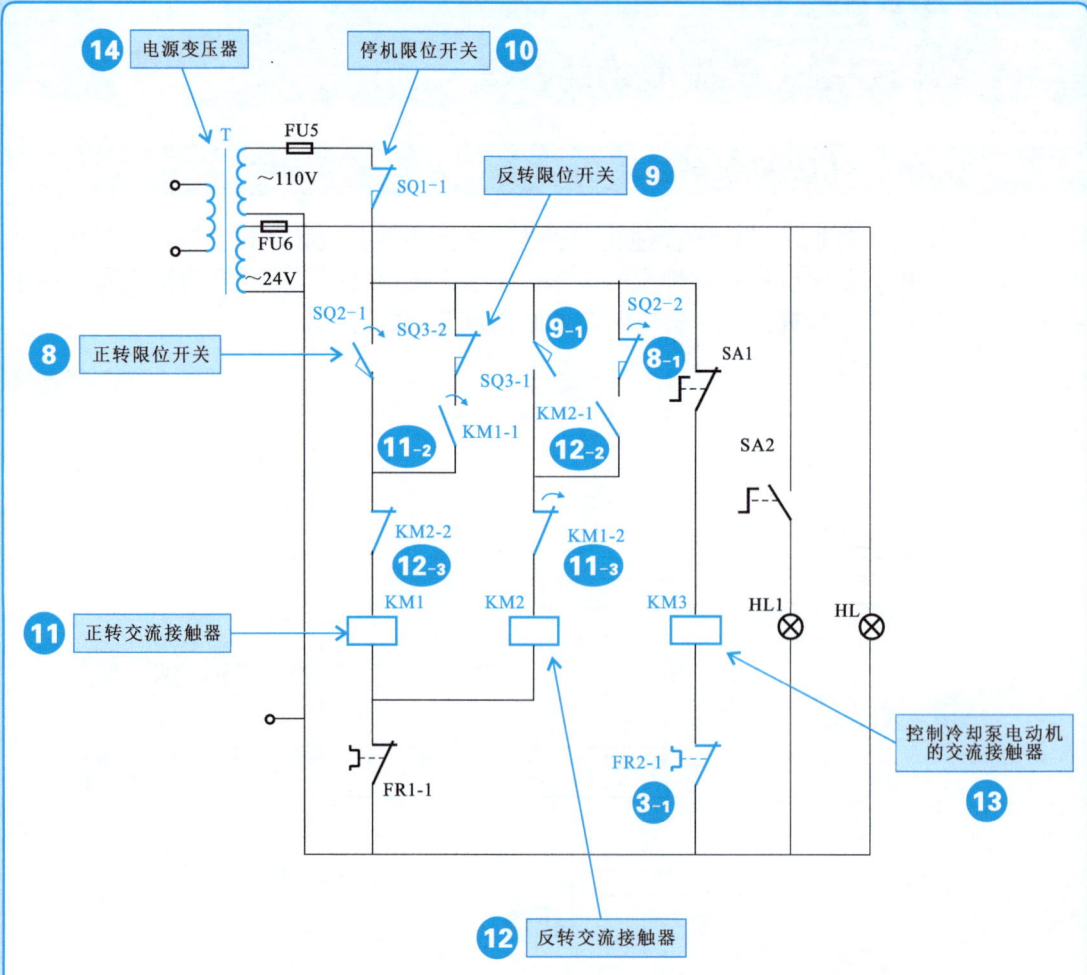

6.4.2 钻床控制电路图的识读

1. Z535型钻床控制电路识读

Z535型钻床共配置了2台电动机，其中主轴电动机M1具有正反转运行功能，而冷却泵电动机M2只有在机床需要冷却液时，才起动工作。

【Z535型钻床主轴电动机M1正转和冷却泵电动机M2起动运转的识读】

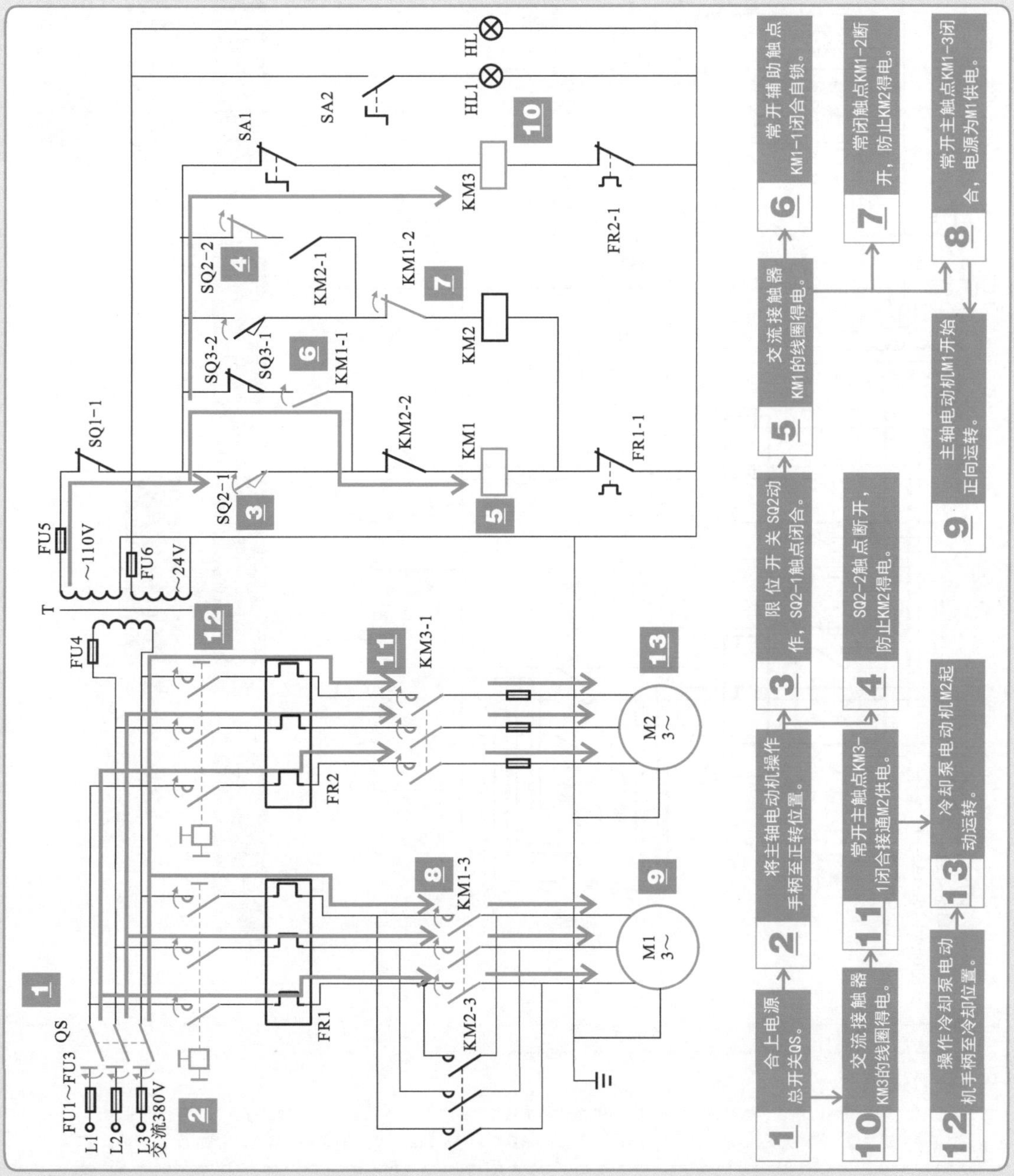

1. 合上电源总开关QS。
2. 将主轴电动机操作手柄至正转位置。
3. 限位开关SQ2动作，SQ2-1触点闭合。
4. SQ2-2触点断开，防止KM2得电。
5. 交流接触器KM1的线圈得电。
6. 常开辅助触点KM1-1闭合自锁。
7. 常闭触点KM1-2断开，防止KM2得电。
8. 常开主触点KM1-3闭合，电源为M1供电。
9. 主轴电动机M1开始正向运转。
10. 交流接触器KM3的线圈得电。
11. 常开主触点KM3-1闭合接通M2供电。
12. 操作冷却泵电动机手柄至冷却动位置。
13. 冷却泵电动机M2起动运转。

143

【Z535型钻床主轴电动机M1反向运转的识读】

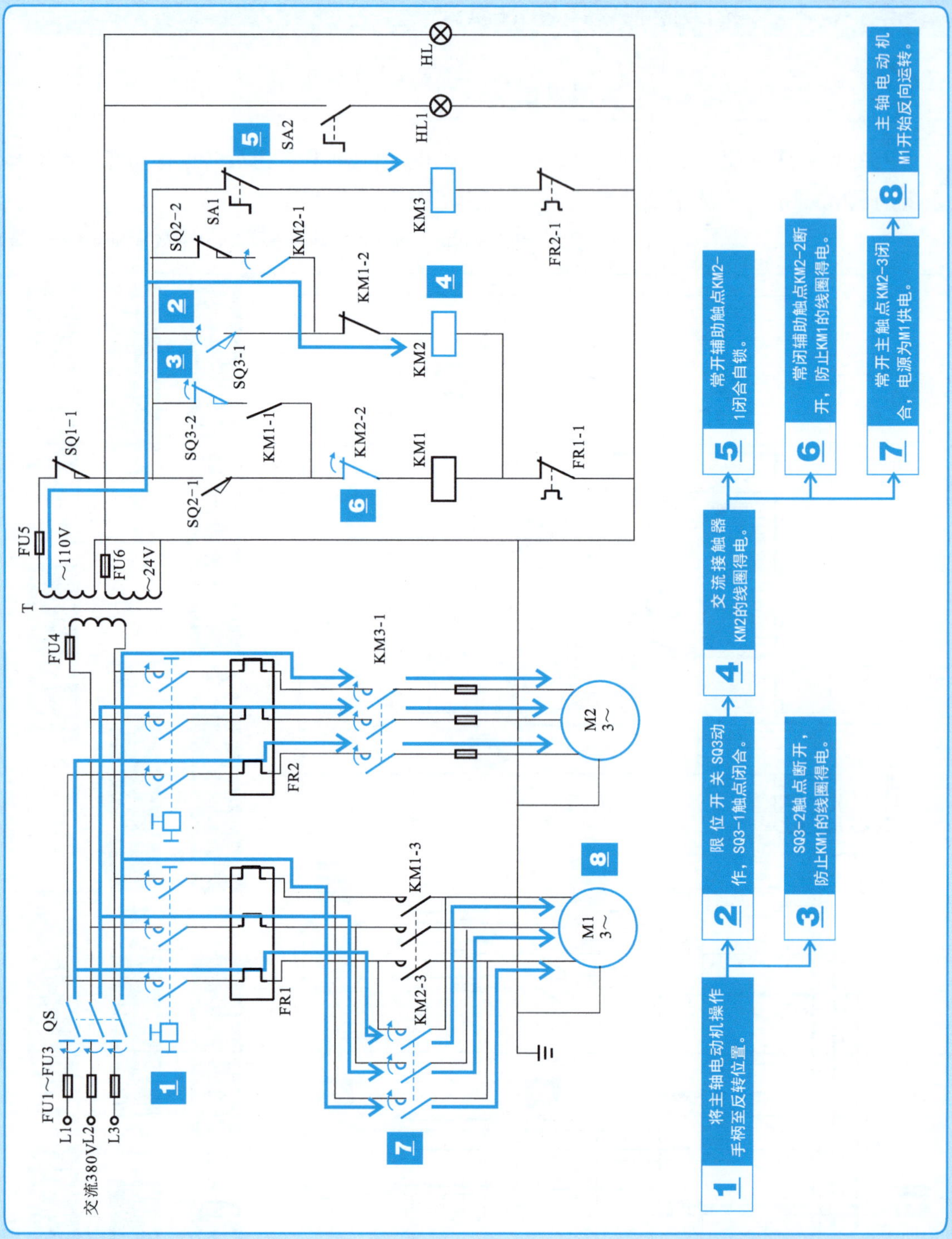

1 将主轴电动机操作手柄至反转位置。
2 限位开关SQ3动作,SQ3-1触点闭合。
3 SQ3-2触点断开,防止KM1的线圈得电。
4 交流接触器KM2的线圈得电。
5 常开辅助触点KM2-1闭合自锁。
6 常闭辅助触点KM2-2断开,防止KM1的线圈得电。
7 常开主触点KM2-3闭合,电源为M1供电。
8 主轴电动机反向运转。M1开始反向运转。

特别提醒

当需要主轴电动机M1停止运转时,将主轴电动机M,操作手柄拨至停止位置。无论M1处于何种运行状态,限位开关SQ2、SQ3被释放,其触点全部复位。限位开关SQ1动作,其触点断开,交流接触器KM1、KM2线圈失电,触点全部复位,主轴电动机M1停止运转。

2. Z35型摇臂钻床控制电路识读

Z35型摇臂钻床采用机械传动、机械夹紧、机械变速、且具有摇臂自动升降、主轴自动进刀等功能，这些功能是由4个不同功能的三相交流电动机带动实现的。

【主轴电动机M1和冷却泵电动机M2工作的识读】

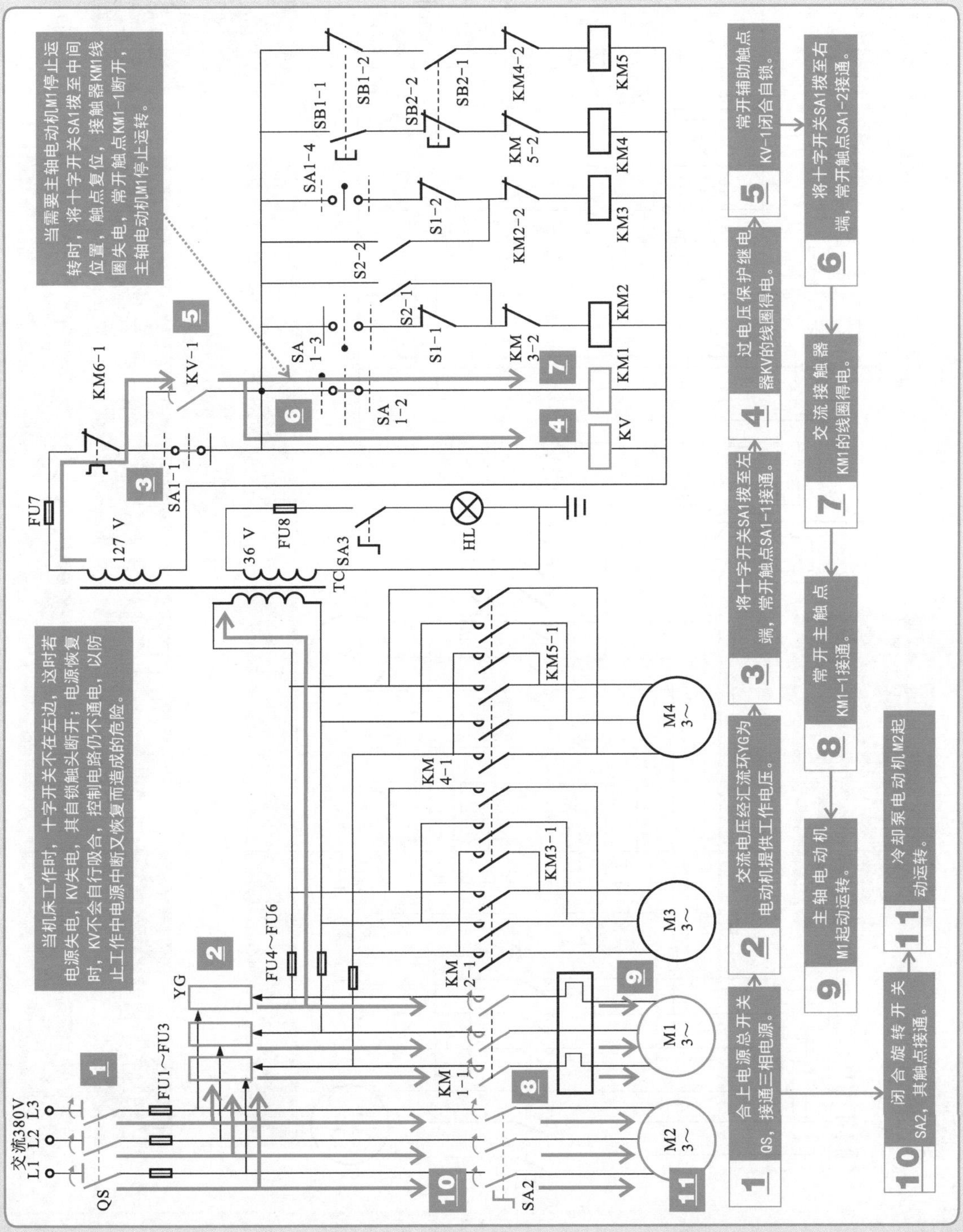

【摇臂升降电动机M3工作的识读】

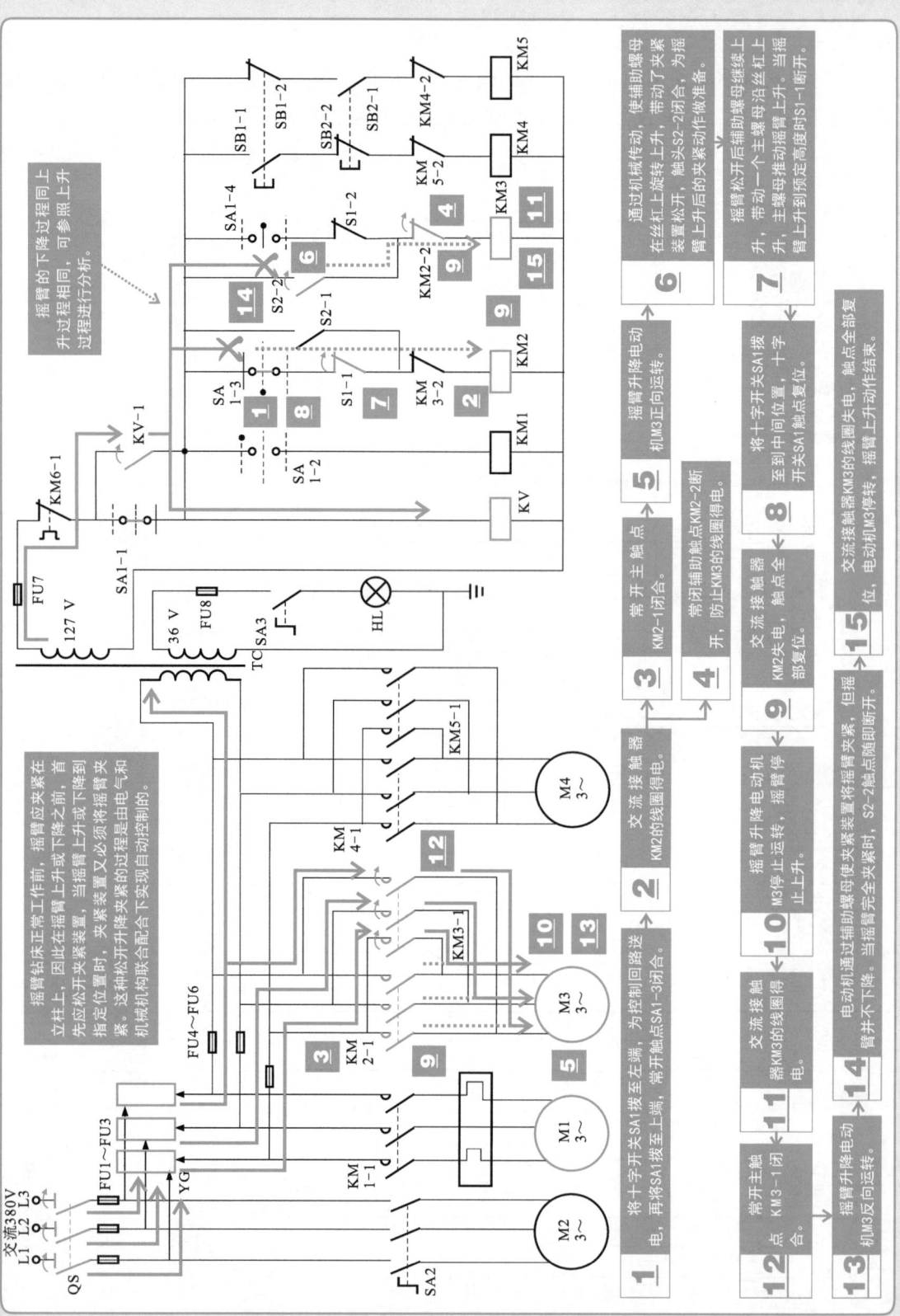

第6章 工业机床控制电路的识读

【立柱松紧电动机M4工作的识读】

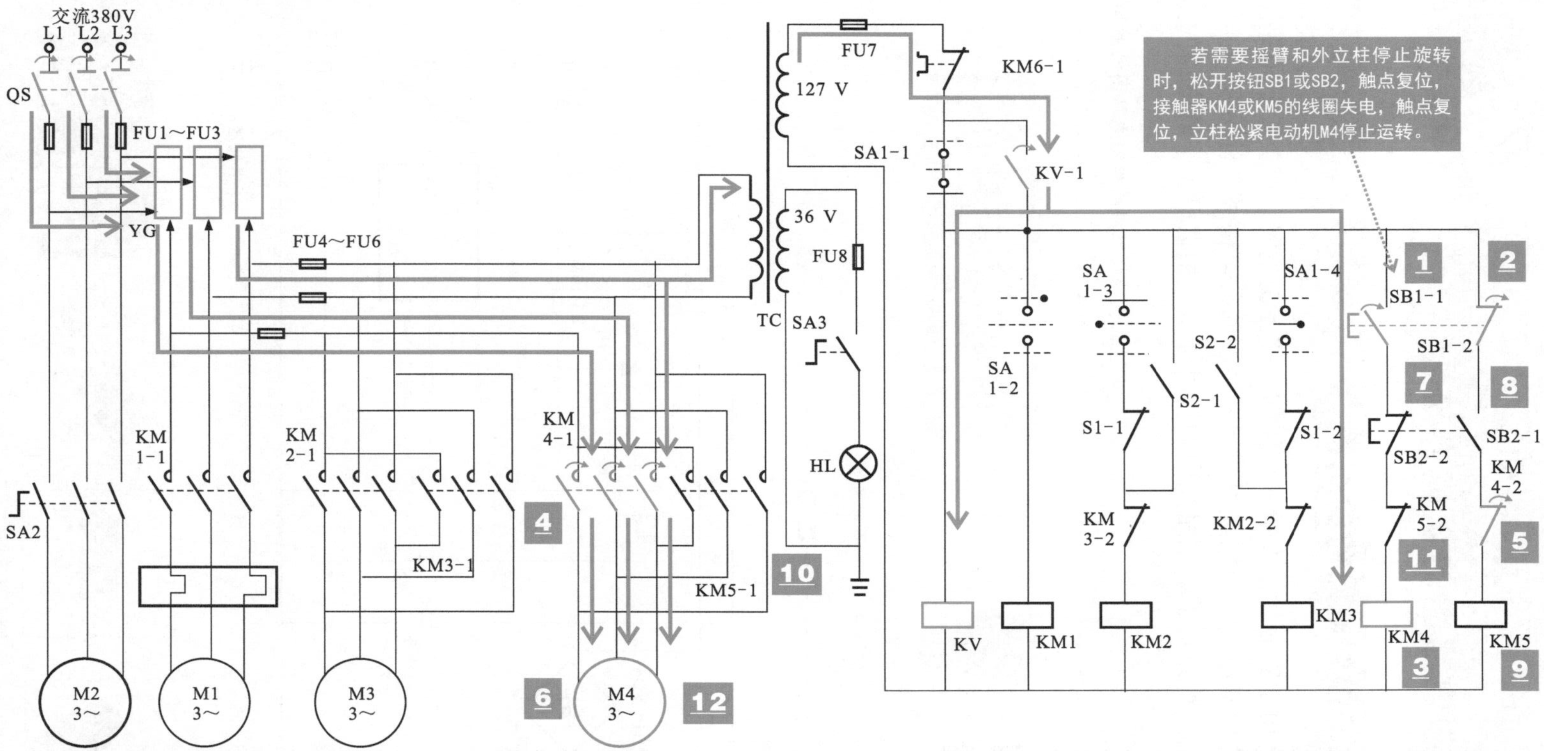

这是一幅完整的电气控制电路图，包含以下关键标注信息：

左侧说明框： 若需要摇臂和外立柱停止旋转时，松开按钮SB1或SB2，触点复位，接触器KM4或KM5的线圈失电，触点复位，立柱松紧电动机M4停止运转。

右侧流程说明：

1. 当摇臂和外立柱需绕内立柱转动时，按下按钮SB1，常开触点SB1-1闭合。

2. 常闭触点SB1-2断开，起联锁保护作用。防止KM5的线圈得电。

3. KM4的线圈得电。

4. 常开主触点KM4-1闭合。

5. 常闭辅助触点KM4-2断开，防止KM5的线圈得电。

6. 立柱松紧电动机M4接通电源正向运转。

此时，油压泵在齿轮式离合器的带动下送出高压油，经油路系统和传动机构使立柱松开。

7. 当摇臂和外立柱转动到所需的位置时，按下按钮SB2，常开触点SB2-1闭合。

8. 常闭触点SB2-2断开，起联锁保护作用。防止KM4的线圈得电。

9. KM5的线圈得电。

10. 常开主触点KM5-1闭合。

11. 常闭辅助触点KM5-1断开，防止KM5的线圈得电。

12. 立柱松紧电动机M4接通电源反向运转。

此时，在液压系统推动下夹紧外立柱。

第7章 农机控制电路的识读

7.1 畜牧设备控制电路图的识读方法

7.1.1 畜牧设备控制电路图的结构

畜牧设备控制电路是指用于农业牲畜养殖、孵化的一类控制电路，该类控制电路主要由不同的电子元器件及传感器组成，根据选用的元器件不同，可构成多种不同功能的控制电路。识读该类电路图，首先要了解电路图中的符号标识，根据标识了解电路的结构以及功能特点。

【禽蛋孵化恒温箱控制电路图的结构】

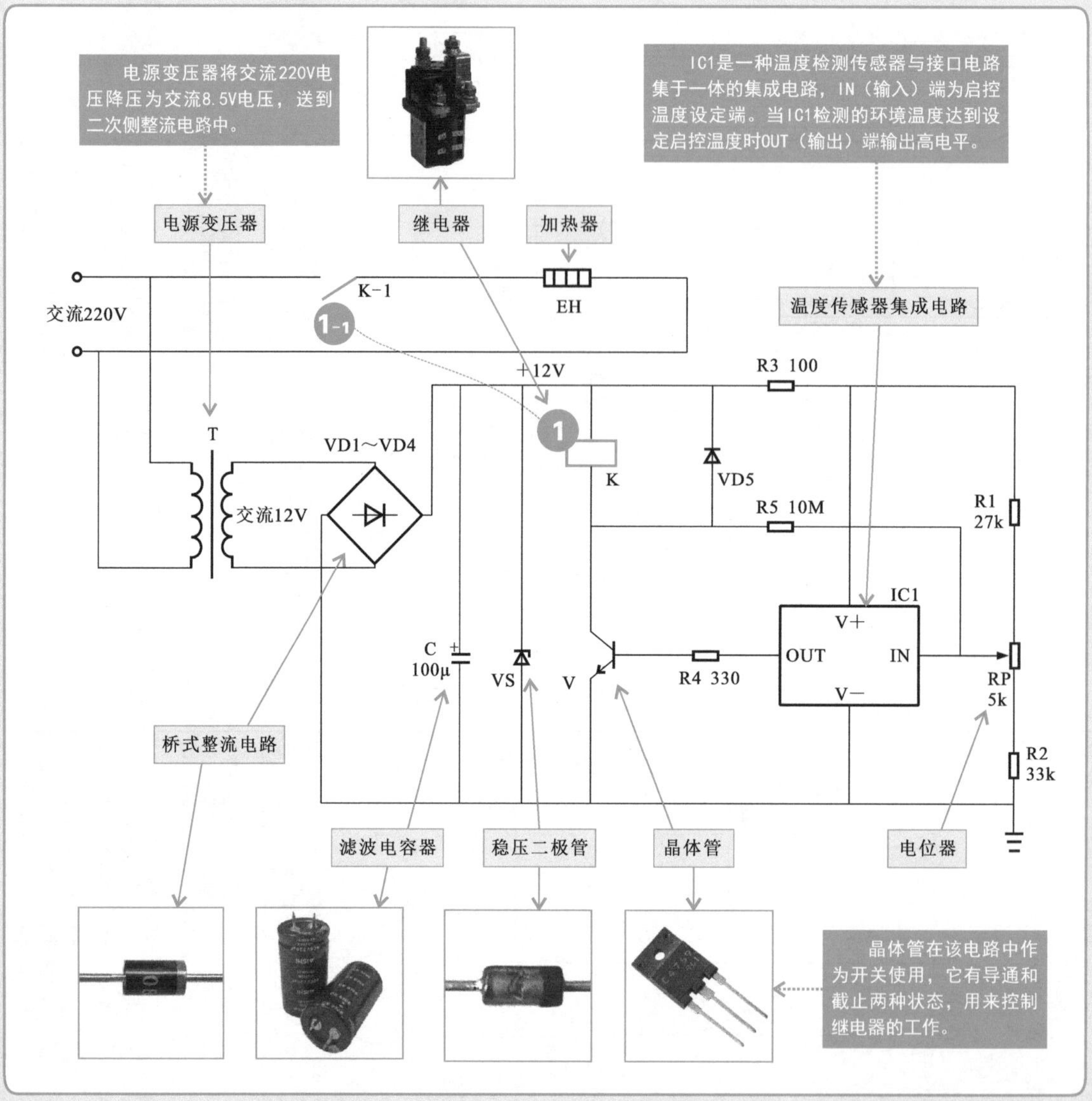

7.1.2 畜牧设备控制电路图的识读

1. 禽蛋孵化恒温箱控制电路的识读

对禽蛋孵化恒温箱控制电路进行识读时，应从电路图中各主要元器件的功能特点和连接关系入手，对整个控制电路的工作流程进行细致的解析，搞清控制电路的工作过程和控制细节，完成禽蛋孵化恒温箱控制电路的识读。

【禽蛋孵化恒温箱控制电路图中加热过程的识读】

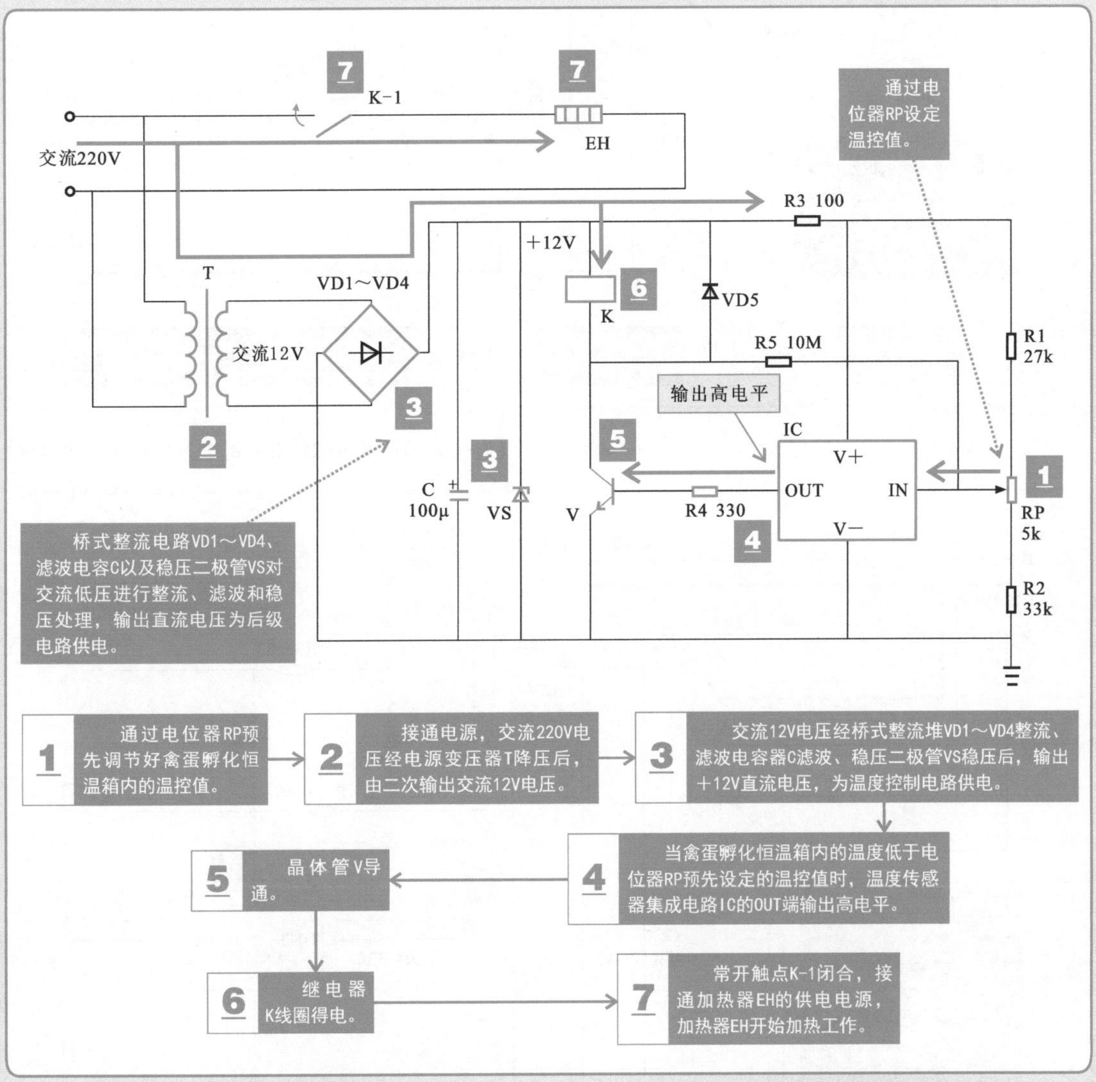

1. 通过电位器RP预先调节好禽蛋孵化恒温箱内的温控值。
2. 接通电源，交流220V电压经电源变压器T降压后，由二次输出交流12V电压。
3. 交流12V电压经桥式整流堆VD1～VD4整流、滤波电容器C滤波、稳压二极管VS稳压后，输出+12V直流电压，为温度控制电路供电。
4. 当禽蛋孵化恒温箱内的温度低于电位器RP预先设定的温控值时，温度传感器集成电路IC的OUT端输出高电平。
5. 晶体管V导通。
6. 继电器K线圈得电。
7. 常开触点K-1闭合，接通加热器EH的供电电源，加热器EH开始加热工作。

> **特别提醒**
> 禽蛋孵化恒温箱控制电路是指控制恒温箱内温度保持恒定值的电路。当恒温箱内的温度降低时，电路自动启动加热器进行加热工作；当恒温箱内的温度达到预定温度时，自动停止加热器工作，从而保证恒温箱内温度的恒定。

【禽蛋孵化恒温箱控制电路图中停止加热过程的识读】

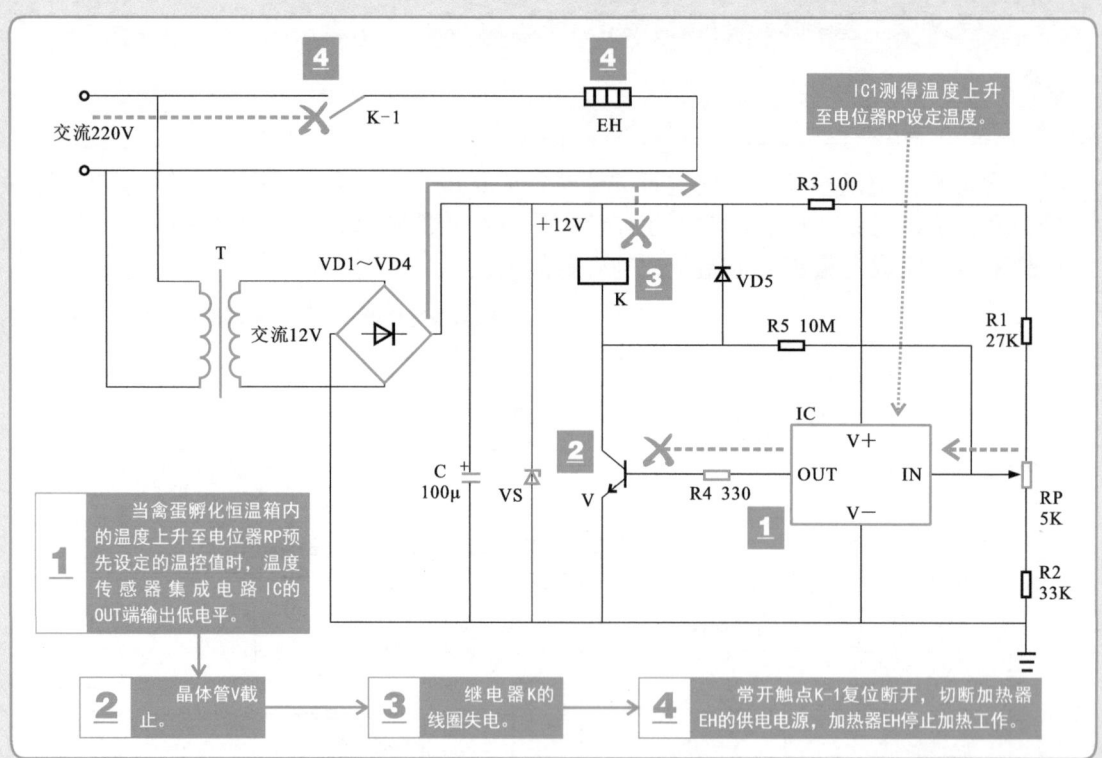

【禽蛋孵化恒温箱控制电路图中再加热过程的识读】

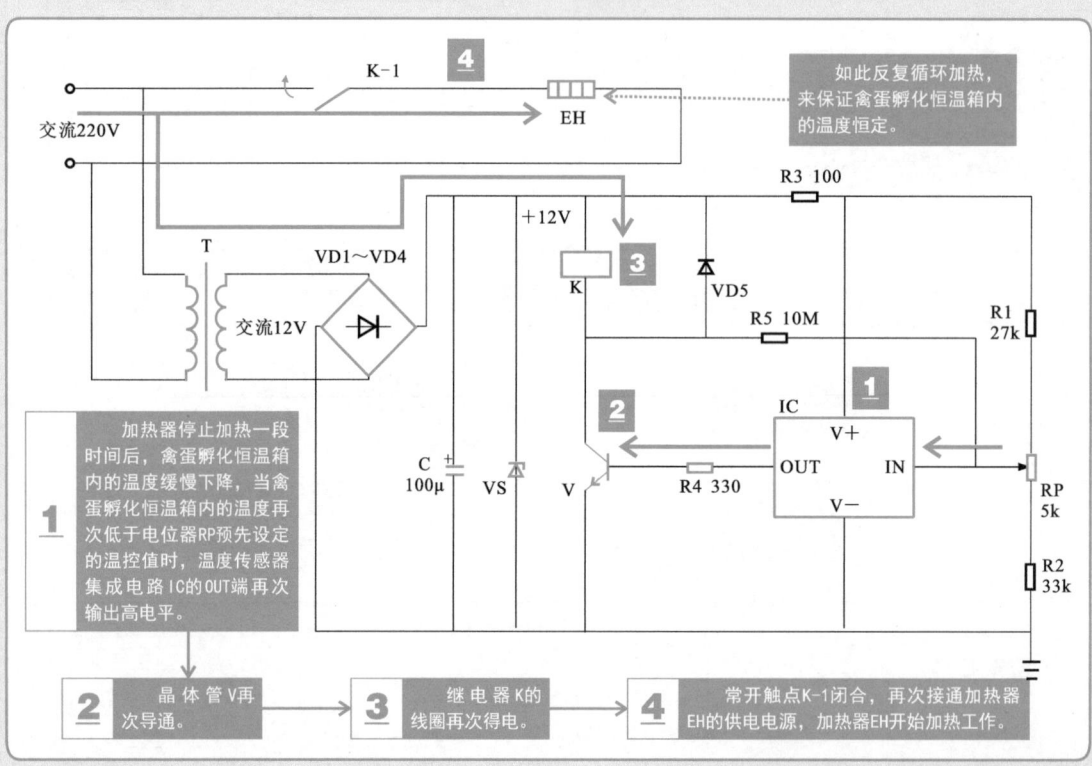

2. 禽类养殖孵化室湿度控制电路的识读

禽类养殖孵化室湿度控制电路是指控制孵化室内的湿度维持在一定范围内的电路。当孵化室内的湿度低于设定湿度时，自动启动加湿器进行加湿工作，当孵化室内的湿度达到设定湿度时，自动停止加湿器工作，从而保证孵化室内湿度保持在一定范围内。识读过程可参看下面的图解演示。

【禽类养殖孵化室湿度控制电路图中加湿过程的识读】

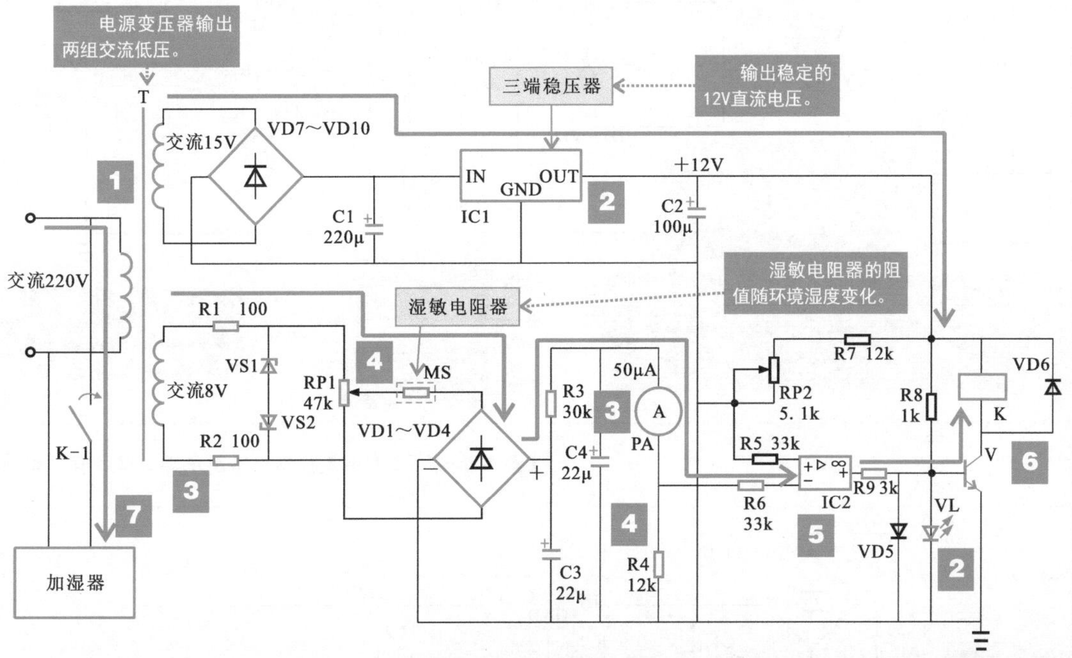

1　接通电源，交流220V电压经电源变压器T降压后，由二次侧分别输出交流15V、8V电压。

2　交流15V电压经桥式整流堆VD7～VD10整流、滤波电容器C1滤波、三端稳压器IC1稳压后，输出+12V直流电压，为湿度控制电路供电，指示灯VL点亮。

3　交流8V电压经限流电阻器R1、R2限流，稳压二极管VS1、VS2稳压后输出交流电压，经电位器RP1调整取样，湿敏电阻器MS降压，桥式整流堆VD1～VD4整流、限流电阻器R3限流，滤波电容器C3、C4滤波后，加到电流表PA上。

4　当禽类养殖孵化室内的环境湿度较低时，湿敏电阻器MS的阻值变大，桥式整流堆输出电压减小（流过电流表PA上的电流就变小，进而流过电阻器R4的电流也变小）。

5　电压比较器IC2的反相输入端（-）的比较电压低于正向输入端（+）的基准电压，因此由其电压比较器IC2的输出端输出高电平。

6　晶体管V导通，继电器K的线圈得电。

7　常开触点K-1闭合，接通加湿器的供电电源，加湿器开始加湿工作。

特别提醒

对禽类养殖孵化室湿度控制电路进行识读时，应从电路图中各主要元器件的功能特点和连接关系入手，对整个控制电路的工作流程进行细致的解析，搞清控制电路的工作过程和控制细节，完成禽类养殖孵化室湿度控制电路的识读过程。

【禽类养殖孵化室湿度控制电路图中停止加湿过程的识读】

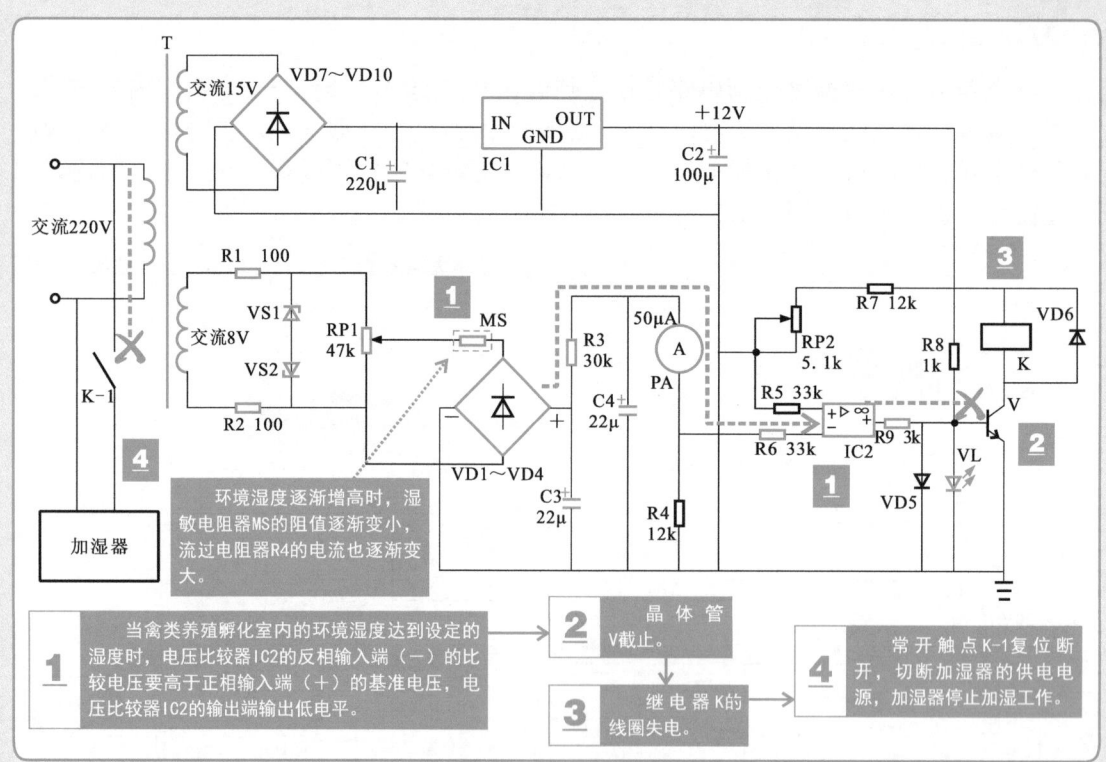

【禽类养殖孵化室湿度控制电路图中再加湿过程的识读】

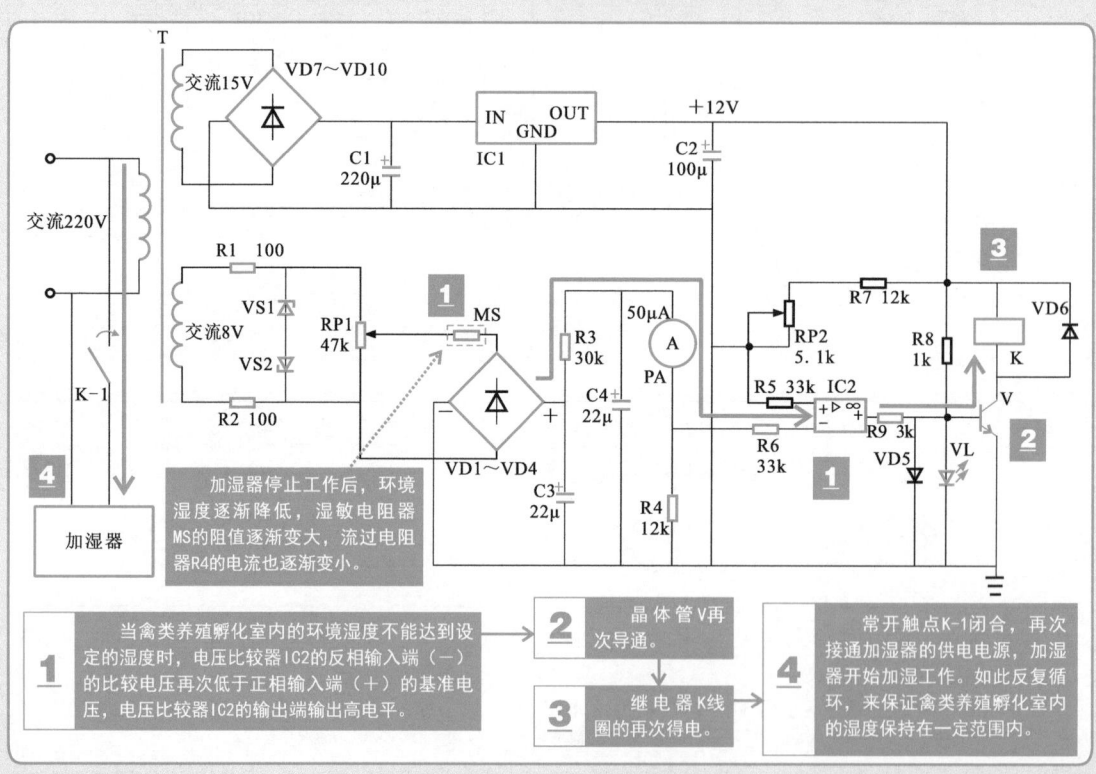

3. 养鱼池间歇增氧控制电路的识读

养鱼池间歇增氧控制电路是指控制鱼类养殖增氧设备间歇工作的电路，该电路通过定时器集成电路输出不同的信号相位，来控制继电器的间歇工作，同时通过控制开关的闭合与断开来控制继电器触点接通与断开时间的比例。识读过程可参看下面的图解演示。

【养鱼池间歇增氧控制电路图中供电过程的识读】

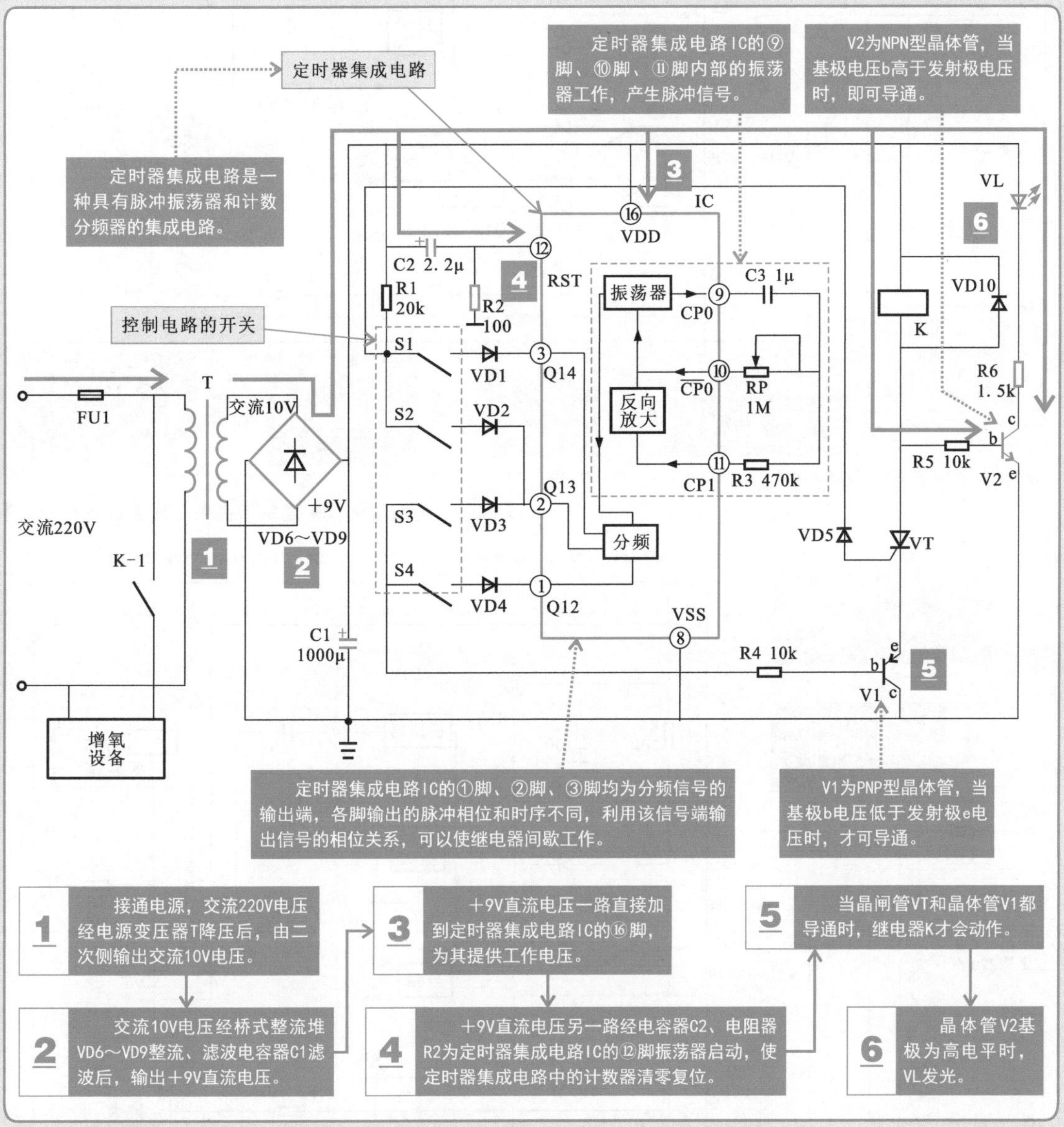
定时器集成电路
定时器集成电路是一种具有脉冲振荡器和计数分频器的集成电路。
定时器集成电路IC的⑨脚、⑩脚、⑪脚内部的振荡器工作，产生脉冲信号。
V2为NPN型晶体管，当基极电压b高于发射极电压时，即可导通。
控制电路的开关
定时器集成电路IC的①脚、②脚、③脚均为分频信号的输出端，各脚输出的脉冲相位和时序不同，利用该信号端输出信号的相位关系，可以使继电器间歇工作。
V1为PNP型晶体管，当基极b电压低于发射极e电压时，才可导通。
FU1
T
交流10V
交流220V
K-1
增氧设备
+9V
VD6～VD9
C1 1000μ
C2 2.2μ
R1 20k
R2 100
S1
S2
S3
S4
VD1
VD2
VD3
VD4
IC
VDD
RST
Q14
Q13
Q12
VSS
振荡器
反向放大
分频
CP0
CP1
C3 1μ
RP 1M
R3 470k
VD5
VT
R4 10k
V1
VL
VD10
K
R6 1.5k
R5 10k
V2
1 接通电源，交流220V电压经电源变压器T降压后，由二次侧输出交流10V电压。
2 交流10V电压经桥式整流堆VD6～VD9整流、滤波电容器C1滤波后，输出+9V直流电压。
3 +9V直流电压一路直接加到定时器集成电路IC的⑯脚，为其提供工作电压。
4 +9V直流电压另一路经电容器C2、电阻器R2为定时器集成电路IC的⑫脚振荡器启动，使定时器集成电路中的计数器清零复位。
5 当晶闸管VT和晶体管V1都导通时，继电器K才会动作。
6 晶体管V2基极为高电平时，VL发光。

特别提醒

对养鱼池间歇增氧控制电路进行识读时，应从电路图中各主要元器件的功能特点和连接关系入手，对整个控制电路的工作流程进行细致的解析，搞清控制电路的工作过程和控制细节，完成养鱼池间歇增氧控制电路的识读过程。

【养鱼池间歇增氧控制电路图中增氧过程的识读】

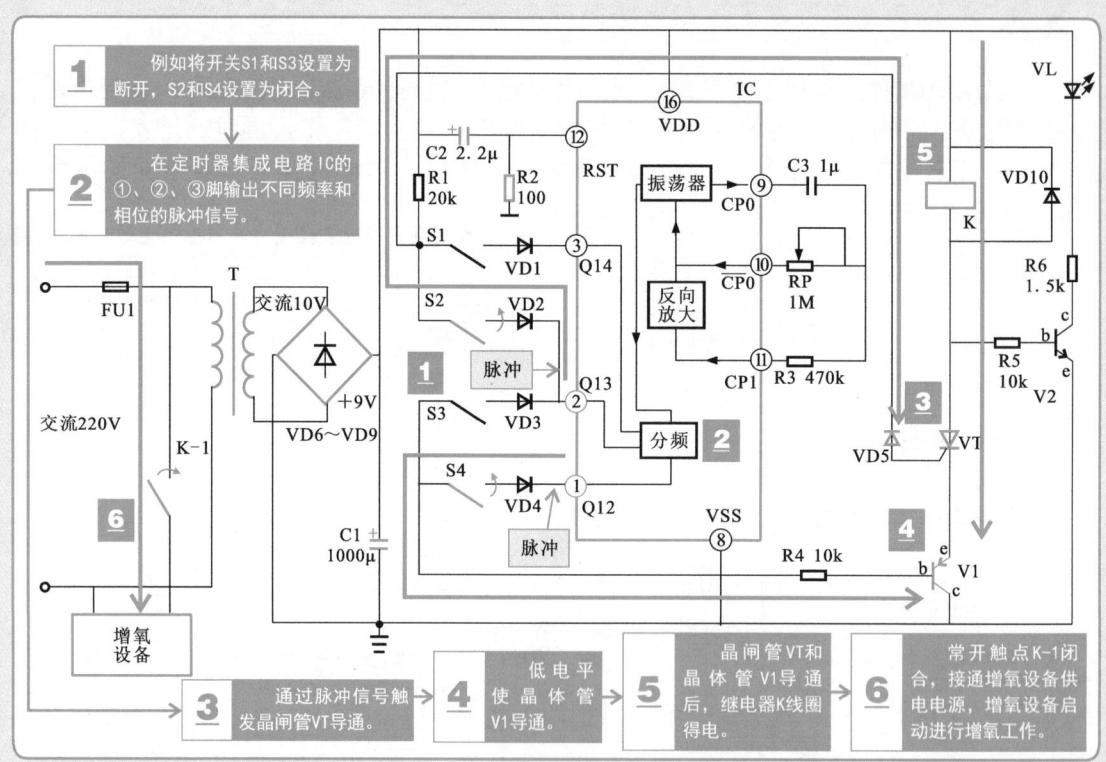

【养鱼池间歇增氧控制电路图中停止增氧过程的识读】

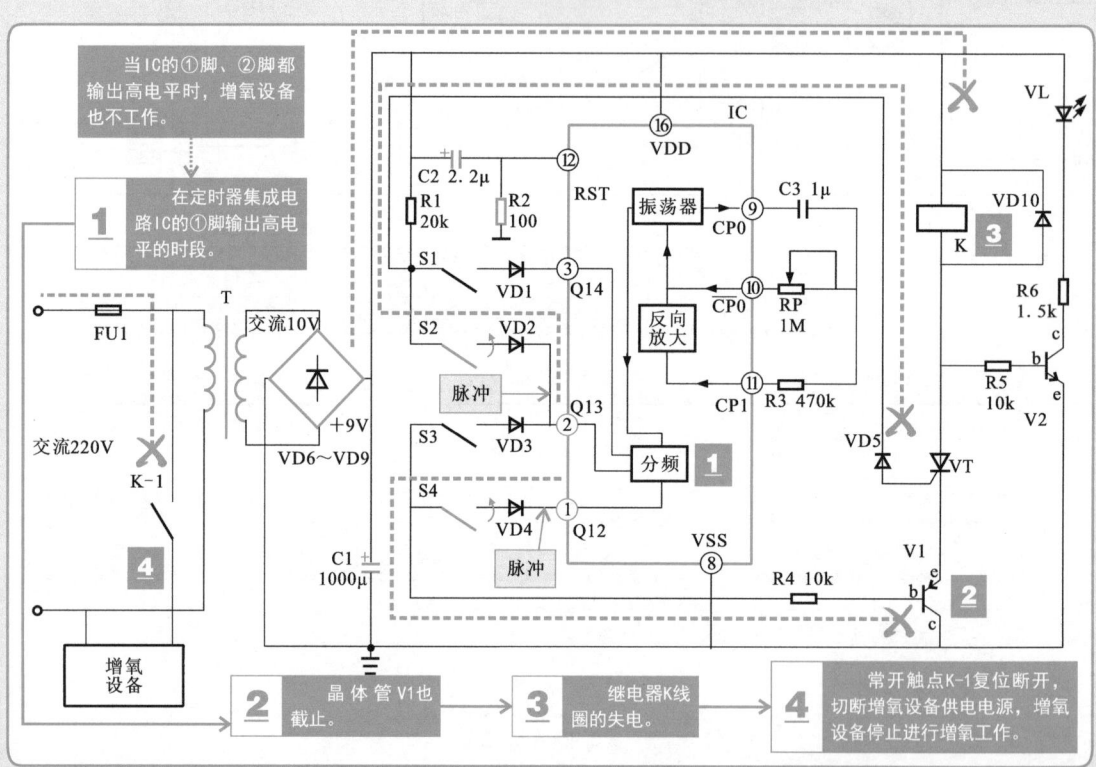

4. 电围栏控制电路的识读

电围栏控制电路专门用于畜牧业中，这种电路可以利用直流和交流两种电压为电围栏进行供电。当有动物碰到电围栏时，会受到围栏高压电击（不致命），使动物产生惧怕心理，防止动物的丢失或被外来的猛兽袭击。此外，该电路也可以用于农田耕种的保护，防止动物的入侵。识读过程可参看下面的图解演示。

【电围栏控制电路图的识读】

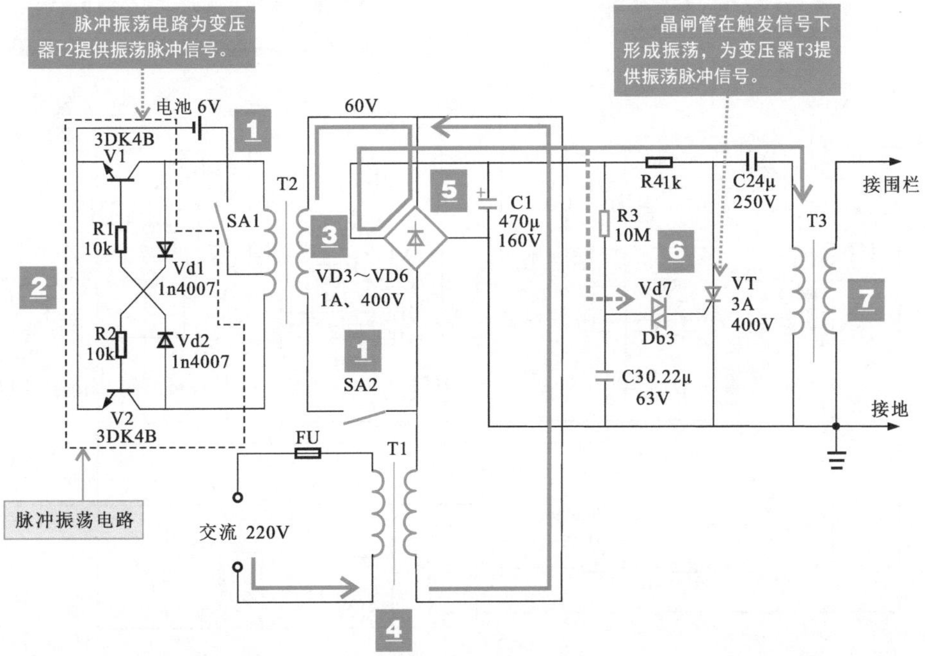

脉冲振荡电路为变压器T2提供振荡脉冲信号。

晶闸管在触发信号下形成振荡，为变压器T3提供振荡脉冲信号。

电池 6V　　60V　　接围栏

3DK4B V1　　T2　　C1 470μ 160V　　R4 1k　　C2 4μ 250V　　T3

R1 10k　　SA1　　VD3~VD6 1A, 400V　　R3 10M　　Vd7 Db3　　VT 3A 400V

Vd1 1n4007　　SA2　　C3 0.22μ 63V　　接地

R2 10k　　FU　　T1

Vd2 1n4007

V2 3DK4B

脉冲振荡电路　　交流 220V

1 电围栏在直流电压进行供电时，应将开关SA1、SA2接通。

2 6V的电池供电经开关SA1加到脉冲振荡电路中。

3 振荡脉冲加到变压器T2的二次侧，经变压后输出60V脉冲电压。

4 电围栏在交流电压进行供电时，应当将开关SA1、SA2断开，交流220V电压经变压器T1进行降压。

5 该电压经桥式整流堆和电容器C1整流滤波后，形成直流电压，经电阻R3为电容器C3充电。

6 电容器C3充电后的电压使双向触发二极管VD7导通，并发出信号使晶闸管VT触发导通；晶闸管VT在触发信号的作用下形成振荡。

7 晶闸管VT的振荡信号送到升压变压器T3，电压升高后送到围栏线路上，进行供电。

特别提醒

对电围栏控制电路进行识读时，应从电路图中各主要元器件的功能特点和连接关系入手，对整个控制电路的工作流程进行细致的解析，搞清控制电路的工作过程和控制细节，完成电围栏控制电路的识读过程。

5. 鱼类孵化池换水和增氧控制电路的识读

鱼类孵化池换水和增氧控制电路是一种自动工作的电路，电路通电工作后每隔一段时间便会自动接通或切断水泵、增氧泵的供电，维持池水的含氧量及清洁度。识读过程可参看下面的图解演示。

【鱼类孵化池换水和增氧控制电路图的识读】

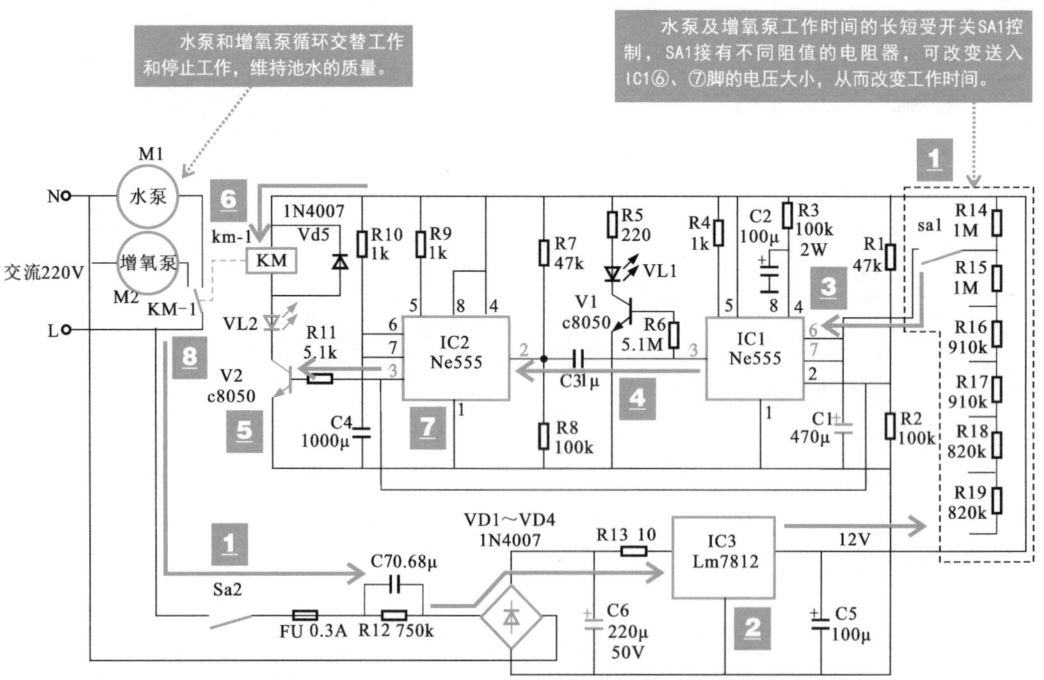

水泵和增氧泵循环交替工作和停止工作，维持池水的质量。

水泵及增氧泵工作时间的长短受开关SA1控制，SA1接有不同阻值的电阻器，可改变送入IC1⑥、⑦脚的电压大小，从而改变工作时间。

1. 开关SA1、SA2闭合，交流220V电源电压为电路供电。
2. 交流电压经桥式整流堆和电容器C6整流滤波，再经三端稳压器IC3稳压后，输出12V直流电压。
3. 直流电压经SA1后为电容器C1进行充电，电容器C1电压上升，IC1的⑥、⑦脚电压也升高。
4. IC1的③脚端输出低电平，输送到IC2的②脚上。
5. IC2的③脚输出高电平，使晶体管V2导通，指示灯VL2亮。
6. 继电器KM线圈得电，其触点转换，水泵停机，增氧泵工作。
7. 当一段时间后IC2的②脚又上升到高电平，其③脚输出低电平，电路又回到初始状态。
8. 继电器KM的线圈失电，其触点复位，水泵工作，增氧泵停机。

特别提醒

对鱼类孵化池换水和增氧控制电路进行识读时，应从电路图中各主要元器件的功能特点和连接关系入手，对整个控制电路的工作流程进行细致的解析，搞清控制电路的工作过程和控制细节，完成鱼类孵化池换水和增氧控制电路的识读过程。

7.2 排灌设备控制电路图的识读方法

7.2.1 排灌设备控制电路图的结构

排灌设备控制电路是指用于农业排水、灌溉等的一类控制电路，该类控制电路主要由不同的电气部件及电动机组成，根据选用的部件不同，可构成多种不同功能的控制电路。识读该类电路图，首先要了解电路图中的符号标识，根据标识了解电路的结构以及功能特点。

【排水设备控制电路图的结构】

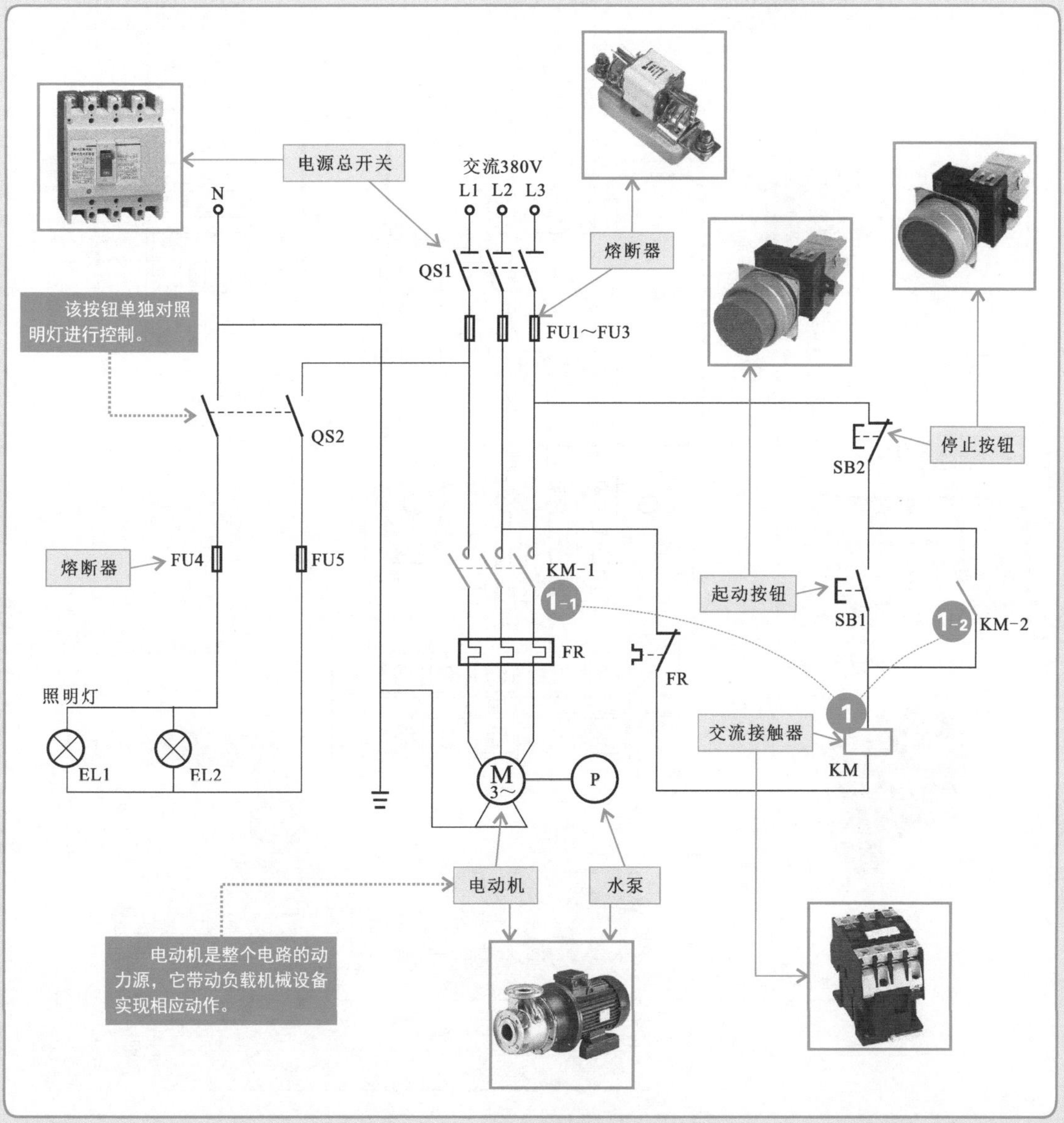

图解电工识图快速入门

【排水设备控制电路主要部件连接图】

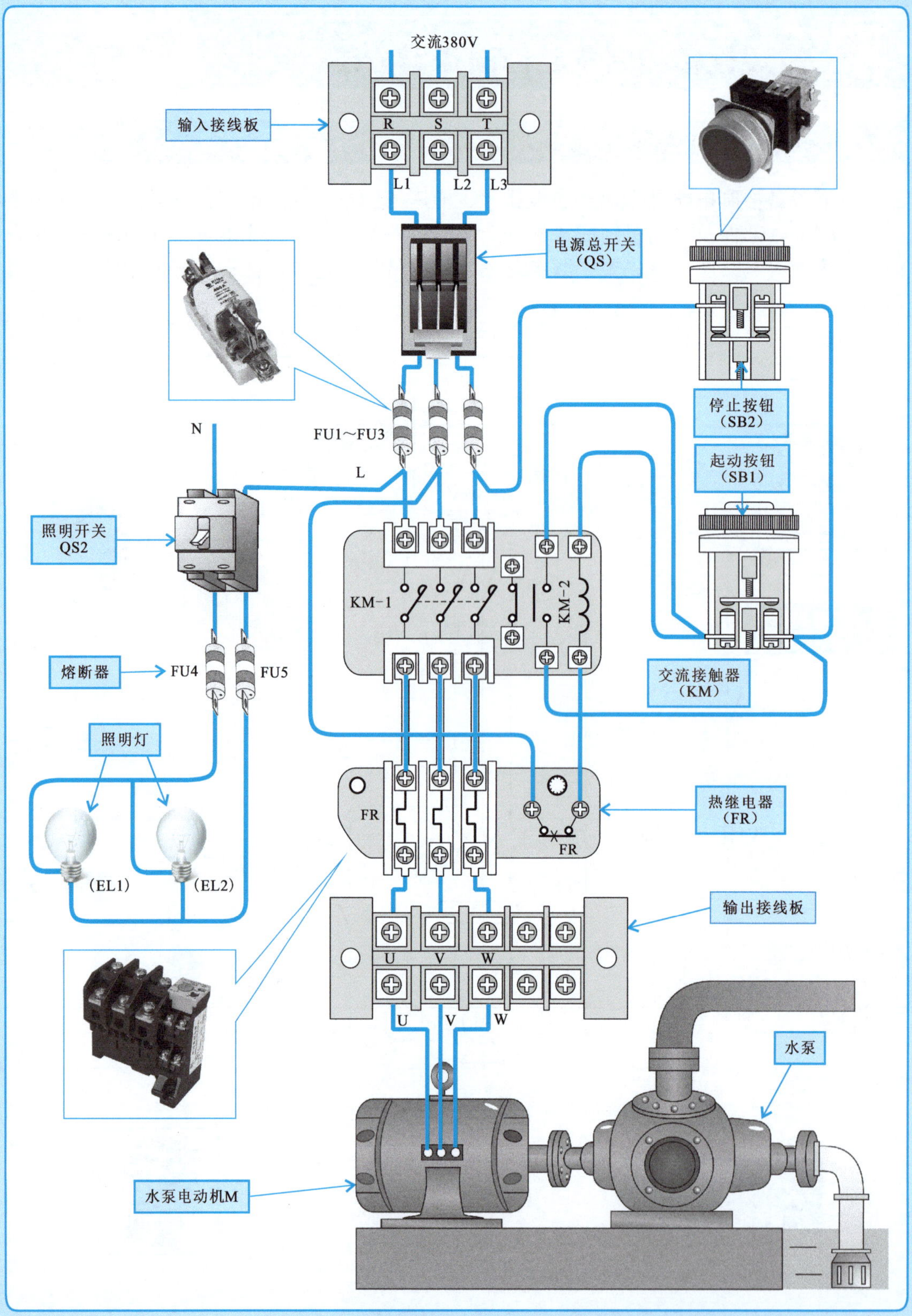

7.2.2 排灌设备控制电路图的识读

1. 排水设备控制电路的识读

对排水设备控制电路进行识读时，应从电路图中各主要元器件的功能特点和连接关系入手，对整个控制电路的工作流程进行细致的解析，搞清控制电路的工作过程和控制细节，完成排水设备控制电路的识读。

【排水设备控制电路图的识读】

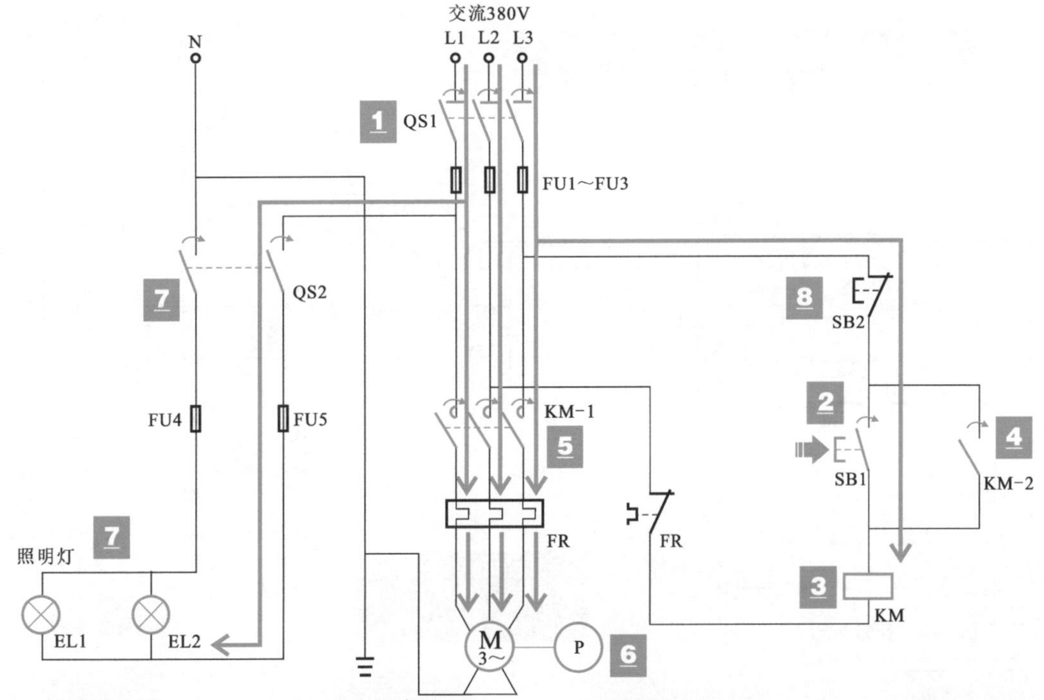

1 合上电源总开关QS，接通三相电源。

2 按下起动按钮SB1，其触点闭合。

3 交流接触器KM的线圈得电，其触点全部动作。

4 KM常开辅助触点KM-2闭合自锁。

5 KM常开主触点KM-1闭合，接通电动机三相电源。

6 电动机得电起动运转，带动水泵开始工作。

7 在需要照明时，合上电源开关QS2。照明灯EL1、EL2接通电源，开始点亮。不需要照明时，可关闭电源总开关QS2。

8 需要停机时，按下停止按钮SB2。交流接触器KM的线圈失电，其触点全部复位，切断电动机供电电源，电动机及水泵停止运转。

特别提醒

排水设备控制电路中通过按钮和接触器控制电动机工作，利用电动机带动水泵旋转，将水从某一处抽出输送到另一处，实现排水的目的。此外电路中还连接有照明灯，在需要时可通过开关接通照明灯电源，使之点亮。

2. 池塘水位控制电路的识读

池塘水位控制电路是排灌设备控制电路的一种，该线路可检测池塘中的水位，根据检测结果，利用电动机带动水泵对池塘内的水位进行调整，使水位保持在设定值。

对该控制电路进行识读时，应从主要元器件的功能特点和连接关系入手，对电路的工作流程进行解析，搞清控制电路的工作过程和控制细节，完成识读过程。识读过程可参看下面的图解演示。

【排水设备控制电路图的识读】

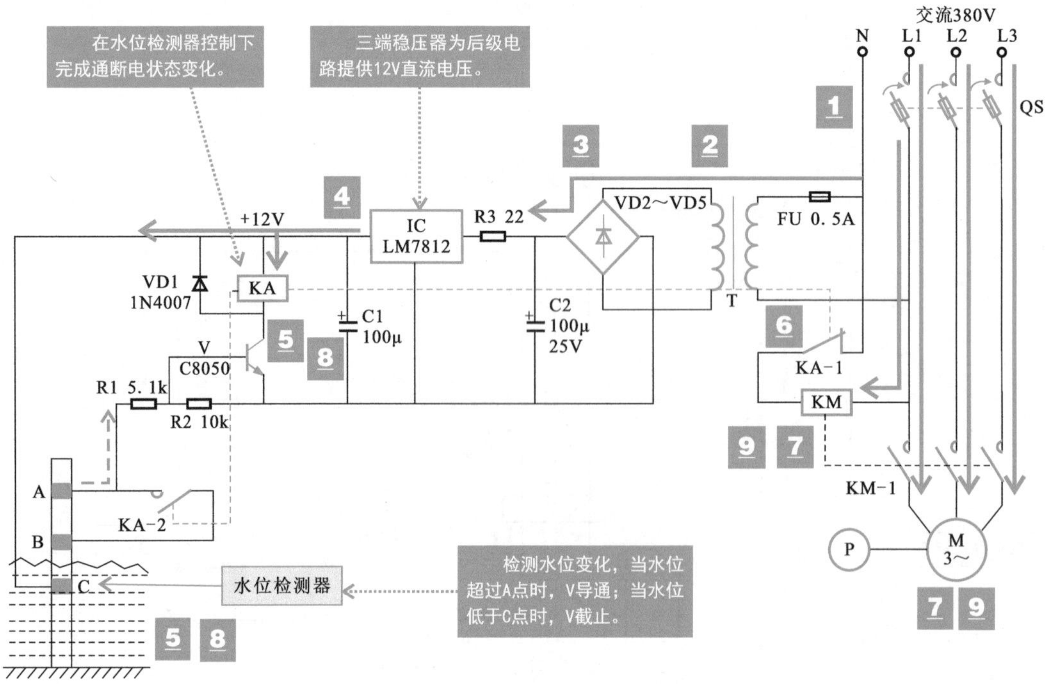

电路图说明：

- 在水位检测器控制下完成通断电状态变化。
- 三端稳压器为后级电路提供12V直流电压。
- 检测水位变化，当水位超过A点时，V导通；当水位低于C点时，V截止。

流程说明：

1. 将带有熔断器的刀开关QS闭合。
2. 交流220V电压经变压器T进行降压，变为交流低压。
3. 交流低压经桥式整流电路VD2～VD5整流后输出直流电压。
4. 再经电容器滤波后，由三端稳压器将直流电压稳定为12V，为检测电路供电。
5. 当水位监测器检测到农田中的水位低于C点时，晶体管V截止。
6. 继电器KA不动作，常闭触点KA-1保持闭合。
7. 交流接触器KM的线圈得电，常开触点KM-1闭合，电动机M得电起动运转，带动水泵工作。
8. 当水位监测器检测到农田中的水位高于A点时，晶体管V导通。继电器KA的线圈得电，常闭触点KA-1断开，常开触点KA-2闭合。
9. 当交流接触器KM线圈失电，常开触点KM-1复位断开，电动机M失电，停止工作。

第7章 农机控制电路的识读

3. 农田排灌自动控制电路的识读

农田排灌自动控制电路是指该控制电路在进行农田灌溉时，能够根据排灌渠中水位的高低自动控制排灌电动机的起动和停机，从而防止了排灌渠中无水而排灌电动机仍然工作的现象，起到保护排灌电动机的作用。识读过程可参看下面的图解演示。

【农田排灌自动控制电路图中起动过程的识读】

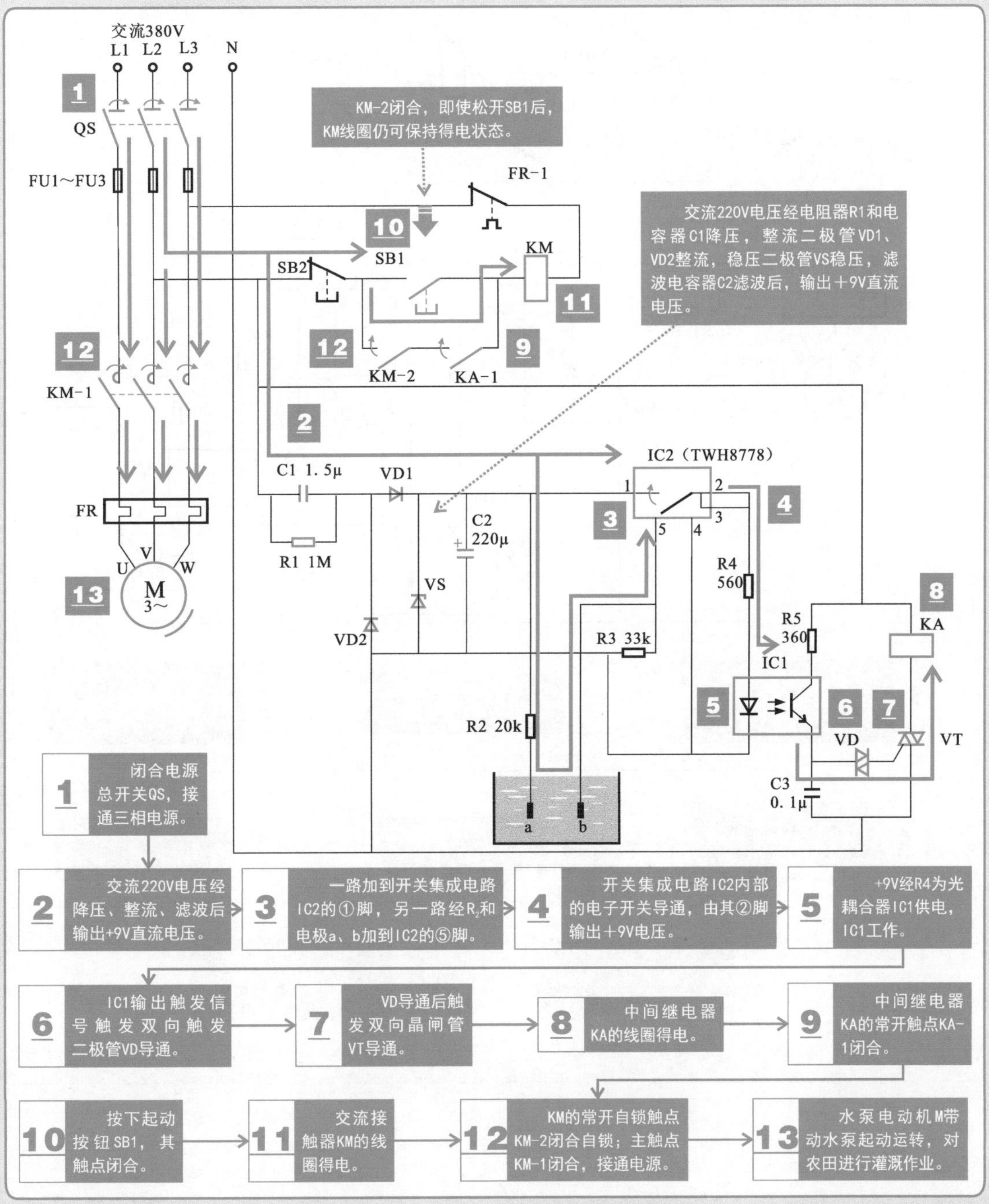

【农田排灌自动控制电路图中自动停机过程的识读】

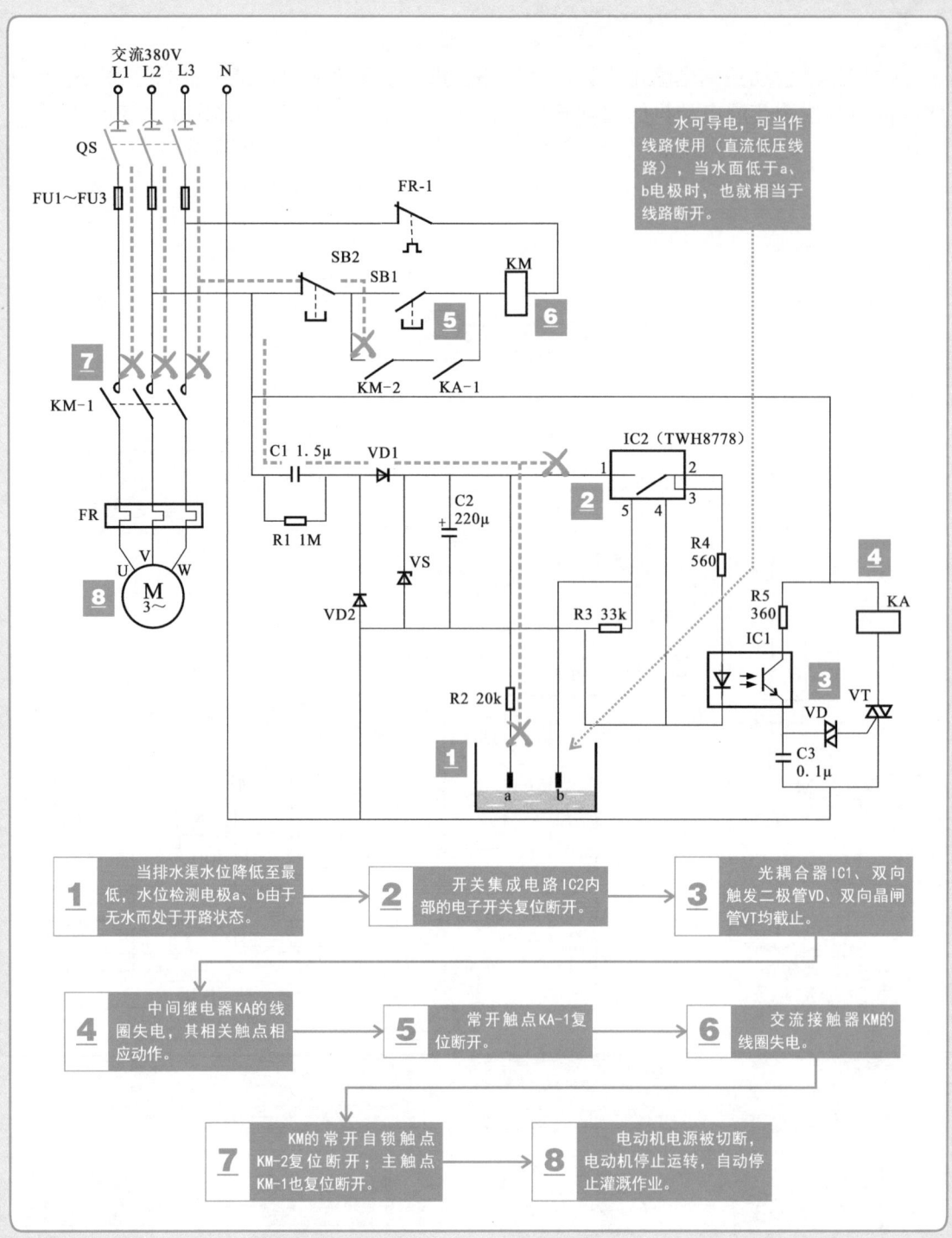

特别提醒

当排灌电动机进行农田灌溉过程中,需要手动控制排灌电动机停止运转时,按下停止按钮SB2,交流接触器KM线圈失电,常开辅助触点KM-2复位断开,解除自锁功能;同时,常开主触点KM-1复位断开,切断排灌电动机的供电电源,排灌电动机停止运转。

4. 农田喷灌自动控制电路的识读

农田喷灌自动控制电路是指在进行农田喷灌时能够根据土壤湿度自动控制喷灌电动机的起动和停机。当土地干涸（土壤湿度小）时，喷灌电动机工作，自动为农田进行喷灌作业；当土地潮湿（土壤湿度大）时，喷灌电动机自动停机，停止喷灌作业。识读过程可参看下面的图解演示。

【农田喷灌自动控制电路图中自动起动过程的识读】

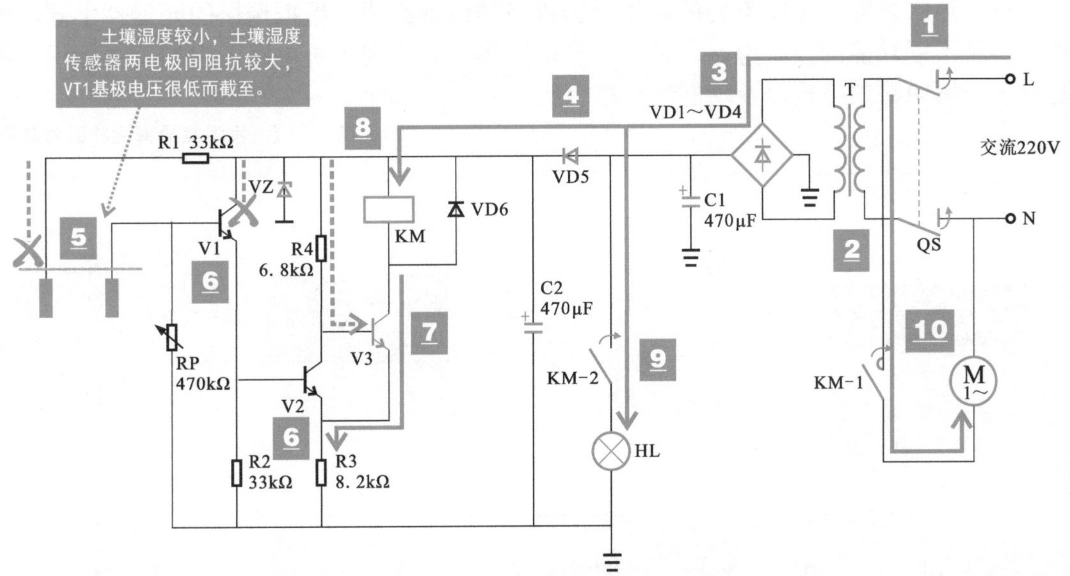

| 1 | 闭合电源总开关QS，接通三相电源。 | → | 2 | 交流220V电压经变压器T降压为交流低压。 | → | 3 | 桥式整流堆VD1~VD4整流，滤波电容器C1滤波后，输出直流电压。 | → | 4 | 输出的直流电压再经过二极管VD5整流、滤波电容C2滤波后，送到控制电路中。 |

| 5 | 当土壤湿度较小时，土壤湿度传感器两电极间阻抗较大，电流很小。 | → | 6 | 晶体管V1基极为低电平，V1截止。晶体管V2基极为低电平，V2截止。 | → | 7 | 直流电压经电阻器R4送到晶体管V3基极，晶体管V3导通。 |

| 8 | 直流接触器KM的线圈得电，其触点全部动作。 | → | 9 | KM常开辅助触点KM-2闭合，喷灌指示灯HL点亮。 | → | 10 | KM常开主触点KM-1闭合，喷灌电动机接通单相电源起动运转，开始喷灌作业。 |

特别提醒

当土壤湿度较大时，土壤湿度传感器两电极间阻抗较小，电流可以流过。晶体管V1基极为高电平，V1导通。晶体管V2基极为高电平，V2导通。晶体管V3基极为低电平，V3截止，交流接触器KM线圈失电，其常开辅助触点KM-2复位断开，切断喷灌指示灯HL的供电电源，HL熄灭。常开主触点KM-1复位断开，切断喷灌电动机的供电电源，电动机停止运转。

163

7.3 种植设备控制电路图的识读方法

7.3.1 种植设备控制电路图的结构

种植设备控制电路是指用于农业种植产业的辅助控制电路,如土壤湿度检测、菌类培养湿度检测电路等,主要用来帮助种植者检测植物的生长环境,保证植物的正常生长。该类控制电路主要由不同的电子元器件及传感器组成,根据选用的元器件不同,可构成多种不同功能的控制电路。识读该类电路图,首先要了解电路图中的符号标识,根据标识了解电路的结构以及功能特点。

【土壤湿度检测电路图的结构】

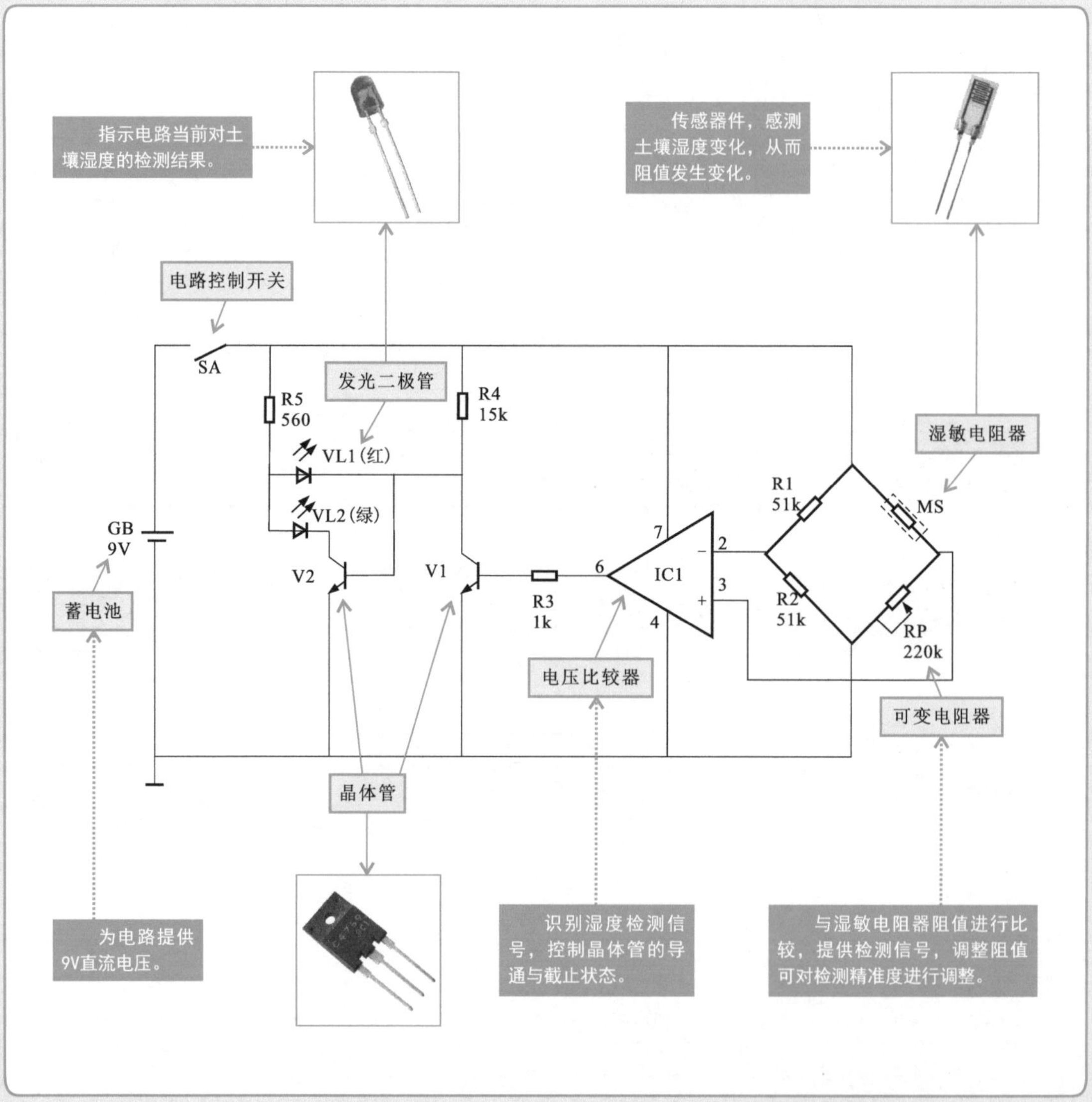

指示电路当前对土壤湿度的检测结果。

传感器件,感测土壤湿度变化,从而阻值发生变化。

电路控制开关 SA
发光二极管 R5 560 VL1(红) VL2(绿)
GB 9V 蓄电池
为电路提供9V直流电压。
R4 15k
V2 V1
晶体管
识别湿度检测信号,控制晶体管的导通与截止状态。
R3 1k
电压比较器
IC1
R1 51k
R2 51k
MS 湿敏电阻器
RP 220k
可变电阻器
与湿敏电阻器阻值进行比较,提供检测信号,调整阻值可对检测精准度进行调整。

7.3.2 种植设备控制电路图的识读

1. 土壤湿度检测电路的识读

对土壤湿度检测电路进行识读时，应从电路图中各主要元器件的功能特点和连接关系入手，对整个电路的工作流程进行细致的解析，搞清电路的工作过程和控制细节，完成土壤湿度检测电路的识读。

【土壤湿度检测电路图的识读】

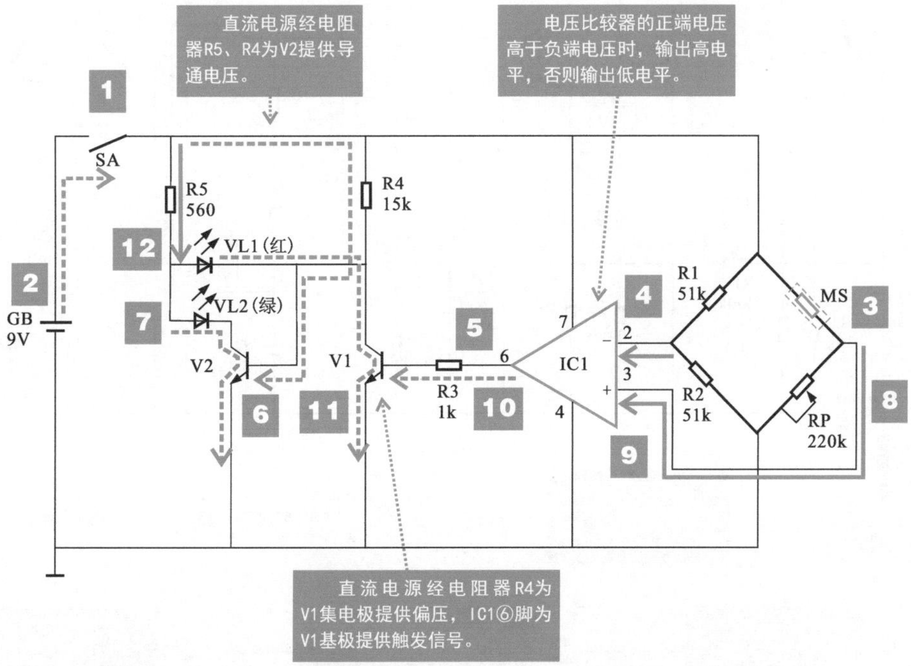

1 直流电源经电阻器R5、R4为V2提供导通电压。

电压比较器的正端电压高于负端电压时，输出高电平，否则输出低电平。

主要元件：SA、R5 560、R4 15k、VL1(红)、VL2(绿)、GB 9V、V2、V1、R3 1k、IC1、R1 51k、R2 51k、MS、RP 220k

直流电源经电阻器R4为V1集电极提供偏压，IC1⑥脚为V1基极提供触发信号。

1. 当需要启动土壤湿度检测电路时，按下开关SA，接通电路。→ 2. 蓄电池为检测电路提供9V直流电压。

3. 当土壤湿度正常时，湿敏电阻器MS的阻值大于可变电阻器RP的阻值。→ 4. 电压比较器IC1的③脚电压低于②脚。→ 5. 电压比较器IC1的⑥脚输出低电平。→ 6. V2导通，V1截止。→ 7. VL2满足导通条件而点亮，指示湿度正常。

8. 当土壤湿度过大时，湿敏电阻器MS的阻值减小，小于可变电阻器RP的阻值。→ 9. 电压比较器IC1的③脚电压高于②脚。→ 10. 电压比较器IC1的⑥脚输出高电平。→ 11. V1导通，V2截止。→ 12. VL1满足导通条件而点亮，指示湿度过大。

> **特别提醒**
> 土壤湿度检测电路是利用湿敏电阻器对湿度感应产生变化，利用指示灯进行提示，可以实现对土壤湿度的实时检测，防止湿度过大导致减产的情况发生。该电路多用于农业种植对湿度检测，使种植者可以随时根据该检测设备的提醒对湿度进行调整。

2. 菌类培养室湿度检测电路的识读

菌类培养室湿度检测电路中设有NE555集成电路和扬声器。由于培养菌类对土壤湿度的要求很高，通常都会采用该电路对菌类培养室内的湿度进行监测，当湿度出现异常时，NE555集成电路会控制扬声器发出报警声。识读过程可参看下面的图解演示。

【菌类培养室湿度检测电路图中湿度过大报警过程的识读】

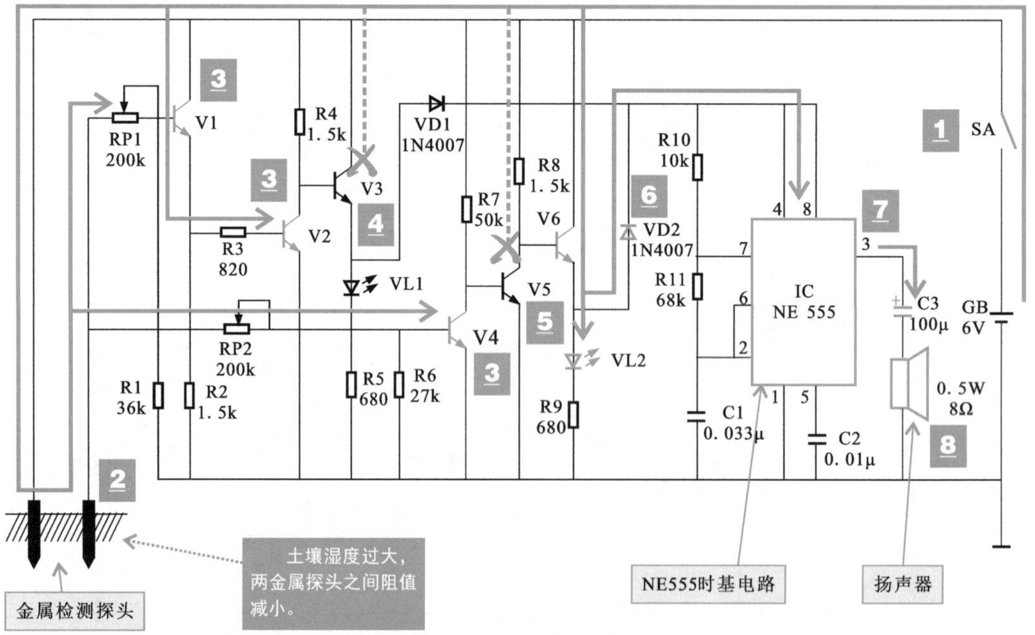

1. 闭合电路中的开关SA，蓄电池GB为电路供电。
2. 当培植菌类的环境湿度过大时，两探头之间的电阻减小。
3. 此时晶体管V1、V2和V4相继导通。
4. 晶体管V3截止。
5. 晶体管V5截止，而晶体管V6导通，使发光二极管VL2发光。
6. 二极管VD2导通，电压经二极管送到集成电路芯片中。
7. 集成电路芯片IC（NE555）的④、⑧脚电压上升，于是③脚输出报警信号。
8. 报警信号经C3耦合到扬声器中，扬声器发出警报声。

特别提醒

对菌类培养室湿度检测电路进行识读时，应从电路图中各主要元器件的功能特点和连接关系入手，对整个电路的工作流程进行细致的解析，搞清电路的工作过程和控制细节，完成菌类培养室湿度检测电路的识读过程。

第7章 农机控制电路的识读

【菌类培养室湿度检测电路中湿度过小报警过程的识读】

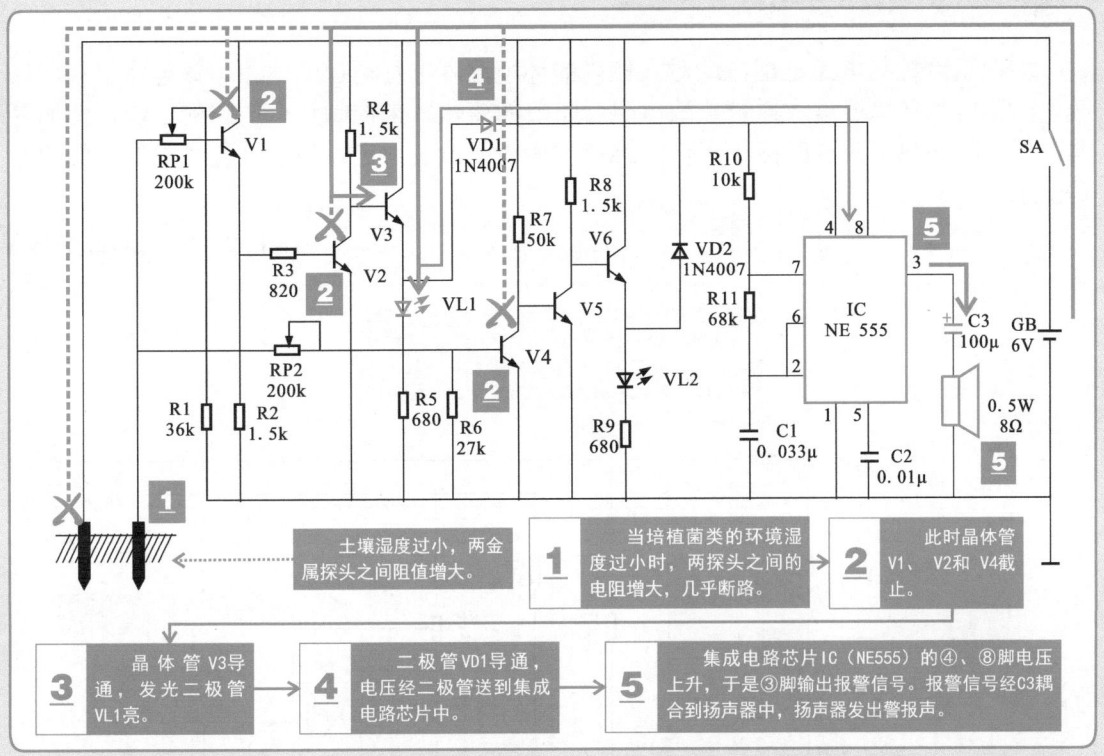

【菌类培养室湿度检测电路中湿度正常工作过程的识读】

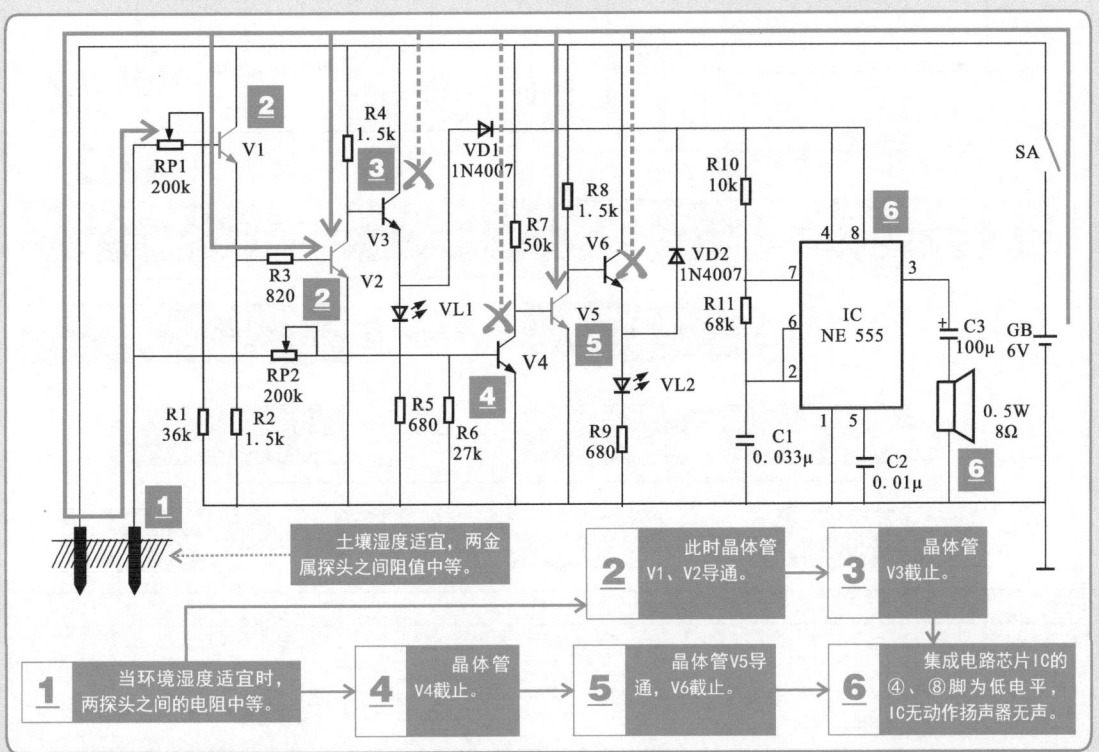

3. 大棚温度控制电路的识读

大棚温度控制电路是指自动对大棚内的环境温度进行调控的电路，该电路中利用热敏电阻器检测环境温度，通过热敏电阻器阻值的变化，来控制整个电路的工作，使加热器在低温时加热、高温时停止工作，维持大棚内的温度恒定。识读过程可参看下面的图解演示。

【大棚温度控制电路图的识读】

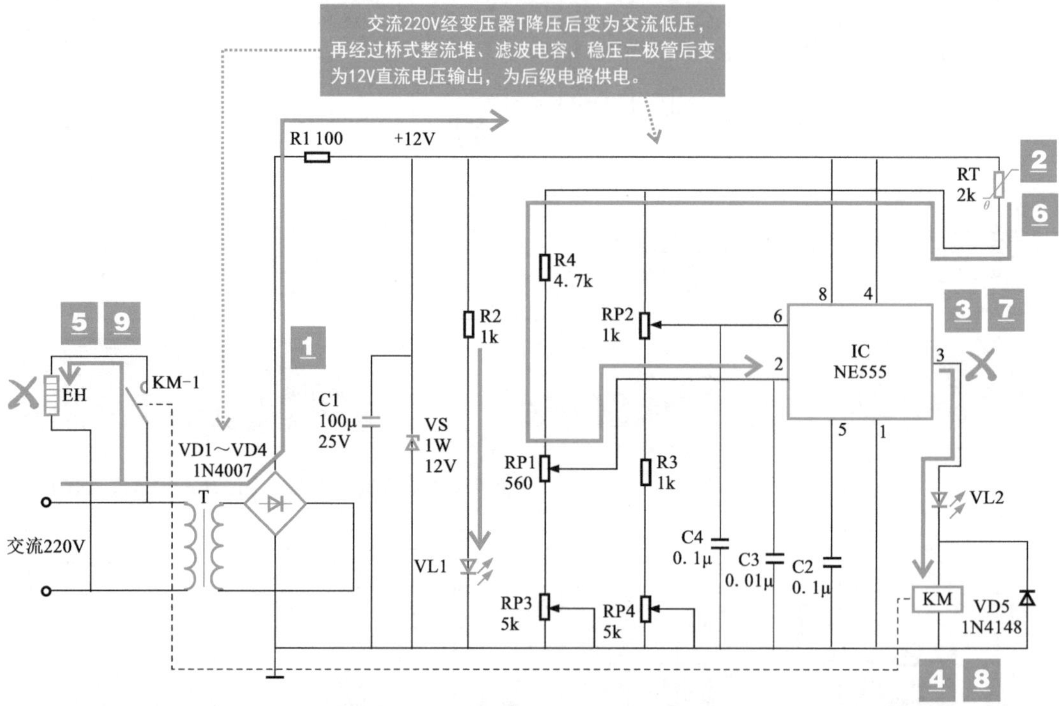

交流220V经变压器T降压后变为交流低压，再经过桥式整流堆、滤波电容、稳压二极管后变为12V直流电压输出，为后级电路供电。

1 交流电压经处理后为后级电路供电。

2 当大棚中的温度较低时，热敏电阻器RT的阻值减小，使IC NE555的②脚的电压升高。

3 IC NE555的③脚输出高电平，指示灯VL2点亮。

4 继电器KM线圈得电，触点动作。

5 KM常开触点KM-1接通，加热器得电开始加热，大棚内温度升高。

6 当大棚中的温度较高时，热敏电阻器RT的阻值变大，使IC NE555的②脚的电压降低。

7 IC NE555的③脚输出低电平，指示灯VL2熄灭。

8 继电器KM线圈失电，触点复位。

9 KM常开触点KM-1复位断开，加热器失电，停止加热。

加热器反复工作，维持大棚内的温度恒定。

特别提醒

该电路图中，NE555时基电路的外围设置有多个可变电阻器（RP1~RP4），通过调节这些可变电阻器的大小，可以对设置NE555的工作参数，从而调节大棚内的恒定温度。

4.豆芽自动浇水控制电路的识读

豆芽自动浇水控制电路是指自动对种植的豆芽进行浇水的一类种植设备电路，该电路中利用多个NE555时基电路对浇水器、扬声器等进行控制，实现自动化浇水、异常报警作业。识读过程可参看下面的图解演示。

【豆芽自动浇水控制电路图的识读】

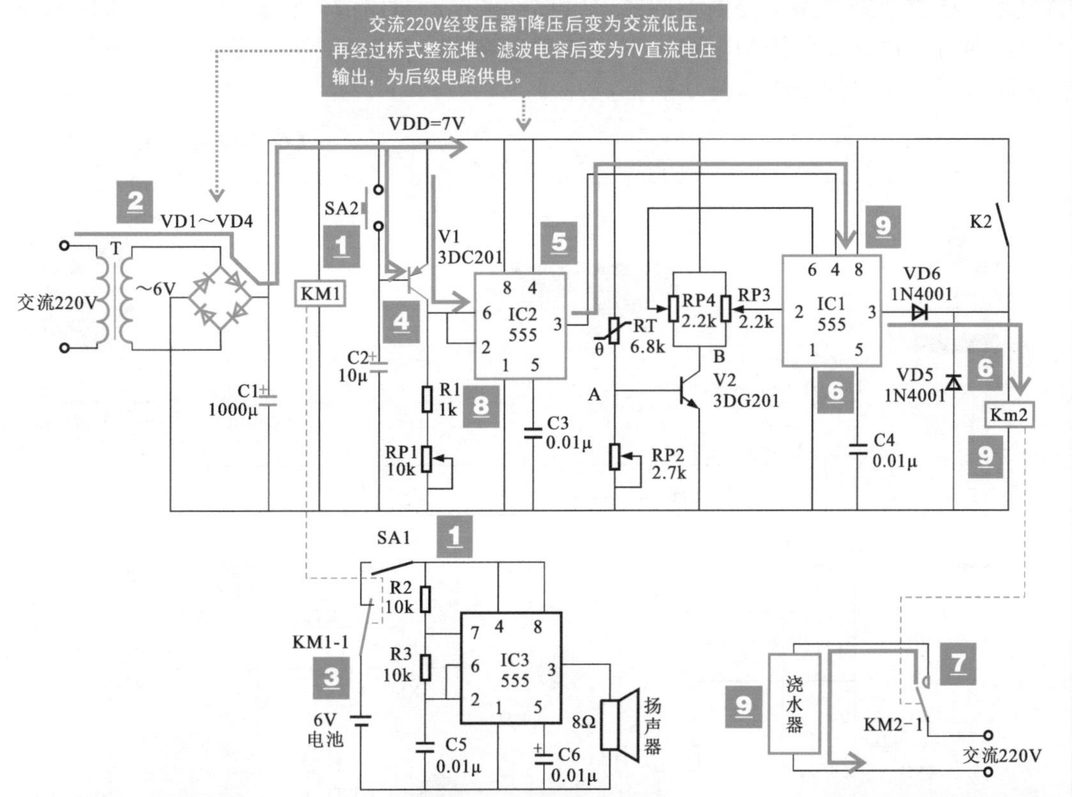

1 闭合开关SA1、SA2，接通交流电源。 → 2 交流220V电压经处理后为继电器KM1和控制电路供电。 → 3 KM1常闭触点KM1-1断开，报警电路不工作。

4 直流电压经电容器C2使晶体管V1导通。 → 5 高电平经V1送入IC2的⑥脚，由其③脚输出低电平。 → 6 低电平送入IC1的④脚，由其③脚输出高电平，使二极管VD6导通，继电器KM2的线圈得电。

7 KM2常开触点KM2-1接通，浇水器得电工作。 → 8 当一段时间后，电容器C2的电压增高，使晶体管V1截止，IC2的②脚输入低电平，由③高输出高电平。 → 9 高电平送入到IC1的④脚，由其③脚输出低电平，继电器KM2的线圈失电，其触点KM2-1断开，浇水器停止。

特别提醒

对豆芽自动浇水控制电路进行识读时，应从电路图中各主要元器件的功能特点和连接关系入手，对整个控制电路的工作流程进行细致的解析，搞清控制电路的工作过程和控制细节，完成豆芽自动浇水控制电路的识读过程。

7.4 农产品加工设备控制电路图的识读方法

7.4.1 农产品加工设备控制电路图的结构

农产品加工设备控制电路是指用于农产品加工，如谷物加工、磨面、秸秆切碎等控制电路。该类控制电路主要由不同的电气部件及电动机组成，根据选用的元器件不同，可构成多种不同功能的控制电路。识读该类电路图，首先要了解电路图中的符号标识，根据标识了解电路的结构以及功能特点。

【秸秆切碎机控制电路图的结构】

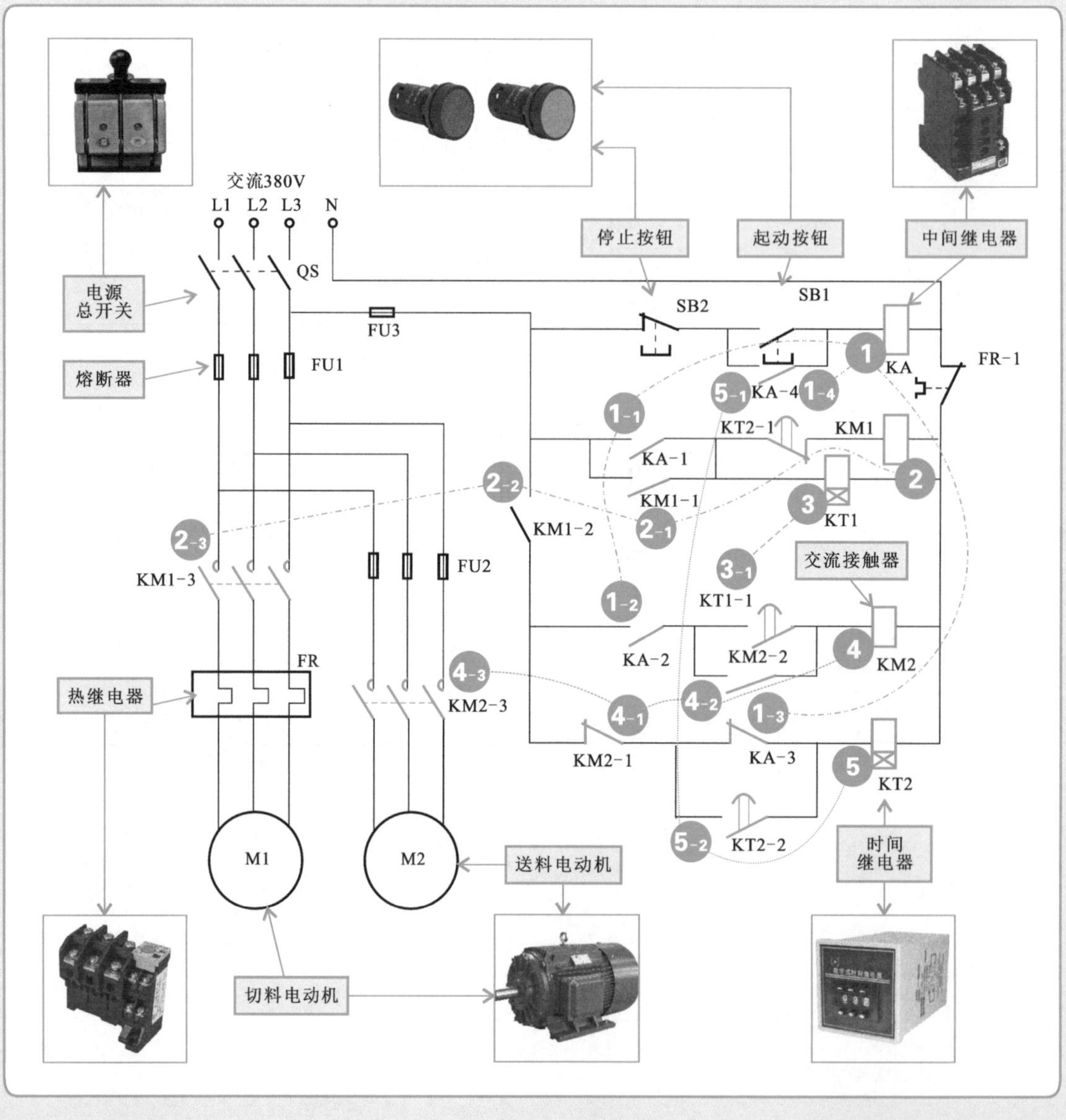

7.4.2 农产品加工设备控制电路图的识读

1. 秸秆切碎机控制电路的识读

对秸秆切碎机控制电路进行识读时，应从电路图中各主要元器件的功能特点和连接关系入手，对整个控制电路的工作流程进行细致的解析，搞清控制电路的工作过程和控制细节，完成秸秆切碎机控制电路的识读。

【秸秆切碎机控制电路图中起动过程的识读】

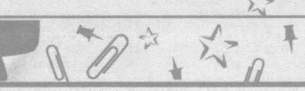

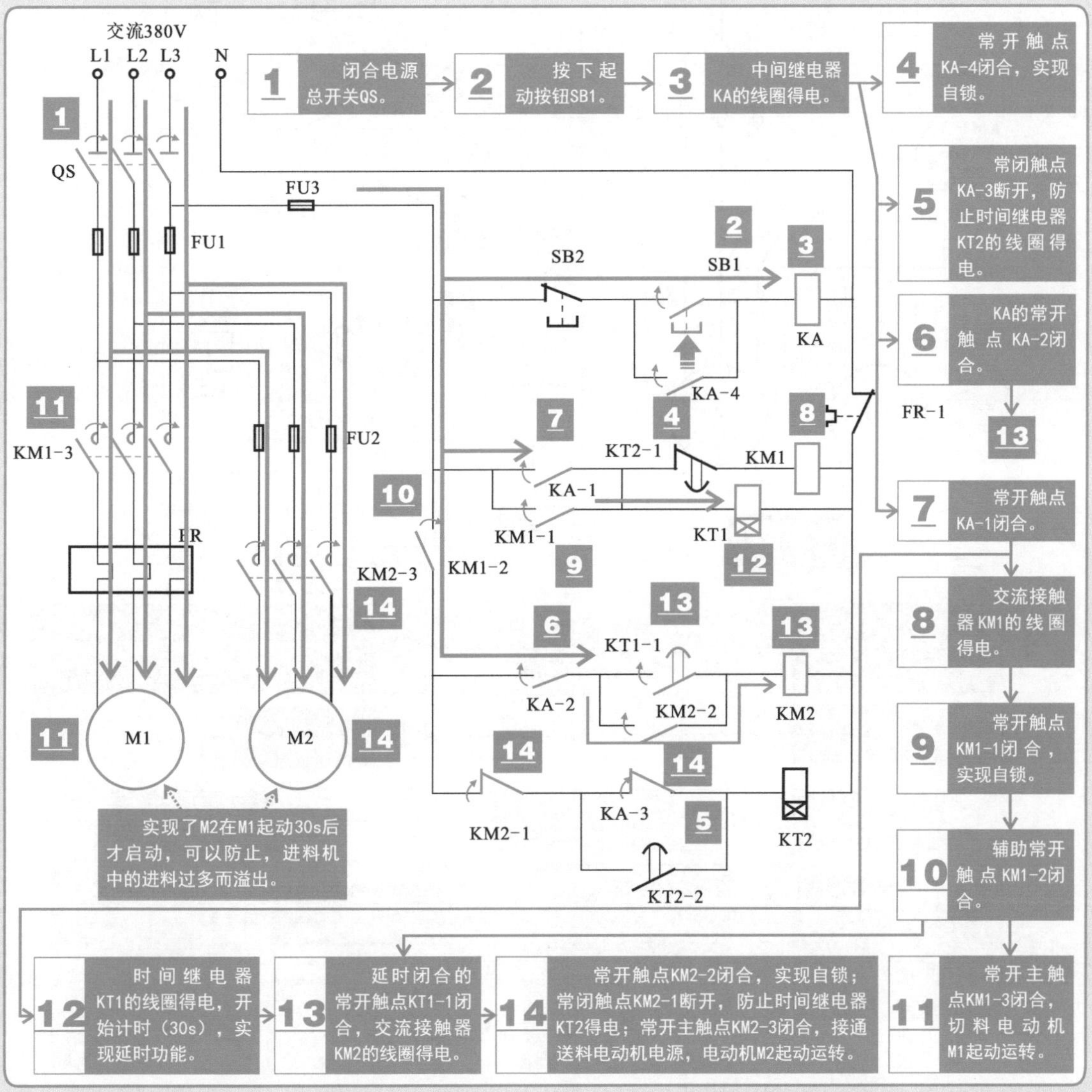
交流380V
L1 L2 L3 N
QS
FU1
FU2
FU3
KM1-3
FR
M1
M2
KM2-3
KM1-2
SB2
SB1
KA
KA-4
KT2-1
KM1
KA-1
KM1-1
KT1
FR-1
KT1-1
KA-2
KM2-2
KM2
KM2-1
KA-3
KT2-2
KT2
1 闭合电源总开关QS。
2 按下起动按钮SB1。
3 中间继电器KA的线圈得电。
4 常开触点KA-4闭合，实现自锁。
5 常闭触点KA-3断开，防止时间继电器KT2的线圈得电。
6 KA的常开触点KA-2闭合。
7 常开触点KA-1闭合。
8 交流接触器KM1的线圈得电。
9 常开触点KM1-1闭合，实现自锁。
10 辅助常开触点KM1-2闭合。
11 常开主触点KM1-3闭合，切料电动机M1起动运转。
12 时间继电器KT1的线圈得电，开始计时（30s），实现延时功能。
13 延时闭合的常开触点KT1-1闭合，交流接触器KM2的线圈得电。
14 常开触点KM2-2闭合，实现自锁；常闭触点KM2-1断开，防止时间继电器KT2得电；常开主触点KM2-3闭合，接通送料电动机电源，电动机M2起动运转。
实现了M2在M1起动30s后才启动，可以防止，进料机中的进料过多而溢出。

特别提醒

秸秆切碎机控制电路是指利用两个电动机带动机器上的机械设备动作，它是完成送料和切碎工作的一类农机控制电路，该电路可有效节省人力劳动，提高工作效率。

【秸秆切碎机控制电路图中停机过程的识读】

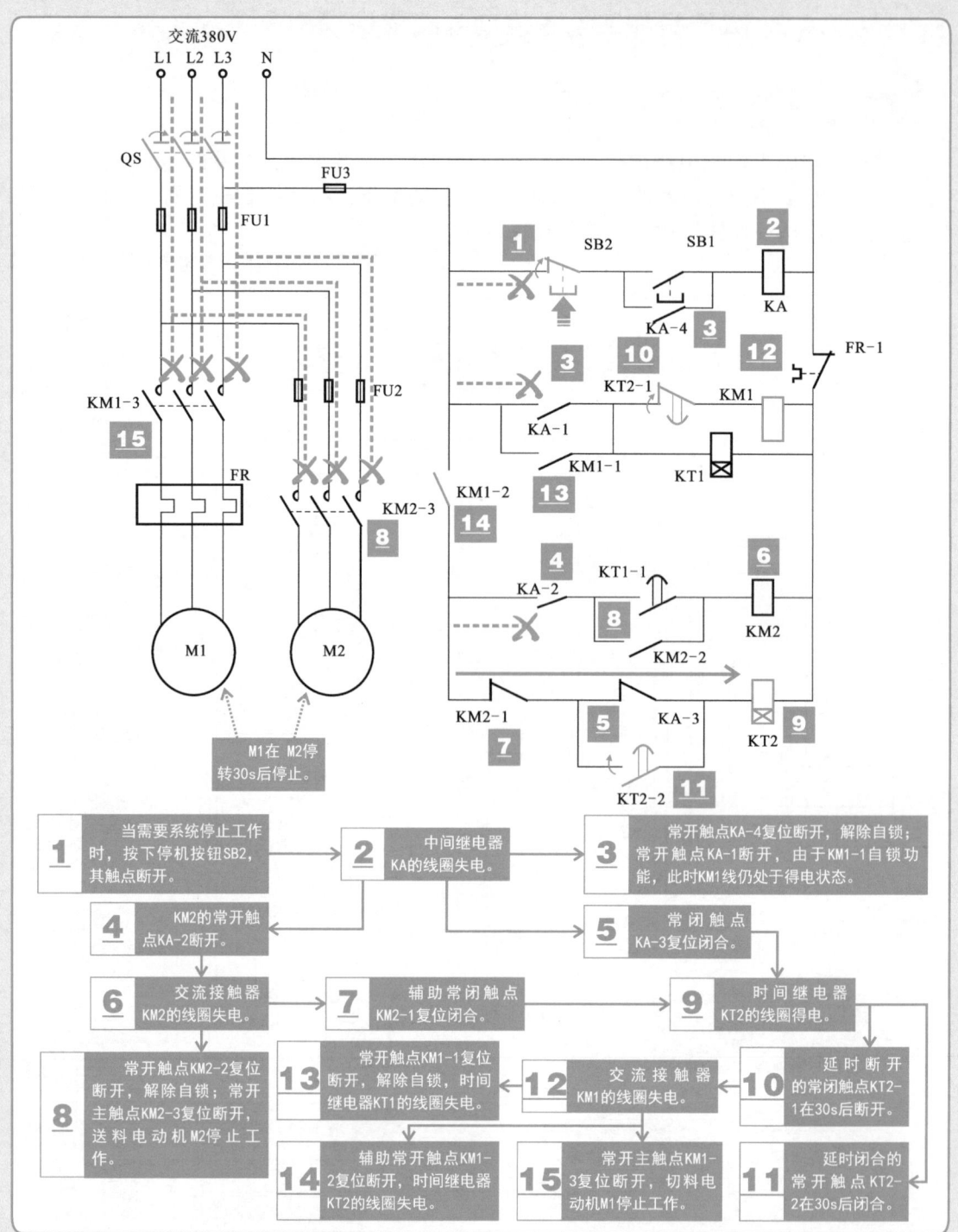

特别提醒

在秸秆切碎机控制电路工作过程中，若电路出现过载、电动机堵转导致过电流、温度过热等情况时，热继电器FR的热元件便会发热，其常闭触点FR-1自动断开，使电路断电，电动机停转，进入保护状态。

2.磨面机控制电路的识读

磨面机控制电路是利用电气部件对电动机进行控制，进而由电动机带动磨面机械设备工作，实现磨面功能。该电路可以节约人力劳动和能源消耗并提高工作效率。识读过程可参看下面的图解演示。

【磨面机控制电路图中起动过程的识读】

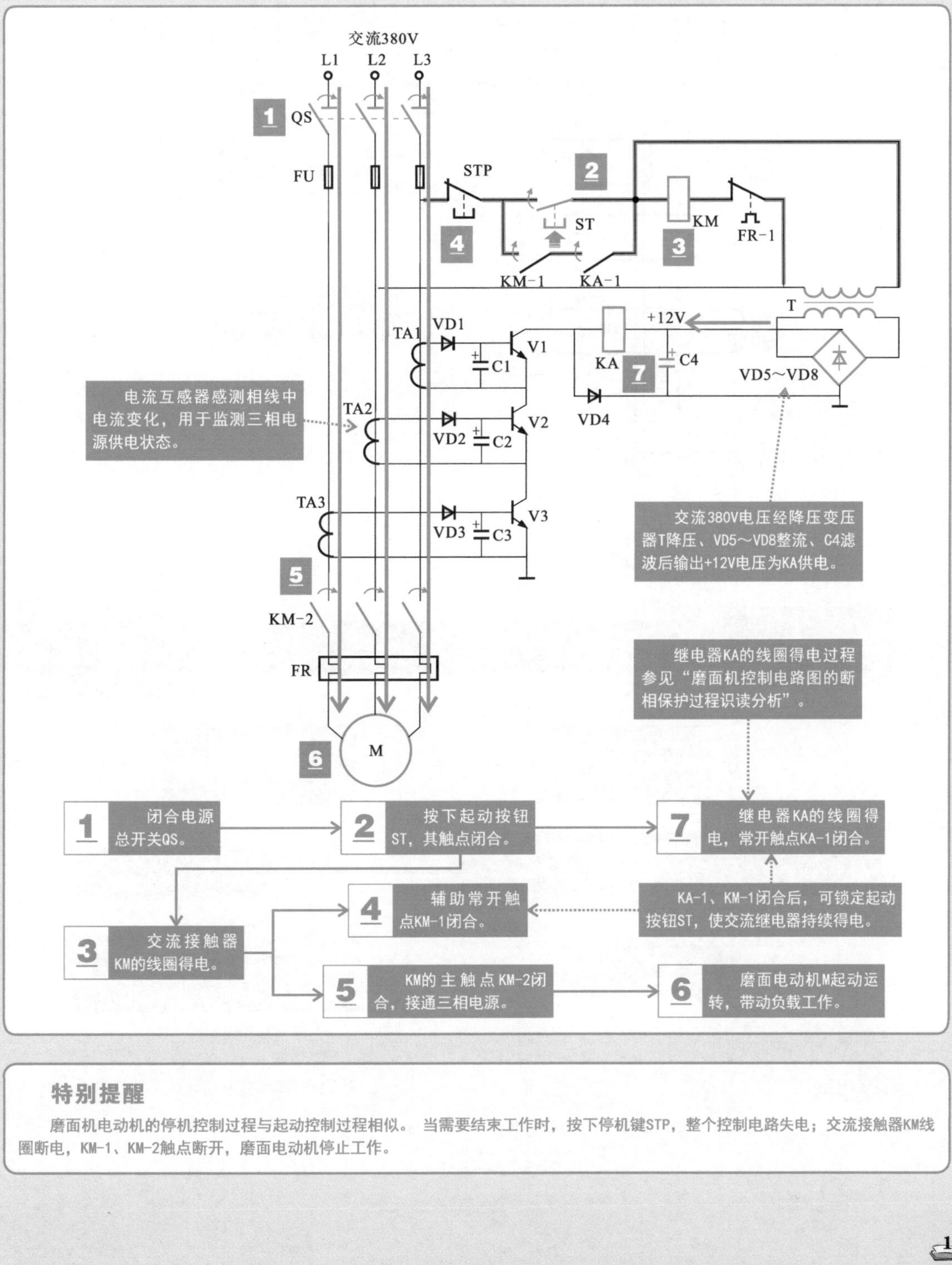

交流380V
L1
L2
L3
QS
FU
STP
ST
KM
FR-1
KM-1
KA-1
T
+12V
TA1
VD1
V1
C1
KA
C4
VD5～VD8
VD4
TA2
VD2
C2
V2
TA3
VD3
C3
V3
KM-2
FR
M
电流互感器感测相线中电流变化，用于监测三相电源供电状态。
交流380V电压经降压变压器T降压、VD5～VD8整流、C4滤波后输出+12V电压为KA供电。
继电器KA的线圈得电过程参见“磨面机控制电路图的断相保护过程识读分析”。
1 闭合电源总开关QS。
2 按下起动按钮ST，其触点闭合。
7 继电器KA的线圈得电，常开触点KA-1闭合。
3 交流接触器KM的线圈得电。
4 辅助常开触点KM-1闭合。
KA-1、KM-1闭合后，可锁定起动按钮ST，使交流继电器持续得电。
5 KM的主触点KM-2闭合，接通三相电源。
6 磨面电动机M起动运转，带动负载工作。

特别提醒

磨面机电动机的停机控制过程与起动控制过程相似。 当需要结束工作时，按下停机键STP，整个控制电路失电；交流接触器KM线圈断电，KM-1、KM-2触点断开，磨面电动机停止工作。

【磨面机控制电路图中断相保护过程的识读】

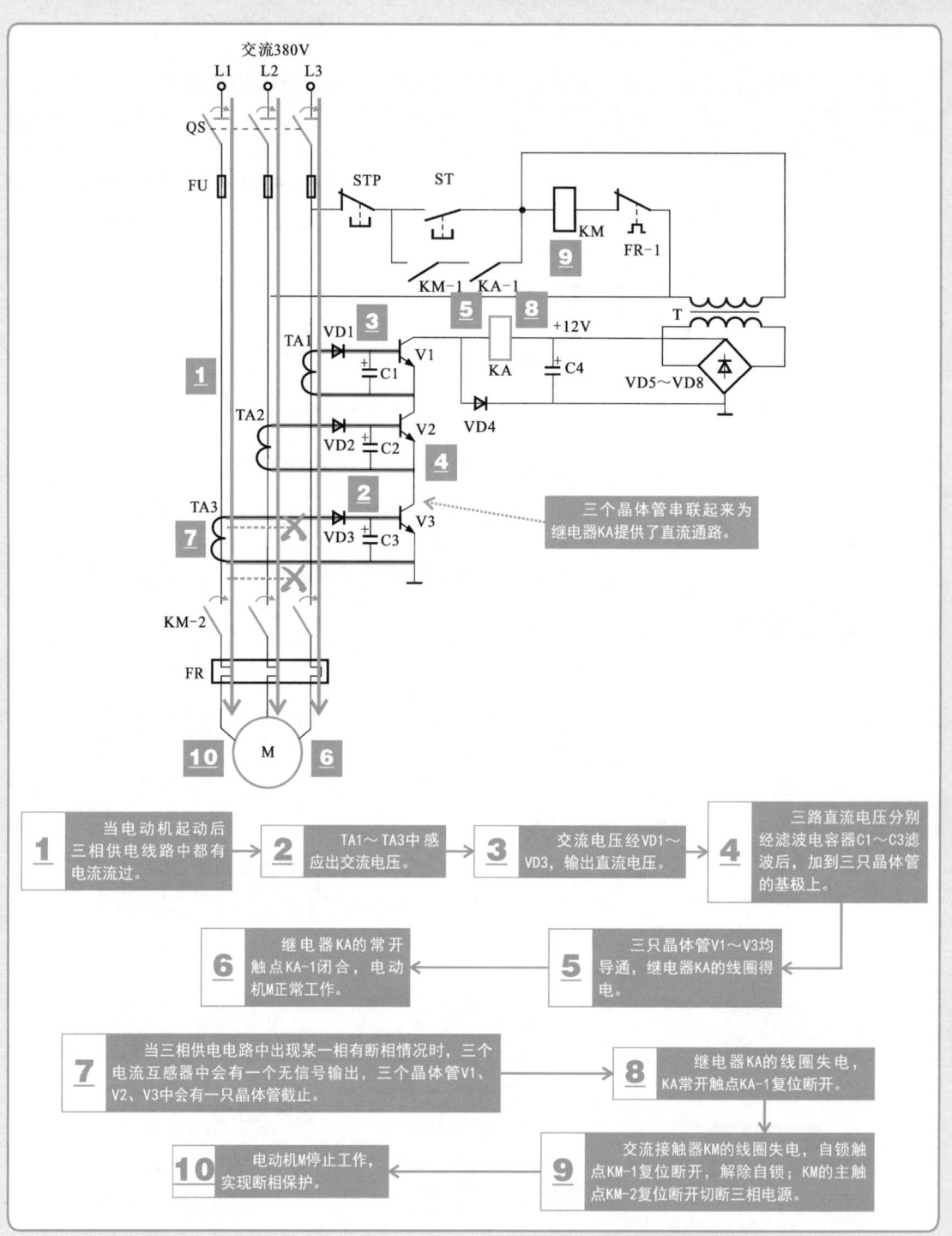

特别提醒

在夏季连续工作时间过长，机器温升过高、过热继电器FR会自动断开，便切断了电动机的供电电源，同时也切断了KM的供电，磨面机进入断电保护状态。这种情况在冷却后仍能正常工作。

3.谷物加工机控制电路的识读

谷物加工机控制电路是利用控制电路分别对三台电动机进行控制，再由三台电动机带动用于加工谷物的机械负载设备，实现谷物加工功能。识读过程可参看下面的图解演示。

【谷物加工机控制电路图的识读】

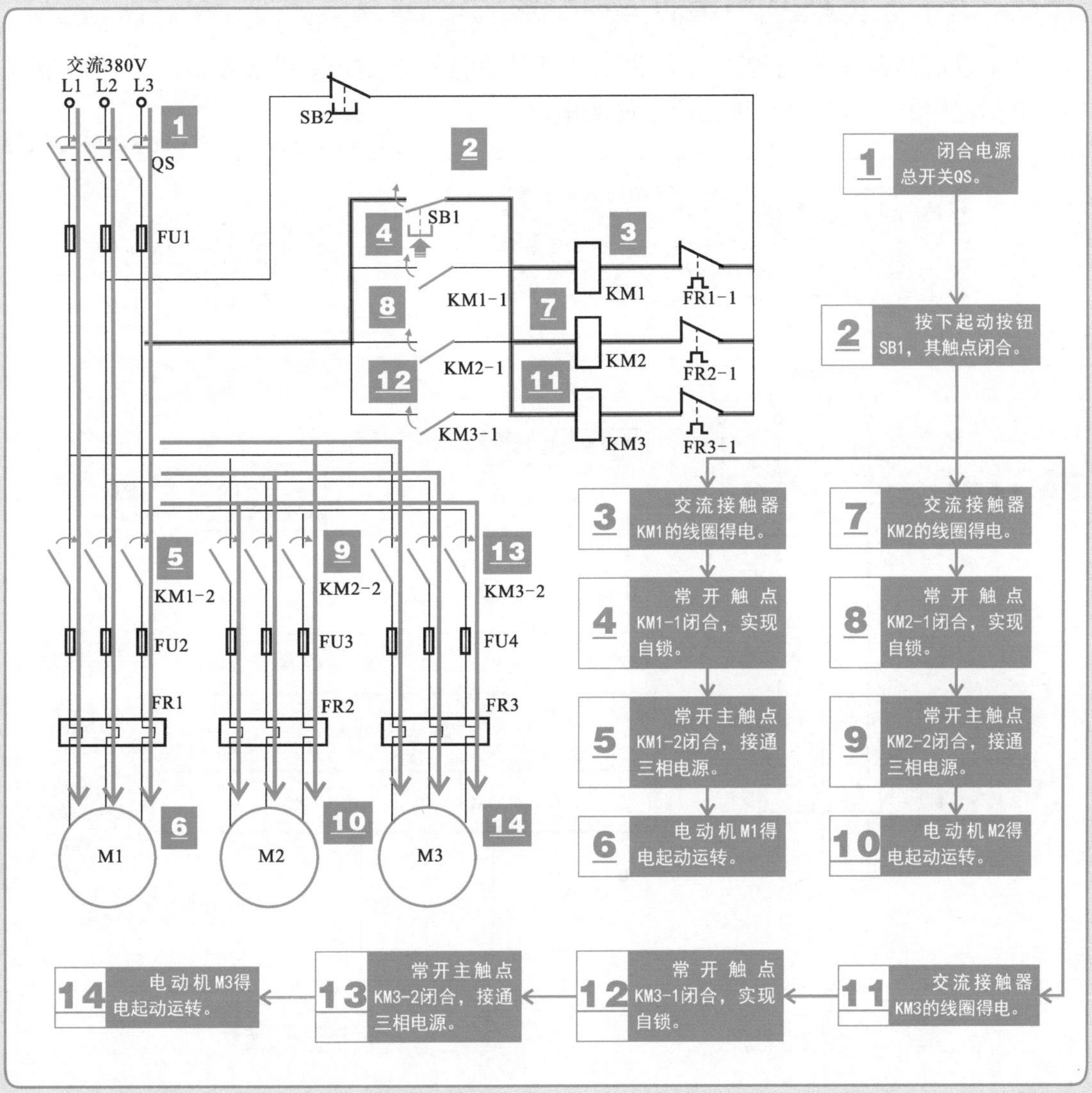

特别提醒

当加工工作完成后，需要停机时，按动停机按钮SB2，交流接触器KM1、KM2、KM3失电，三个交流接触器触点全部复位，电动机的供电电路被切断，电动机M1、M2、M3停止工作。

电源总开关处有供电保护熔断器FU1，总电流如果过电流则FU1进行熔断保护。在每个电动机的供电电路中分别设有熔断器FU2、FU3、FU4，如果某一电动机出现过载的情况时，FU2、FU3或FU4中的过电流者进行熔断保护。

此外，在每个电动机的供电电路中设有热继电器（FR1、FR2、FR3）。如果电动机出现过热的情况、热继电器FR1、FR2或FR3进行断电保护，切断电动机的供电电源，同时切断交流接触器的供电电源。

第8章 PLC及变频控制电路的识读

8.1 PLC控制电路图的识读方法

8.1.1 PLC控制电路图的结构

PLC控制电路是指将控制部件和功能部件直接连接到PLC相应接口上，然后根据PLC内部程序的设定，来实现相应功能的电路。

【三相交流电动机的PLC连续控制电路图】

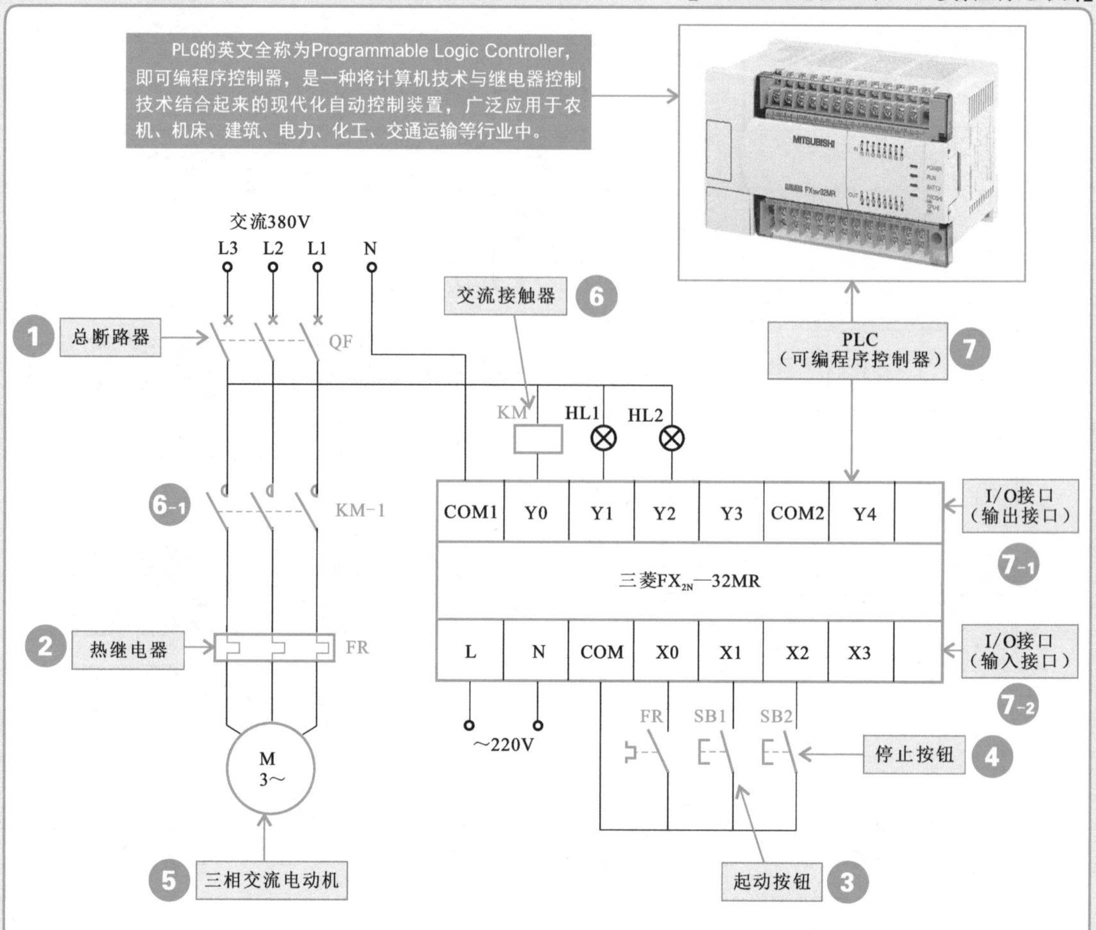

PLC的英文全称为Programmable Logic Controller，即可编程序控制器，是一种将计算机技术与继电器控制技术结合起来的现代化自动控制装置，广泛应用于农机、机床、建筑、电力、化工、交通运输等行业中。

① 用于接通三相电源。

② 用于电动机的过热保护。

③ 用于电动机的起动控制。

④ 用于电动机的停机控制。

⑤ 用于为机械设备提供动力。

⑥ 交流接触器线圈，用于控制触点动作。

⑥-1 交流接触器常开主触点，线圈得电，该触点闭合，接通三相电源，起动电动机工作。

⑦ 采用三菱FX$_{2N}$—32MR型PLC。

⑦-1 PLC输入接口用于连接控制部件（起动按钮、停止按钮等）。

⑦-2 PLC输出接口用于连接执行部件（交流接触器、指示灯等）。

第8章 PLC及变频控制电路的识读

1. PLC的I/O分配表

控制部件和执行部件分别连接到PLC相应的I/O接口上,它是根据PLC控制系统设计之初建立的I/O分配表进行连接分配的,其所连接的接口名称也将对应于PLC内部程序的编程地址编号。

【由三菱FX$_{2N}$系列PLC控制的三相交流电动机连续控制系统的I/O分配表】

输入信号及地址编号			输出信号及地址编号		
名称	代号	输入点地址编号	名称	代号	输出点地址编号
热继电器	FR1	X0	交流接触器	KM	Y0
起动按钮	SB1	X1	运行指示灯	HL1	Y1
停止按钮	SB2	X2	停机指示灯	HL2	Y2

2. PLC内的梯形图程序

可编程序控制器(PLC)是通过预先编好的程序来实现对不同生产过程的自动控制,而梯形图(LAD)是目前使用最多的一种编程语言,它是以触点符号代替传统电气控制回路中的按钮、接触器、继电器触点等部件的一种编程语言。

【由三菱FX$_{2N}$系列PLC控制的三相交流电动机连续控制系统中PLC内梯形图控制程序】

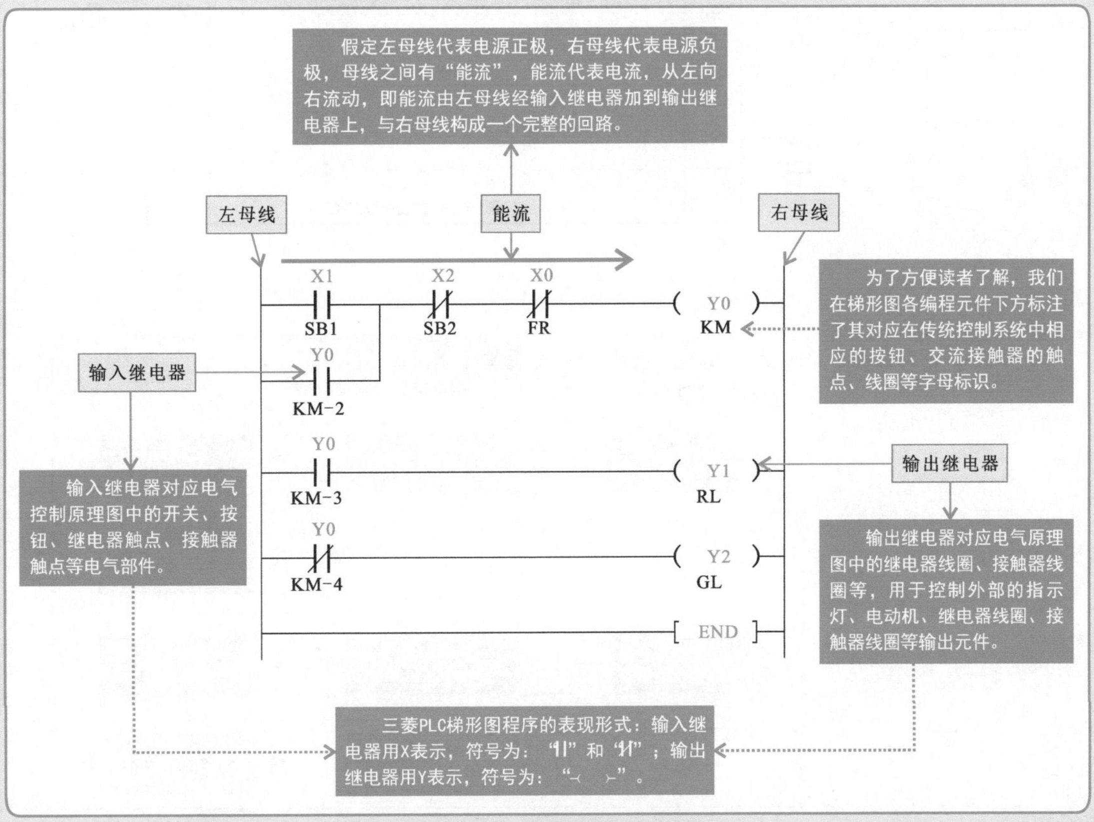

8.1.2 PLC控制电路图的识读

1. 三相交流电动机的PLC连续控制电路识读

对三相交流电动机的PLC连续控制电路进行识读时，应从电路图中各主要部件的功能特点、PLC的I/O分配表和PLC内部用户梯形图（见8.1.1）程序入手进行细致解析。

【PLC控制下三相交流电动机起动控制过程的识读】

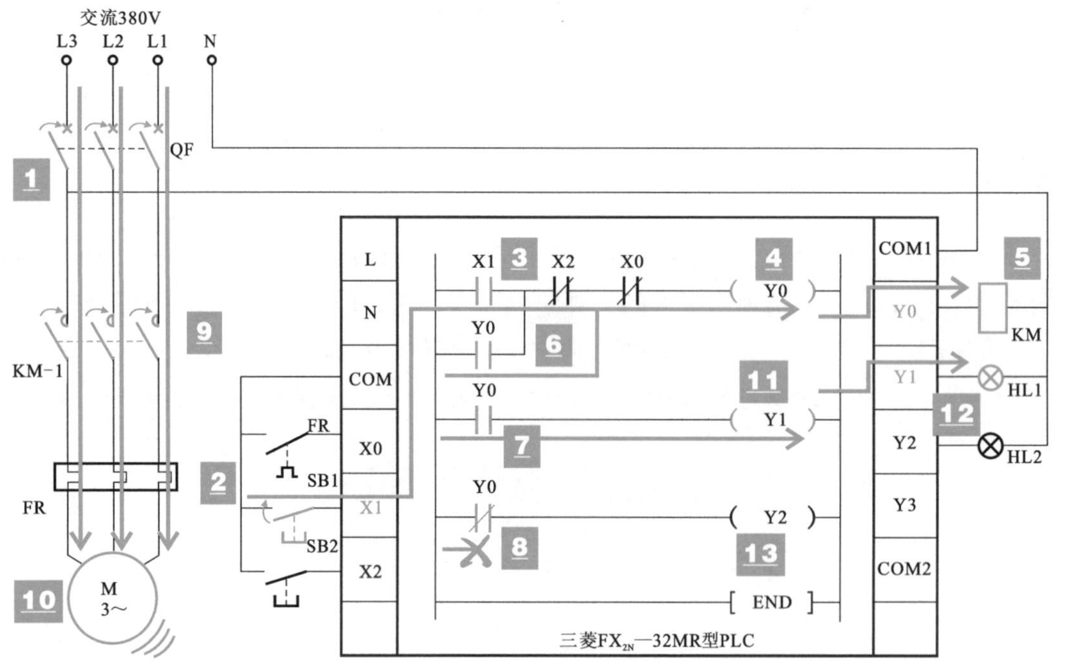

1. 合上总断路器QF，接通三相电源。
2. 按下起动按钮SB1。
3. 梯形图中输入继电器X1置1，即常开触点X1闭合。
4. 输出继电器Y0得电。
5. 交流接触器KM的线圈得电。
6. 自锁触点Y0闭合自锁。
7. 常开触点Y0闭合。
8. 常闭触点Y0断开。
9. 主电路中的主触点KM-1闭合。
10. 电动机得电起动运转。
11. 输出继电器Y1得电。
12. 运行指示灯HL1得电点亮。
13. 防止输出继电器Y2得电。

第8章 PLC及变频控制电路的识读

【PLC控制下三相交流电动机停机控制过程的识读】

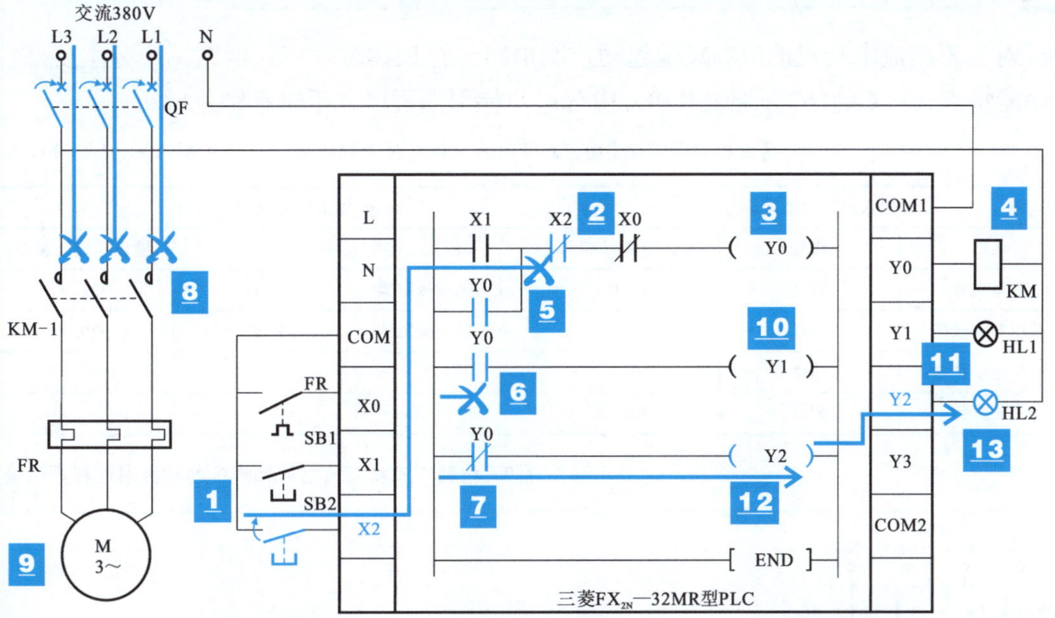

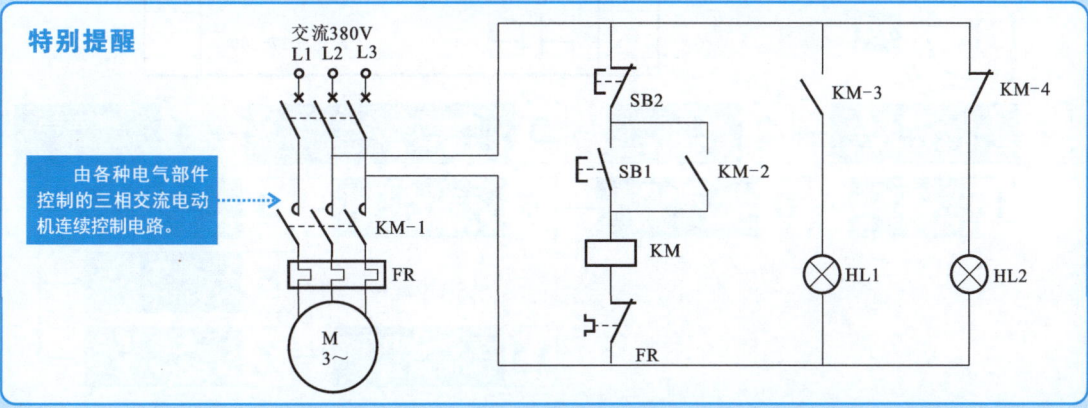

1 按下停止按钮SB2。	2 梯形图中输入继电器X2置0,即常闭触点X2断开。	3 输出继电器Y0失电。	
9 电动机失电停止运转。	8 主电路中的主触点KM-1复位断开。	4 交流接触器KM的线圈失电。	
		5 自锁触点Y0复位断开解除自锁。	
11 运行指示灯HL1失电熄灭。	10 输出继电器Y1失电。	6 常开触点Y0复位断开。	
13 停机指示HL2得电点亮。	12 输出继电器Y2得电。	7 常闭触点Y0复位闭合。	

特别提醒

由各种电气部件控制的三相交流电动机连续控制电路。

2. 三相交流电动机的PLC减压起动控制电路识读

对三相交流电动机的PLC减压起动控制电路进行识读时，应从电路图中各主要部件的功能特点、PLC的I/O分配表和PLC内部用户梯形图程序入手进行细致解析。

【由西门子S7-200型PLC控制的三相交流电动机减压起动控制系统的I/O分配表】

输入信号及地址编号			输出信号及地址编号		
名称	代号	输入点地址编号	名称	代号	输出点地址编号
热继电器	FR1	I0. 0	减压起动接触器	KM1	Q0. 0
减压起动按钮	SB1	I0. 2	全压起动接触器	KM2	Q0. 1
全压起动按钮	SB2	I0. 3			
停止按钮	SB3	I0. 4			

【PLC控制下三相交流电动机减压起动控制过程的识读】

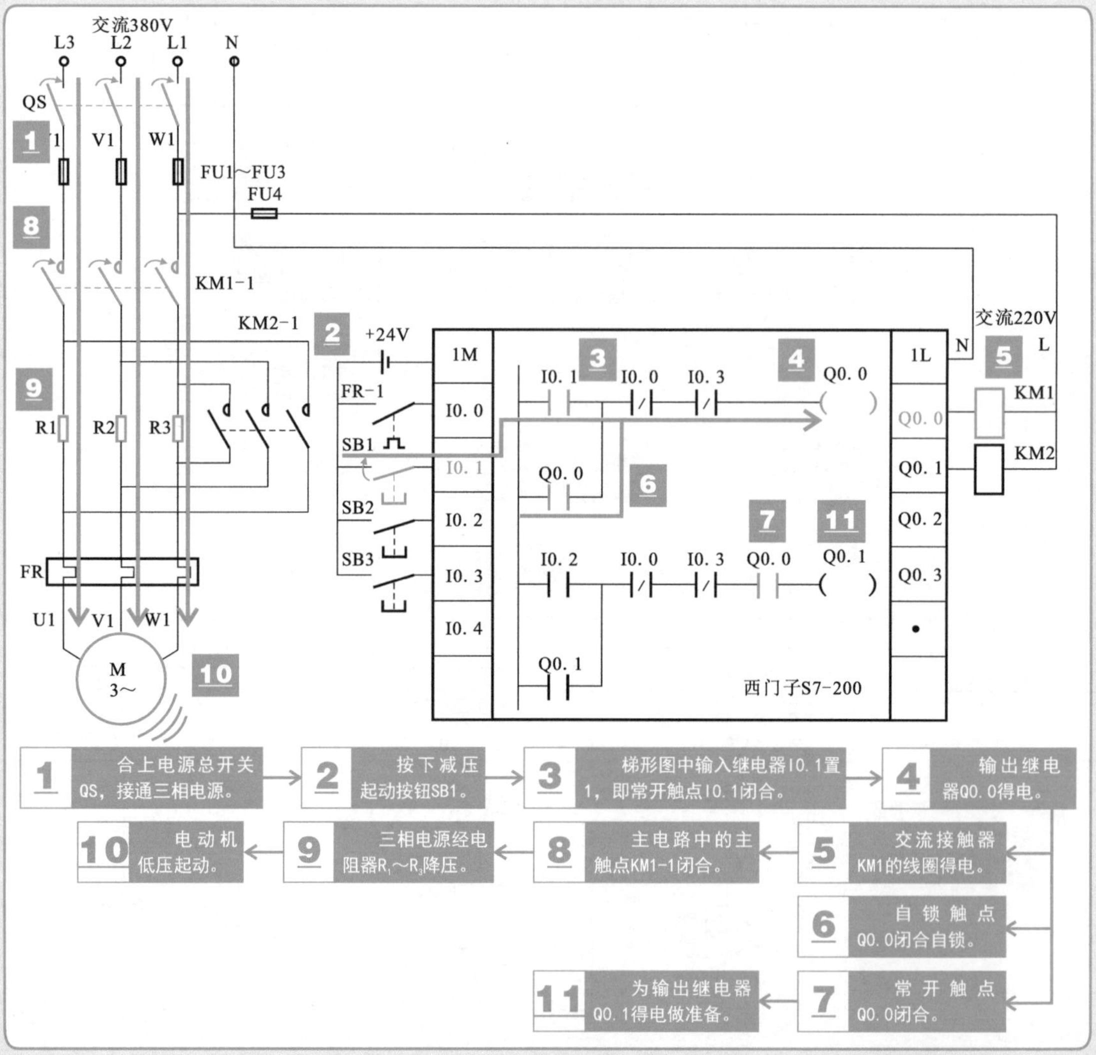

交流380V
L3 L2 L1 N
QS
U1 V1 W1
FU1~FU3
FU4
KM1-1
KM2-1
R1 R2 R3
FR
M 3~
+24V
FR-1
SB1
SB2
SB3
1M
I0. 0
I0. 1
I0. 2
I0. 3
I0. 4
1L
Q0. 0
Q0. 1
Q0. 2
Q0. 3
交流220V
N
L
KM1
KM2
西门子S7-200
1 合上电源总开关QS，接通三相电源。
2 按下减压起动按钮SB1。
3 梯形图中输入继电器I0.1置1，即常开触点I0.1闭合。
4 输出继电器Q0.0得电。
5 交流接触器KM1的线圈得电。
6 自锁触点Q0.0闭合自锁。
7 常开触点Q0.0闭合。
11 为输出继电器Q0.1得电做准备。
8 主电路中的主触点KM1-1闭合。
9 三相电源经电阻器R1~R3降压。
10 电动机低压起动。

第8章　PLC及变频控制电路的识读

【PLC控制下三相交流电动机全压起动控制过程的识读】

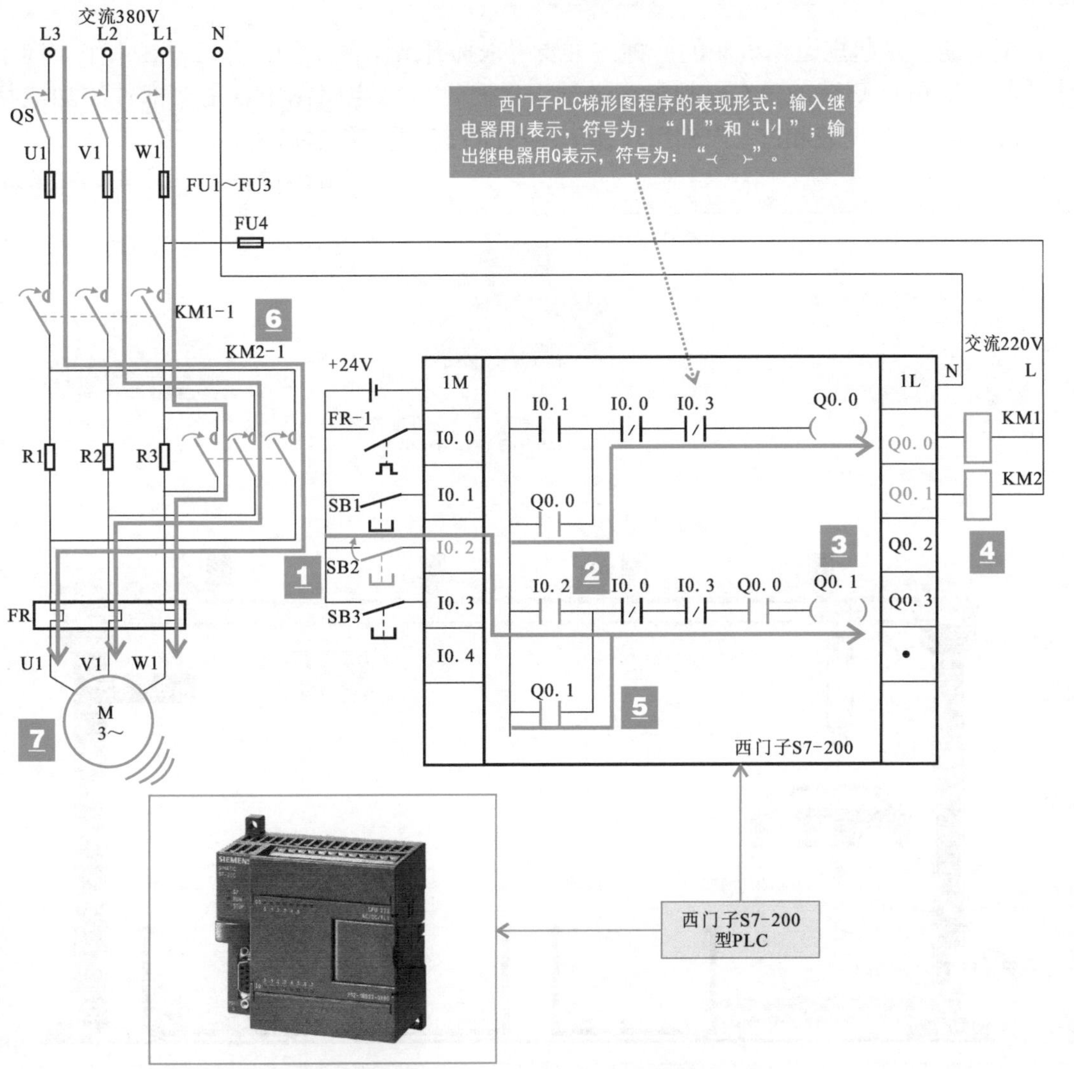

西门子PLC梯形图程序的表现形式：输入继电器用I表示，符号为："┤├"和"┤/├"；输出继电器用Q表示，符号为："─( )─"。

1 按下全压起动按钮SB2。	**2** 梯形图中输入继电器I0.2置1，即常开触点I0.2闭合。
3 输出继电器Q0.1得电。	**4** 交流接触器KM2的线圈得电。
5 自锁触点Q0.1闭合自锁。	**6** 主电路中的主触点KM2-1闭合。
7 三相电源经KM1-1、KM2-1全压送到电动机M上，电动机在全压状态下运转。	

特别提醒

在PLC控制下三相交流异步电动机的停止过程比较简单：
当按下停机按钮SB3时，其将PLC内的I0.3置"0"，即该触点断开，使得Q0.0、Q0.1失电，常开触点Q0.0、Q0.1复位断开，解除自锁。PLC外接交流接触器线圈KM1、KM2失电，主电路中的主触点KM1-1、KM2-1复位断开，切断电动机电源，电动机停止运转。

3. 电动葫芦的PLC控制电路识读

电动葫芦是起重运输机械的一种，主要用来提升或下降重物，并可以在水平方向平移重物。对电动葫芦的PLC控制电路进行识读时，应从电路图中各主要部件的功能特点、PLC的I/O分配表和PLC内部用户梯形图程序入手进行细致解析。

【电动葫芦在电镀流水线的典型应用】

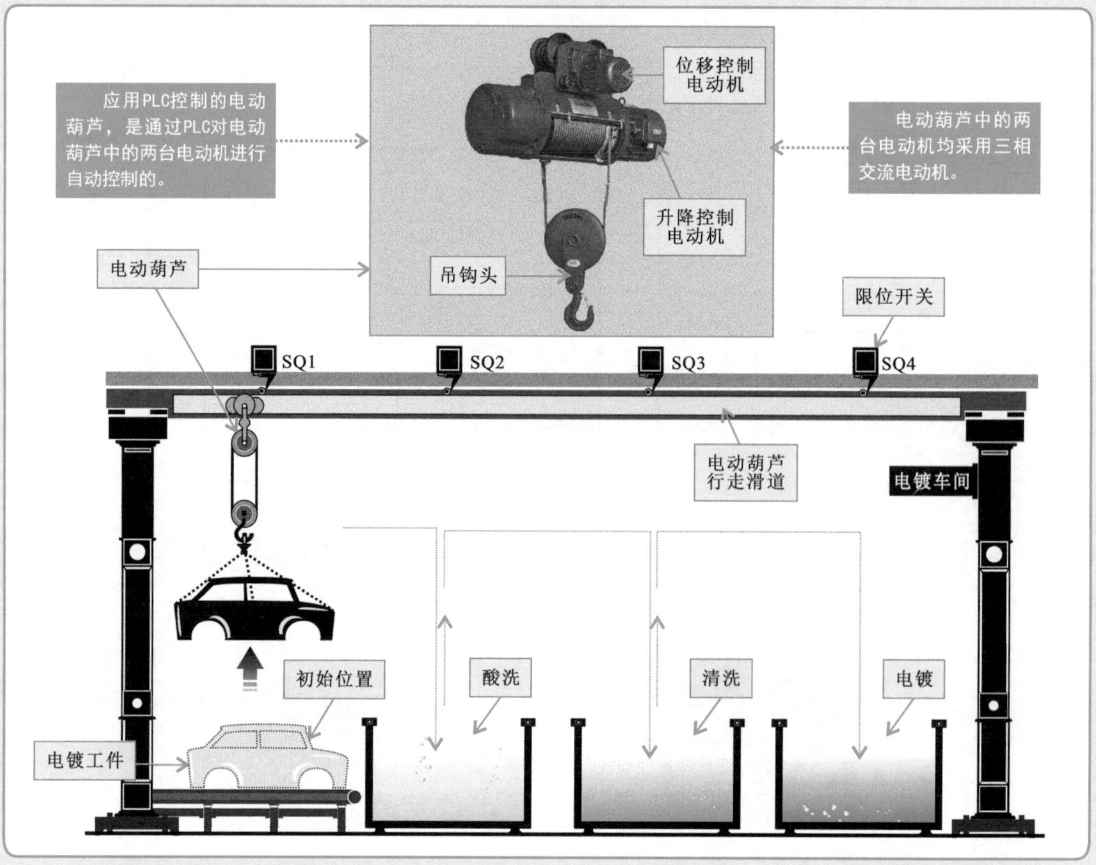

【由三菱FX_{2N}—32MR型PLC控制的电动葫芦控制系统I/O分配表】

输入信号及地址编号			输出信号及地址编号		
名称	代号	输入点地址编号	名称	代号	输出点地址编号
电动葫芦上升点动按钮	SB1	X1	电动葫芦上升接触器	KM1	Y0
电动葫芦下降点动按钮	SB2	X2	电动葫芦下降接触器	KM2	Y1
电动葫芦左移点动按钮	SB3	X3	电动葫芦左移接触器	KM3	Y2
电动葫芦右移点动按钮	SB4	X4	电动葫芦右移接触器	KM4	Y3
电动葫芦上升限位开关	SQ1	X5			
电动葫芦下降限位开关	SQ2	X6			
电动葫芦左移限位开关	SQ3	X7			
电动葫芦右移点动按钮	SQ4	X10			

【PLC控制下电动葫芦提升重物至指定位置的控制过程的识读】

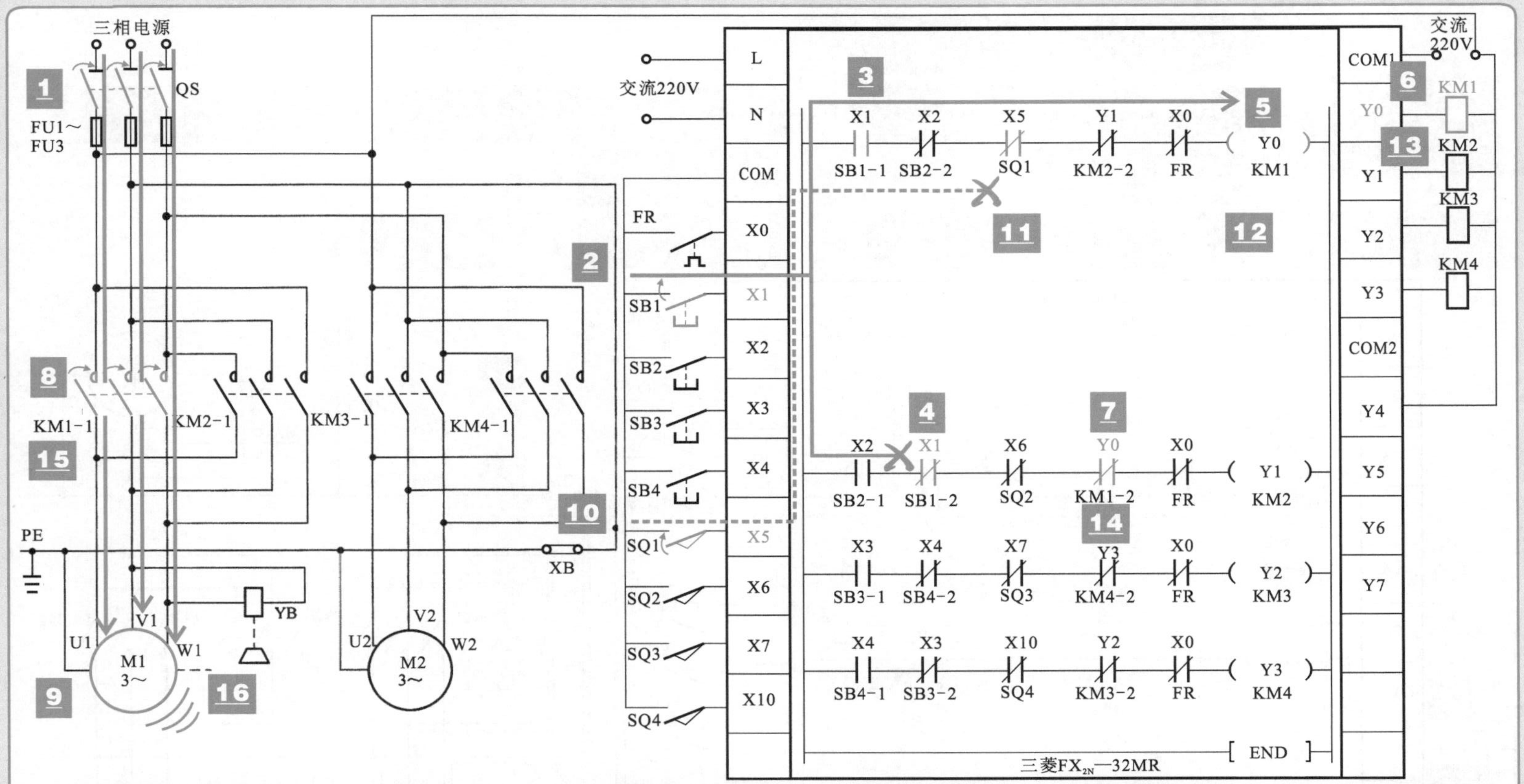

1 合上总开关QS，接通三相电源。→ 2 按下上升点动按钮SB1。→ 3 控制Y0的常开触点X1闭合。/ 4 控制Y1的常闭触点X1断开，实现互锁。

3 → 5 输出继电器Y0得电。→ 6 交流接触器KM1的线圈得电。/ 7 常闭触点Y0断开实现互锁。

6 → 8 主电路中的主触点KM1-1闭合。→ 9 升降电动机接通正向电源正向运转，提升重物。

10 当电动机上升到限位开关SQ1位置时，SQ1动作。→ 11 输入继电器常闭触点X5断开。→ 12 输出继电器Y0失电。→ 13 交流接触器KM1的线圈失电。/ 14 常闭触点Y0复位闭合。

13 → 15 主电路中主触点KM1-1复位断开。→ 16 升降电动机停止正向运转。

【PLC控制下电动葫芦水平位移到指定位置下降重物控制过程的识读】

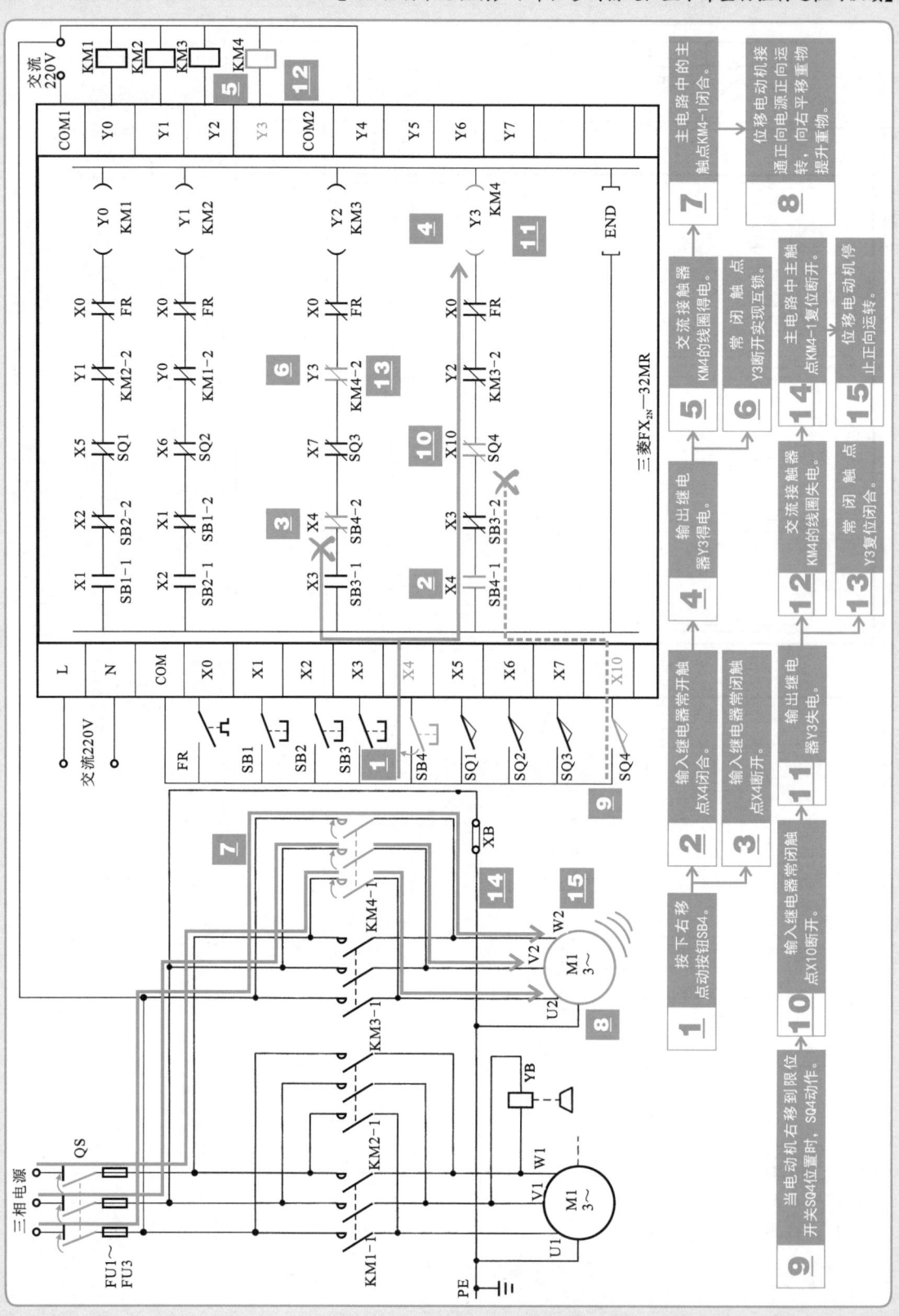

第8章 PLC及变频控制电路的识读

> **特别提醒**
>
> 在电镀生产流水线中，重物的下降、左移控制与上述的控制方式相同，可参照上述分析过程。
>
> 通过上述PLC控制电路的分析，我们大致可以归纳出在PLC控制下电动葫芦的各控制过程。另外，上述PLC控制过程中重物的提升 → 停止提升 → 右移 → 停止右移 → 下降 → 工序处理 → 处理完成后上升 → 停止上升 → 再次右移至第二个工序 → 下降 → 进行第二个工序处理等过程中还可通过定时器设定工序执行时间后，自动提升重物，并自动进入第二个工序，实现整个控制系统的自动化控制，其梯形图程序也将有所不同。也就是说，通过更改PLC内的梯形图程序便可实现不同控制功能，而无需拆除外接电气部件，具有高可靠性和灵活性。

4. 自动门的PLC控制电路识读

　　PLC自动门控制系统中，各主要控制部件和功能部件都直接连接到PLC相应的接口上，然后根据PLC内部程序的设定，实现对自动门开启、关闭、停止等控制功能。对该电路进行识读时，应从电路图中各主要部件的功能特点、PLC的I/O分配表和PLC内部用户梯形图程序入手进行细致解析。

【电动门功能示意图】

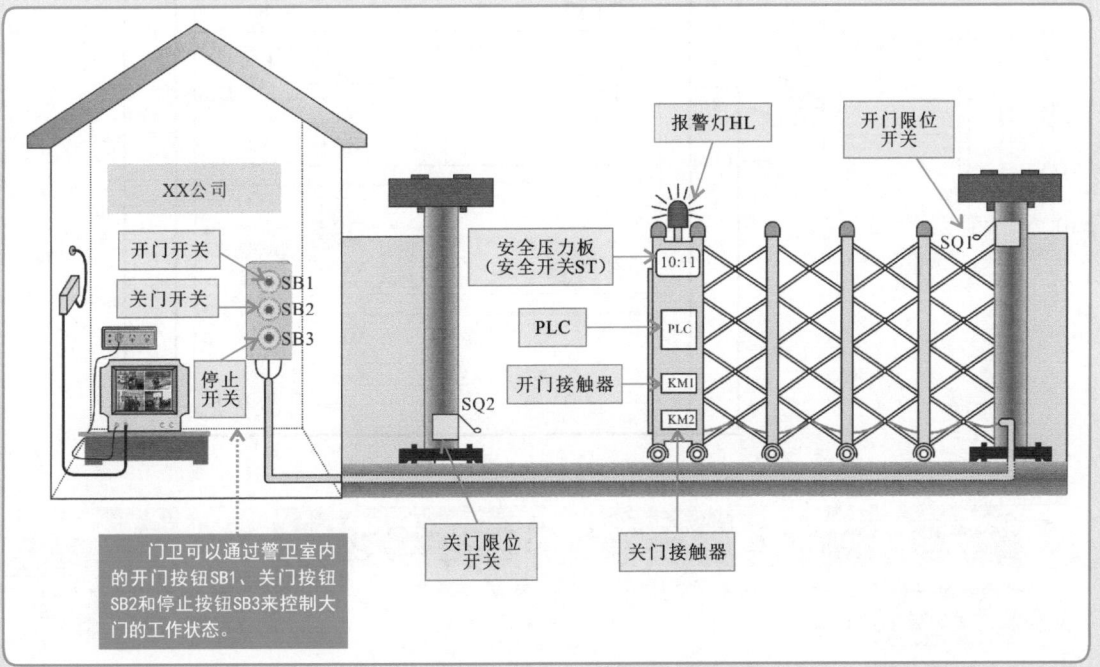

【由PLC控制自动门控制系统的I/O分配表】

输入信号及地址编号			输出信号及地址编号		
名称	代号	输入点地址编号	名称	代号	输出点地址编号
开门按钮	SB1	X1	关门接触器	KM1	Y1
关门按钮	SB2	X2	开门接触器	KM2	Y2
停止按钮	SB3	X3	报警灯	HL	Y3
开门限位开关	SQ1	X4			
关门限位开关	SQ2	X5			
安全开关	ST	X6			

【PLC控制下自动门开门控制过程的识读】

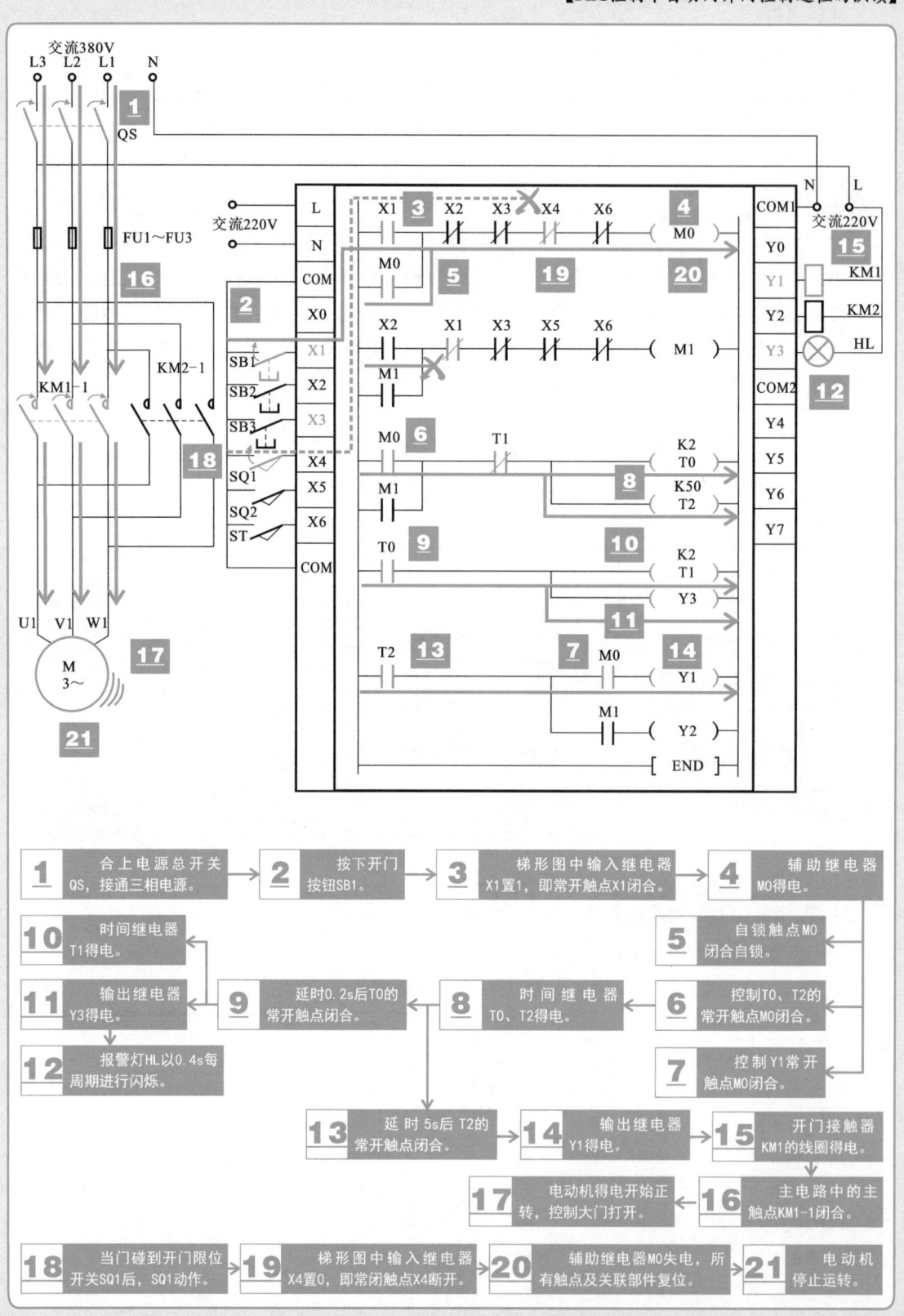

第8章 PLC及变频控制电路的识读

【PLC控制下自动门关门控制过程的识读】

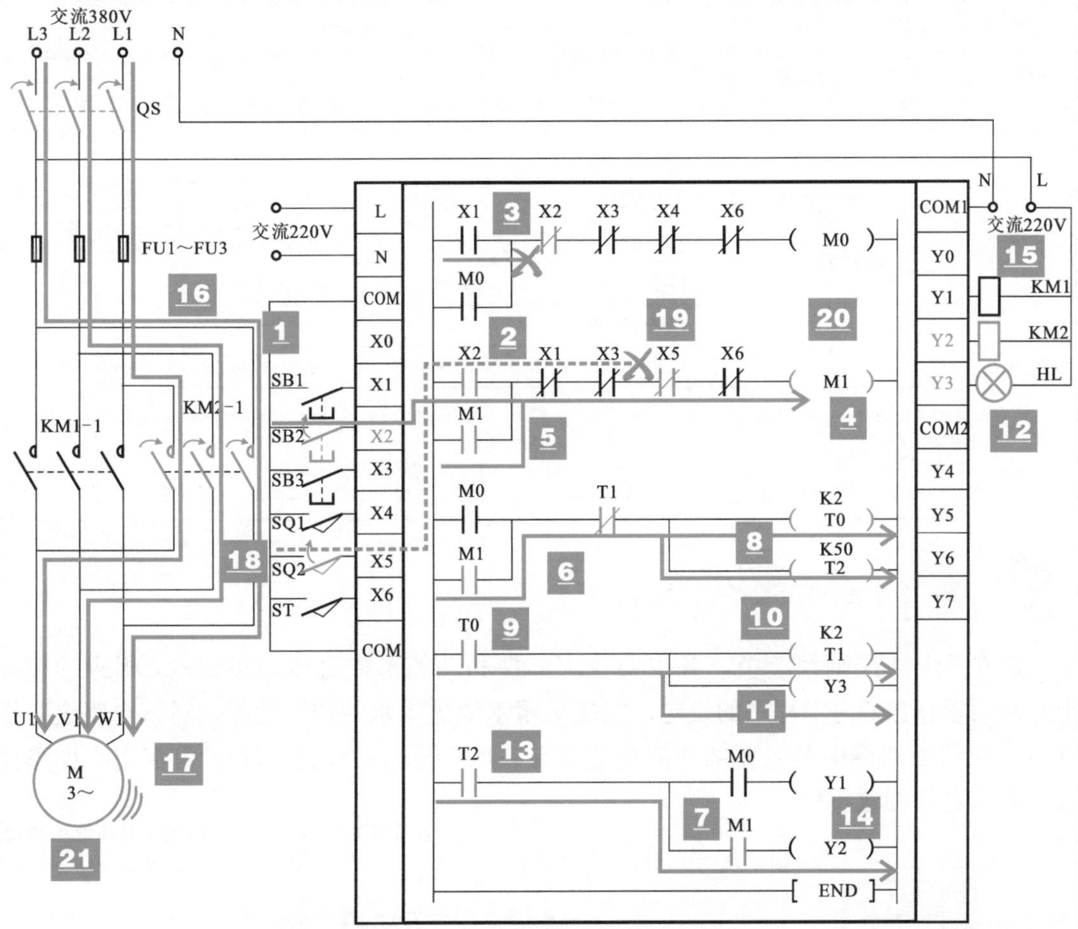

1	按下关门按钮SB2。
2	梯形图中输入继电器X2置1,即常开触点X2闭合。
3	梯形图中输入继电器X2置0,即常闭触点X2断开。
4	辅助继电器M1得电。
5	自锁触点M1闭合自锁。
6	控制T0、T2的常开触点M1闭合。
7	控制Y2常开触点M1闭合。
8	时间继电器T0、T2得电。
9	延时0.2s后T0的常开触点闭合。
10	时间继电器T1得电。
11	输出继电器Y3得电。
12	报警灯HL以0.4s每周期进行闪烁。
13	延时5s后T2的常开触点闭合。
14	输出继电器Y2得电。
15	关门接触器KM2的线圈得电。
16	主电路中的主触点KM2-1闭合。
17	电动机得电开始反转,控制大门关闭。
18	当门碰到关门限位开关SQ2后,SQ2动作。
19	梯形图中输入继电器X5置0,即常闭触点X5断开。
20	辅助继电器M1失电,所有触点及关联部件复位。
21	电动机停止运转。

特别提醒

在三菱PLC梯形图中字母M表示辅助继电器,采用十进制编号,是PLC编程中应用较多的一种编程元件,它不能直接读取外部输入,也不能直接驱动外部功能部件,只能作为辅助运算,因此不需要为其分配输入点地址编号。

在三菱PLC梯形图中字母T表示时间继电器,采用十进制编号,它是将PLC内的1ms、10ms、100ms等时钟脉冲进行累计计时的,计时到达预设值时,其延时动作的常开、常闭触点才会相应动作。

根据功能的不同,定时器可分为通用型定时器和累计型定时器两种,其中通用型定时器共有246点,元件范围从T0~T245;累计型定时器共有10点,元件范围为T246~T255。不同类型不同编号的定时器其时钟脉冲和计时范围也有所不同,下表所列为三菱FX_{2N}系列PLC不同类型不同编号的定时器所对应的时钟脉冲和计时范围。

定时器类型	定时器编号	时钟脉冲	计时范围
通用型定时器	T0~T199	100ms	0.1~3276.7s
	T200~T245	10ms	0.01~327.67s
累计型定时器	T246~T249	10ms	0.001~32.767s
	T250~T255	100ms	0.1~3276.7s

三菱PLC定时器的定时时间T=时钟脉冲(ms)×计时常数(K或H)。计时常数用于设定定时器的计时时间,常使用字母K或H进行标识,其中K用来表示十进制常数,H用来表示十六进制常数(0~9和A~F)。

例如,定时器的编号为T0,计时常数K预设值为2,通过查表查询可知T0的时钟脉冲为100ms,因此可计算出该定时器的定时时间T=100ms×2=200 ms=0.2s。即当定时器T0线圈得电,开始0.2s计时,当计时时间到时,其延时闭合的常开触点T0闭合。

5. 蓄水池的PLC控制电路识读

PLC蓄水池控制系统中,各主要控制部件和功能部件直接连接到PLC相应的接口上,然后根据PLC内部程序的设定,实现对蓄水池进排水的控制功能。对该电路进行识读时,应从电路图中各主要部件的功能特点、PLC的I/O分配表和PLC内部用户梯形图程序入手进行细致解析。

【蓄水池双向进排水控制电路的功能结构图】

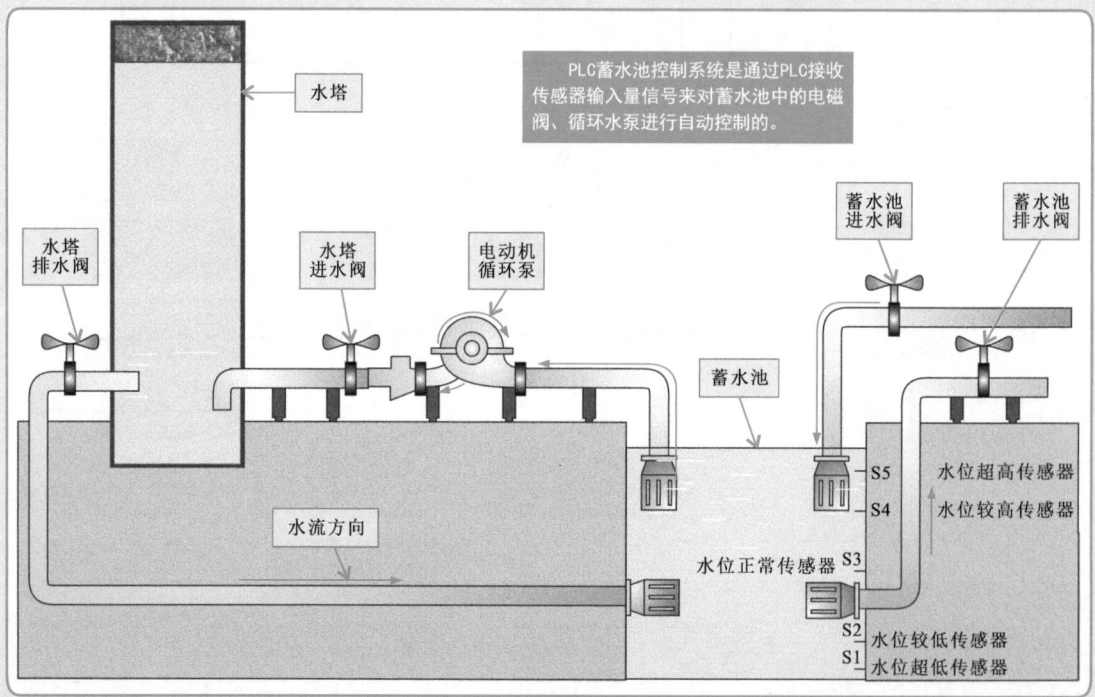

第8章 PLC及变频控制电路的识读

【由PLC控制蓄水池控制系统的I/O分配表】

输入信号及地址编号			输出信号及地址编号		
名称	代号	输入点地址编号	名称	代号	输出点地址编号
系统起动按钮	SB1	X0	水塔排水阀接触器	KA1	Y0
系统停止按钮	SB2	X1	水塔进水阀接触器	KA2	Y1
蓄水池水位超低传感器	S1	X2	蓄水池进水阀接触器	KA3	Y2
蓄水池水位较低传感器	S2	X3	蓄水池排水阀接触器	KA4	Y3
蓄水池水位正常传感器	S3	X4	电动机循环泵接触器	KM5	Y4
蓄水池水位较高传感器	S4	X5			
蓄水池水位超高传感器	S5	X6			

【蓄水池的PLC控制电路原理图】

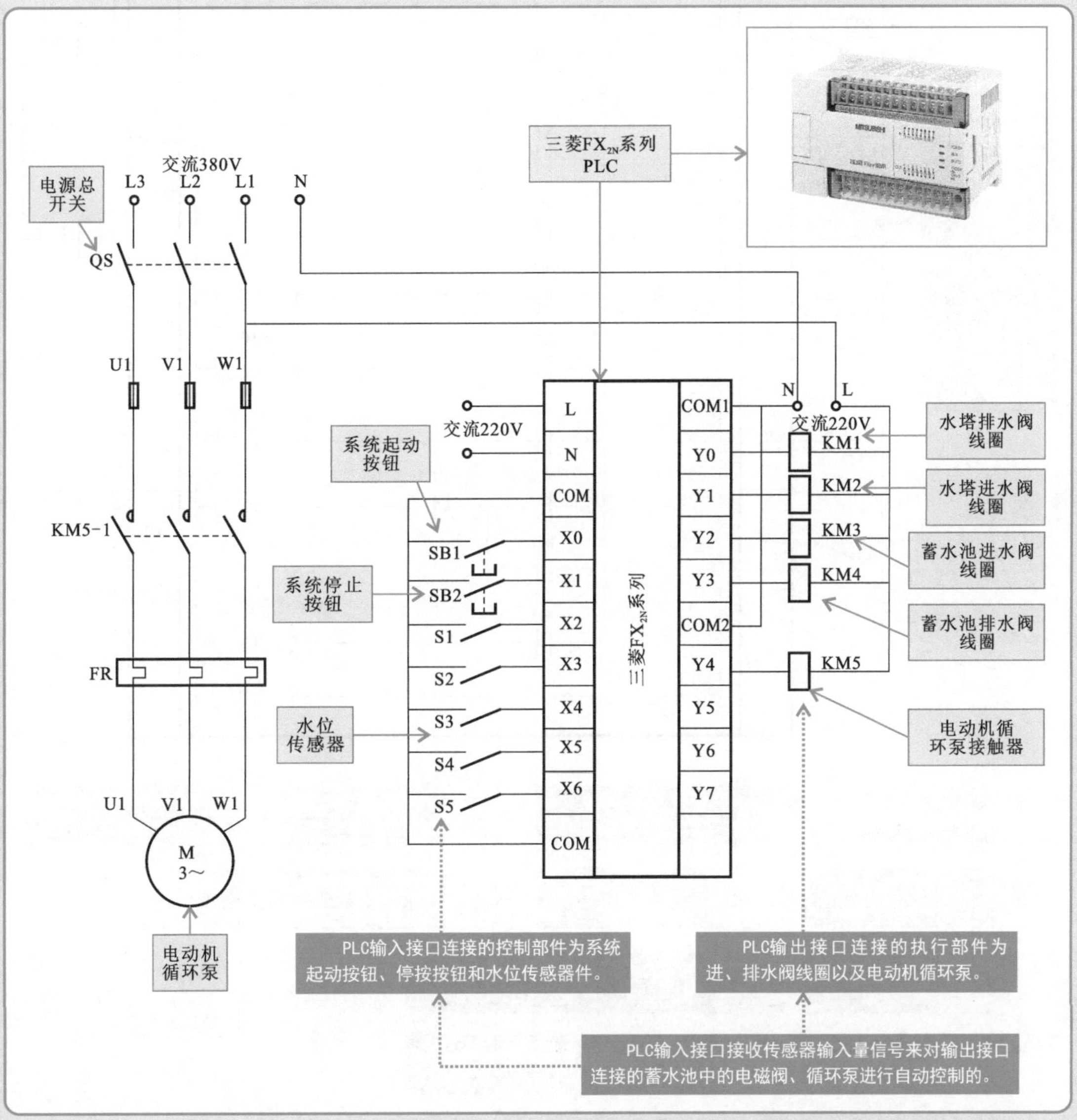

三菱FX$_{2N}$系列PLC

PLC输入接口连接的控制部件为系统起动按钮、停按钮和水位传感器件。

PLC输出接口连接的执行部件为进、排水阀线圈以及电动机循环泵。

PLC输入接口接收传感器输入量信号来对输出接口连接的蓄水池中的电磁阀、循环泵进行自动控制。

图解电工识图快速入门

【PLC控制下蓄水池水位超低或较低时进排水控制过程的识读】

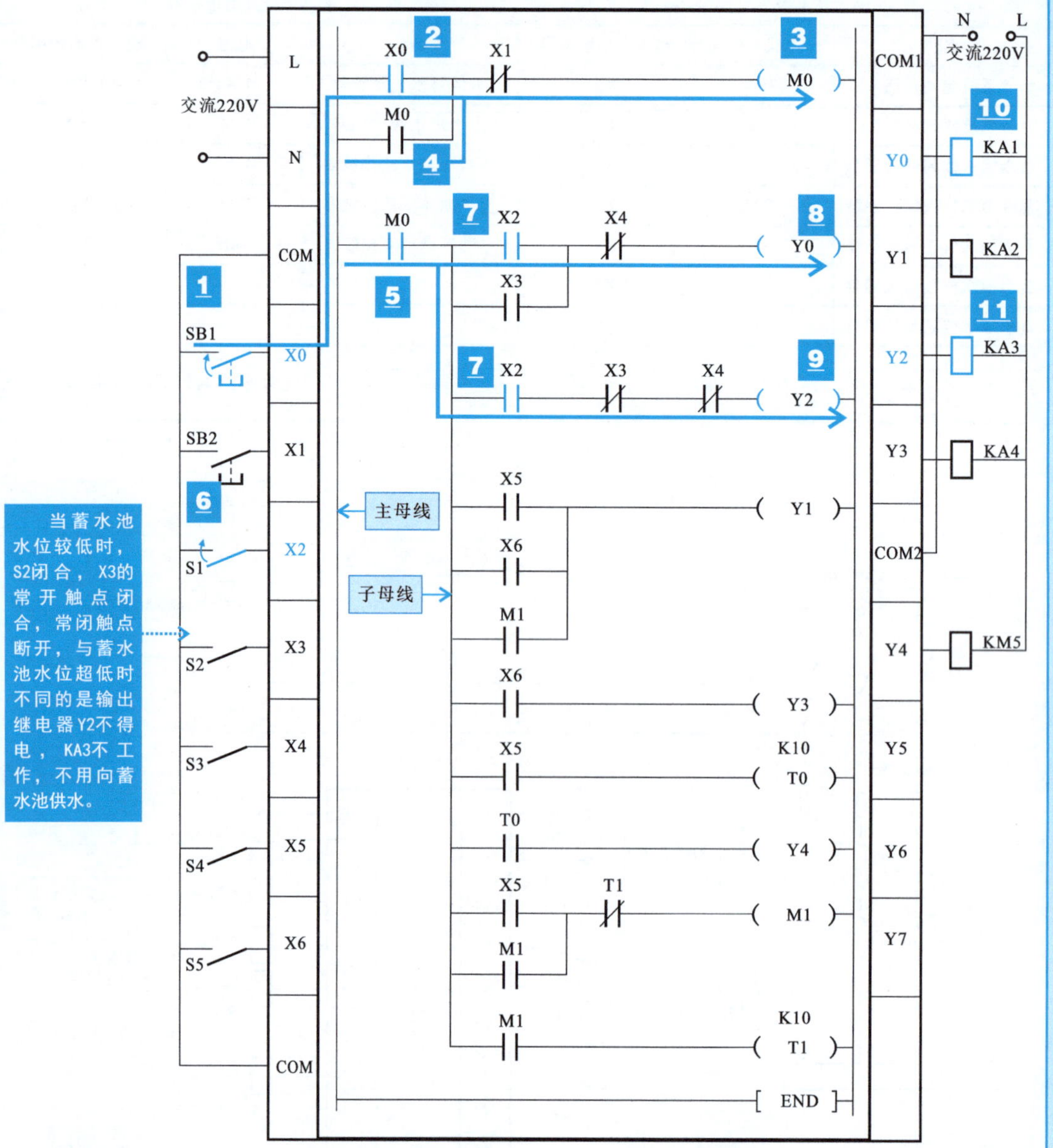

当蓄水池水位较低时，S2闭合，X3的常开触点闭合，常闭触点断开，与蓄水池水位超低时不同的是输出继电器Y2不得电，KA3不工作，不用向蓄水池供水。

1. 按下系统起动按钮SB1。
2. 梯形图中输入继电器X0置1，即常开触点X0闭合。
3. 辅助继电器M0得电。
4. 自锁触点M0闭合自锁。
5. 常开触点M0闭合使子母线上的设备进入工作准备状态。
6. 当蓄水池水位超低时，S1闭合。
7. 梯形图中输入继电器X2的常开触点闭合。
8. 输出继电器Y0得电。
9. 输出继电器Y2得电。
10. PLC外接KA1得电，带动水塔排水阀门打开，向蓄水池排水。
11. PLC外接KA3得电，带动蓄水池进水阀门打开，向蓄水池供水。

190

第8章 PLC及变频控制电路的识读

【PLC控制下蓄水池水位超高或较高时进排水控制过程的识读】

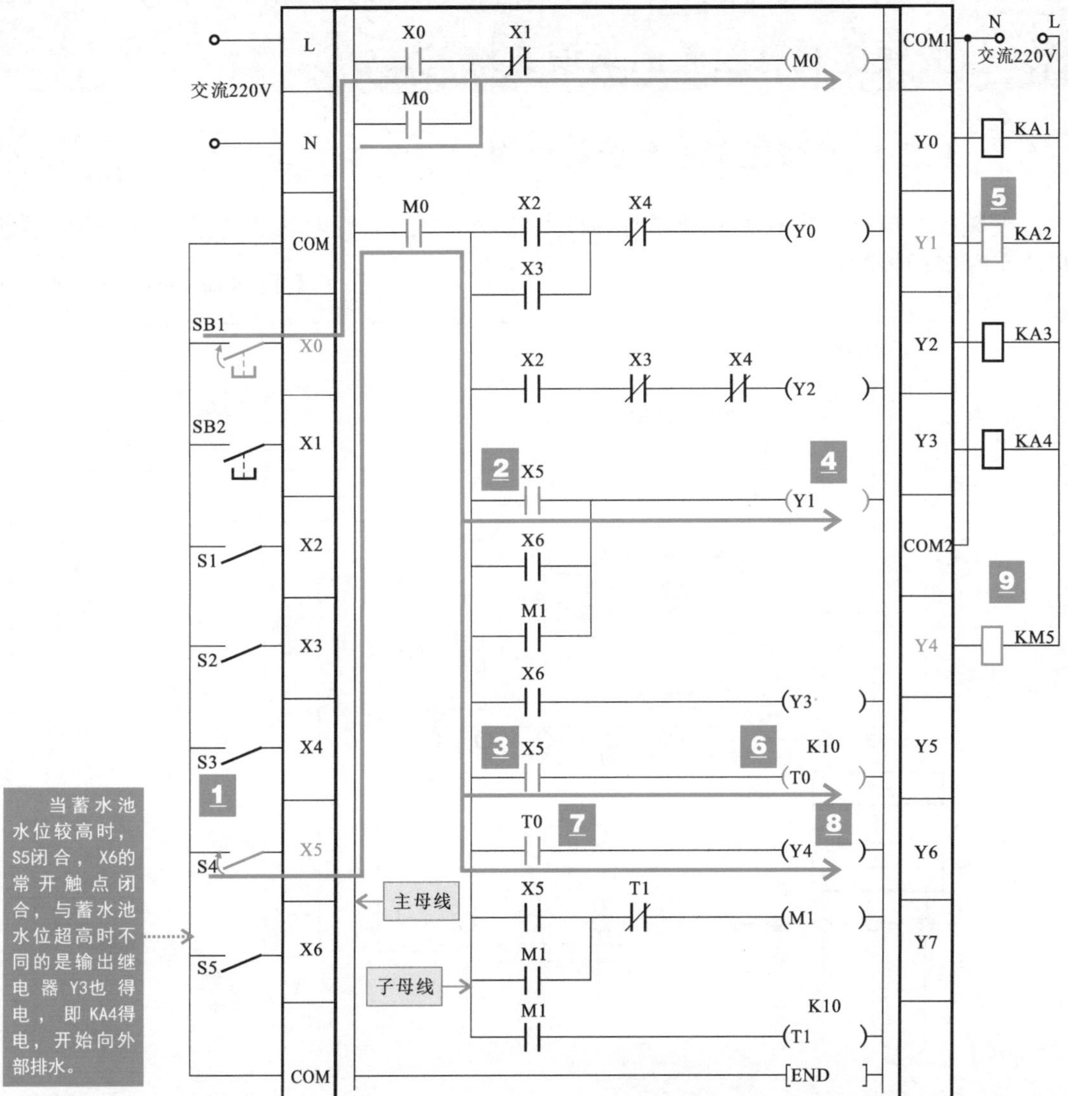

当蓄水池水位较高时，S5闭合，X6的常开触点闭合，与蓄水池水位超高时不同的是输出继电器Y3也得电，即KA4得电，开始向外部排水。

1. 当蓄水池水位超高时，S4闭合。
2. 控制Y1的输入继电器X5的常开触点闭合。
3. 控制T0的输入继电器X5的常开触点闭合。
4. 输出继电器Y1得电。
5. KA2得电带动水塔进水阀门打开，蓄水池中水向水塔排放。
6. 时间继电器T0得电开始计时。
7. 1s后时间继电器常开触点T0闭合。
8. 输出继电器Y4得电。
9. 交流接触器KM5得电，控制电动机循环泵起动运转，从而实现由蓄水池向水塔的进水过程。

特别提醒

在梯形图中共有两条母线，其中，靠近最外侧的母线为主母线，其内部的一条线为子母线，只有当设置在主母线上的M0得电后，其子母线上的相关操作才可实现。

同时，根据蓄水池水塔进/排水控制电路的设计需求，需要在电路中设计两个时间继电器来对电动机循环泵与水塔进水阀先后控制的间隔时间进行设定，其间隔控制时间为1s。从该梯形图可看出，其时间继电器的设置时间为"K10"，即经过的时间为10×0.1s=1s。

8.2 变频控制电路图的识读方法

8.2.1 变频控制电路图的结构

变频控制电路是指利用变频器对各种负载设备中的交流电动机进行起动、变频调速和停车等多种控制。

【典型绕线机的变频控制电路图】

1. 用于接通三相电源。
2. 用于控制电路的过载短路保护。
3. 用于切断变频器电源供电。
4. 用于变频起动和停止控制。
5. 用于变频器复位控制。
6. 用于控制电动机正反转。
7. 交流接触器线圈，用于控制触点动作。
7-1. 交流接触器常开主触点，线圈得电，该触点闭合，接通电磁制动器电源。
7-2. 交流接触器常闭辅助触点，线圈得电，该触点断开，切断变频器自由停车指令输入。
7-3. 交流接触器常开辅助触点，线圈得电，该触点闭合，短接变频器FWD端子与公共端子。
8. 交流接触器线圈，用于控制触点动作。
8-1. 交流接触器常开主触点，线圈得电，该触点闭合，接通变频器R、S、T端电源。
9. 用于三相交流电动机的变频起动、变频停车、控制电路及负载保护等的控制。
10. 安装在变频器操作显示面板上，用于设定变频器输出电源频率。
11. 用于与变频器配合实现电动机准确快速停车。
12. 用于为机械设备提供动力。

第8章　PLC及变频控制电路的识读

【典型绕线机变频控制电路主要部件及实物连接图】

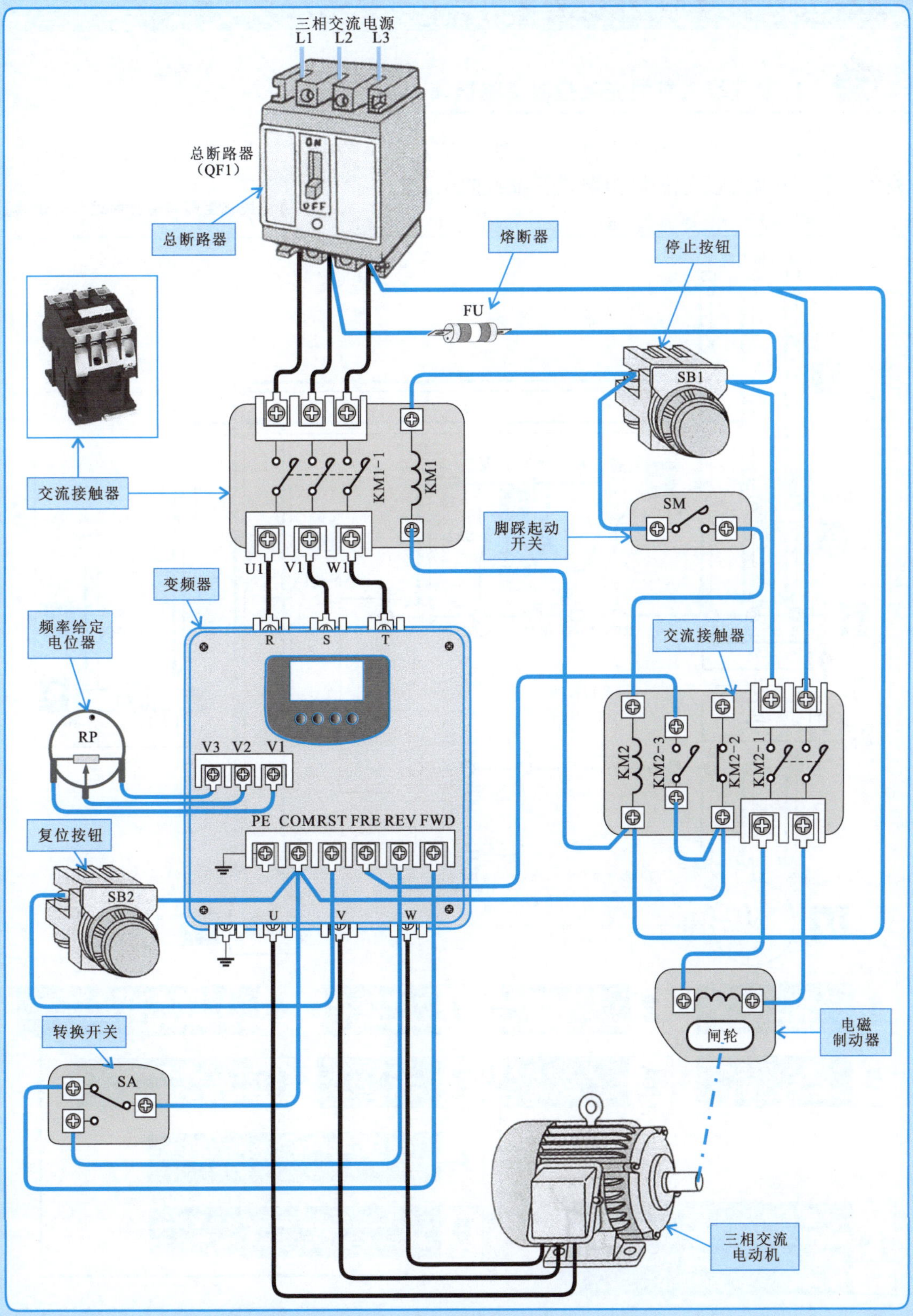

8.2.2 变频控制电路图的识读

1. 典型绕线机的变频控制电路识读

对绕线机的变频控制电路进行识读时，应从电路图中各主要部件的功能特点和连接关系入手，对整个变频控制电路进行细致的识读。

【绕线机变频起动控制过程的识读】

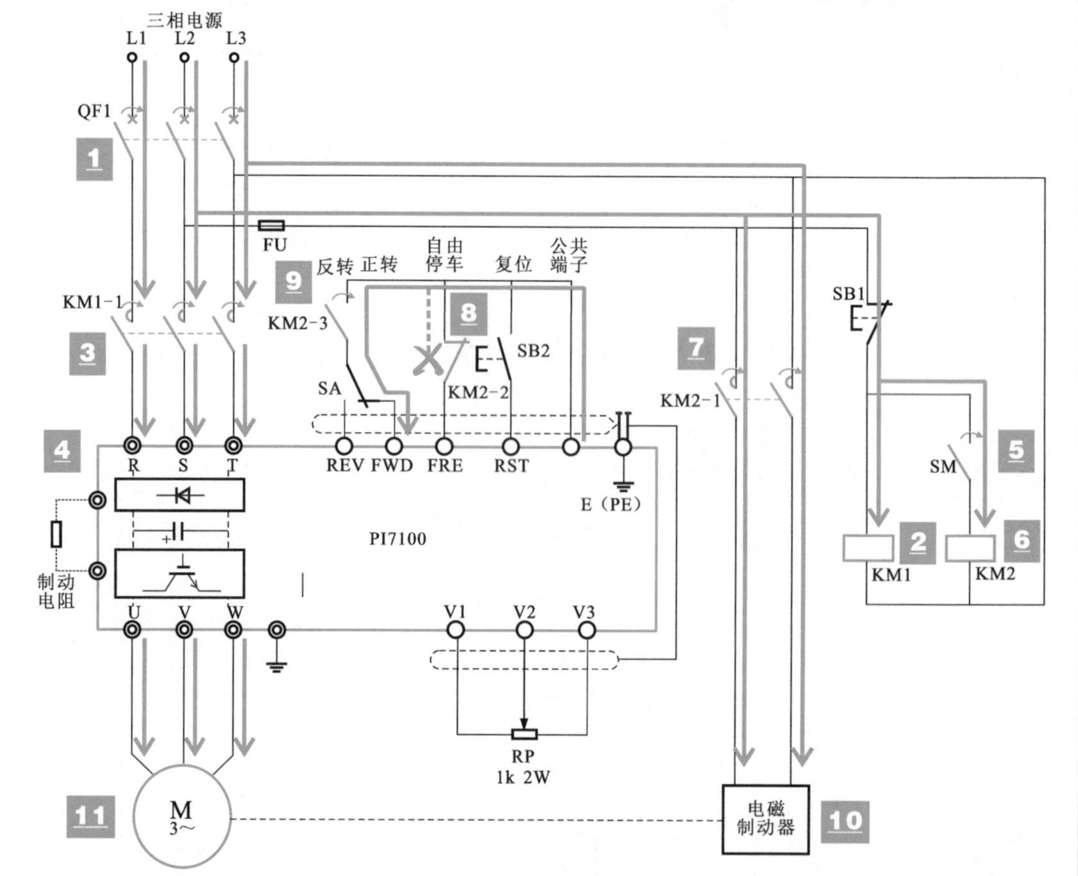

| 1 | 合上总断路器QF，接通三相电源。 | → | 2 | 交流接触器KM1的线圈得电。 | → | 3 | 常开主触点KM1-1闭合。 | → | 4 | 变频器主电路输入端得电，变频器进入待机准备工作状态。 |

| 5 | 踩下脚踩起动开关SM，其触点闭合。 | → | 6 | 交流接触器KM2的线圈得电。 | → | 7 | 常开主触点KM2-1闭合。 | → | 10 | 电磁制动器接通电源，进入工作准备状态。 |

| 8 | 常闭辅助触点KM2-2断开，切断变频器自由停车指令输入。 |

| 9 | 常开辅助触点KM2-3闭合，变频器FWD端子（正转）与公共端子COM短接。 |

| 11 | 变频器内部主电路开始工作，U、V、W端输出变频电源，电源频率按预置的升速时间上升至与频率给定电位器设定的数值，电动机按照给定的频率正向运转。 |

【绕线机变频停机及制动控制过程的识读】

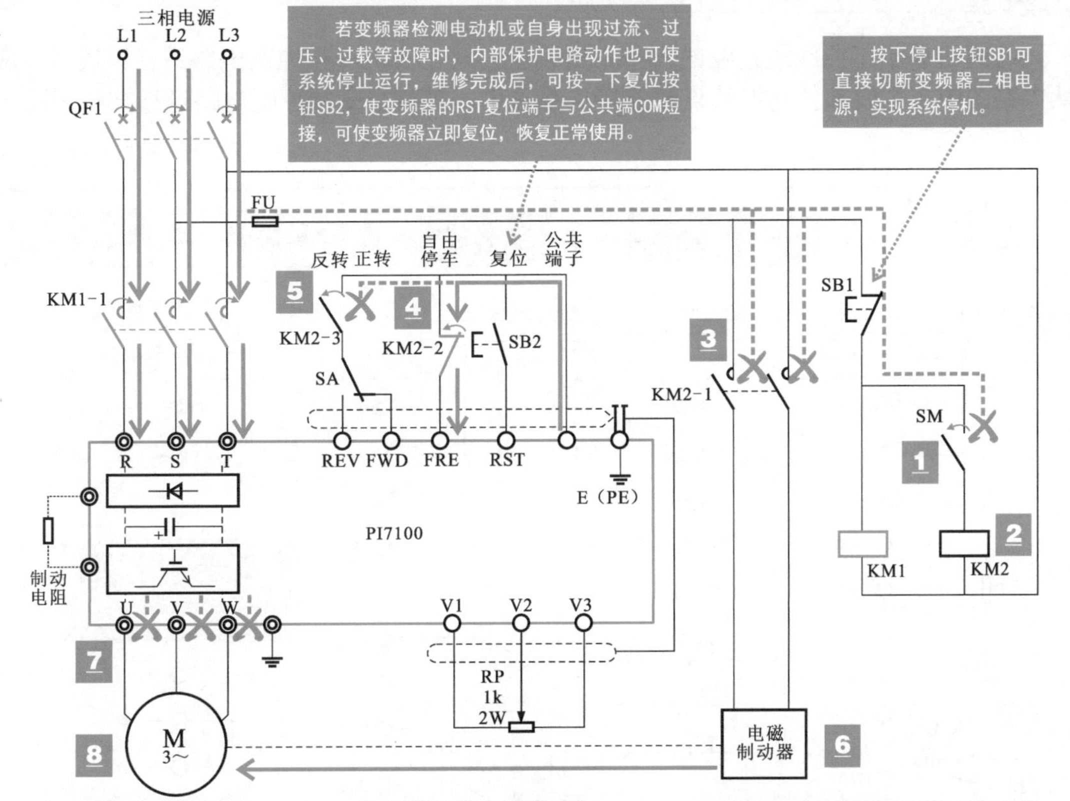

三相电源
L1 L2 L3
QF1
若变频器检测电动机或自身出现过流、过压、过载等故障时，内部保护电路动作也可使系统停止运行，维修完成后，可按一下复位按钮SB2，使变频器的RST复位端子与公共端COM短接，可使变频器立即复位，恢复正常使用。
按下停止按钮SB1可直接切断变频器三相电源，实现系统停机。
FU
反转 正转
自由停车
复位
公共端子
KM1-1
5
KM2-3
4
KM2-2
SB2
SA
SB1
3
KM2-1
SM
1
REV FWD FRE RST
R S T
E（PE）
PI7100
制动电阻
KM1
KM2
2
U V W
V1 V2 V3
7
RP
1k
2W
M
3～
8
电磁制动器
6

1 松开脚踩起动开关SM，触点复位断开。

2 交流接触器KM2线圈失电。

3 常开主触点KM2-1复位断开。

4 常闭辅助触点KM2-2复位闭合。

5 常开辅助触点KM2-3复位断开，切断运行指令输入。

6 电磁制动器失电，按照延时继电器设定时间（图中未画出），反相制动抱闸。

7 变频器执行自由停车命令，变频器停止输出并开始制动。

8 电磁制动器与变频器配合使三相交流电动机迅速停止运转。

特别提醒

电磁制动器用于与变频器配合实现电动机准确快速停车。其内部一般是由衔铁、线圈、闸轮、闸瓦、杠杆和弹簧构成，其中闸轮与电动机装在同一根转轴上，当闸轮停止转动时，电动机也同时迅速停转。电磁制动器线圈得电时，吸引衔铁，并使其与线圈吸合，衔铁带动杠杆按顺时针方向旋转，从而使闸瓦与闸轮分开，电动机正常运行。电磁制动器线圈断电时，杠杆在弹簧力作用下复位，使闸瓦与闸轮紧紧抱住。闸轮迅速停止转动，与之连接在同一根转轴上的电动机也迅速停止转动。

线圈得电
ZT
衔铁吸合
闸瓦
闸轮
M
3～
杠杆
弹簧

电磁制动器线圈得电

线圈失电
ZT
M
3～
闸轮
衔铁断开

电磁制动器线圈断电

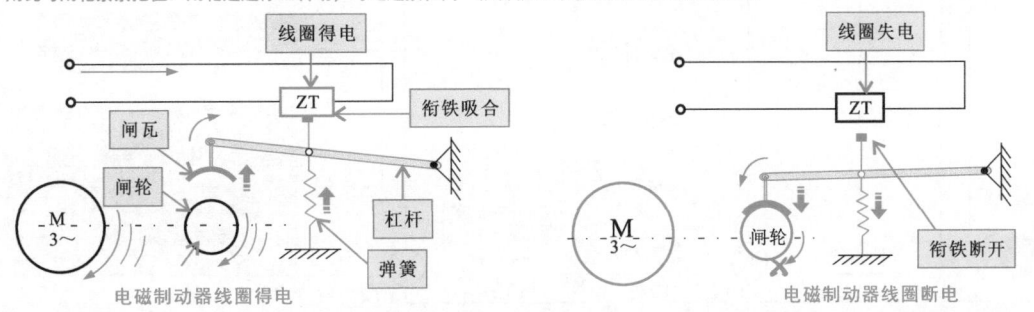

2. 拉线机的变频控制电路识读

拉线机属于工业线缆行业的一种常用设备，对拉线机变频控制电路进行识读时，应从电路图中各主要部件功能特点和连接关系入手，对整个变频控制电路进行细致识读。

【拉线机变频起动控制过程的识读】

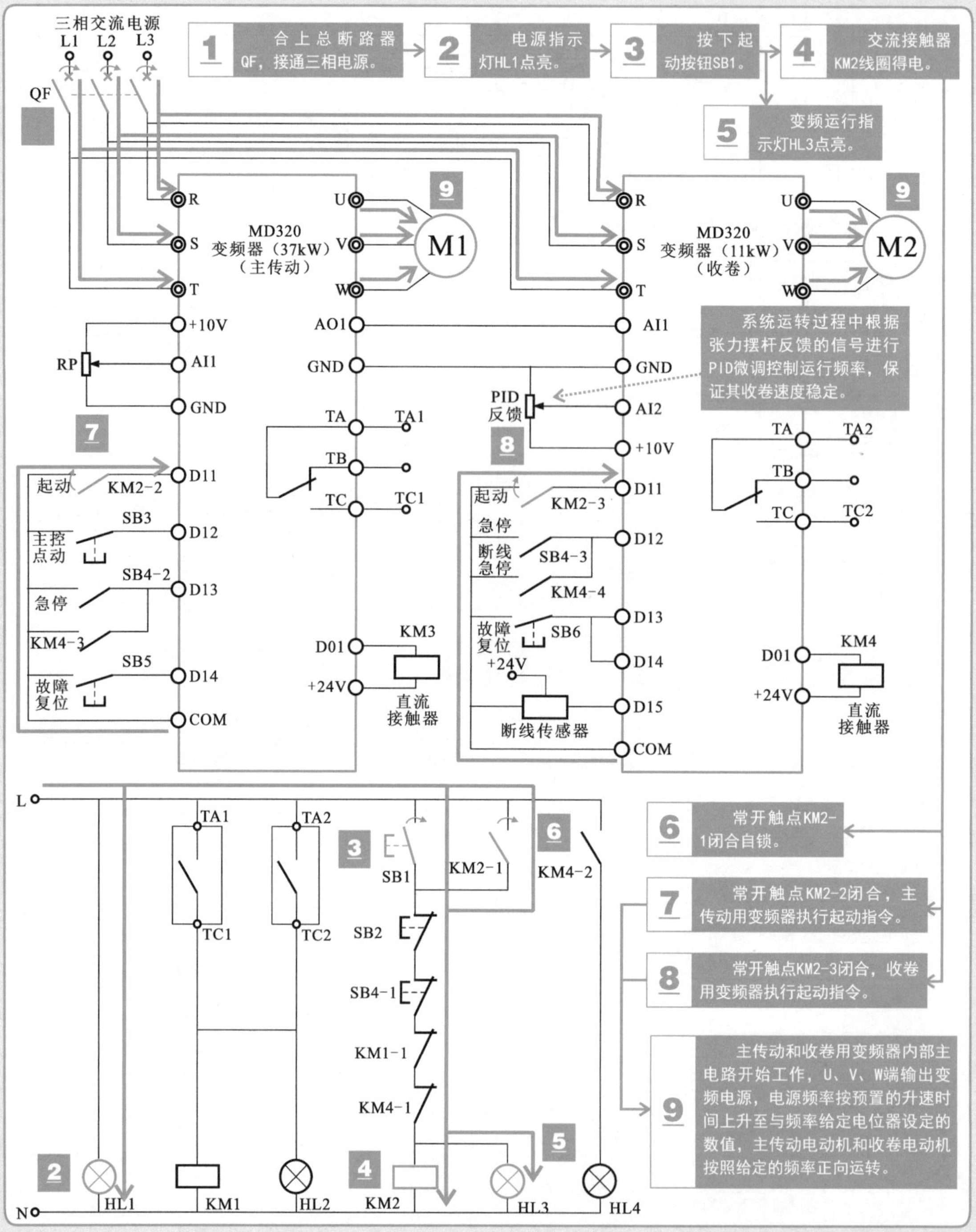

第8章 PLC及变频控制电路的识读

【拉线机故障停机和复位过程的识读】

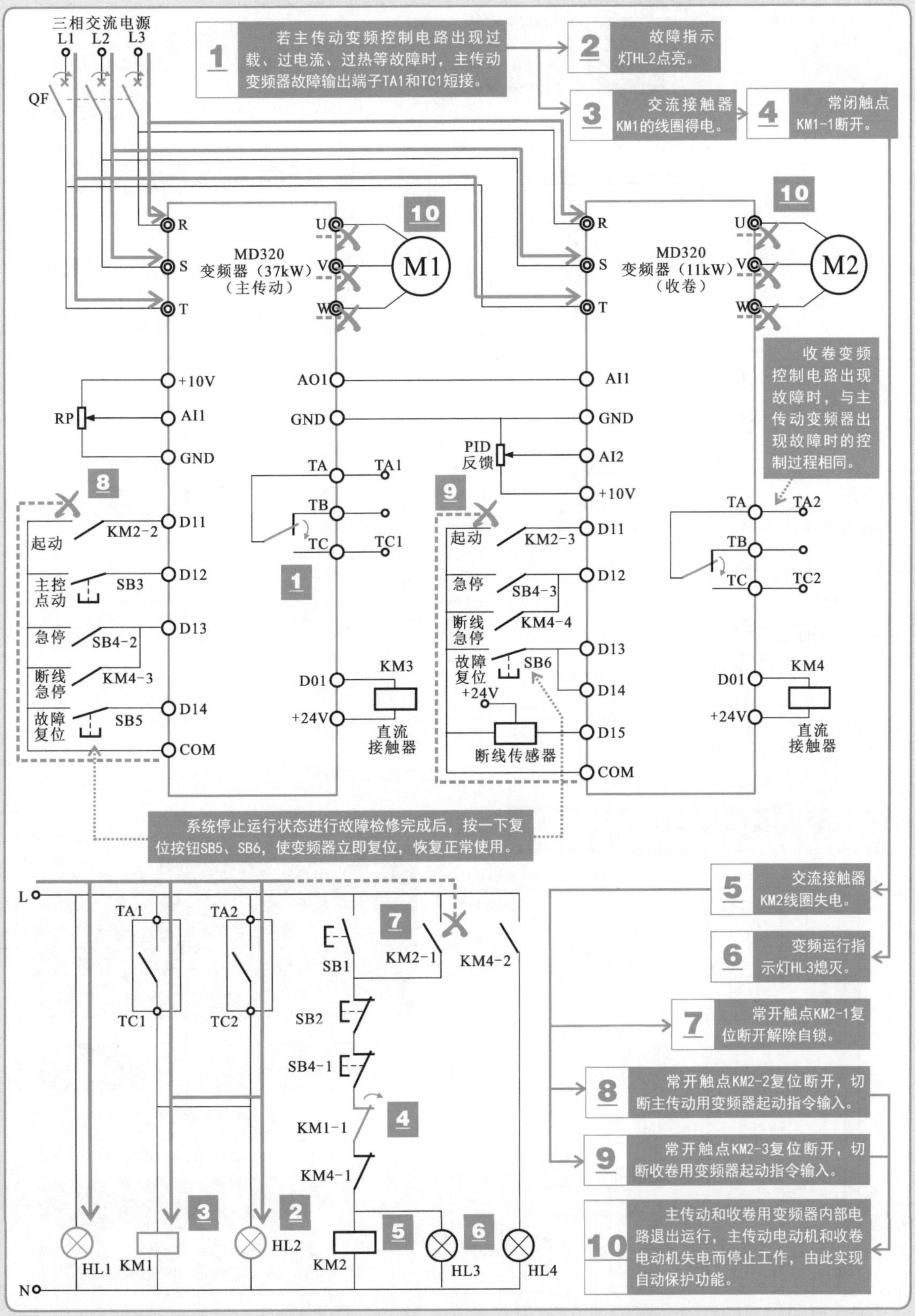

【拉线机断线停机、紧急停机过程的识读】

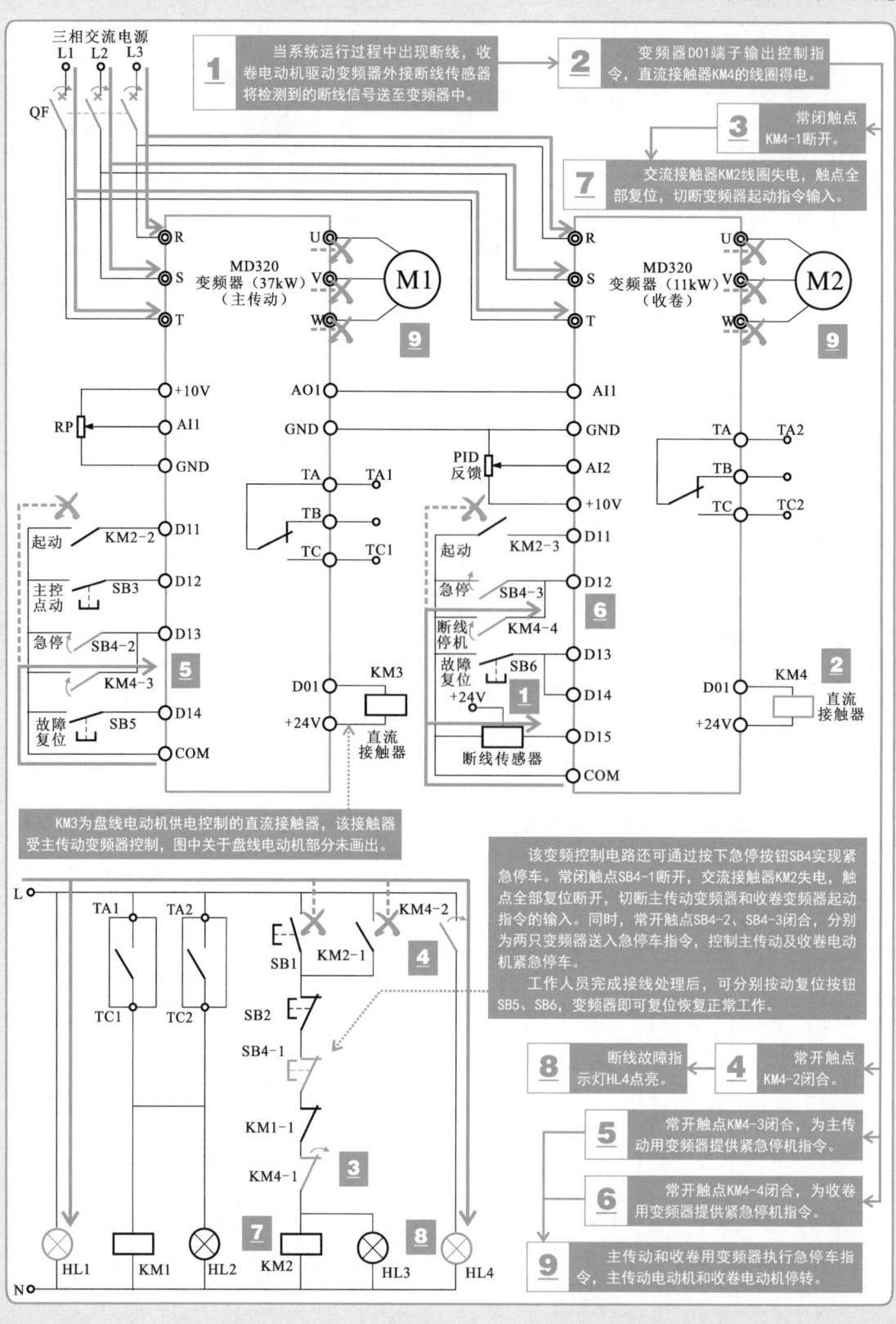

第8章 PLC及变频控制电路的识读

3. 恒压供气的变频控制电路识读

恒压供气系统的控制对象为空气压缩机电动机,通过变频器对空气压缩机电动机的转速进行控制,可调节供气量,使其系统压力维持在设定值上。该控制电路的识读过程可参看下面的图解演示。

【空气压缩机变频起动控制过程的识读】

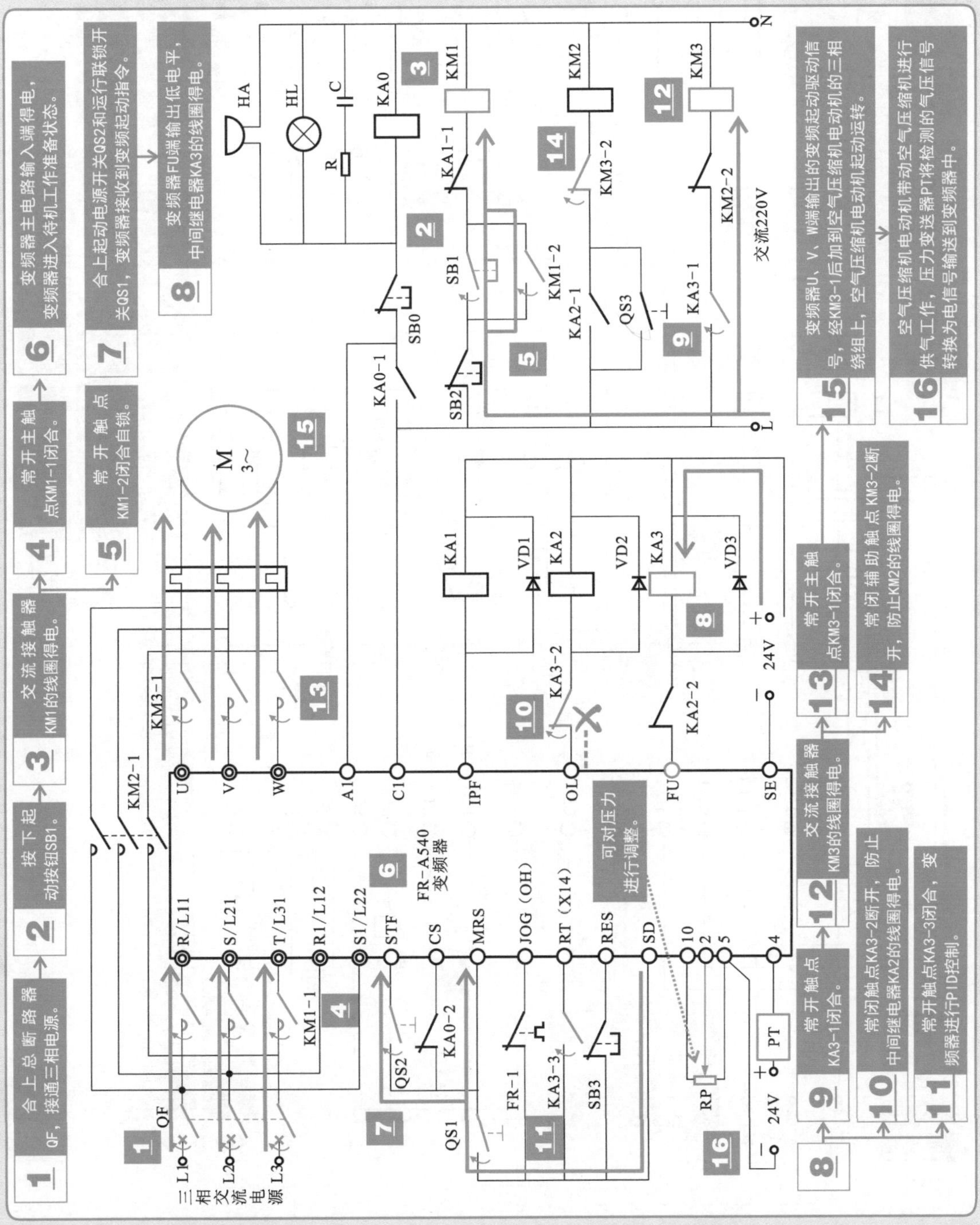

【恒压供气变频控制系统故障报警控制过程的识读】

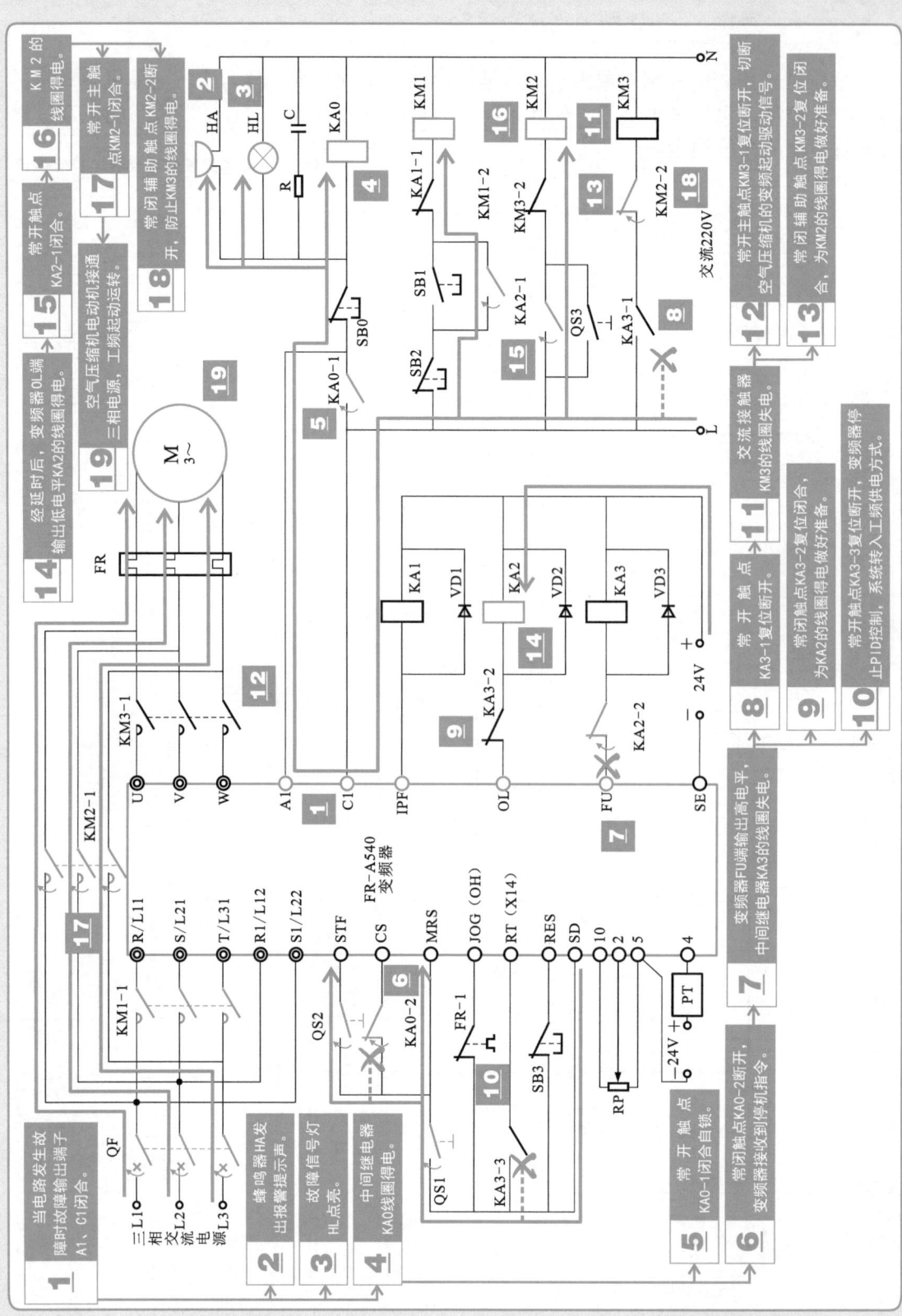

第8章　PLC及变频控制电路的识读

【恒压供气变频器检修时控制过程的识读】

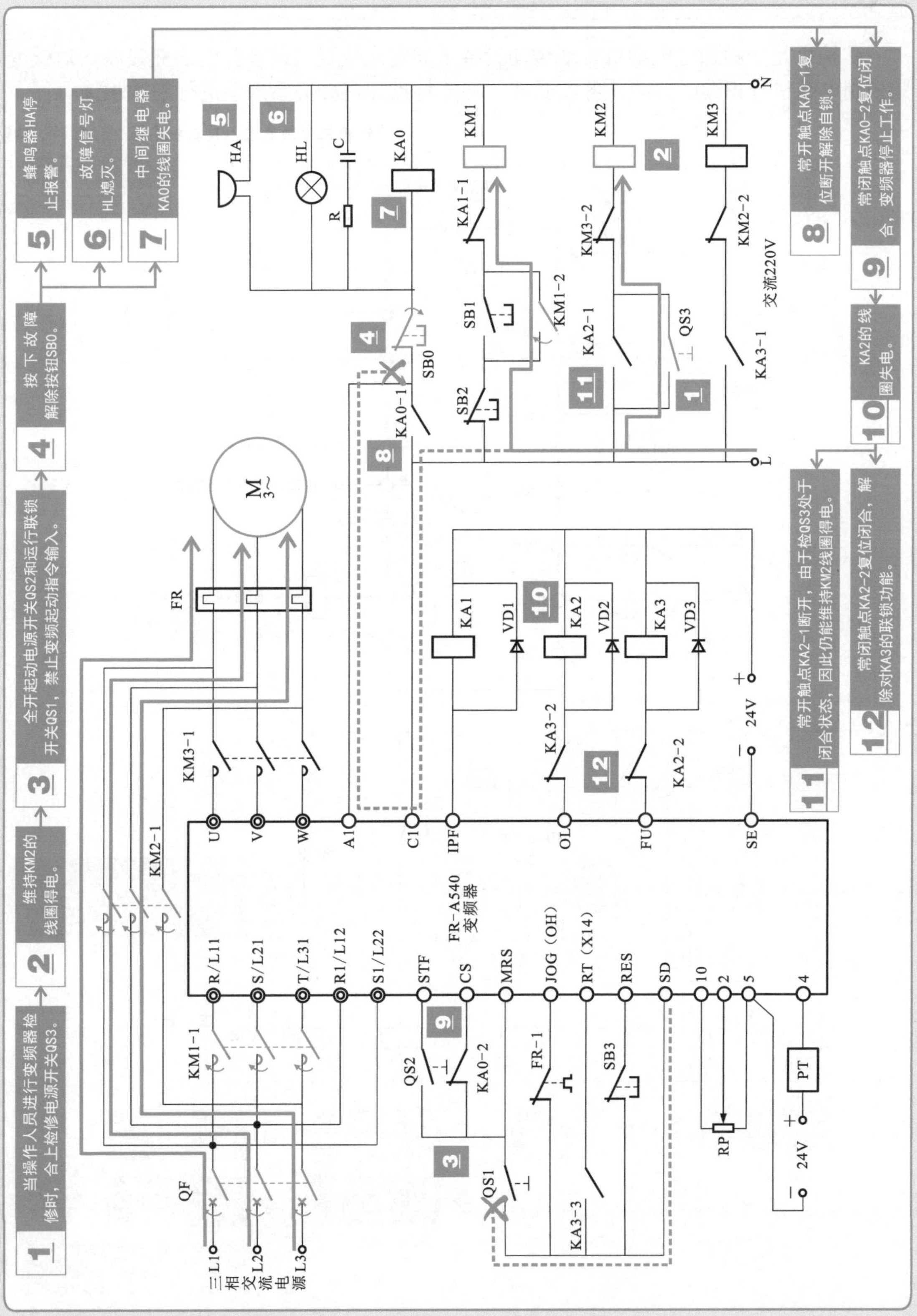

1. 当操作人员进行变频检修时，合上检修电源开关QS3。
2. 维持KM2的2线圈得电。
3. 全开启动电源开关QS1，开关QS2和运行联锁，禁止变频启动指令输入。
4. 按下故障解除按钮SB0。
5. 蜂鸣器HA停止报警。
6. 故障信号灯HL熄灭。
7. 中间继电器KA0的线圈失电。
8. 常开触点KA0-1复位断开解除自锁。
9. 常闭触点KA0-2复位闭合，变频器停止工作。
10. KA0的线圈失电。
11. 常开触点KA2-1断开，由于检QS3处于闭合状态，因此仍能维持KM2线圈得电。
12. 常闭触点KA2-2复位闭合，解除对KA3的联锁功能。

4. 物料传输机的变频控制电路识读

传输机是一种通过电动机带动传动设备来向定点位置输送物件的工业设备,对该变频控制电路进行识读时,应从各主要部件功能特点和连接关系入手进行细致识读。

【传输机变频器进入待机状态控制过程的识读】

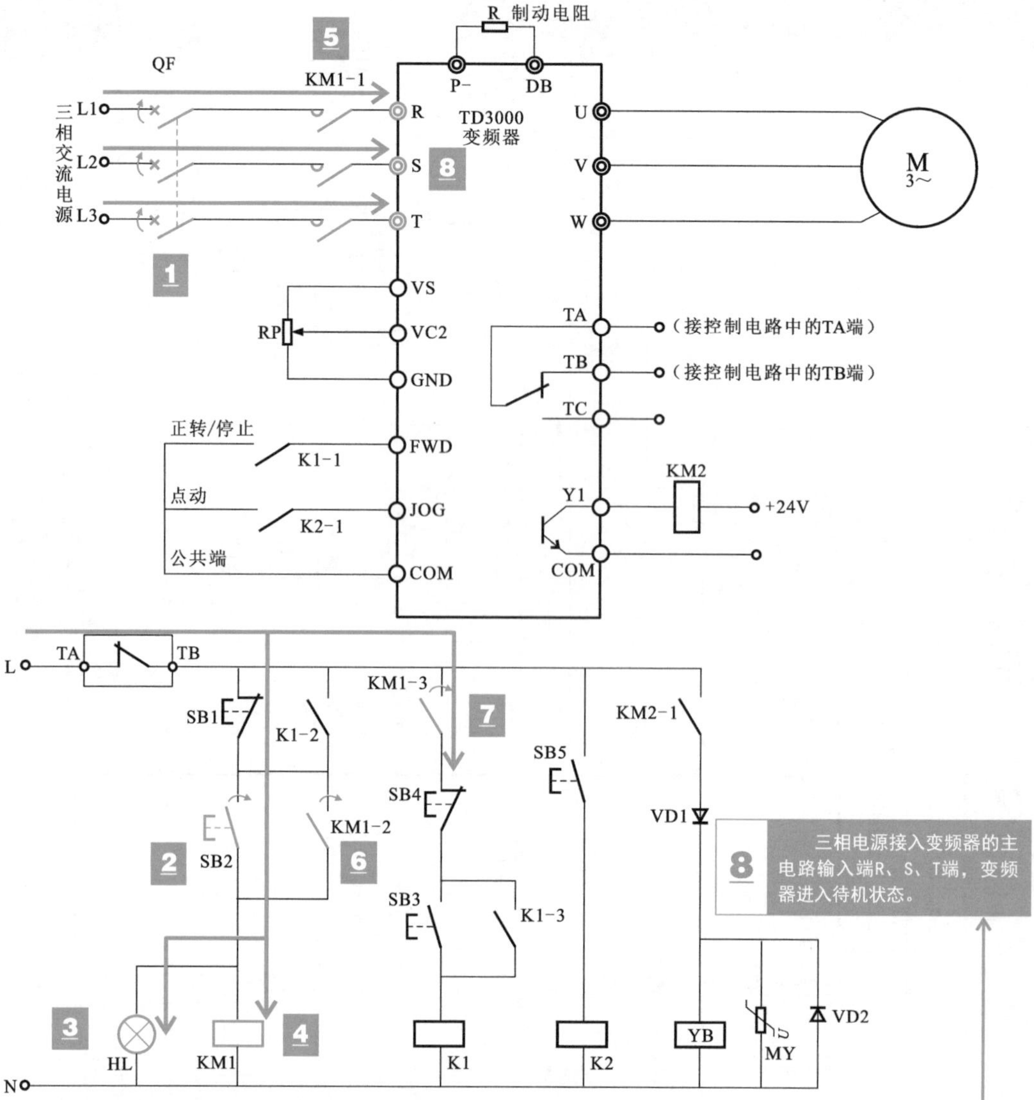

1. 合上总断路器QF,接通三相电源。
2. 按下起动按钮SB2。
3. 变频指示灯HL点亮。
4. 交流接触器KM1的线圈得电。
5. 常开触点KM1-1闭合。
6. 常开触点KM1-2闭合自锁。
7. 常开触点KM1-3闭合,接入正向运转/停机控制电路。
8. 三相电源接入变频器的主电路输入端R、S、T端,变频器进入待机状态。

【传输机变频起动控制过程的识读】

1 按下正转起动按钮SB3。

2 继电器K1的线圈得电。

3 常开触点K1-3闭合自锁。

4 常开辅助触点K1-2闭合，防止误操作系统停机按钮SB1时切断电路。

5 常开辅助触点K1-1闭合。

6 变频器执行正转起动指令。

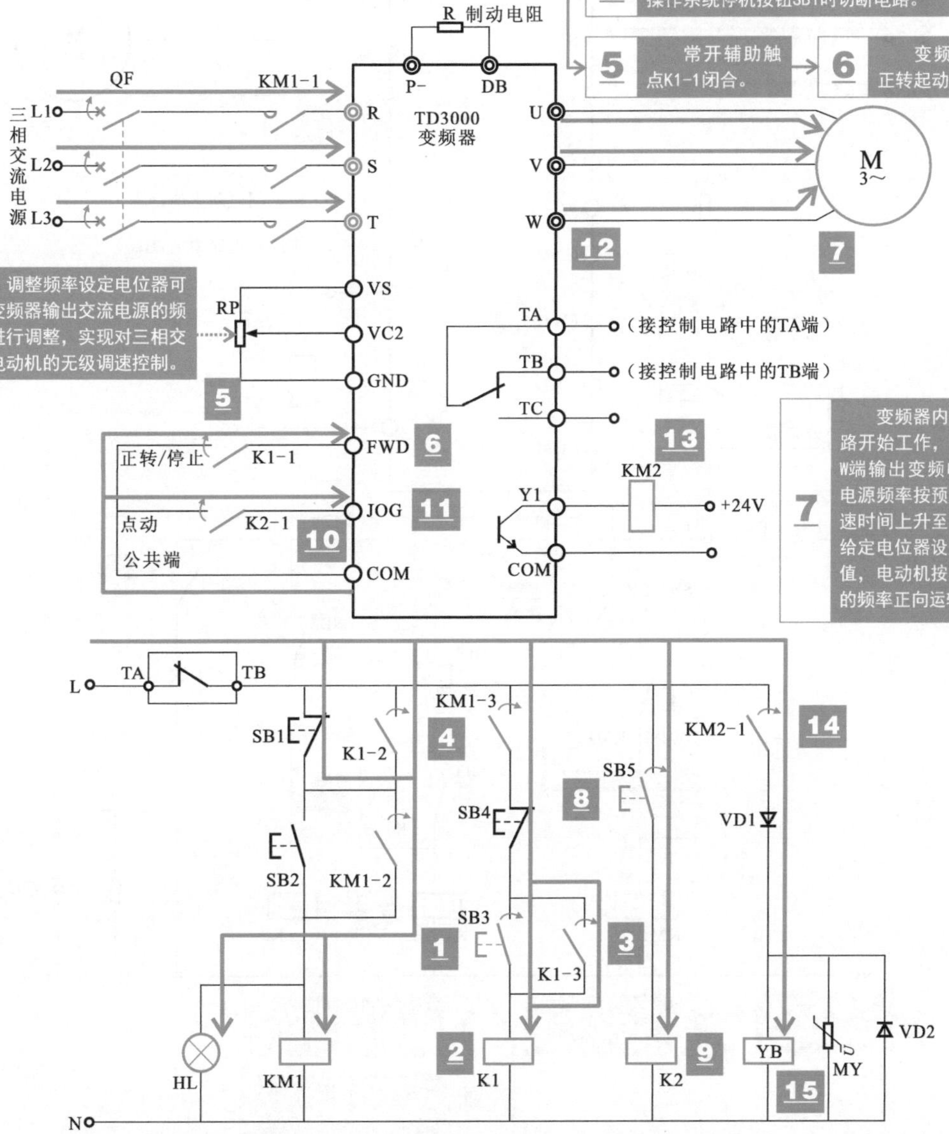

5 调整频率设定电位器可对变频器输出交流电源的频率进行调整，实现对三相交流电动机的无级调速控制。

7 变频器内部主电路开始工作，U、V、W端输出变频电源，电源频率按预置的升速时间上升至与频率给定电位器设定的数值，电动机按照给定的频率正向运转。

8 当需要变频器进行点动控制时，可按下点动控制按钮SB5。

9 继电器K2的线圈得电。

10 常开触点K2-1闭合。

11 变频器执行点动运行指令。

12 变频器输出点动控制指令使其U、V、W端输出频率超过电磁制动预置频率时。

13 直流接触器KM2的线圈得电。

14 常开触点KM2-1闭合。

15 电磁制动器YB的线圈得电，释放电磁抱闸，电动机可以起动运转。

【传输机变频停机及制动控制过程的识读】

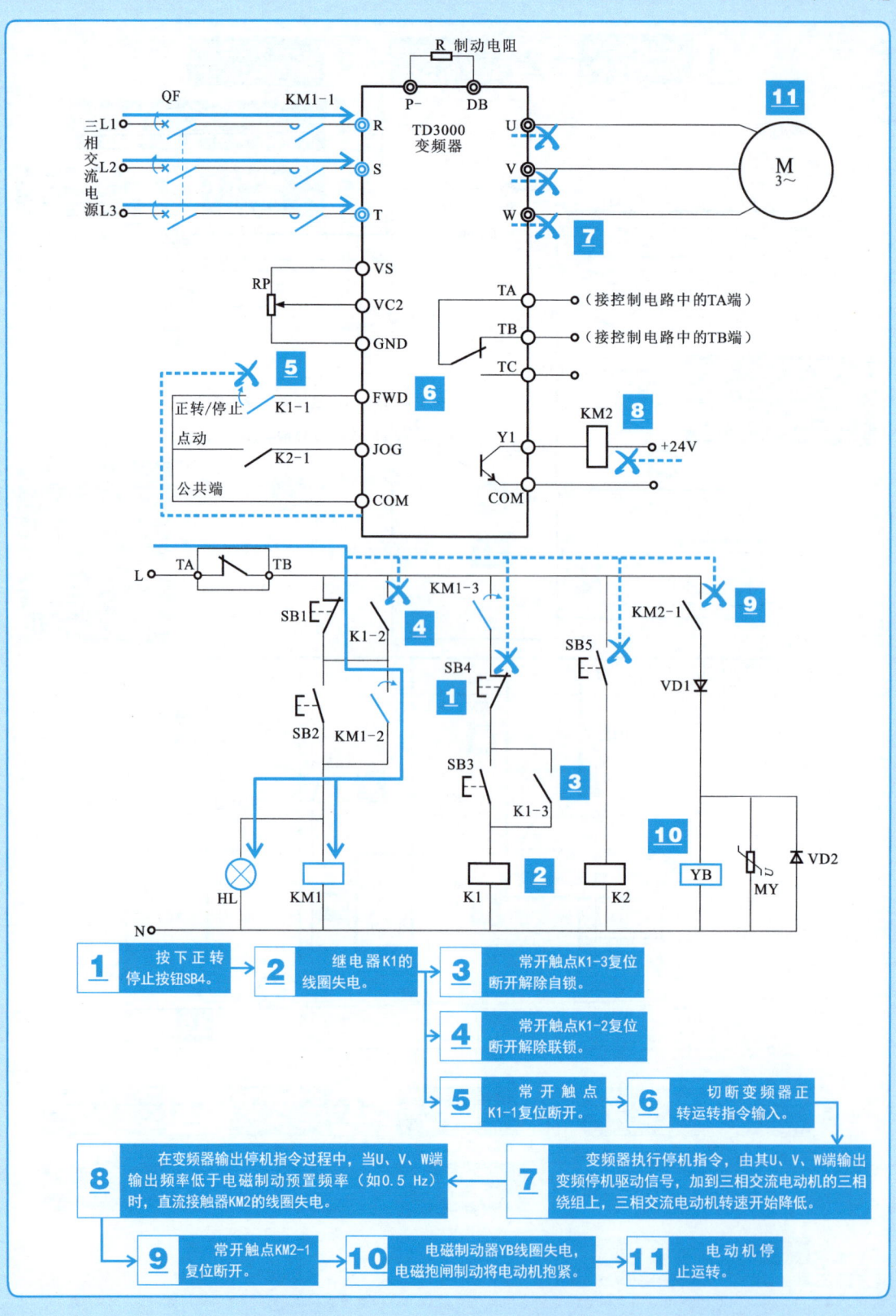

1. 按下正转停止按钮SB4。
2. 继电器K1的线圈失电。
3. 常开触点K1-3复位断开解除自锁。
4. 常开触点K1-2复位断开解除联锁。
5. 常开触点K1-1复位断开。
6. 切断变频器正转运转指令输入。
7. 变频器执行停机指令,由其U、V、W端输出变频停机驱动信号,加到三相交流电动机的三相绕组上,三相交流电动机转速开始降低。
8. 在变频器输出停机指令过程中,当U、V、W端输出频率低于电磁制动预置频率(如0.5 Hz)时,直流接触器KM2的线圈失电。
9. 常开触点KM2-1复位断开。
10. 电磁制动器YB线圈失电,电磁抱闸制动将电动机抱紧。
11. 电动机停止运转。

5. 一台变频器控制多台并联电动机正反转的变频控制电路识读

一台变频器对多台并联的电动机进行控制，可使多台电动机在同一频率下工作。对该变频控制电路进行识读时，应从各主要部件功能特点和连接关系入手进行细致识读。

【多台并联电动机正转起动控制过程的识读】

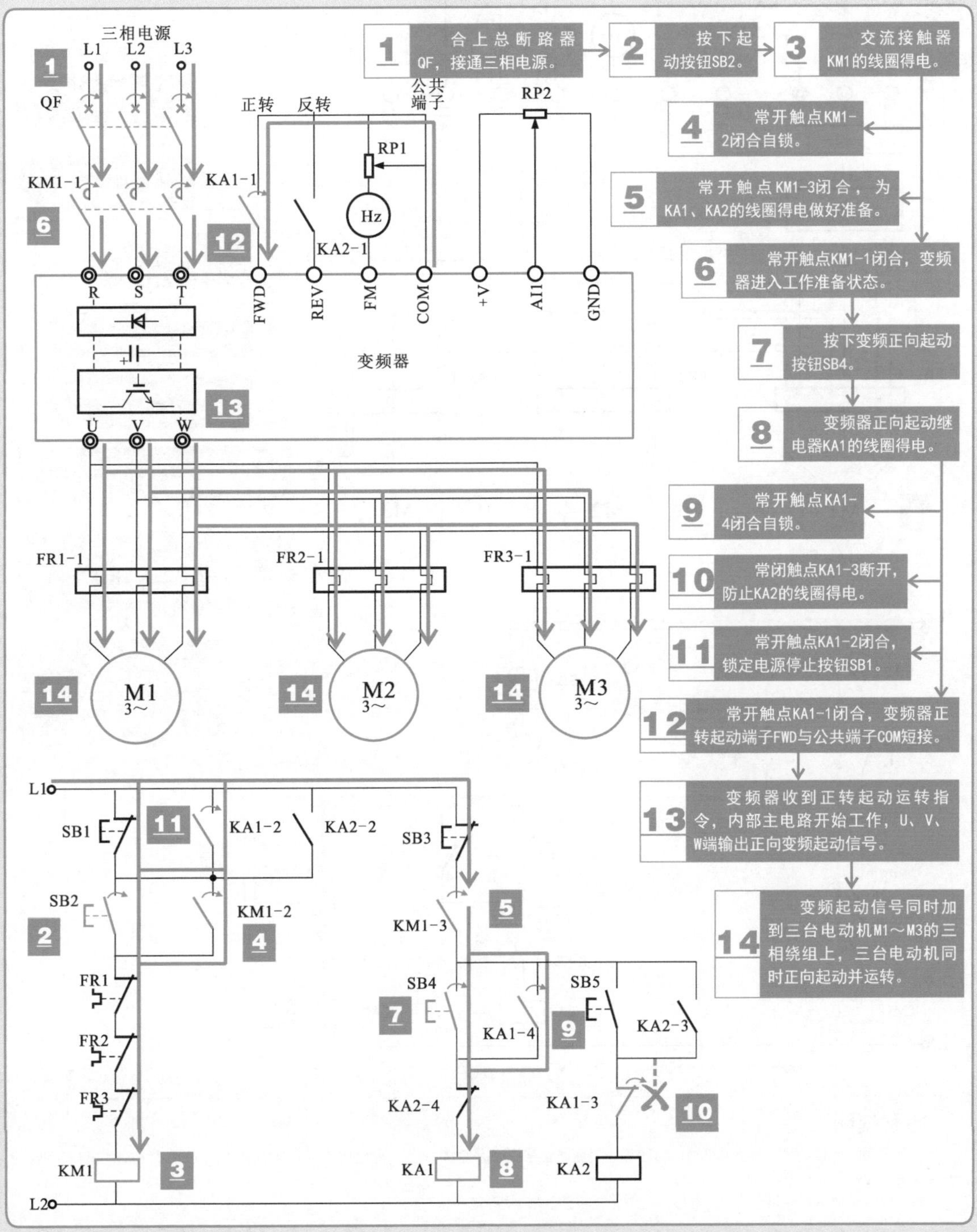

三相电源
L1 L2 L3
QF
KM1-1
KA1-1
正转 反转
公共端子
RP1
RP2
Hz
KA2-1
R S T
FWD REV FM COM +V AI1 GND
变频器
U V W
FR1-1 FR2-1 FR3-1
M1 3~
M2 3~
M3 3~
L1
L2
SB1
SB2
SB3
SB4
SB5
KA1-2
KA2-2
KM1-2
KM1-3
KA1-4
KA2-3
KA2-4
KA1-3
FR1 FR2 FR3
KM1 KA1 KA2
1 合上总断路器QF，接通三相电源。
2 按下起动按钮SB2。
3 交流接触器KM1的线圈得电。
4 常开触点KM1-2闭合自锁。
5 常开触点KM1-3闭合，为KA1、KA2的线圈得电做好准备。
6 常开触点KM1-1闭合，变频器进入工作准备状态。
7 按下变频正向起动按钮SB4。
8 变频器正向起动继电器KA1的线圈得电。
9 常开触点KA1-4闭合自锁。
10 常闭触点KA1-3断开，防止KA2的线圈得电。
11 常开触点KA1-2闭合，锁定电源停止按钮SB1。
12 常开触点KA1-1闭合，变频器正转起动端子FWD与公共端子COM短接。
13 变频器收到正转起动运转指令，内部主电路开始工作，U、V、W端输出正向变频起动信号。
14 变频起动信号同时加到三台电动机M1～M3的三相绕组上，三台电动机同时正向起动并运转。

【多台并联电动机反转起动控制过程的识读】

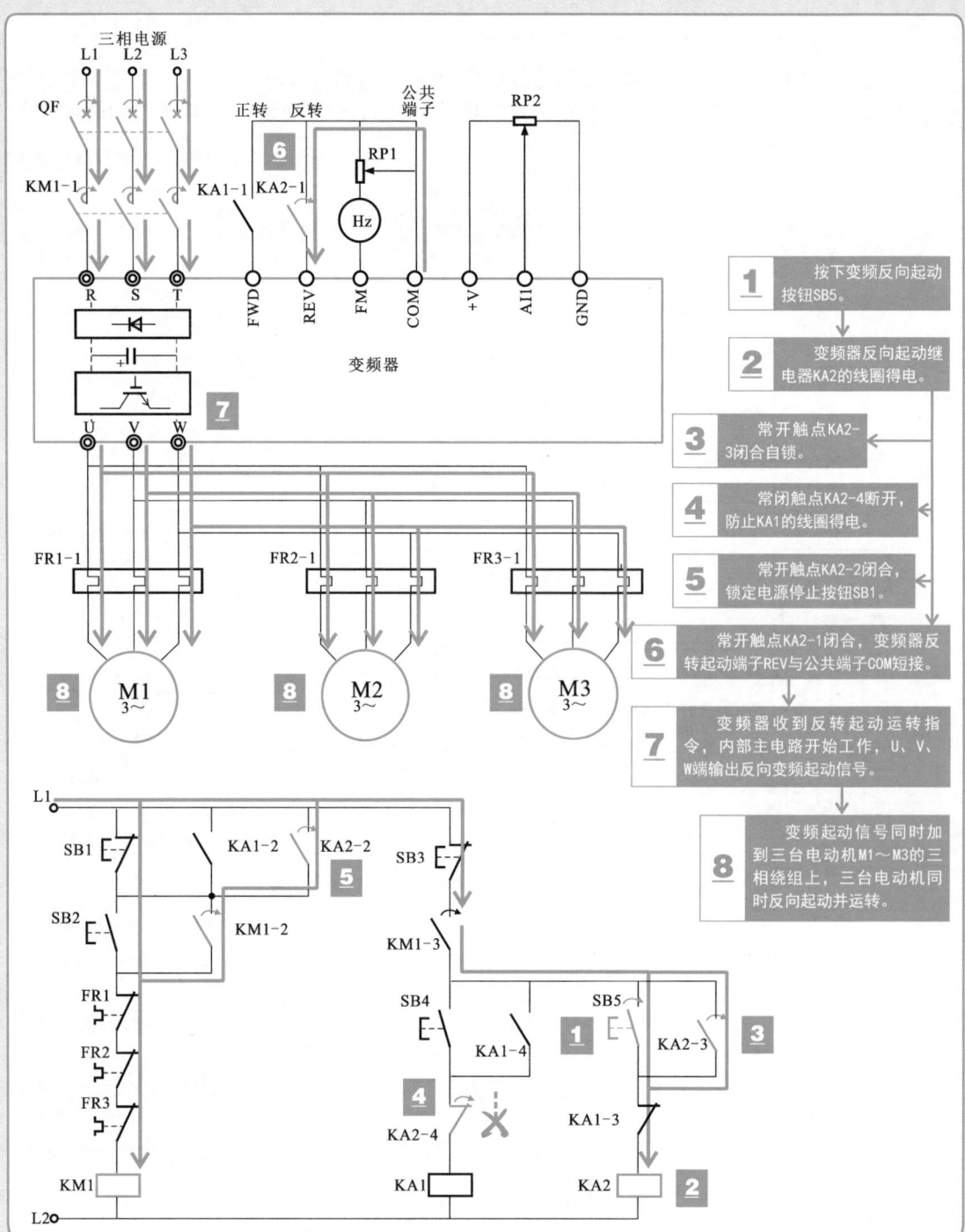

特别提醒

三台电动机运转过程中需要停机时,则按下变频器停止按钮SB3,变频器正向起动继电器KA1线圈失电,其所有触点均复位,变频器再次进入准备工作状态。

若长时间不使用该变频系统时,可按下电源停止按钮SB1,切断电路供电电源。